国 家 一 流 专 业 建 设 规 划 教 材
中国地质大学(武汉)教材建设基金资助

# 土地复垦技术原理

TUDI FUKEN JISHU YUANLI

周学武　主编

**内容简介**

土地复垦主要是指对生产建设活动或自然灾害损毁的土地进行勘测规划、填平整治和开发利用的过程。矿业开发造成土地破坏和荒芜，是世界各国普遍存在的一个严重问题。土地是人类赖以生存和繁衍的场所，对人口众多、耕地少的国家来说，其意义尤为重要。无论是采矿场、废石场、尾矿场还是地表沉陷区，都属于破坏性占地，它严重破坏生态平衡和自然景观，造成环境污染的扩大，其影响是深远的。因此，必须正确处理发展矿业与保护环境的矛盾，将采矿作业破坏了的土地及时复垦，予以充分利用。

土地复垦是一项系统工程，它涉及到地质、土地、矿业、环保、测绘、水利、农业、生态、化学、经济、法律等多种学科，是一门新兴的、综合性的、交叉性的学科，涉及面广，实践性强。从矿山环境工程的角度来看，其基本内容应包括勘测与规划、重整土地、开发与利用和经济评价。

本教材共分九章，在系统分析土地复垦的概念、意义及其发展历史的基础上，明确了土地复垦的研究对象及其理论基础，介绍了损毁土地的调查与评价方法，详细阐明了土地复垦规划与设计技术、土地复垦工程技术、退化土地修复技术、矿区土地复垦技术经济评价方法、土地复垦方案编制技术要领、土地复垦的方案评审及复垦验收方法，具有很强的操作性。

本教材可供土地资源管理、土地整治工程、自然资源与环境区划、环境工程、生态工程、水土保持、农业工程等专业的师生和自然资源管理与规划方面的工程技术人员及管理工作人员使用。

**图书在版编目(CIP)数据**

土地复垦技术原理/周学武主编. —武汉：中国地质大学出版社，2020.10（2022.8重印）

ISBN 978-7-5625-3256-9

Ⅰ.①土…
Ⅱ.①周…
Ⅲ.①复土造田
Ⅳ.①TD88

中国版本图书馆 CIP 数据核字(2020)第 237029 号

**土地复垦技术原理** 周学武 主编

责任编辑：舒立霞 选题策划：张晓红 责任校对：张咏梅

出版发行：中国地质大学出版社（武汉市洪山区鲁磨路 388 号） 邮编：430074
电 话：(027)67883511 传 真：(027)67883580 E-mail：cbb@cug.edu.cn
经 销：全国新华书店 http://cugp.cug.edu.cn

开本：787 毫米×1 092 毫米 1/16 字数：480 千字 印张：18.75
版次：2020 年 10 月第 1 版 印次：2022 年 8 月第 2 次印刷
印刷：湖北睿智印务有限公司

ISBN 978-7-5625-3256-9 定价：46.00 元

# 《土地复垦技术原理》编委会


**主　编**：周学武

**副主编**：龚　健　朱江洪　李士成　向敬伟　汤　旋

**编　委**（以姓氏笔画为序）：

龚　健　中国地质大学（武汉）

李士成　中国地质大学（武汉）

刘　鑫　中国地质大学（武汉）

刘艳霞　中国地质大学（武汉）

汤　旋　湖北省地质调查院

向敬伟　中国地质大学（武汉）

徐　枫　中国地质大学（武汉）

曾　杰　中国地质大学（武汉）

周学武　中国地质大学（武汉）

朱江洪　中国地质大学（武汉）

# 前　言

作为土地整治的一个主要类型，土地复垦主要是对生产建设尤其是采矿过程中因挖损、塌陷、压占等造成破坏的土地，采取整治措施，使其恢复到可供利用状态的活动。其涉及的学科范围很广，如地质学、地理学、土壤学、植物学、测绘学、土地资源学、土地规划学、土地经济学、土地管理学、生态学、景观生态学、生态工程学、生态恢复学、环境科学、采矿沉陷学、农业工程学等，是一项综合工程技术。它包括工程复垦和生物复垦两个基本过程，其最终目的是恢复土地的生产力，实现区域生态系统新的平衡。土地复垦是一门理论与实践相结合的应用学科。

随着人类社会实践的发展，土地复垦的内涵与外延不断得以扩展，与之相关联的名词也层出不穷，如土地整治、土地整理、土地开发、生态重建、生态恢复、生态修复、生态复绿、土地工程等。那么，土地复垦的概念边界如何界定？其核心技术有哪些？围绕这些关键问题，长期以来，土地科学领域许多先贤前辈、科技工作者及相关政府部门的管理者进行了不懈的理论探讨和大量的社会实践，取得了举世瞩目的成就，目前对"土地复垦"基本有一个清楚的共识。为了及时将这些优秀成果传承并发展，在新时代背景下实现新工科的创新发展，在中国地质大学（武汉）的支持下，编者们收集并吸收了大量前人工作成果，以原内部教材《矿区土地复垦与整治》为基础，结合土地复垦的实践及土地学科发展，编写了这部教材。

本教材在厘清土地复垦的概念、系统分析其意义及其历史与现状的基础上，明确了土地复垦的研究对象、理论基础、损毁土地的类型及其调查评价与预测评估方法，阐明了土地复垦规划与设计技术、土地复垦工程技术及退化土地的修复技术等土地复垦的三大核心技术和矿区土地复垦技术经济评价方法，介绍了土地复垦方案的编制技术要领、土地复垦方案的评审与复垦验收的基本方法。其目的是为从事土地复垦及相关领域的研究者们提供理论借鉴，为生产及自然资源管理部门的生产及管理实践提供技术参考。

本教材由周学武教授担任主编，龚健教授、朱江洪副教授、李士成副研究员、向敬伟副教授、汤旋工程师担任副主编，具体章节编写分工如下：第一章由周学武编写；第二章由龚健、李士成、向敬伟、徐枫编写；第三章由周学武、龚健、朱江洪编写；第四章由龚健、周学武、向敬伟编写；第五章由周学武、李士成、汤旋、徐枫编写；第六章由朱江洪、周学武、刘艳霞编写；第七章由周学武、向敬伟、曾杰编写；第八章由汤旋、周学武、刘鑫编写；第九章由周学武、汤旋、曾杰编写。周学武负责全部内容审阅、剪裁及编撰工作。刘艳霞负责书中图表的清绘工作。

本教材在编写过程中，得到了李江风教授的悉心指导及王占岐教授、胡守庚教授、渠丽萍副教授、刘越岩副教授、刘伟副教授、叶菁副教授、姚小薇副教授、刘成副教授、刘志玲讲师等的热心帮助，得到了来自中国地质大学(北京)、中国矿业大学(北京)、中国矿业大学、湖北省地质调查院、湖北省自然资源厅等单位及相关专家学者的支持，在此深表谢意。

这部教材是在许许多多的从事土地复垦工作的学者们付出的多年心血的基础上完成的，书中引注可能不够全面，加之篇幅原因，还有大量的前人成果没有在参考文献中体现出来，在此深表歉意。由于编写人员的水平有限，书中难免挂一漏万，存在错漏及瑕疵。不足不妥之处，敬请读者批评指正，以便相互学习，共同进步。

周学武

2020 年 8 月 1 日于武汉喻家山庄

# 目 录

# 第一章　绪　论

## 第一节　土地复垦的概念及对象

我国2019年第三次修正的《土地管理法》的英文版中，将“土地复垦”翻译为“land recultivation”，即土地重新耕种。

在《新编说文解字》中对“复”“垦”的解释是：“‘复，行故道也’，其本义是‘返回、回来’，引申为‘恢复’”；“‘垦，耕也’，本义：翻土，开垦。”“复”“垦”两字组合在一起的字面意思则是：“重新开垦、恢复可耕”。所以，在我国，“土地复垦”一词最早称之为“造地覆田”“复田”“垦复”“复耕”“复垦”“综合治理”等，直到1988年11月国务院颁布了《土地复垦规定》，“土地复垦”一词才被我国确定下来，后在2011年2月22日国务院第145次常务会议通过的《土地复垦条例》又作了进一步完善。

### 一、土地复垦及相关概念

#### （一）土地复垦—土地整理—土地开发

**1. 土地复垦**

2011年3月5日开始实施的《土地复垦条例》中第二条明确规定：土地复垦是指对生产建设活动和自然灾害损毁的土地，采取整治措施，使其达到可供利用状态的活动。其中，生产活动是指具有相应审批权的自然资源管理部门批准采矿权的开采矿产资源、挖沙采石、烧制砖瓦等项目所开展的活动，建设活动是指依法由国务院和地方各级人民政府批准建设用地的交通、水利、能源等项目所开展的活动，自然灾害主要是指洪水（水害）、地质灾害等。

**2. 土地整理**

土地整理是指为适应现代化的生产方式、物质文化生活、环境条件的需要和为社会经济可持续发展提供稳固的资源保障，采用经济、法律、技术措施对现实土地利用方式、利用强度以及土地关系等进行协调整理的过程。

土地整理包括农地整理和非农地整理。根据我国国情，现阶段土地整理一般指农地整理，即“按照土地利用总体规划，对田、水、路、林、村综合整治，提高耕地质量，增加有效耕地面积，改善农业生产条件和生态环境”（《土地管理法》第四十二条）。

#### 3. 土地开发

土地开发是指人类通过采取工程措施、生物措施和技术措施等，使各种未利用土地资源，如荒山、荒沟、荒丘、荒滩等，投入经营与利用；或使土地利用由一种利用状态改变为另一种状态的活动，如将农地开发为城市建设用地。

通过土地开发活动，可以有效地扩大土地利用范围，使原来不适宜某种用途的土地变为适宜于该用途的土地；同时，通过土地开发活动，可以有效地改善土地利用条件，提高土地利用效率。

### (二)生态恢复—生态修复—生态重建—生态复绿

#### 1. 生态恢复

生态恢复在国际文献中指没有人直接干预的自然发生过程。

所谓生态恢复是指对生态系统停止人为干扰，以减轻负荷压力，依靠生态系统的自我调节能力与自组织能力使其向有序的方向进行演化，或者利用生态系统的这种自我恢复能力，辅以人工措施，使遭到破坏的生态系统逐步恢复或使生态系统向良性循环方向发展；主要指致力于那些在自然突变和人类活动影响下受到破坏的自然生态系统的恢复与重建工作，恢复生态系统原本的面貌。比如砍伐的森林要加强种植，退耕还林，让动物回到原来的生活环境中。

#### 2. 生态修复

生态修复指根据生态学原理，通过一定的生物、生态以及工程的技术与方法，人为地改变和切断生态系统退化的主导因子或过程，调整、配置和优化系统内部及其外界的物质、能量和信息的流动过程和时空次序，使生态系统的结构、功能和生态学潜力尽快成功地恢复到一定的或原有水平乃至更高水平的活动。

#### 3. 生态重建

生态重建指在人为辅助下的生态建设活动。

生态重建目标就是将人类或自然灾害所破坏的生态系统恢复成具有生物多样性和动态平衡的本地生态系统，其实质是将破坏的区域环境恢复或重建成一个与当地自然界相和谐的生态系统。

生态重建更侧重于强调生态系统的恢复，与生态恢复等同；土地复垦在恢复土地利用价值的同时，也是对土地生态系统的恢复。两者之间关系密切。

生态重建是自20世纪80年代以来生态学领域最活跃的关键行动之一。尤其是进入21世纪以来，由于国际社会和学界对地球生态与环境退化和健康的关注，使生态重建受到极大的重视，设计生态方案(designed ecological solutions)观念和方法的发展则使生态重建进入更高的层次，我国政府对生态建设有极大的投入，生态建设的学术用语就是生态重建。

#### 4. 生态复绿

生态复绿是指通过采取工程、生物等措施，对生产建设活动引起的项目区地质环境问题进行综合治理,使地质环境达到稳定、生态得到恢复、景观得到美化的过程。

### (三)工程复垦—生物复垦

#### 1. 工程复垦

工程复垦的任务是建立有利于植物生长的地表和生根层,或为今后有关部门利用采矿破坏的土地作前期准备。其主要工艺措施有:堆置可能受采矿影响区域的耕层土壤、充填塌陷坑、用物理化学方法改良土壤、建造人工水体、修建排水网、修筑复垦区的道路、做好复垦区建筑的前期准备工作、防止复田区受水的侵蚀和沼泽化等。

#### 2. 生物复垦

生物复垦的任务是根据复垦区土地的利用方向,采取相应的生物措施以维持矿区的生态平衡,其实质是恢复破坏土地的肥力及生物生产效能。其主要工艺措施有:肥化土壤、恢复沃土、建造农林附属物、选择耕作方式及耕作工艺、优选农作物及树种等。

## 二、土地复垦的对象

依据2013年2月1日起实施的《土地复垦质量控制标准》(TD/T 1036—2013),土地复垦的对象为:

(1)露天采矿、烧制砖瓦、挖沙取土等地表挖掘所损毁的土地。

(2)地下采矿等造成地表塌陷的土地。

(3)堆放采矿剥离物、废石、矿渣、粉煤灰、冶炼渣等固体废弃物压占的土地。

(4)能源、交通、水利等基础设施建设和其他生产建设活动临时占用所损毁的土地。

(5)洪水、地质灾害等自然灾害损毁的土地。

(6)法律规定的其他生产建设活动造成损毁的土地。如工业排污造成对土壤的化学污染而废弃的土地;各种道路改线、建筑搬迁、废弃旧宅基地压占和城镇、村庄垃圾压占的、废弃的土地;因兴修水利、农田基本建设,村庄四旁坑、塘、洼以及各种边角、坡、田埂和零星闲散废弃地;其他荒芜废弃地。

# 第二节　土地复垦的意义

土地复垦是充分合理利用土地,促进土地资源持续利用的基本要求;是改善矿区生态环境,恢复生态平衡,促进生态良性循环,保证人民群众生命财产安全的根本途径;是增加耕地面积,缓解人地矛盾,改善工农关系,保障农民的生产和生活,促进社会经济发展的重要措施;是实现增减挂钩,破解建设项目用地难题的有效途径;是建立现代企业制度的客观要求;是矿区可持续发展,实现产业转型的重要举措。

#### 1. 土地复垦是充分合理利用土地,促进土地资源持续利用的基本要求

我国建设事业的飞速发展,占地过多过快,加上土地利用结构不合理、利用率低,更刺激了对土地数量的需求。随着生产建设项目的增多尤其是地下和露天开采矿山的增加,使许多农

用地和林地被占用，植被剥离、水土流失、土地沙化及盐渍化等，致使大量被开采过的矿区土地很难被再利用。通过土地复垦，可以达到土地资源可持续利用，使之既能够满足当代人生产生活的需要，又能够保持生产力和生态稳定性，满足后代人对土地资源的协调利用。

**2. 土地复垦是改善矿区生态环境，恢复生态平衡，促进生态良性循环，保证人民群众生命财产安全的根本途径**

矿山建设和生产很大程度上破坏了原来的地表层，引起水土流失、农田毁坏、植被减少；矿石开采、运输产生了大量的粉尘；大量的固体废弃物压占了土地，加上有些有毒物质的排放，引起了水和大气污染。这种矿区的污染还可扩散到矿区周围，影响到附近的农田、牧地、林地、果园及居民区。更严重的是矿区塌陷、矸石山、尾矿坝塌方、坝体溃决、滑坡、泥石流等会毁坏田地、房屋，危及居民生命财产的安全。

矿区土地复垦是结合消灭污染源、保护环境以改善生态条件、提高土地生产力的一项综合工程，它是解决矿区环境问题的根本途径。

**3. 土地复垦是增加耕地面积，缓解人地矛盾，改善工农关系，保障农民的生产和生活，促进社会经济发展的重要措施**

我国土地资源紧缺的压力越来越大，土地问题已成为国民经济发展的一个严重制约因素。近年来，国家运用综合手段加强了土地管理，并有计划地开发荒地，以缓解人地矛盾。

据 1990 年国家土地管理局公布：我国每年因生产建设而破坏的土地达 2 万～2.67 万公顷（1 公顷＝10 000$m^2$）。目前仍以每年 30 万～40 万亩（1 亩＝666.67$m^2$）的速度在增加。并预测，到 2050 年，全国因生产建设而人为破坏的土地将达到 400 万公顷。这些被破坏的土地，不但使环境恶化，而且使土地和耕地面积减少。各矿区范围内的人均耕地面积普遍急剧下降。据不完全统计，有些村人均耕地仅 2～3 分（1 分＝66.7$m^2$）；有些则完全失去土地，生产生活都由国家来安排。这种矛盾随着生产的发展日益尖锐，使矿山和农民间的关系变得紧张，影响到社会安定和建设进度。只有进行土地复垦，以高质量的农田归还于农民，才是根本性的解决方法。它不仅解决了矿山的征地补偿等费用，还解决了农民就业等问题；此外，做到农民能“耕者有其田”。

土地复垦开展得好的地区如江苏的铜山县、安徽的淮北市、河北的唐山市等地已初步解决了这类矛盾。

**4. 土地复垦是实现增减挂钩，破解建设项目用地难题的有效途径**

所谓增减挂钩就是城镇建设用地增加和农村建设用地减少相挂钩（简称挂钩），具体指依据土地利用总体规划，将若干拟复垦为耕地的农村建设用地地块（即拆旧地块）和拟用于城镇建设的地块（即建新地块）等面积共同组成建新拆旧项目区（简称项目区），通过建新拆旧和土地复垦等措施，在保证项目区内各类土地面积平衡的基础上，最终实现建设用地总量不增加，耕地面积不减少、质量不降低，城乡用地布局更合理的目标。

农村土地综合整治中的集体建设用地整理纳入城乡建设用地增减挂钩项目，在耕地面积不减少、质量有提高和城乡建设用地总量不增加的前提下，按照“先减后增，增减平衡”原则，把农村节约的建设用地指标，通过有偿转让，调剂到产业集聚区和城镇建设中使用。

#### 5. 土地复垦是建立现代企业制度的客观要求

企业把土地复垦当作生产全过程的必要环节，重视对土地生产要素的投入，有利于社会主义市场经济和现代企业制度的建设。

#### 6. 土地复垦是矿区可持续发展，实现产业转型的重要举措

实施土地复垦产业化战略，就是将土地复垦作为工矿区可持续发展的一项基础产业，在政府部门的支持下，以专门的企业(或公司)为依托，将工矿业发展用地及遭破坏土地复垦、复垦土地的开发及生产、农副产品加工与运销等融为一体，实现工矿区土地复垦的一体化、规模化、高效化经营。把性质不同、属于不同行业的土地活动(如土地整治、土壤培肥、农业生产、农副产品加工与运销等)联为一体，形成土地复垦的凝聚力，从而促进土地复垦规模效益的提高，有效地解决土地复垦技术推广难和规模小的问题。

实施土地复垦产业化战略，有利于现有土地复垦规定和有关政策措施的实施，深化土地制度改革，进一步促进现有土地法律法规、土地管理体制与机制的不断完善；有利于积极争取土地复垦资金和政府部门对土地复垦工作的支持；可以为工矿企业的下岗职工开辟再就业渠道，有利于工矿区农民的脱贫致富达小康。总的来说，实施土地复垦产业化战略，可以加快工矿区土地复垦工作进程，对工矿区可持续发展具有非常重要的意义。

综上所述，土地复垦是贯彻“十分珍惜和合理利用每寸土地”国策的一项重大有效的措施，它对缓解我国尖锐的人地矛盾和改善土地破坏区的生态环境、实现矿区可持续发展都将起到现实和长远的作用，并将产生巨大的经济、社会和生态效益。

## 第三节　土地复垦的历史与现状

### 一、国外土地复垦历史与现状

#### (一)国外土地复垦管理概况

最早开始土地复垦的是美国和德国。美国1920年在《矿山租赁》中就明确要求保护土地和自然环境。20世纪20年代，德国煤矿开始在废弃地上植树。至20世纪50年代末，一些国家的复垦区已系统地进行绿化，许多工业发达国家加速复垦法规的制定，采取许多措施，防止土地荒芜，并建立起一些有关复垦工作的企业、科研机构、学术团体等，广泛开展了有关复垦方面的活动。这些法规、法律和条令，对复垦的时间、质量要求等都作了明确规定，促进了这些国家复垦技术的发展，并使之自觉地进入了科学规范的复垦时代。

#### 1. 美国

美国在土地复垦方面有严格的制度与法规，指导其矿区土地复垦并取得了重要进展，有效地保护了土地资源和生态环境。早在20世纪30年代，美国26个州先后制定了露天开采有关复垦方面的法规。其内容包括了复垦合同签订、矿产勘探破坏土地复垦、复垦调查和评价，以及土地平整和植被恢复等一系列的规定。

1939年，美国西弗吉尼亚州颁布了第一个管理采矿的法律——《复垦法》(*Land Reclaim Law*)，州矿业主管部门被指定为实施这部法律的唯一管理机构。到1975年，美国已有34个州制定了相关土地复垦法规，其余几个州也根据本州特点制定了土地复垦管理条例。这些土地复垦法律或管理条例的颁布和实施，对所在州的土地复垦起了很大的促进作用，同时也为美国联邦政府制定相关法律提供了实践基础。

1977年8月3日，美国国会通过并颁布第一部全国性的土地复垦法规——《露天采矿管理与复垦法》(*Surface Mining Control and Reclamation Act*)(以下简称《复垦法》)，实现了在全美建立统一的露天矿管理和复垦标准，使美国露天采矿管理和土地复垦步入法制化轨道。

美国颁布的《复垦法》，其目标主要是从法律的角度，要求矿业主对开采造成的土地破坏必须恢复到原来状态，同时改善矿区的生态环境。《复垦法》对土地复垦提出了苛刻的标准和要求，要求土地复垦成为采矿过程的一部分。对矿产开采过程中废弃物的处理和堆放、土地复垦恢复到原用途要求的环境以及土地复垦技术与目标都有具体规定，并直接受当地主管部门的监管。土地复垦每5年为一个检验期，验收中只要有一项未达到开矿前的指标就不予通过，需要再恢复5年进行第二次验收，未通过验收的仍需继续支付有关费用。1977年后采矿破坏的土地按《复垦法》规定，边开采边复垦，复垦率要求达到100%。除了对新近因采矿而破坏的土地进行恢复外，联邦和州政府对《复垦法》实施前破坏的土地复垦也十分重视，成千上万的废弃矿山最后都得以恢复。

美国《复垦法》的地位相当于土地复垦的宪法。在不违背《复垦法》的前提下，联邦各部门、州均有相应的土地复垦法规。其中，与土地复垦相关的联邦法规有11个，有38个州制定了有关露天矿土地复垦法规，12个州制定了土地利用管理条例。另外，联邦和各州还制定了一些行政技术法规和规程。土地复垦法律法规均有一定期限，到期前必须修订或声明延期使用，否则期满自动失效。1977年的《露天采矿管理与复垦法》于1990年和1992年经过了两次较大规模的修订和完善。

为贯彻执行《复垦法》，主要由内政部牵头，美国联邦政府于1979年组建露天采矿与复垦执法办公室，专管全国矿山的土地复垦工作。直属联邦政府的复垦执法办公室在23个州(复垦工作主要在23个州)设立了派出机构，各地、市、县也有管理机构实行垂直领导。在美国，违背法律法规将受到严厉的处罚，因此复垦单位都能自觉地按照法规要求，按时按质按量做好土地复垦工作。

美国《复垦法》对采矿许可证、土地复垦基金和土地复垦保证金制度都有明确规定。在开采许可证制度中，规定凡是有毁损土地的商业行为，都有复垦的义务。单位或个人申请许可证进行露天采矿作业时，申请主要内容应包括采矿后的复垦计划。矿山企业在开采前对矿区必须有一系列详尽的自然环境调查记录，包括地质、地形、土壤状况、植被种类及密度、野生动物种类及密度、地下及地上水、文化遗产等，矿山企业对矿区破坏的土地及环境必须予以恢复。对恢复土地和环境的规划(复垦规划)未通过审批的采矿申请，州管理机构或者内政部不予发放采矿许可证。

矿区土地的复垦工作主要以《复垦法》颁布前和颁布后为界分开进行。1977年《复垦法》颁布前，已经闭坑或废弃的矿山全部由政府负责复垦，因此复垦计划中包括的废弃矿区土地复垦基金，主要是为老矿区复垦等筹集资金，用于处理煤矿开采引起的山体滑坡、土地塌陷和火灾等环境问题，以及支付联邦和州政府对废弃矿地的清理所花费用。该法案规定，所有的煤炭开采活动都必须按规定缴纳土地复垦保证金,按季度上缴,其中50%上缴联邦政府,用于全国范围内的紧急情况项目或没有开展矿山复垦项目的州政府土地复垦;50%留在州政府,用于各州的矿山复垦项目。

复垦基金还可来源于个人、企业、组织或基金会的捐赠。开采许可证申请得到批准但尚未正式颁发之前,申请人须先缴纳复垦保证金。设立保证金制度的目的是约束矿业主按照规定的标准进行土地复垦。保证金的缴纳额度根据许可证所批准的复垦要求和各矿区自然状况确定,每一个许可证所呈缴的保证金不得少于1万美元。矿山企业完成复垦且经验收合格后予以返还复垦保证金。复垦保证金的设立极大地调动了矿山企业开展土地复垦的积极性。

**2. 德国**

德国十分重视保护和治理国土,各部门、企业把为社会创造好的生产生活环境作为一项重要的工作任务。

德国第一部复垦法规是1950年4月25日颁布的《普鲁士采矿法》。此外,既有《废弃地利用条例》专门的立法,又有《土地保护法》《城乡规划条例》《水保护法》《矿山采石场堆放条例》《矿山采石场堆放法规》和《控制污染条例》等相关立法。这些法律法规对土地复垦的程序、内容、操作步骤都进行了详尽的规定,同时规定了矿业主的法律责任,使土地复垦有了法律保障。

严格的法律规定保证了稳定的复垦资金。复垦资金一般来源于3种:私有企业由企业自己提供复垦经费,即采矿公司出资先期存入银行做复垦费用,专款专用;国有企业由国家或地方政府拨给复垦资金;此外,通过地方集资或社会捐赠获取一些资金。对于历史遗留下来的老矿区,联邦政府成立专门的矿山复垦公司承担老矿区的土地复垦工作,复垦资金由政府全额拨款。对于新开发的矿区,根据联邦矿山法的有关规定,矿区业主必须预留复垦专项资金,其数量由复垦的任务量确定,一般占企业年利润的3%。

德国中央政府没有专门负责土地复垦的机构,但从地方政府到州市政府都有复垦管理机构。中央政府和州政府只负责制定比较原则的土地利用规划,地方政府特别是社区政府负责具体的土地复垦利用规划的制定和土地复垦工作。地方政府负责土地复垦的机构有环境保护、矿产管理、经济管理部门,各自按照有关的法律规定各负其责,协同管理,共同推动土地复垦。

德国土地复垦工作按批准的规划严格组织实施,复垦效果由地方政府、采矿公司和当地群众联合组织验收。复垦后景观完全符合复垦规定的标准,环境质量很高。如:复垦为耕地的要种植作物7年并变为熟地后,才予验收。复垦后的土地由采矿公司负责管理并拥有土地所有权和处置权。

德国的土地复垦工作依据完备的科学数据来确定复垦标准,公众也具有良好的环境教育和环境保护的意识,因此复垦的科技含量高。《矿山法》对开发和复垦也提出了严格的环保要求和质量标准,如必须对因开矿所占用的森林、草地进行异地等面积的恢复;对露天开挖出来的表土层和深土层要分类堆放以便按原土层复垦,并确保复垦后能迅速恢复地力;德国还将房地产开发及各项建设工程开挖的表土收集起来用作复垦区的表土。由于采取了这些措施,已复垦的耕地、草地、森林和人工水面错落有致,面貌焕然一新。

**3. 英国**

英国的矿业发展历史悠久，矿产资源的开发为英国社会创造了可观的财富，但同时也对其环境造成了巨大的破坏。随着时代的发展，英国政府和民众逐渐认识到保护环境的重要性。为此，政府不断加强矿产资源开发的环境保护监管工作，通过制定大量的相关法律、法规和政策，对矿业活动进行约束和限制，对已经废弃的矿业用地进行恢复，以保护环境。

英国矿产资源开发环境保护管理大致可以分 3 个阶段：一是矿产开发前的准入管理；二是矿产资源开发过程中的监督管理；三是矿山闭坑后的土地复垦。

英国也是开展土地复垦较早的国家之一。英国从 1944 年《城乡规划法》实施起，规定地方政府有权要求恢复荒芜的土地。英国的复垦立法首次出现在 1949 年，当时地方政府被授权恢复因采矿破坏的土地环境。1951 年，英国的《矿物开采法》(*Mineral Workings Act* 1951)规定提供一笔资金用于因采用地面剥离开采法而造成的荒地复原工作，通过方便的拨款以满足土地复垦的高成本需要。1969 年，英国颁布了《矿山采矿场法》(*Mines and Quarries Act* 1969)，要求矿业主开矿时必须同时提出采后的复垦和管理工作，并明确按农业或林业复垦标准复垦。1980 年，英国实施“弃用地拨款方案”，为弃用地和签证污染地的土地复垦提供资金支持。1990 年，英国颁布了《环境保护法》(*Environmental Protection Act* 1990)，该法作为立法上的分水岭，首次将污染行为界定为犯罪，该法案责令当地政府检查本地区是否存在有害于人类健康和环境的污染地，并规定了土地复垦抵押金制度。

英国的矿产规划机构是政府主要的监管机构之一。矿产开采项目一旦开始，矿产规划机构将依据矿产规划和相关的法律对其进行监管，包括环境保护方面的监督管理，确保采矿经营活动严格遵守规划许可证的条件。如果违反相关规定，矿产规划机构有权停止该项采矿活动。同时，英国还成立了采矿与环境委员会、采矿规划管理委员会等与复垦工作有关的机构配合复垦工作。

矿山闭坑后的土地复垦也是矿产资源开发环境保护的重要环节。只要进行矿产开发就会不同程度地破坏环境，开发活动虽然已经停止，但对环境的伤害会长期存在。如何使这种伤害降低到最小程度，是目前摆在管理者面前的重要课题。英国在此方面做了大量工作，并按时间划界，对新老矿山采取两种不同的管理方式。

在废弃矿山管理方面，英国废弃矿山管理在相关法律方面也有明确规定。1990 年政府颁布了《环境保护法》。该法首次将污染行为界定为犯罪，并引入了“关注义务”，即所有参与处理污染物当事方的一项法定义务。采矿业是最先被纳入该法污染综合治理范围的工业部门之一。

1995 年《环境法》(*The Environment Act* 1995)规定了新的管理条例，为受污染土地(废弃矿山)制定了新的管理制度。新条例规定，各地方政府有责任对其管辖区进行经常性的检查，以确定是否有这种属新法定义范围、有害于人类健康和环境的污染土地；地方政府必须拟定、采纳、发布和实施正规的书面战略，提出其落实这种检查程序的途径；地方政府应当确定谁该负责治理这些受污染土地；地方政府应当决定需要怎样治理，并保证治理工作能够通过协议、发布治理通知或自行开展该项工作等形式来实现。在土地被确定为受污染土地的情况下，地方政府必须在治理注册中列举有关土地条件以及要采取的治理行动的具体细节。必须使公众和那些与该土地有利害关系的人们便于得到该信息。

1995年《环境法》规定，任何一个矿山在初始期满之后的任何时间废弃，则矿山运营者的职责是在废弃生效前至少6个月向环境管理机构发出拟议废弃的通知。否则将被视为犯罪，但下述情况可以例外：①在应急情况下，为了避免生命或者健康危险发生的废弃；②废弃发生后，以合理可行的快速方式发布了含有规定信息的废弃通知。如果被判定犯罪，将处以不超过法定最高数额的罚金。当经营者发出了法律规定的通知后，必须将通知的或者与通知有关的细节公布在矿山所在地流行的一种或者一种以上的报刊上。

当环境管理机构收到上述矿山废弃的通知，或者从别处获悉了矿山的废弃或者拟议的废弃通知时，如果认为由于废弃或者拟议的废弃生效，该矿区土地已经或者可能成为1990年《环境保护法》第二部分(二)所指的污染土地，则向该土地所在的地方主管部门提供废弃或者拟议废弃的信息。地方主管部门包括：①任何单一的主管部门有郡的委员会，未设区委员会的地区的委员会；未设郡委员会的地区所包括的任何地区的委员会；伦敦市区委员会；威尔士郡区委员会。②不是单一主管部门的任何地区委员会。③伦敦市政委员会。

此外，在当地的矿产规划中也有关于废弃矿山土地恢复治理与复垦的条款。包括矿业用地不应被荒废，而应根据适当的标准尽可能地进行恢复治理，以作他用。这些用途包括农业、森林、自然保护、公共场所、休闲场所或其他用途。矿产规划机构通常在规划中制定矿区废弃土地恢复治理的政策和部署，必要的话，还会制定矿地恢复治理的指南或标准。

在废弃矿山土地复垦方面，英国的工作分两大块：以1971年《城乡规划法》(*Town and Country Planning Act* 1971)颁布时间为界，之前的废弃矿山复垦主要由中央政府提供“废弃土地补助”的方式来完成；之后的矿山复垦由矿山经营者负责。

废弃土地的恢复工作主要由地方政府的恢复专业队完成，私人企业也可以参与这项工作。在优先补助地区，地方政府为恢复废弃土地可得到100%的补助，包括土地购置费、土地处理工程费和行政管理费。原则上补助金用于土地恢复发生的净损失，但如果恢复使得土地市场价值增加并通过出售实现这一价值时，则要求地方政府偿还中央政府为此提供的补助金。私人公司也可以得到这种补助金，但条件要苛刻一些。另外在国家公园区无论是公共机构还是企业分别只能获得恢复成本75%和50%的补助金。

对于废弃土地(包括废弃矿山)恢复工作各地方政府都制订有相应的复垦计划并取得了较大的成绩，以威尔士为例，自从1976年开始，在威尔士开发署的主持下，开发了超过1000个场地，每个场地的面积从半公顷到超过200$hm^2$不等，总共花费了40亿英镑。在这些场地中，有180个用于建造工厂，80个开发成了住宅，其余的则用于修建学校、公路、酒店、医院、公园及其他娱乐设施等。有些地方还利用废弃矿山建筑改造，形成新的特定的建筑物以进行旅游开发。在英国康沃尔郡圣奥斯特尔附近的废旧黏土矿坑里，英国政府耗资7400万英镑建造大型植物展览馆——“伊甸园”。“伊甸园”是英国新千年庆典工程之一，是世界上最大的温室，2000年3月17日正式对外开放，当天就吸引了7000名游客前往参观。它由4座穹顶状建筑连接组成，天窗上铺设半透明材料，外形像巨大的昆虫复眼。“伊甸园”自称为“通往植物和人的世界的大门”，容纳了来自世界各地不同气候条件下的数万种植物，主要目的是展示植物与人的关系、人类如何依靠植物进行可持续发展。“伊甸园”预计每年可吸引75万名游客，所得收入主要用于研究园内的植物。

总之，英国在矿产资源开发的环境保护和土地复垦方面做了大量的工作，并取得了一定的成绩，到20世纪70年代英国全国已复垦土地1100$hm^2$。但随着社会的发展，目前的做法还远远不够，需要投入更多的资金，更重要是在制度上不断完善，以满足社会发展的需要。目前，英国开展了以污染地的复垦和矿山固体废弃物如煤矸石的处理与利用为重点的研究。

**4. 澳大利亚**

在澳大利亚，矿区土地复垦管理工作主要由环境局负责，他们的多种复垦技术世界领先。他们认为采矿是一种暂时性的土地利用方式，土地复垦就是要将干扰过的土地恢复到稳定和有生产能力，且适合社区或社区能够接受的状态。澳大利亚的土地复垦一般要经历以下阶段：初期规划、审批通过、清理植被、土壤转移、存放和替代、生物链重组、养护恢复、检查验收。它也执行复垦保证金制度，并且基于鼓励和推广的目的，它会要求复垦工作做得最好的几家矿业公司只缴纳 25%的复垦保证金，而其他的公司则必须 100%地缴纳。

以前由于漠视土地复垦工作，出现了较为严重的历史遗留问题，如北领地的 Rum Jungie 铀、铜矿以及塔斯马尼亚州的 Mount Lyell 铜矿（开采了 100 年）至今都因无法复垦而满目疮痍、惨不忍睹。但通过建立完善的制度和有效的措施，澳大利亚的土地复垦工作现在取得了长足进步，例如新南威尔士州 Bridge Hill Ridge 以前的砂矿区，经过复垦后，与周围环境融为一体，现已归入 MyallLakes 国家公园；奥尔科公司（Alcoa of Austrilia Limited）因其在复垦方面卓越表现而成为唯一联合国环境规划署（UNEP）“全球 500 佳环境成就奖”的矿业公司。目前，澳大利亚土地复垦率达到 50%以上，其中新破坏的土地复垦率达到 90%以上。

**5. 加拿大**

加拿大是矿业大国，对矿业开发结束后的矿山土地复垦非常器重，同时也有一套较为成熟的管理制度，矿区土地复垦与生态恢复贯串于矿业运动的每一个环节。

加拿大是联邦制国家，联邦政府没有专门的矿业法。与矿业活动有关的法律主要有《国土土地法》（*Territory Lands Act*）和《公共土地授权法》（*Public Lands Grants Act*）。根据联邦宪法规定，联邦和省政府分别有独立的立法权限，因此各省政府都制定了专门的法律，通常要求经营者必须提交矿山复垦计划，包括矿山闭坑阶段将要采取的恢复治理措施和步骤。例如：在不列颠哥伦比亚省，有关矿山复垦方面的法规包括《矿山法》《环境评价法》《废物管理法和水管理法》等；安大略省的矿业法中也专门有与矿山环境恢复有关的章节，规定所有生产和新建矿山必须提交矿山闭坑阶段将要采取的恢复治理措施和步骤的恢复治理计划。

加拿大将矿山环境视为可持续发展策略的主要方面，是采矿允许证的必备部分，在矿山投产前必须提出矿山环保筹划和筹备采取的环保措施。依据不同的矿山开发项目，应用的评估方式有 4 种：一是筛选，即对矿山提出的环保方案和办法进行筛选，适用于小型矿业项目；二是调停，对矿山开发可能产生的环境影响波及当事人不多的矿业项目，由环境部指定调解人协调；三是综合审查，对矿山开发可能发生的环境影响，涉及多个部门或跨多少个地域的大型矿业项目，必需由联邦政府组织综合审查；四是特殊小组审查，实用于任何政府机构或大众请求必须包括一个独立小组的公家审查名目。

加拿大的矿区恢复工作贯穿矿山出产的所有阶段。在矿山开采前，必须对当时的生态环境状态进行研讨并取样，取得数据并作为采矿进程中以及采矿结束后复垦的参照；在对矿区勘查阶段，比方开展断定矿体地位的探矿、钻孔等活动，管理部门也要准确领导，尽可能地减少这些活动对土地、水、植被、野生动物的影响；在采矿权申请阶段，矿山企业必须同时提供矿区环境评估和矿山闭坑复垦环境恢复方案。恢复计划通常包括开采破坏的构造、矿山闭坑、植被再成长的稳固性、水处置等内容，由政府环境、资源等有关主管部门共同组织专家论证，举办各种类型的听证会。环评报告和复垦方案通过后，企业必须严格履行。

为保证复垦方案得以落实，加拿大部分省份法律规定矿山企业从获得第一笔矿产品销售款开端，就要提取复垦基金（或保证金），即矿山企业要严厉依照政府通过的矿区恢复治理方案来确保矿山闭坑后的矿区土地复垦工作，否则矿山企业缴纳的保证金将不予返还，而是另找其余企业对前者破坏的环境进行修复。对于保证金缴纳方式，不同的省份有不同的规定，有的可直接交给政府，有的交给保险公司或存进银行。

因为土地复垦是一项长期且投入用度较高的工程，对局部矿山来讲，很难按打算实行，因而，往往采用多种方法来实现：现金支付，按单位产量收费，积聚资金，经营停止后返回；资产典质，矿山用未在别处抵押的资产进行复垦资金的抵押；信用证，银行代表采矿企业把信誉证签发给国度机构的买方，并保障他们之间合同的实行；债券，采矿企业以购置保险的形式，由债券公司供给债券给复垦治理部分；法人担保，由财政排名高过必定水平的法人担保或信用好的公司自我担保。

另外，在加拿大，闭坑复垦并不一定要求恢还原貌，而是就地取材，有的把山夷平后改造成公园，原居民可回迁；有的露天大矿坑则建成水库或鱼池。总的要求是不能低于原有的生态程度。

为全面把握废弃矿山的情况，加拿大部分省份履行了建设废弃矿山信息系统的管理措施。该系统收集了所属区域所有的废弃矿山的有关情况，包括每个废弃矿山的遗迹地的信息、废弃矿山重要组成部门的情况描写、推举管理恢复计划的可能本钱、需要治理程度的排序等。系统中的数据材料不仅包含存储在信息系统中的数字信息，而且还有多种纸质资料，如考察讲演和备忘录等，以及已经产生治理活动的文件或随机的管理规划。该信息系统的树立有利于政府控制废弃矿山及其对环境破坏的情形，有利于政府部署资金和组织力气对其损坏的环境进行统一治理。

因为从企业收入中提取矿山复垦基金是相关政策出台后才开始的，以前政府收回大批的废弃矿山没有专门的恢复治理费，为解决这些废弃矿山的恢复治理问题，部分省份通过政府设立废弃矿山恢复治理基金的方式加以解决。例如：1999 年安大略省政府筹集了一项为期 4 年（1999—2003 年）总额为 2700 万加元的基金。至 2009 年，该省应用这笔基金已经顺利实现了 55 个治理项目和 3800 份评估报告，对旧废弃矿山的恢复治理起到了较好的增进作用。

#### 6. 俄罗斯（苏联）

俄罗斯十分重视土地复垦工作。1962 年苏联各加盟共和国通过的《自然保护法》和 1962 年的部长委员会决议中，都明确地要求进行土地复垦。在 1968 年的苏联宪法、1976 年的部长会议决议和 1976 年颁布的《关于有用矿物和泥炭开采、地质勘探、建筑及其他工程的土地复垦、肥沃土壤的保存及其合理利用的规定》中，规定破坏土地的工矿企业有责任对被其破坏的土地进行复垦。采矿或进行其他土工作业时应将其破坏土地上的表土收集保存，以便日后复垦之用。规定指出：土地复垦费、恢复土地肥力的费用纳入企业的生产成本。经复垦并达到要求的土地需交还原来的土地使用者经营。接受土地的农业组织将原来的土地征购费用的全部或部分（视复垦土地的质量而定）归还矿山、企业，以作再次征地之用。直到现在，俄罗斯仍延续这些土地复垦法规政策。

**7. 其他**

1)法国

1963 年,法国的《区域规划法》明文规定矸石处理规划和土地利用政策,确定矸石山的位置,提出综合处理废矸石的意见,实施审定了地形规划和种植方案,为土地复垦计划的综合处理创造了条件。1979 年,法国政府发布法令规定:停业的采矿场必须采用土方工程、清理工程及种植等方法复垦场地,建立安全措施,使采场地表改观,安排新的用途。

2)捷克

捷克于 1952 年颁布了《采矿法》,规定了采矿后要进行土地复垦工作。1956 年的《农业土壤保护法》,加强了分给采矿的农业用地的严格条件,进一步明确了采矿企业进行复垦的责任。1951 年捷克的煤炭工业为实施复垦工作,在能源部成立了复垦科,在一些煤田的采煤康采恩也产生了相应的机构,还成立了专门的复垦企业,并建立了经国家财政部和能源部认可的复垦资金系统。

3)波兰

波兰制定了《矿业法》和《环保法》。要求各采矿企业在开采前的总体设计中,必须提出复垦和环境保护措施,并成立了专门的复垦机构,建立了专门的复垦基金系统。

4)加纳

加纳 1999 年的《环境评估条例》规定了矿业公司必须缴纳复垦保证金。

5)菲律宾

菲律宾在《矿业法》(1995 年修订)和《矿业法实施细则》(1997 年)中也将复垦计划、缴纳复垦保证金与签发采矿许可证挂钩,并对土地复垦基金提出了更具体的要求。

## (二)国外土地复垦技术研究进展

欧美等国家对土地复垦技术的基础研究开展较早,可追溯至 19 世纪末期。通过几十年的积累,在 20 世纪中叶普遍展开了大规模的复垦工程。在生产实践中不但进一步完善了施工技术,还促进了对土壤改造、政策法规、现场管理等方面的研究和水平的提高,取得了大量的成果,积累了成功的经验,形成了庞大的技术产业。

对于以恢复土地资源为主要目的的矿山土地复垦工作,国外普遍采用的技术方案可以归纳为直接恢复法和快速转换法两种,或者是二者的结合。土地复垦后的利用模式则可以多种多样,通常是视采矿废弃地自身的特点、位置而定,并与当地居民取得一致,以获得广泛的支持。可供选择的利用模式有林、果、农(粮、蔬)、牧、保护区、运动或娱乐、渔、工商业用地,房地产及垃圾填埋等多种形式。

国外政府十分重视土地复垦技术研究工作。美国、英国、加拿大、匈牙利、德国等各国内都有专门的土地复垦学术团体、研究机构。

美国为了推动土地复垦的研究和技术革新,专门成立了"国家矿山土地复垦研究中心"(NMLRC),并由国会每年拨款 140 万美元作为土地复垦研究专项资金,组织多学科专家攻关。此外,美国露天采矿与土地复垦学会每季度出版一期会讯,每年组织一次全国学术会议。因此,美国的土地复垦研究是世界最活跃的,且技术水平较高。20 世纪 90 年代以来,美国重点开展了露天矿(特别是煤矿)的复垦土壤的重构与改良技术、重新植被技术、侵蚀控制和农林生产技术等方面的研究;对矿山固体废弃物的复垦、湿地复垦、复垦中有毒有害元素的污染和采煤塌陷地复垦、生物复垦和复垦区的生态问题等方面的研究也给予了极大的关注。美国对开采沉陷地的处理有土地复垦和湿地保护。复垦又有3种做法,分别为挖沟降水、回填、挖沟与回填相结合。其回填材料包括采选岩石及客土回填,客土回填复垦的土地和挖沟平整回填的地区可用作农作物种植用地,而岩石等废弃物回填复垦土地大多用于种草、植树或娱乐用地。

德国的土地复垦除了要遵守采矿的法律外,还要遵守环境保护、水资源保护等方面的法律。在土地复垦中主要采取如下措施:一是排除空气污染;二是封闭污染源;三是观测和净化(处理)地下水;四是做好有关利用土地的准备。对于已经形成的土地破坏和土地污染,一般也要经过调查分析、土地收购、规划设计、资金筹措和复垦等过程。

加拿大对油页岩复垦以及由于石油和各种有毒有害物质造成污染的土地复垦问题给予了高度重视。

英国主要以污染地的复垦和矿山固体废弃物的复垦为研究重点。

波兰的土地复垦研究主要集中在露天矿和矸石山,复垦后土地主要用于种草和植树。

国外最初的土地适宜性评价始于20个世纪30年代德国颁布的《农地评价条例》和美国颁布的《期托利指数分级》,主要用于赋税。60年代,日本完成了标准化土壤调查和评价,其本质是一种以土壤对作物生产的限制作用为依据的、实用性的土地分级;苏联将土地生产分为土地类、土地等、土地级和土地种;美国颁布了土地潜力分类系统,是世界上第一个较为全面的土地评价系统,加拿大和英国也相继推出了各自的土地潜力分类系统。70年代,随着更广泛的资源调查和遥感等技术手段的应用,土地研究开始从土地清查走向真正的土地评价。联合国粮农组织(FAO)在1976年基于适宜性评价的土地复垦技术体系研究正式颁布的《土地评价纲要》中,从土地的适宜性角度出发,将土地分为纲、类、亚类和元4级,明确提出了土地评价为土地利用规划服务的目的。土地评价从一般目的的土地评价转向特殊目的的土地评价,评价结果不仅揭示了土地的生产潜力,更重要的是针对某种土地利用方式来进行,反映土地的最佳利用方式和适宜性程度。80年代,美国和加拿大分别对土地评价和立地系统以及作物的生产潜力适宜性评价等内容进行研究。90年代,FAO颁布了《可持续土地利用纲要》,巴西建立决策支持系统,将多学科交叉研究和“3S”技术应用于土地适宜性评价。直至现在,各国的研究进一步向综合化、定量化、精确化方向发展。

国外土地复垦理论技术研究主要包括以下几个方面:

(1)建立稳定地表、控制侵蚀的研究:此为澳大利亚土地复垦首要的研究,不仅重视堆场适宜坡度的研究,同时还研究地形、坡度变化与控制侵蚀的关系。

(2)被破坏土地的生物适宜性研究:剥离岩土的机械组成和理化性质是决定土地复垦可能性及开发方向的主要因素,是确定复垦方向,采用岩石剥离、排弃场形式的最佳工艺的重要指标之一。因此进行土地复垦必须先制定按生物适宜性的剥离岩石的分类系统。

(3)土壤改良研究:主要包括客土改良、化学土壤改良、施矿质肥料、生物土壤改良、粉煤恢复田改良。

(4)乔灌木树种的选择研究:俄罗斯在这方面积累了丰富的经验。在树种选择时,除考虑地带性规律外,还坚持耐寒性、抗旱性、耐贫瘠、生长迅速和一定的土壤改良作用,即选择当地适宜生长的树种。

(5)人工林营造:通过土地平整、造林播种方式、造林密度、树种配置、抚育管理等方面的研究提高林木的成活率,并增强复垦效果。

(6)开创了应用生态学的新领域——恢复生态学,并在此基础上建立了多种矿山土地复垦模式和自维持生态系统:澳大利亚一直致力于复垦治疗检验标准,特别是生态系统建立并能自我维持标准的研究;废弃物及其堆场复垦后深度利用研究等。经复垦后的矿山废弃地有了新的使用价值,改善了人类社会的生存环境并创造了全新的生态系统。在环境恶化的区域,矿山废弃地面积有所减少,生态环境质量得到改善。

### (三)国外土地复垦经验

综上分析,国外土地复垦工作开展较好的国家都具有以下特点:①有健全的土地复垦法规体系;②有专门的土地复垦管理机构;③明确了土地复垦责任人及其责任范围;④将土地复垦纳入采矿许可证制度中;⑤有明确的土地复垦资金渠道,并建立了"复垦基金"制度;⑥实行复垦保证金制度;⑦建立严格的土地复垦标准;⑧重视土地复垦的研究和多学科专家的参与合作;⑨发展了一支由专业化程度较高、具有较高理论和实践水平的科研和工程技术人员组成的土地复垦的学术队伍和研究机构,且学术活动十分活跃,为进一步开展工作奠定了坚实的基础。

## 二、国内土地复垦的历史与现状

### (一)国内土地复垦历史

从历史上来讲,我国的土地复垦早在古代就开始了。例如浙江省绍兴的东湖原是一处古采石场,从汉代起开山取石。隋代扩建绍兴城时,大规模开采,长年累月开凿出千奇百怪的峭壁和深邃的小塘,构成了东湖的雏形。至清代,东湖筑堤分界,外为河、内为湖,并经长期的改造,形成了山水交融、洞窍盘错的风景旅游胜地。东湖风景名胜区在国内外都享有盛名,在世界复垦史上也占有显著地位。

我国近代的土地复垦始于20世纪50年代末60年代初。这个时期就有个别矿山和单位进行了一些土地复垦工作,但都是一些小规模的修复治理工作,并未改变自发零散的状态,缺少可行性分析和科学规划,成效不大。如1957年辽宁省桓仁铅锌矿开始对废弃的尾矿池采取工程措施覆土造田;1958年北京郊区斋堂公路从设计开始,利用选线,以路为堤,造地上千亩;1958年郑州铝厂小关矿,在设计中就考虑了复垦问题,利用废石造地千余亩;1964年坂潭锡矿利用剥离废土边采矿边回填采空区,开创了当年征地当年造地补偿的先例;唐山马兰庄铁矿从建矿开始,选择厂址就避免了占用耕地,利用剥岩填沟平坑造田和尾矿砂充填河滩地造田等多种措施,复垦率达85%以上,造田面积超过建矿占地面积,使当地由缺粮乡变成余粮乡。

70年代我国东部平原煤矿区零星地开展了塌陷复垦工作,恢复的土地和水面用于建筑、种植水稻和小麦、栽藕或养鱼等。

进入80年代,塌陷区的复垦工作得到了煤炭部的重视,将"复土造田技术研究"列为1983—1990年科技攻关项目之一,并在淮北做粉煤灰复田、煤矸石复田及挖深垫浅综合治理的试点工作。长沙黑色冶金矿山设计研究院于1979年研究土地复垦,以解决冶金矿山的土地破坏问题。1981 年中国国土经济研究会第一次学术会上提出了开展土地复垦的建议。从 1982 年《国家建设征用条例》中规定国家建设占用临时用地应当"恢复土地的耕种条件"开始,"复田"的概念逐渐被"土地复垦"替代。1984 年复垦工作列为冶金部重点科研项目。1985 年,中国国土经济研究会、中国技术经济研究会主办召开了第一次全国土地复垦学术研讨会。1986 年,我国第一部《土地管理法》正式出台。1987 年成立了土地复垦研究会,有关行业的科研部门纷纷设立且制定专门机构对土地复垦中一些相关技术等课题进行研究。1988 年 11 月 8 日国务院令第 19 号发布《土地复垦规定》,明确了土地复垦的概念。1989 年 8 月冶金部下文批准成立复垦研究设计室,接受冶金部有关土地复垦的各项具体工作及矿山复垦规划设计,推进了我国的土地复垦工作。

1998 年修订的《土地管理法》进一步明确了复垦土地应当优先用于农业,同时《环境保护法》《煤炭法》《铁路法》等法律中都有土地复垦方面的规定。自此,土地垦的法律法规、制度框架基本确立。

至 21 世纪初,土地复垦已取得了一定成效,土地复垦坚持最严格的耕地保护制度,主要解决建设用地占补平衡问题,以科学问题结合生产实践将土地恢复到适合要求的土地利用标准,符合农、林、牧、草的发展要求,使土地适宜性和生产力及生产潜力达到发展要求较高的水平。同时土地复垦法律、法规和有关技术标准不断健全,土地复垦的有关政策逐渐配套,在全国建立了一批不同类型的土地复垦试点和示范区,土地复垦技术研究、学术交流也有了发展,明确了土地复垦管理体制等方面的内容。2006 年 9 月 30 日,由我国国土资源部、发展改革委、财政部、铁道部、交通部、水利部和环保总局(简称"七部委")共同发布了《关于加强生产建设项目土地复垦管理工作的通知》,提出了土地复垦以生产建设项目过程中产生的挖损、塌陷、压占等破坏的土地为主要内容,表明凡是从事开采矿产资源、烧制砖瓦、燃煤发电、修建公路铁路和兴修水利设施等生产建设活动造成土地破坏的单位或个人,必须对破坏的土地承担复垦责任和义务。按照"因地制宜,综合利用"的原则,依据土地利用总体规划,合理确定复垦土地用途,宜农则农,宜建则建,被破坏的土地要优先复为农用地,用于种植、林果、畜牧、渔业等农业生产,确实不适宜农业生产的,可依法复垦为非农建设用地。2007 年国土资源部下发《关于组织土地复垦方案编报审查有关问题的通知》。2011 年 3 月 5 日国务院颁布实施了《土地复垦条例》。国土资源部 2011 年 5 月 4 日发布了《土地复垦方案编制规程》(2011 年 5 月 31 日起实施),2012 年 12 月 11 日发布了《土地复垦条例实施办法》(2013 年 3 月 1 日起实施),2013 年 1 月 23 日发布了《土地复垦质量控制标准》(2013 年 2 月 1 日起实施),更加明确了生产建设项目土地复垦方案的编制、评审、报审和验收工作。

### (二)国内土地复垦的研究成果

国内土地复垦的研究成果主要集中在矿区土地复垦,矿区土地复垦围绕复垦技术展开,主要包含了剥离—采矿—复垦一体化工程技术、矿区废弃物综合利用技术、地表整形工程技术、土壤重金属污染治理技术、土壤培肥改良技术、植被恢复技术和水土流失综合治理技术这 7 部分内容。对交通和水利建设项目等产生的土地破坏进行的土地复垦,是近几年才逐步发展起来的,相应的复垦技术和研究体系处于起步阶段,有已经完成的公路土地复垦,按作业性质分为工程复垦和生态复垦两个阶段进行,工程复垦阶段主要以土壤破坏前有计划的地表土层采集、堆存为内容,以供今后恢复被破坏土地的生产使用;生态复垦在工程复垦的基础上进行,将复垦地进行熟化和改良，并进行各种复垦作业，以种粮、植草等来充分利用遭到破坏的土地，同时达到一定的经济效益。有已完成的水利建设项目土地复垦结合了当地社会主义新农村建设，将农村河道疏浚与土地复垦同时进行，在河道疏浚和拓宽的同时，将河道沿岸的土地进行整理和复垦，针对原来的一些老宅基地、老庄台、零星废地、废窑址、废滩地等进行全面彻底地改造，增加了耕地面积，解决了用地矛盾，改善了农村环境。在土地复垦相关计算机技术应用方面，主要是复垦技术相关的辅助性软件的开发应用。陈秋计等(2006)将DEM应用于土地复垦，分析复垦区土地资源的状况，为合理制定复垦方案提供技术支持；朱惠明和张方宇(2007)运用实时动态定位技术(RTK)在土地复垦项目竣工验收测量中得以应用；乔朝飞和胡振琪(2002)研究矿区土地复垦管理信息系统，从GIS软件工程角度入手，探讨系统的用户需求，给出一个矿区土地复垦管理信息系统的总体结构；陈秋计等(2007)研究基于Oracle Spatial的空间数据库，建立矿区土地复垦信息系统，结合Mapx控件进行地理信息系统开发，能对数据进行深入分析与辅助决策，提高土地复垦规划的效率。

土地适宜性评价是土地因地制宜的前提，是土地合理利用的基础工作。我国的土地适宜性评价始于20世纪50年代的荒地资源考察研究，70年代后期，评价的范围已由荒地发展到了整个农用地，中科院综考会为编制《中国1：100万土地资源图》而拟定的土地资源分类系统是这一时期的研究成果，将土地资源分为土地潜力区、土地适宜类、土地质量、土地限制型和土地资源单位5个级系统。目前，土地适宜性评价多围绕生态适宜性和单一用途的土地适宜性评价展开，评价方法主要有层次分析法、多因素模糊综合评价法、指数和法、极限条件法等。土地复垦适宜性评价是众多土地适宜性评价中的一种，伴随着土地整理、土地复垦工作展开，目前国内的土地复垦适宜性评价以矿山复垦适宜性评价为主，郭青霞等(2002)以安太堡露天煤矿为例，对复垦土地进行了评价单元的划分、评价因素的选择、评价指标体系的确定以及适宜性评价，其中以分析人工堆垫地貌特征及人工扰动土壤特征作为划分评价单元的依据，值得借鉴；马从安等(2003)根据大型露天煤矿土地复垦适宜性评价的特点，利用VC-6.0面向对象语言具有字符处理能力强、用户界面友好等优点，建立了土地利用方向和适宜性评价专家系统的知识库系统，将面向基于适宜性评价的土地复垦技术体系研究对象的方法用于专家系统，实现了大型露天煤矿土地复垦专家系统的知识库可视化设计；潘元庆等(2007)以河南省重点煤炭基地土地复垦工程为例，对挖损地、塌陷地、压占地三大类待复垦土地现状进行分析，通过FAO土地适宜性评价方法对三类待复垦土地进行了适宜性评价，测算出三类待复垦土地的复垦潜力，并进行土地复垦潜力分区，总结出集约化农业生态利用、果草林生态利用和农林渔禽生态利用3种土地复垦模式。在土地复垦适宜性评价的方法选择上，吕云峰等(2007)将遥感和GIS术融合在土地适宜性评价中，利用层次分析法确定土地适宜性的评价因子；苏海民和陈健飞(2005)采用物元模型进行土地适宜性评价，不仅可以克服在评价过程中人因素的影响，而且可对参评因子进行量化处理，从而提高了土地适宜性评价的精度；陈秋计等(2004)提出了在地理信息系统(GIS)和人工神经网络(ANN)技术支持下对矿区进行土地复垦适宜性评价的一种新方法；刘文楷和陈秋计(2006)提出了基于可拓模型的复垦土地适宜性评价方法。

### (三)国内土地复垦存在的问题和发展趋势

目前我国的土地复垦工作虽然有了很大进展，但由于起步晚，待复垦的土地面积大，复垦任务还很重，同时，土地破坏面积逐年增加，而复垦率和复垦标准与发达国家相比，仍存在一定差距。具体到土地复垦方案的编制工作中,主要存在以下几个问题:土地复垦工作受重视程度不高,复垦方案有一定的盲目性,具体问题分析不够到位;未能充分考虑复垦特点,将已经破坏的土地和即将可能破坏的土地混淆,复垦措施缺乏针对性;做复垦规划时前后联系不紧密,基础现状、复垦方向确定以及技术措施的应用前后脱节,不能做到前后一致和紧密结合;土地复垦可行分析过程不够完善,多为文字说明,缺少较为系统的定性和定量分析过程,分析和评价结果笼统、不够准确,难以应用到复垦方案的确定中去。通过这些实际问题可以看出,在进行土地复垦方案的编制工作时,对土地复垦认识不够,其原因之一是对复垦理论知识的学习和积累不够,土地复垦相关理论体系不完善,知识面较窄,不能做到与交叉学科融会贯通。同时,也可以看出土地复垦技体系不够健全,且缺乏针对性,作为复垦方案确定的前提条件,可行性分析体系不完整,尤其是复垦适宜性评价体系简单,造成适宜性评价结果在确定复垦方向时虽起到重要作用但不能完全发挥,进而影响到复垦技术的选取和应用不能切实与基础现状有效地联系起来,造成复垦规划前后脱节。

综上所述,要使土地复垦工作要更加系统和完善,可以从以下几个方面进行研究和探讨:①扩展基础理论研究的广度和深度,挖掘复垦理论本质,达到土地复垦的初衷;②建立较为完善的土地适宜性评价系统,运用合理的方法根据土地破坏状况定性、定量地分析土地的适宜类别和适宜程度,为土地复垦方向的确定起到指导作用;③不断补充和完善复垦技术体系,根据被复垦对象的不同采取不同的复垦方案,使得复垦方案更有针对性。

# 第二章　土地复垦理论基础

## 第一节　土壤学基础理论

### 一、土壤圈

#### (一)土壤圈及其相关概念

**1. 地球表层系统**

地球表层系统指的是地球表层上始大气对流层上界，下到海底深处和岩石上部，由大气圈、水圈、生物圈、土壤圈和岩石圈组成的一个由非生物和生物过程叠加的物质体系(图 2-1)。

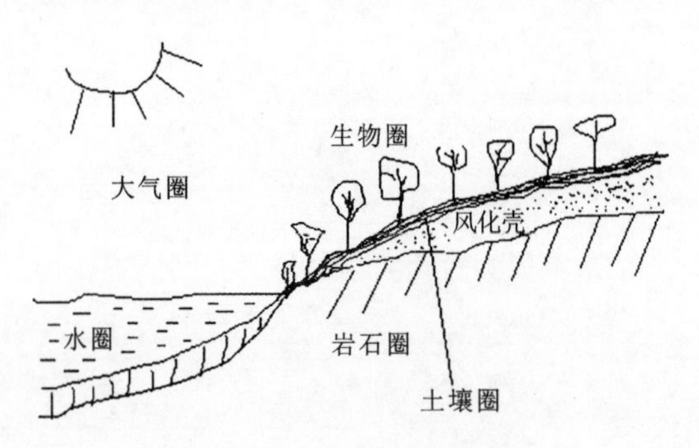


图 2-1　地球表层系统示意图

通常把地球表层系统中的大气圈、生物圈、岩石圈、水圈和土壤圈作为构成自然地理环境的五大要素。其中，土壤圈覆盖于地球陆地的表面，处于其他圈层的交界面上，成为它们连接的纽带，构成了结合无机界和有机界，即生命和非生命联系的中心环节。

**2. 土壤圈的概念**

土壤圈是覆盖于地球和浅水域底部的土壤所构成的连续体或覆盖层，它处于地圈系统(大气圈、生物圈、岩石圈、水圈)的交界面，是地圈系统的重要组成部分，既是这些圈层的支撑者，又是它们长期共同作用的产物。

早在 1938 年，英国著名土壤学家马迪生(Matson)根据自然界物质循环的观点，提出土壤是岩石圈、水圈、生物圈及大气圈相互作用的产物，并且对土壤图的内涵作了概述。

柯夫达(1973)和阿诺德(Anod,1990)对土壤圈的定义、结构、功能及其在地球表面系统中的地位作了全面的阐述。

## (二)土壤圈在自然地理环境中的地位和作用

土壤圈在地理环境中总是处于地球大气圈、水圈、生物圈和岩石圈之间的界面上,是地球各圈层中最活跃、最富生命力的圈层之一,它们之间不断地进行物质循环与能量平衡。

### 1. 土壤圈与其他圈层的关系

1)与大气圈的关系

土壤与大气进行着频繁的水、气、热交换。土壤接纳了大气的降水;吸收大气中的氧气,供给土壤中植物根系、微生物和其他土壤动物。

土壤释放气体到大气中,成为大气中一些痕量气体和温室气体的来源,如 $CH_4$、$CO_2$、$NO_2$、$H_2S$ 等。

大气的化学成分在很大程度上依赖于土壤与近地层植被。在这方面充分体现了土壤与环境的关系。

2)与生物圈的关系

地球表面上的土壤,不仅是高等动植物乃至人类生存的基底,也是地下部分微生物的栖息场所。土壤为绿色植物生长提供养分、水分和物理、化学条件。土壤肥力的特殊功能使陆地生物与人类协调共存,生生不息。

不同类型土壤养育着不同类型的生物群落,形成了生物的多样性,为人类提供各种可开发利用的资源。

3)与水圈的关系

水是地球系统中连接各圈层物质迁移的介质,也是地球表层一切生命生存的源泉。

由于土壤的高度非均质性,影响降水在陆地和水体的重新分配;影响元素的表生地球化学行为、水平分异及水圈的化学组成。

4)与岩石圈的关系

土壤是岩石圈的保护层,苏联科学家维尔拉斯基(В. И. Вернадский)认为土壤是"地球的贵重锈层"。贵重在于它具有肥力,具有生产植物收获物的能力。锈层是指土壤是岩石经过风化过程和成土作用的产物。

因此,土壤圈作为地球圈层的"皮肤",对岩石圈具有一定的保护作用,可以减少岩石圈遭受各种外营力破坏;与岩石圈相互进行物质交换与地质循环。

### 2. 土壤圈在地球表层系统中的地位

土壤圈是地球表层系统的重要组成部分,其位置处于地圈系统,即气圈、水圈、生物圈与岩石圈的交界面,它既是这些圈层的支撑者,又是它们长期共同作用的产物。

土壤圈是生物与非生物物质间最重要与最强烈的相互作用界面,它与其他地圈圈层间进行着永恒的物质与能量交换。

土壤圈作为地圈系统的界面与交互层,它对各种物质循环与物质流起着维持、调节和控制作用。土壤肥力是土壤圈层所固有的性质,因而它是地圈系统中最活跃、最富活力的圈层之一。

土壤圈是联系地球各圈层的重要枢纽，同时是联系有机界和无机界的中心环节(图 2-2)。

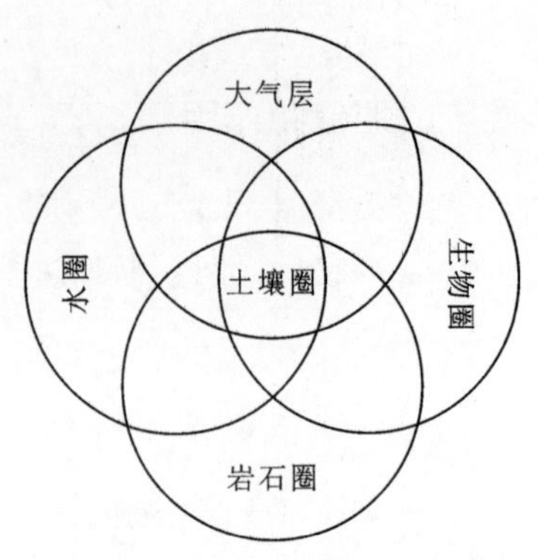


图 2-2　土壤圈在地球表层系统中的地位示意图

**3. 土壤圈对地理环境的作用**

(1)与生物圈进行养分元素的循环，土壤支持和调节生物的生长和发育过程，提供植物所需养分、水分和适宜的理化环境，决定自然植被的分布。

(2)与水圈进行水分平衡与循环，影响降水在陆地和水体的重新分配，影响元素发生地球化学迁移过程及水平分布，从而影响水圈的化学组成。

(3)与大气圈进行大量气体交换，影响大气圈的化学组成，水分与能量的平衡；吸收氧气，释放多种气体，影响全球大气变化。

(4)与岩石圈进行着金属元素和微量元素的循环，土壤覆盖在岩石圈的表层，对岩石圈具有一定的保护作用，减少各种外营力的破坏。

## 二、土壤及土壤肥力

### (一)土壤的概念

土壤是历史自然体，是位于地球陆地表面和浅水域底部的具有生命力、生产力的疏松而不均匀的聚积层，是地球系统的组成部分和调控环境质量的中心要素。

### (二)土壤肥力的概念

土壤肥力是指在植物生活全过程中，土壤供应和协调植物生长所需的水、养分、气、热的能力。土壤具有肥力是其最本质的特征，是其区别于其他事物的标志，是和生物进化同步发展的，可分为自然肥力及人为肥力。土壤肥力的发挥与环境条件、社会经济条件、科学技术条件密切相关。

## 三、土壤形态

### (一)土壤形态的概念

土壤形态是指土壤和土壤剖面外部形态特征。这些特征是成土过程的反应和外部表现，是推断土壤形成过程、判断土壤发育阶段的依据，也是区别各土类的重要依据。

## (二)土壤形态特征

自地表向下直到土壤母质的垂直切面称为土壤剖面。这些土层大致呈水平状,是土壤成土过程中物质发生淋溶、淀积、迁移和转化形成的。

### 1. 自然土壤剖面

1)土壤发生层

土壤发生层指土壤剖面中与地表大致平行且由成土作用而形成的层次,简称土层。

1967 年国际土壤学会将土壤剖面自上至下划分为:有机层(O)、腐殖质层(A)、淋溶层(E)、淀积层(B)、母质层(C)、母岩层(R)。一般将兼有两种主要发生层特征的土层称为过渡层,如 AB 层、BC 层、BA 层、CB 层等,前一个字母代表优势土层(图 2-3)。

主要发生层的含义如下。

O 层:以已分解的和未分解的有机质为主的土层,通常位于矿质土壤的表面,也可埋藏于一定深度。

A 层:形成于表层或位于 O 层之下的矿质发生层。土层中混有有机物质,或具有耕作、放牧或类似的扰动作用。

E 层:硅酸盐黏粒、铁、铝等单独或一起淋失,石英或其他抗风化矿物的砂粒或粉粒相对富集的矿质发生层。

B 层:A 或 E 层之下,具有硅酸盐黏粒、铁、铝、腐殖质、碳酸盐、石膏或硅的淀积层,或碳酸盐的淋失,或残余二、三价氧化物的富集,或有大量二、三价氧化物胶膜,使土壤亮度较上下土层低,彩度较高,色调发红,或具粒状、块状、棱柱状结构。

C 层:母质层;多数是矿质土层,但有机的湖积层和黄土层等也划为 C 层。

R 层:母岩层,即坚质基岩,如花岗岩、玄武岩等。

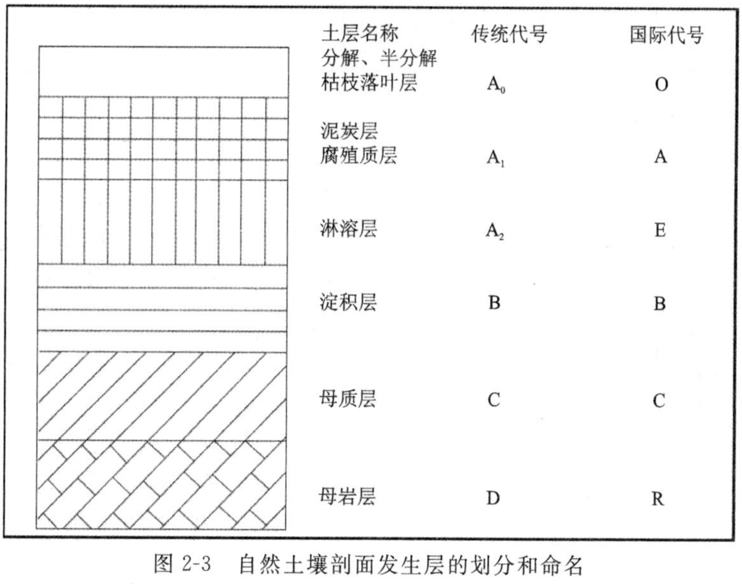

| 土层名称 | 传统代号 | 国际代号 |
| --- | --- | --- |
| 分解、半分解枯枝落叶层 | $A_0$ | O |
| 泥炭层<br>腐殖质层 | $A_1$ | A |
| 淋溶层 | $A_2$ | E |
| 淀积层 | B | B |
| 母质层 | C | C |
| 母岩层 | D | R |

图 2-3　自然土壤剖面发生层的划分和命名

2)土壤剖面构型

土壤剖面构型是土壤剖面构造类型的简称,即为土壤发生层次的组合状况。根据土壤发育程度将土壤剖面划分为(A)C、AC、A(B)C、ABC剖面(图2-4)。

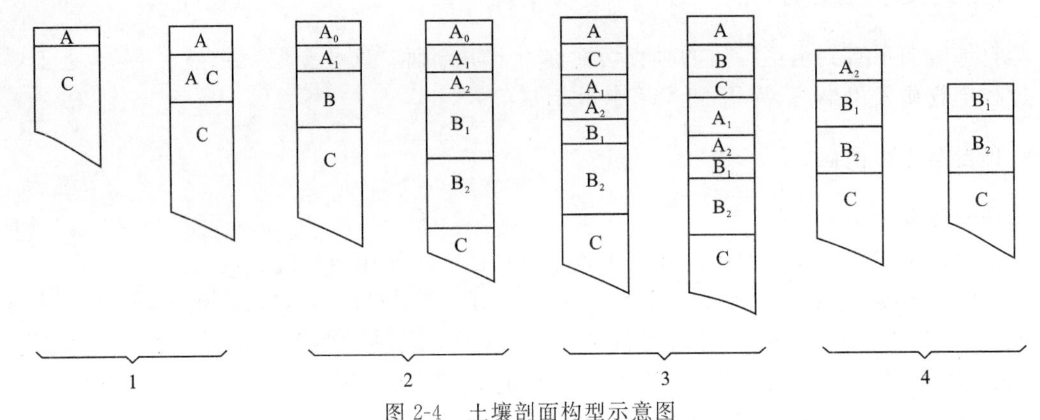


图2-4　土壤剖面构型示意图

1.发育程度很低的土壤剖面;2.发育程度良好的土壤剖面;3.发育过程受干扰的埋藏土壤剖面;4.受强烈剥蚀的土壤剖面

3)土壤发生层基本特征

土壤发生层基本特征包括土壤的颜色、质地、结构、结特性(紧实度)、孔隙状况、干湿度、新生体及侵入体等。

颜色:世界上许多土壤类型是按照其颜色来命名的,如红壤、黄壤、黑钙土、栗钙土等。

质地:是指土壤颗粒的大小、粗细及其匹配状况,即土壤的组合特征。按砂粒、粉砂粒和黏粒3种粒级的百分数,可划分为砂土、壤土、黏土3类。

结构:指土壤颗粒黏结状况,土壤中固体颗粒一般相互黏结在一起,形成一定形状和大小的团聚物,称为结构体(片状、柱状、棱柱状、角块状、粒状、团粒状等结构)。

结持性:又称为土壤紧实度,系指土壤对机械应力所表现出来的状态。一般用小刀插入土壤中,视用力的大小来衡量,分为极紧实、紧实、稍紧实、疏松等级别。

孔隙状况:是指土粒之间存在的空间。决定土壤中液气两相的共存状态,并影响土壤养分和温度状况。可分为毛管孔隙、大孔隙或少孔隙、多孔隙等级别。

干湿度:反映土壤中水分含量的多少。在野外靠人手对土壤感觉凉湿的程度及用手指压挤土壤是否出水的情况来判断,常分为干、润、潮、湿等级别。

新生体:是指土壤发育过程中物质重新淋溶淀积和聚集而形成的新物质,包括化学起源(易溶盐类、石膏、碳酸钙、锈斑与铁锰结核)和生物起源(蚯蚓及其他动物的排泄物、蠕虫穴、鼠穴斑、根孔等)两种。

侵入体:指由外界进入土壤的特殊物质(碎石、砾石、瓦片、砖块、玻璃、金属遗物等)。

**2. 耕作土壤剖面**

耕作土壤剖面自上至下为:耕作层(表土层)、犁底层(亚表土层)、心土层(生土层)、底土层(死土层)。各层特征如下:

(1)耕作层(表土层)。属人为表层类,包括灌淤表层、堆垫表层和肥熟表层。土性疏松、结构良好、有机质含量高、颜色较暗、肥力水平较高。

(2)犁底层(亚表土层)。在耕作层之下,土壤呈层片状结构,紧实,腐殖质含量比上层少。

(3)心土层(生土层)。在犁底层之下,受耕作影响小,淀积作用明显,颜色较浅。

(4)底土层(死土层)。几乎未受耕作影响,根系少,土壤未发育,仍保留母质特征。

## 四、土壤物质组成

土壤由固相、液相和气相三相物质组成。固相包括矿物质、有机质和一些活的微生物。按质量计,矿物质占固相部分90%,有机质占5%。按容积计,固相部分占50%,液相和气相部分各占25%(图2-5)。

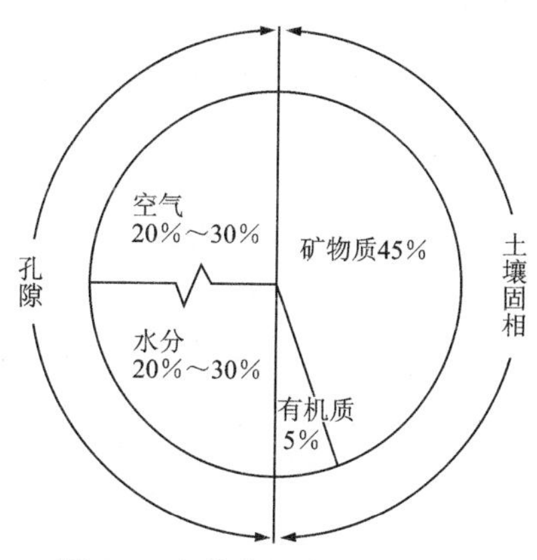


图2-5　土壤的组成(按容积计)

### (一)土壤矿物质

#### 1. 土壤矿物质

土壤矿物质基本上来自成土母质,母质又起源于岩石,按成因分为原生矿物和次生矿物两大类。

(1)原生矿物:各种岩石受到不同程度的物理风化而未经化学风化的碎屑物,其原有的化学组成和晶体结构均未改变。

(2)次生矿物:由原生矿物质经风化后重新形成的新矿物。土壤次生矿物分为3类,简单盐类、次生氧化物类和次生铝硅酸盐类。

#### 2. 土壤元素

土壤矿物质主要组成元素:地壳中已知的90多种元素土壤中都存在,但含量较多的10余种包括氧、硅、铝、铁、钙、镁、钛、钾、磷、硫及一些微量元素如锰、锌、硼、钼等。从含量看,前4种元素所占比例最多,若以$SiO_2$、$Al_2O_3$、$Fe_2O_3$氧化物形式而言,三者之和占土壤矿物质部分的75%。

### (二)土壤有机质

土壤有机质:概指土壤中动植物残体、微生物体及其分解和生成的物质(土壤固相组成部分)。它是植物和微生物生命活动所需养分和能量的来源。土壤有机质数量虽少,却是土壤中最基础的物质,对土壤理化性质和肥力有直接影响。

土壤有机质包括两大类，第一类为非特殊性有机质，主要是动植物残体及其分解的中间产物（蛋白质、糖类、有机酸等），占有机质总量的10%～15%；第二类为土壤腐殖质，是土壤中特殊的有机物质，主要是动植物残体通过微生物作用发生转化而成，占土壤有机质的85%～90%。

#### 1. 土壤有机质的化学组成

土壤有机质的化学组成包括碳水化合物、含氮化合物、木质素、含硫和含磷化合物。

#### 2. 土壤微生物对有机质转化的作用

土壤中的细菌、放线菌、真菌、藻类和原生动物等是土壤有机质转化的主要动力。

#### 3. 有机质的转化

（1）矿质化过程：指进入土壤的动植物残体，在土壤微生物的参与下，把复杂的有机质分解为简单有机质的过程。

（2）腐殖质化过程：是进入土壤的动植物残体，在土壤微生物的作用下分解后再缩合和聚合成一系列黑褐色高分子有机物的过程。

#### 4. 有机质对土壤肥力的作用

（1）土壤有机质含有丰富的植物所需营养元素和多种微量元素，不断供应植物吸收利用。

（2）土壤有机质具有较强的代换能力，可以大量吸收保存植物养分，以免淋溶损失。

（3）土壤有机质和氨基酸等是络合剂，与钙镁铝形成稳定性络合物，能提高无机磷酸盐溶解性。

（4）腐殖酸与金属离子形成稳定络合物的能力较强，有活化土壤微量元素的作用。

（5）土壤有机胶体是一种具有多价酸根的有机弱酸，其盐类具有两性胶体的作用，有很强缓冲酸碱的能力。

（6）腐殖质是胶结剂，能使土壤形成良好的团粒结构，改善土壤耕作。

（7）腐殖质色暗，可增加土壤吸热能力，同时其导热性小，有利于保温。

### （三）土壤水分

土壤水分是土壤重要组成成分和重要的肥力因素。它不仅是植物生活所必需的生态因子，而且也是土壤生态系统中物质和能量流动的介质，它存在于孔隙中。

（1）土壤水分来源：降水、地下水和灌溉用水。

（2）土壤水分消耗：土壤蒸发，植物吸收利用和蒸腾，水分的渗漏和径流。

（3）土壤水分平衡：土壤水分的收入和消耗使土壤含水量相应变化的情况，其表达式如下。

$$\Delta 水 = 水_{收入} - 水_{消耗}$$

土壤水分含量受土壤水分收入和消耗的制约，当水分收入大于消耗时，土壤水分含量增大，反之则减小；当收入和消耗相等时，土壤水分的含量保持不变（动态平衡）。

#### 1. 土壤水分类型

土壤水分类型如表2-1所示。

表 2-1 土壤水分类型划分表

<table>
<tr><td rowspan="11">土壤水</td><td rowspan="3">固态水</td><td rowspan="2">化学结合水</td><td colspan="2">结构水</td></tr>
<tr><td colspan="2">结晶水</td></tr>
<tr><td colspan="3">冰</td></tr>
<tr><td rowspan="7">液态水</td><td rowspan="2">束缚水</td><td colspan="2">紧束缚水</td></tr>
<tr><td colspan="2">松束缚水</td></tr>
<tr><td rowspan="5">自由水</td><td rowspan="2">毛管水<br>（部分自由水）</td><td>悬着毛管水</td></tr>
<tr><td>支持毛管水</td></tr>
<tr><td rowspan="2">重力水</td><td>渗透重力水</td></tr>
<tr><td>停滞重力水</td></tr>
<tr><td>地下水</td><td></td></tr>
<tr><td>气态水</td><td colspan="3">水汽</td></tr>
</table>

#### 2. 土壤有效水分

土壤有效水分是指土壤中能被植物根系吸收的水，通常为田间持水量和凋萎含水量间的水量。它是土壤保水性好坏的一个实用指标。

### （四）土壤空气

土壤空气是存在于土壤中的气体的总称。它是土壤的重要组成之一，主要来自于大气，组成成分和大气基本相似，质和量上与大气有所不同。

土壤空气与大气组成的差异如下：

(1)土壤空气中二氧化碳含量远大于大气。

(2)土壤空气中氧含量低于大气。

(3)土壤空气中相对湿度高于大气。

(4)土壤空气中常常出现一些微生物活动所产生的还原性气体，如甲烷、硫化氢等，在某些情况下甚至可能产生磷化氢及二硫化碳等气体，严重危害作物生长。

## 五、土壤物质之间的相互作用

### （一）土壤机械组成

组成土壤大小不同的土粒按不同比例混合在一起表现出来的土壤粗细状况称土壤的机械组成或土壤质地。

#### 1. 土壤质地

土壤质地指组成土壤的砂粒、粉粒及黏粒等不同大小的矿物粒子的含量百分比，一般大于2mm以上的石砾不考虑在内。

### 2. 土壤质地分类

土壤质地分类是根据土壤的颗粒组成划分的土壤类型。土壤质地一般分为砂土、壤土和黏土 3 类。

土壤粒级划分标准见表 2-2，国际制土壤质地分类见图 2-6，我国土壤质地分类见表 2-3。

**表 2-2　土壤粒级划分标准**

<table>
<tr><th>单位直径/mm</th><th colspan="2">中国制</th><th colspan="2">国际制</th><th colspan="2">苏联制（卡庆斯基）</th><th>美国制</th></tr>
<tr><td></td><td colspan="2" rowspan="2">石砾</td><td colspan="2" rowspan="2">石砾</td><td colspan="2">石</td><td rowspan="2">石砾</td></tr>
<tr><td>3.0</td><td rowspan="2">砾</td><td rowspan="7">物理性砂粒</td></tr>
<tr><td>2.0</td><td>粗砂粒</td><td rowspan="3">砂粒</td><td rowspan="3">粗砂粒</td><td rowspan="5">砂粒</td><td rowspan="4">砂粒</td></tr>
<tr><td>1.0</td><td rowspan="2">细砂粒</td><td>粗、中砂</td></tr>
<tr><td>0.25</td><td rowspan="2">细砂</td></tr>
<tr><td>0.2</td><td rowspan="2">粗粉粒</td><td rowspan="3">粉粒</td><td rowspan="2">细砂粒</td></tr>
<tr><td>0.05</td><td rowspan="2">粗粉粒</td><td rowspan="4">粉砂</td></tr>
<tr><td>0.01</td><td>细粉粒</td><td colspan="2" rowspan="3">粉粒</td></tr>
<tr><td>0.005</td><td colspan="2" rowspan="2">泥粒（粗黏粒）</td><td>中粉粒</td><td rowspan="3">物理性黏粒</td></tr>
<tr><td>0.002</td><td rowspan="2">细粉粒</td></tr>
<tr><td>0.001</td><td colspan="2">胶粒（黏粒）</td><td colspan="2">黏粒</td><td>黏粒</td></tr>
</table>

注：中国制为中国科学院南京土壤研究所和西北水土保持研究所 1987 年拟定；国际制为国际土壤学会 1930 年通过的分类制。

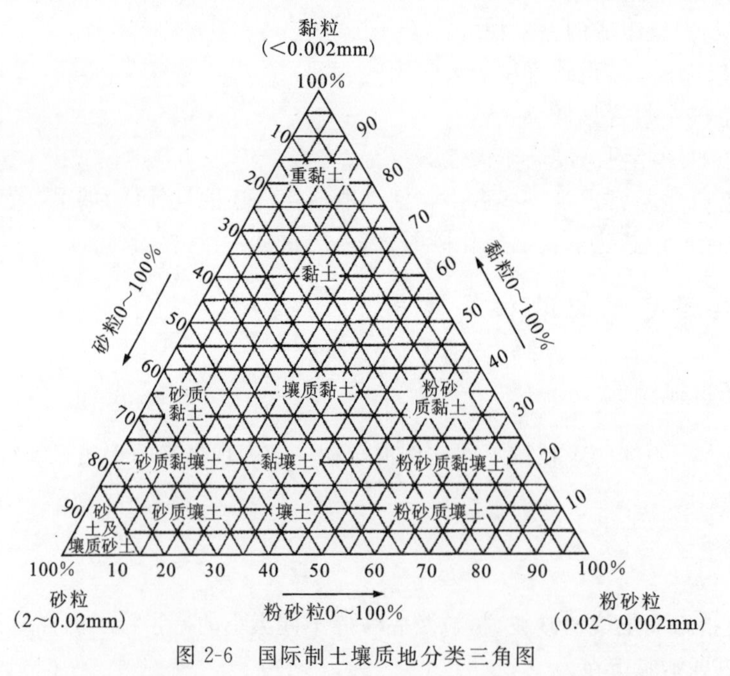


图 2-6　国际制土壤质地分类三角图

表 2-3 我国土壤质地分类

| 质地组 | 质地名称 | 颗粒组成(粒/mL) | | |
| --- | --- | --- | --- | --- |
| | | 砂粒 1～0.05 | 粗粉砂 0.05～0.01 | 胶粒＜0.001 |
| 砂土组 | 粗砂土 | ＞70 | — | |
| | 细砂土 | 60～70 | — | ＜30 |
| | 面砂土 | 50～60 | — | |
| 壤土组 | 粉砂土 | ＞20 | ＞40 | |
| | 粉 土 | ＜20 | ＞40 | ＜30 |
| | 粉壤土 | ＞20 | ＜40 | |
| | 黏壤土 | ＜20 | ＜40 | |
| | 砂黏土 | ＞50 | | ＜10 |
| 黏土组 | 粉黏土 | — | — | 30～35 |
| | 壤黏土 | — | — | 35～40 |
| | 黏 土 | — | — | ＞40 |

**3. 土壤质地的性质**

土壤质地影响土壤水分、空气和热量的运动，也影响养分的转化。质地和有效水容量之间有密切关系，不同质地的土壤毛管水传导度不同，砂土和砾质土孔隙度大，传导度很低；孔隙适中的壤质土毛管上升速率最大。

土壤质地影响土壤结构类型，含黏土高的土壤易形成水稳定性团聚体和裂隙，细砂或极细砂比例大的土壤只能形成不稳定结构，粗砂无法团聚。

## (二)土壤胶体

**1. 土壤胶体的概念**

土壤胶体是指土壤中高度分散粒径在1～100nm之间的物质。很多物理和化学性质都与胶体有直接关系。

**2. 土壤胶体分类**

(1)土壤矿质胶体：包括次生硅酸盐，简单的铁、铝氧化物，二氧化硅等。

(2)有机胶体：包括腐殖质有机酸蛋白质及其衍生物等大分子有机化合物。

(3)有机-无机复合胶体：土中有机胶体和无机胶体通过各种键(桥)力相结合的有机-无机复合体。

**3. 土壤胶体性质**

土壤胶体具有巨大的表面和表面能、带电性(大部分带负电荷)、分散和凝聚性。

#### 4. 土壤的离子交换

土壤胶体表面与溶液介质中电荷符号相同的离子相交换。

### (三)土壤溶液

#### 1. 土壤溶液的概念

土壤溶液是土壤中水分及其所含溶质的总称。
溶液中所含物质有以下几类:
(1)不纯净的降水及其在土壤中接纳的 $O_2$、$CO_2$、$N_2$等溶解性气体。
(2)无机盐类,Ca、Mg、K、Na 和氨。
(3)有机化合物类,如各种单糖、多糖、有机酸、蛋白质及其衍生物类。
(4)无机胶体类,如各种黏粒矿物和铁、铝三氧化物。
(5)络合物类,如铁、铝有机络合物。

#### 2. 土壤的酸碱反应

土壤的酸碱反应指土壤中的酸性物质和碱性物质解离出 $H^+$ 和 $OH^-$ 数量中和的结果。

#### 3. 土壤的缓冲性

土壤的缓冲性是指土壤加酸或加碱时具有缓冲酸碱度改变的能力。它主要来自土壤胶体及其吸附的阳离子和土壤所含的弱酸及其盐类。

#### 4. 按 pH 值划分的土壤类型

按 pH 值划分的土壤类型见表 2-4。

表 2-4 按 pH 值划分的土壤类型

| 土壤反应分级 | 强酸性 | 酸　性 | 微酸性 | 中　性 | 碱　性 | 强碱性 |
|---|---|---|---|---|---|---|
| 土壤 pH 值 | <4 | 4～5.5 | 5.5～6.5 | 6.5～7.5 | 7.5～8.5 | >8.5 |
| 土壤中可能存在的成分 | 游离硫酸,大量活性铁铝 | 交换性铝 | 交换性氢,有机酸 | 盐基饱和,交换性钙为主 | 盐基饱和,有碳酸钙,可能有石膏、芒硝和其他易溶性与交换性 Na | 盐基饱和,有游离碳酸钠交换,$Na^+$ 含量高 |

## 六、土壤的形成

土壤形成与地理环境的关系密切。土壤是成土母质在一定水热条件和生物作用下,经过一系列的物理、化学和生物化学过程形成的。母质层与环境之间发生了频繁的物质能量交换,转化形成土壤腐殖质和黏土矿物,发育了层次分明的土壤剖面,出现了具有肥力的土壤。

## (一)成土因素学说

俄国现代土壤地理学奠基人 B.B.道库恰耶夫在 19 世纪末科学调查的基础上，将广阔地域土壤与其自然条件联系起来，创立了成土因素学说。

其函数关系方程为：

$$\Pi = X(K, O, \Gamma, P, T)$$

式中：$\Pi$——土壤；

$K$——气候；

$O$——生物；

$\Gamma$——母质；

$P$——地形；

$T$——时间。

基本观点：土壤是母质、气候、生物、地形和时间五大自然因素综合作用的产物。所有的成土因素始终同时存在并同等重要和相互不可替代地参与了土壤形成过程。土壤永远受制于成土因素的发展变化而不断地形成演化；土壤是一个运动着的和有生有灭或有进有退的自然体。土壤形成因素存在着地理分布规律，特别是有由极地经温带至赤道的地带性规律。

## (二)成土因素对土壤形成的作用

### 1.母质因素

岩石风化的产物称成土母质，简称母质，是土壤形成的物质基础。多数土壤的属性均继承了母质的特性。成土母质影响土壤的质地及土壤养分状况。

### 2.气候因素

气候因素影响土壤水热状况，而水热状况又直接或间接地影响岩石的风化过程、高等植物和低等植物及微生物的活动、土壤溶液和土壤空气的迁移转化过程，因此决定了土壤中物理、化学和生物的作用过程，影响土壤形成过程的方向和强度。

气候影响次生矿物的形成、岩石矿物风化强度、土壤有机质的积累和分解、土壤微生物的数量和种类及土壤的地带性分布规律。

### 3.生物因素

土壤形成的生物因素包括植物、土壤微生物和土壤动物，它们是土壤有机质的制造者，也是分解者，是土壤发生发展过程中最活跃的因素。

绿色植物利用太阳能进行光合作用制造成活体有机质，再以有机生物残体形式聚集于母质表层，推动了土壤的形成和演化。

土壤微生物分解动植物有机残体，释放其中潜藏的能量和养分供生物再吸收利用，促进土壤肥力不断发展，还参与土壤腐殖质的形成。

土壤中的原生动物、各种昆虫等的残体也是土壤有机质来源之一，它们参与土壤有机残体的分解、破碎，翻动、搅拌疏松土壤和搬运土壤。

#### 4. 地形因素

地形影响地表水热条件的重新分配，支配着地表径流、成土母质的分配及土壤的发育过程。

#### 5. 时间因素

土壤发育的时间(成土年龄)可说明土壤在历史进程中发生发展和演变的动态过程，是研究土壤特性和发生分类的重要基础。

土壤有绝对年龄和相对年龄。绝对年龄是指土壤在当前新风化层或新的母质上开始发育时起直到目前所经历的时间。相对年龄是指土壤发育的阶段或发育的程度。一般而言，绝对年龄越大，相对年龄也越大。

通常所谓的“土壤年龄”是指土壤的发育程度，而不是指年数，亦即通常所谓的相对年龄。发育程度高的土壤，所经历的时间大多比发育程度低的土壤长。

#### 6. 人类生产活动

人类生产活动对土壤形成和性质的影响是有意识有目的的，是在认识土壤客观性质的基础上对土壤进行利用改造，定向施肥，创造不同熟化程度的耕作土壤。

人类活动改变自然环境条件，如修筑梯田、灌排工程，放牧，砍伐林木等。

人类活动改变土壤内在组成，加速土壤形成过程，改变发展方向，如施肥、灌溉排水等。

各成土因素相互作用、相互影响普遍而长期存在。成土因素中任何一因素发生变化，引起其他因素发生相应变化，土壤形成过程及其类型也会相应变化。不同成土因素对土壤形成具有同等重要性。土壤形成是各个动态因素作用的总和，是成土因素综合作用的结果。

### (三)土壤形成的基本规律

自然土壤形成的基本规律是地质大循环与生物小循环过程矛盾的统一。

#### 1. 地质大循环

(1)概念：地质大循环是指结晶岩石矿物在外力作用下发生风化变成细碎而可溶的物质，被流水搬运迁移到海洋经过漫长的地质年代变成沉积岩，当地壳上升，沉积岩又露出海面成为陆地，再次受到风化淋溶。

(2)过程：裸露基岩(风化淋溶作用)→风化壳(搬运作用)→沉积物(成岩作用)→沉积岩，时间极长、范围极广。

(3)意义：形成疏松多孔的成土母质，为植物生长提供了基础。

#### 2. 生物小循环

(1)概念：生物小循环是指植物吸收利用大循环释放出来的可溶性养分，通过生理活动制造成植物的活有机体，当植物有机体死亡之后，在微生物的分解作用下，又重新变为可被植物吸收利用的可溶性有机物。有机质的合成与分解是对立的统一过程。

(2)过程：低等生物使母质积累有机质和养分→地衣、苔藓→高等绿色植物。

(3)意义:控制了自然界养料物质无限制的淋失,使有限的营养元素得到无限的利用,使母质转化成土壤,促进土壤从简单到复杂、由低级到高级不停地运动和向前发展。

## 第二节　生态学基本理论

### 一、生态学概述

#### (一)生态学的概念

生态学(ecology)一词源于希腊文“oikos”,表示住所和栖息地,原意是研究生物栖息环境的学科。

1866年,德国的动物学家海格尔(E. Heackel)首次为生态学下了定义:生态学是研究有机体与其周围环境——包括非生物环境和生物环境相互关系的科学。后来,一些著名生态学家也对生态学进行了定义。1966年,史密斯(Smith)认为生态学是研究有机体与生活之地相互关系的科学,所以又把生态学称为环境生物学(evironmental biology)。著名美国生态学家E. P. Odum(1956)提出的定义是:生态学是研究生态系统的结构和功能的科学。我国著名生态学家马世骏(1980)认为,生态学是研究生命系统和环境系统相互关系的科学。

目前,生态学家普遍认为,生态学是研究生物与环境之间相互关系及其作用机理的科学。

#### (二)生态学三定律

美国环境学家小米勒(G. T. Miller Jr)提出的生态学三定律如下。

(1)生态学第一定律:我们的任何行动都不是孤立的,对自然界的任何侵犯都具有无数效应,其中许多效应是不可逆的。

(2)生态学第二定律:每一种事物无不与其他事物相互联系和相互交融。此定律可称为相互联系定律。

(3)生态学第三定律:我们生产的任何物质均不应该对地球上自然的生物地球化学循环有任何干扰。此定律或可称之为勿干扰原理。

#### (三)生态学的研究对象

生物学科的两大发展方向:微观——分子生物学;宏观——生态学。

生态学是研究生物与环境、生物和生物之间相互关系的一门生物学基础分支学科。生态学研究的是活的生物在自然界中与环境的相互作用和生物之间的相互作用。

20世纪50年代以后,欧洲工业化大生产迅速发展,带来了一系列严重后果:环境污染(“三废”)、自然资源的破坏、能源危机、人口膨胀带来的粮食不足等问题。全球性的事态激化,即“全球性生态灾难”使得人们开始重视生态学。

目前,生物多样性保护、可持续发展和全球气候变化已成为全球关注的三大生态学问题。

## 二、生态系统

### (一)生态系统的概念

**1. 种群**(population)

一个生物物种在一定的范围内所有个体的总和称为生物种群。

**2. 生物群落**(community)

在一定自然区域的环境条件下,许多不同种的生物相互依存,构成了有着密切关系的群体,称为生物群落。

**3. 生态系统**(ecosystem)

生态系统是指一定范围内,各生物成分和非生物成分之间,通过能量流动和物质循环而相互作用、相互依存所形成的一个统一整体,或是一定空间内由生物成分和非生物成分组成的一个生态学功能单位。

**4. 生物圈**(biosphere)

生物圈指全球生态系统的总和,即地球表面全部生物及其生活领域的总称。

### (二)生态系统的组成

**生物成分+非生物环境=生态系统。**

**物质组成:生物体为有机物质,作为环境的岩石、大气和水则是无机物质。**

**生物群落(有机物质):**

生产者:指能进行光合作用的各种绿色植物、蓝绿藻和某些细菌,又称为自养生物,把光能转化成化学能。

消费者:指以其他生物为食的各种动物(第一、第二、第三次消费者,即植食性、肉食性、大型肉食性动物)。

分解者:微生物(细菌、真菌和放线菌等),把大分子有机物还原成简单的无机物,释放到环境中。

**环境(无机物质):**

媒质——水、空气、土壤等。

基质——岩石、泥沙等。

能源——地热、太阳能等。

物质代谢原料——二氧化碳、氧气、水等。

**元素组成:**主要是氢、氧和碳,它们分别占49.8%、24.9%和24.9%,3种元素占生物有机体的99.6%。此外,还有微量的氮、钙、钾、硅、镁、磷、硫、铝等。

### (三)生态系统类型

按基质分为陆地生态系统(森林、草原、荒漠等生态系统)和水域生态系统(淡水、海洋、湿地等生态系统)。

## (四)生态系统的功能

任何生态系统都具有能量流动、物质循环和信息传递三大基本功能。

### 1. 能量流动

(1)能量流:地球是一个开放系统,存在着能量的输入和输出。能量输入的根本来源是太阳能。太阳能辐射到地球的能量主要有两种形式,即热能和光能。光能输入生态系统,进行光合作用,转化为化学能,供系统利用。

光能的一部分经过一系列的转化和流动(植物光合作用—动物—微生物),最后能量以热能的形式散布到环境中,这种能量的单向流动的现象,叫能量流。

(2)食物链和食物网:能量流动的渠道。

食物链(food chain):生态系统中食物(固定的能量和物质)以一系列吃与被吃的步骤通过生态系统,叫食物链。其中的每个环节叫营养级。自然界中实际存在的取食关系非常复杂。

生态系统中一般有两类食物链,即捕食食物链和碎屑食物链。前者以活的动植物为起点,后者以死的生物或腐屑为起点。在陆地生态系统和许多水生生态系统中,能量流动主要通过碎屑食物链,净初级生产量中只有很少一部分通向捕食食物链。只有在某些水生生态系统中,例如在一些由浮游藻类和滤食性原生动植物组成食物链的湖泊中,捕食食物链才成为能量流动的主要渠道。

食物网(food web):生态系统中不是简单的独立的食物链,一种生物不仅仅吃一种食物,而同一种食物也不是只被一种生物消费,它会出现在多个食物链中。因此,把多个互相关联在一起的食物链组成的网叫食物网。

一般地,食物网越复杂,生态系统就越稳定。食物网是复杂的,但不随机,它具有高度的典范性。规律有:①很少为环状;②食物链不长,平均为 4 节;③顶、中、基位种的比例相当稳定。食物网越复杂的生态系统,消失一种生物,往往不会引起系统的失调,相反,可能导致系统的激烈波动,其他相应环节能起补偿作用。

(3)营养级与生态金字塔:食物链中的每个环节叫营养级,食物链告诉我们,后一个营养级的生存必须依赖前一营养级的能量,但通常能量的流动在食物链中越来越少、逐次递减,除本身消耗外,前一个营养级所提供的能量只能满足后一个营养级少数生物的需要,营养级逐级向上,能量递减,生物个体数也递减。

如果把能量(或者生物量、个体数量)按体积大小,沿营养级排列制图,得出一个金字塔图形,就是生态金字塔。

(4)生态效率:用来估计各个环节的能量传递效率。

生产量:指一定时期内有机物质增加的总重量,含有速率的概念。

总生产量:指某一时期增加的有机质,加上呼吸损失的部分。

净生产量:总生产量减去呼吸损失的部分。

同化量:指植物光合作用中所固定的日光能;动物在消化道内被吸收的能量。

生物量:指任一时间某生物(种群、群落或生态系统)有机物的总质量。

现存量:指单位面积上当时所测得的生物体的总质量,通常代表生物量。

生产力：指单位时间、单位面积的生产量，即生产速率。

同化效率：光合作用所固定的能量占植物吸收的日光能的比例。

同化效率＝被植物固定的能量/吸收的日光能

＝被动物吸收的能量/动物的摄食量

Lindman效率：能量每通过一个营养级，其有效能量（可利用的能量）大约为前一个营养级有效能量的10%。

**2. 物质循环**

生物学研究表明，对生命必需的元素只有约24种，即碳、氧、氮、氢、钙、硫、磷、钠、钾、氯、镁、铁、碘、铜、锰、锌、钴、锡、钒，可能还有镍、溴、铝和硼。上述元素中的4种，即碳、氢、氧、氮，占生物有机体组成的99%以上，在生命中起着关键作用，被称为"关键元素"。

1）概念

生态系统从大气、水体或土壤中获取的各种营养物质，通过绿色植物的吸收，进入生态系统，被其他生物重复利用，最后又归回到环境中的过程，叫物质循环，也叫生物地球化学循环。其特点是物质总在循环，且物质是不灭的。

2）物质循环的类型

（1）水循环：指水的动态平衡，它由来自于太阳的热能推动完成，包括大循环和小循环。

大循环：海洋蒸发的水源，被气流运送到空中，遇冷凝结成水，落到地面，汇入到江河、归到大海的过程（海洋→空中→陆地→海洋）。

小循环：海洋或陆地的水经蒸发，凝结后再降到海洋或陆地上的水分运动过程。

水循环的生态学意义：

水的主要储库是海洋。地球上的降水量和蒸发量总的来说是相等的，通过降水和蒸发保持地球上水分的平衡。

为陆地生态系统提供水源，维持生命活动和繁衍，是物质循环的重要基础。每年的降水约35%又以地表径流流入到海洋，流动的过程能够溶解和携带大量的营养物质，帮助营养物质从一个系统转移到另一个生态系统。

水是很好的溶剂，可以作为其他物质循环的载体，水循环常伴随着地球化学物质循环，保证化学物质供给生态系统。

水的三相变化不停相互交换，特别是蒸腾作用，使叶片大量释放水分，达到净化水的目的。

（2）碳循环。碳储量（全球碳库总储量$26\times10^{15}$ t）：绝大部分碳以碳酸盐的形式禁锢在岩石圈中，其次是化石碳（石油等燃料）；生物可直接利用的碳是大气圈、空气和水中的二氧化碳。此外，动植物体内和土壤有机质中有部分碳。

地面动植物所储存的碳量与空气中二氧化碳的总量相当；土壤有机质中的碳量是全球碳库的另一重要部分。由此，大气、土壤、动植物之间的碳流动与转化是全球碳循环的主流。植物光合作用→固定二氧化碳→动物体内→呼吸释放部分→动植物残体被微生物分解释放出二氧化碳。

此外，除了大气，碳的另一个储库是海洋，碳含量是大气的50倍。通过呼吸、沉积→再暴露→风化→重返大气圈。

（3）氮循环：氮是蛋白质的基本成分，是一切生命结构的原料。大气中有78%的氮气，但是不能被生物直接利用，它必须通过固氮作用将游离的氮与氧结合成为硝酸盐或亚硝酸盐，或者与氢结合成氨，才能被大部分生物所利用，参与蛋白质的合成。因此，氮被固定后，才进入生态系统，参与循环。

植物只能从土壤中吸收无机态的铵态氮（铵盐）和硝态氮（硝酸盐），用来合成氨基酸，再进一步合成各种蛋白质。动物则只能直接或间接利用植物合成的有机氮（蛋白质），经分解为氨基酸后再合成自身的蛋白质。在动物的代谢过程中，一部分蛋白质被分解为氨、尿酸和尿素等排出体外，最终进入土壤。动植物残体中的有机氮则被微生物转化为无机氮（氨态氮和硝态氮），从而完成生态系统的氮循环。

（4）有毒物质的循环：有毒物质进入生态系统，一般常常被水和空气稀释到无害程度，无法测出。有毒物质被分解解除毒性的过程有快有慢，如白色垃圾的降解慢。

富集（生物扩大作用）：有毒物质不能被分解，而是通过食物链的传递，逐级浓缩，毒量放大，如一些农药和杀虫剂等。

物质循环与能量流动不同，能量流是单向流动的，而物质流则构成一个循环的通道。生物体内所需的营养元素在生物圈内运转不息，从非生物环境到生物有机体内，再返回到非生物环境中去。营养元素的循环包括生态系统内（主要是植物群落和土壤之间）的生物小循环和地球化学的大循环，通常称这种循环为生物地球化学循环。在循环过程中，每种元素都有各自的路线、范围和周期，即可分成不同的循环类型，如气体循环和沉积循环。

#### 3. 信息传递

生态系统的信息传递是指在生态系统的各组成部分之间及各组成部分的内部，存在着各种形式的信息（营养信息、化学信息、物理信息和行为信息），以此将生态系统联系成为一个统一的整体。

信息传递是生态系统的重要功能之一。

### （五）生态系统的特点

（1）具有空间结构。由于生物及其所处的环境是实实在在的实体，因此生态系统通常与一定的空间相联系，反映一定的地区特性及空间结构，往往以生物为主体，呈网络式的多维空间结构。

（2）具有时间变化。生态系统中的生物随时间具有产生、发展、死亡的变化过程，而所处的环境也在不断地变化，从而使得生态系统也和自然界其他事物一样具有发生、形成和发展的过程，具有发育、繁殖、生长和衰亡的特征。

（3）具有自动调控功能。自然生态系统中的生物与其所处的环境经过长期的进化适应，逐渐建立起相互协调的关系。

生态系统自动调控机能主要表现在：一是同种生物种群密度的调控，这是在有限空间内比较普遍存在的种群变动规律；二是异种生物种群之间的数量调控，多出现于植物与动物、动物与动物之间，常有食物链关系；三是生物与环境之间相互适应的调控。

这些调控常通过反馈调节机制使生物与生物、生物与环境间达到功能上的协调和动态平衡。

（4）是开放系统。各类生态系统都是不同程度的开放系统，不断地从外界输入能量和物质,经过转换变为输出,从而维持系统的有序状态。

## 三、生态系统的演替

生态系统的结构和功能随着时间的推移而不断改变的过程称为生态演替。

生态系统演替的主要原因是生态系统内部的自我协调和外在环境因素的相互作用。系统演替过程所涉及到的有机体的变化,所需的时间以及达到的稳定程度,均取决于生态系统内在的结构、功能以及地理位置、气候、天文、地质等外在环境因素。一般来说,环境因素的变化只能改变演替的模式和速度,而当外界干扰特别强大时,生态系统的演替会受到抑制或终止。当生态系统中能量和物质的输入量大于输出量时,生态系统的总生物量增加,反之则减少。在自然条件下,生态系统的演替总是自动地向着生物种类多样化、结构复杂化、功能完善化的方向发展,最终形成顶极生态系统,使生态系统中群落的数量、种群间的相互关系、生物产量达到相对平衡,生态系统进入成熟的稳定阶段。

生态系统的演替规律告诉人们:首先,生态系统的演替是有方向、有次序的发展过程,是可以预测的;其次,演替是生态系统内外因素共同作用的结果,也是可控制的;最后,演替的自然趋势是增加系统的稳定性,是生态系统的自我调节能力的体现。

## 四、生态平衡与生态破坏

### (一)生态平衡

#### 1. 生态平衡概念

生态系统本身是一个动态系统,没有一成不变的东西,时刻进行着能量的流动和物质的循环,所以,我们看到的生态系统只是某一时刻或某一片断过程。

在一定时期内,系统内生产者、消费者和分解者之间保持着一种动态平衡,系统内的能量流动和物质平衡在较长时期内保持稳定。这种状态就是生态平衡,又称自然平衡。如果生态系统中物质与能量的输入大于输出,其总生物量增加,反之则生物量减少。

生态平衡是靠一系列反馈机制维持的。物质循环与能量流动中的任何变化,都是对系统发出的信号,会导致系统向进化或退化的方向变化。但是变化的结果又反过来影响信号本身,使信号减弱,最终使原有平衡得以保持。自然生态系统一般属于开放系统。开放系统是同外界有物质和能量交换的系统,它必须依赖于外界环境的输入,如果输入一旦停止,系统也就失去了功能。当开放系统具有了调节功能的反馈机制后,该系统就成为控制系统。

生态系统本身是个控制系统和反馈系统,它通过自我调节来达到或维持一个生态系统的平衡。

反馈(feedback)是指系统的输出变成了决定系统未来功能的输入,一个系统如果其状态能够决定输入,就说明它有反馈机制的存在。反馈有正反馈和负反馈之分,负反馈控制可使系统保持稳定,维持平衡,而正反馈不能维持稳定,它会使偏离加剧。也就是说,正反馈不能维持稳定,只有负反馈才能使系统维持稳态。

一般系统越大,越复杂,自我调节能力越强;反之,越弱。但是,生态系统的调节是有限度的,如果超出极限的话,平衡将受到破坏,产生严重后果。

#### 2. 生态平衡原理

生态平衡是指生态系统的结构和功能的动态平衡。生态系统之所以能够保持动态的平衡，关键在于生态系统具有自动调节能力。

生态系统的自动调节能力有大有小。生态系统自动调节能力的大小，有赖于生态系统内部生物的多少以及食物链、食物网、能量流动和物质循环的复杂程度。在生物种类多样，食物链、食物网、能量流动和物质循环复杂的情况下，生态系统一般比较容易保持稳定，如果生态系统内部某一部分的功能发生障碍，这种障碍也会因其他部分的调节而得到补充；相反，生物种类单一，内部结构简单的生态系统，其内部自动调节能力就较差。例如，纯马尾松林容易发生松毛虫的爆发性危害，而在混交林（与纯马尾松林相反，是由两种或两种以上乔木树种组成的森林）中，这种单一性的虫害就不容易大发生。这是因为混交林内的物种较多，食物链、食物网的结构比较复杂，可以有多种天敌来控制一种害虫数量的发展。

一个生态系统的自动调节能力无论多强，也总是有一定的限度，如果外来干扰超过了这个限度，生态平衡就会遭到破坏。

### (二)生态破坏的因素

#### 1. 影响生态平衡的因素

影响生态平衡的因素既有自然的，也有人为的。

自然因素如火山、地震、海啸、台风、林火、泥石流和水旱灾害等常常在短期内使生态系统破坏或毁灭。受破坏的生态系统在一定时期内有可能自然恢复或更新。

人为因素包括人类有意识“改造自然”的行动和无意识造成对生态系统的破坏。人为因素如砍伐森林、疏干沼泽、围湖造田和环境污染等，它们都能破坏生态系统的结构与功能，从而引起生态失调。

所谓“生态危机”大多是指人类活动引起的此类生态失调。生态平衡的破坏往往出自人类的贪欲与无知，过分地向自然索取，或对生态系统的复杂机理知之甚少而贸然采取行动。

#### 2. 环境污染与生态破坏

生态破坏主要表现为：水土流失，沙漠化、荒漠化，森林锐减，草场退化、土地退化，湖泊的富营养化，生物多样性的减少。

## 五、生物多样性

### (一)生物多样性

生物多样性是指来自陆地、海洋、其他水体生态系统，以及其他生态复合体中的生命有机体的变异性，包括种内多样性、种间多样性，以及生态系统的多样性。多样性是生态系统的一个结构特征，同时，生态系统的变异性是生物多样性的重要组成成分。

生物多样性有以下几个层次的含义：

(1)遗传多样性，指遗传信息的总和，包括栖居于地球上的植物、动物和微生物个体的基因，包括一个物种内个体之间和种群之间的差别。

(2)物种多样性，指地球上生命有机体种类的多样性，目前被科学家实际描述了的仅约 $1.4\times10^{6}$ 种，但据多方面估计，在历史上的数量在 $5\times10^{6}\sim5\times10^{7}$ 种之间或更多。

(3)生物群落或生态系统多样性，指一个地区内(例如草原、沼泽和森林地区等)各种各样的生境、生物群落和生态过程等。

多种多样的生态系统使营养物质得以循环，也使水、氧气、甲烷和二氧化碳(由此影响气候)等物质以及其他诸如碳、氮、硫、磷等得以循环。因此，生物多样性也包括生态系统功能的多样性，指在一个生态系统内生物的不同作用，例如，植物的作用是吸收能量，而草食动物的作用在于使植物的生长受到控制。

### (二)生物多样性原理

生物多样性是指生命有机体及其赖以生存的生态综合体的多样性和变异性。

生物多样性可以从 4 个层次上去描述——遗传多样性、物种多样性、生态系统多样性和景观多样性。一般认为物种多样性是生态系统稳定与否的一个重要因子。

物种多样性的作用：复杂生态系统通常是最稳定的，它的主要特征之一就是生物组成种类繁多且均衡，食物网纵横交错。其中某个物种偶然增加或减少，其他种群就可以及时地抑制或补偿，从而保证系统具有很强的自组织能力。相反，退化生态系统恢复初期和人工生态系统生物种类比较单一，其稳定性往往很差。

## 六、其他生态学基本原理

### (一)限制性因子原理

生物的生存和繁殖依赖于各种生态因子的综合作用，限制生物生存和繁殖的关键性因子即为限制因子。任何一种生态因子接近或超过生物的耐受范围即为这种生物的限制性因子。

Liebig(1840)指出：植物的生长取决于在最小量植物状态的食物的量。这一概念被称为“Liebig 最小因子定律”(Liebig’s law of the minimum)。

Shelford(1913)指出：生物的生存与繁殖，要依赖于某种综合环境因子的存在，只要其中一项因子的量(或质)不足或过多，超过了某种生物的耐性限度，则该物种就不能生存甚至灭绝。这一概念被称作 Shelford 耐性定律。

这两个定律对土地复垦时物种的选择和生境的改良具有双重指导意义。

### (二)主导生态因子原理

生态系统的动态发展受制于这个体系中的各个因子。在这些复杂的因子中，只有少数因子具有支配作用——主导生态因子，包括负向和正向两种——影响着生态系统演替、退化以及生态系统的恢复与重建。

### (三)生态位原理

生态位是指一个种群在生态系统中，在时间空间上所占据的位置及其与相关种群之间的功能关系与作用，又称生态龛，表示生态系统中每种生物生存所必需的生境最小阈值。

结合竞争排斥理论，将生态位的概念应用于自然生物群落，则有以下要点：

(1)一个稳定的群落中占据了相同生态位的两个物种，其中一个物种终究要灭亡。

(2)一个稳定的群落中，由于各种群在群落中具有各自的生态位，种群间可避免直接的竞争，从而保证了群落的稳定。

(3)由多个生态位分化的种群所组成的群落，要比单一种群组成的群落更能有效地利用环境资源，维持长期的、较高的生产力，因此具有更大的稳定性。

生态位理论的实践意义：生态恢复特别是构建高物种多样性的复合生态系统时，应该考虑各个物种在空间的生态位(水平方向、垂直方向和地下根系)分化及物种间相互关系。

生态位理论不仅是指导物种引种、配置的关键，而且合理地运用生态位理论，可以构建出具有多样性种群的、稳定而高效的生态系统(如乔、灌、草的合理配置)。

#### (四)边缘效应原理

边缘效应的定义为(王如松，1985)在两个或多个不同性质的生态系统交互作用处，由于某些生态因子或系统属性的差异与协同作用，引起某些组分及行为的较大变化。

就生物群落而言，在两个或多个群落的过渡区域(交错区或生态过渡带，ecotone)，每个群落都有向外扩散的趋势，交错区内的生物种类比与之相邻的群落要多，生产力也比较高。也就是说，与中心部分相比，生态系统的周界部分常常具有较高的物种丰富度和初级生产力。

有些物种需要较稳定的生境条件，往往集中分布在系统或群落的中心部分——内部种；另一些物种则能适应多变的环境条件，生态幅较宽，主要分布在边缘部分——边缘种。

边缘效应的研究对于自然保护区中边缘区、缓冲区与核心区的规划建设具有重要意义。生态系统或群落的面积很小——内部与边缘的环境分异便不复存在——整个系统或群落就会全部被边缘种或对生境条件变化不敏感的物种所占据。

边缘效应研究对土地复垦中涉及生态恢复的实践具有重要指导意义。

#### (五)物种共生原理

物种共生(mutualism)是指两种不同生物之间所形成的紧密互利关系。动物、植物、菌类以及三者中任意两者之间都存在"共生"。在共生关系中，一方为另一方提供有利于生存的帮助，同时也获得对方的帮助。两种生物共同生活在一起，相互依赖，彼此有利。倘若彼此分开，则双方或其中一方便无法生存。

依据此原理，在土地复垦规划设计时，可以根据环境资源状况和物种的生物学、生态学特征进行物种选择和时空配置。

## 第三节　景观生态学基础

### 一、景观生态学的基本概念

#### (一)景观及景观要素

##### 1. 景观的定义

景观是以类似方式重复出现的、相互作用的若干生态系统的聚合所组成的异质性区域(Forman & Godron，1986)。例如：我国北方山区的乡村景观：山麓—村庄—道路—河流—森林—农田，且重复出现。

一个景观应具备以下4个特征：

(1)景观是异质性土地单元组成的镶嵌体，即生态系统的聚合(结构上)。

(2)景观由相互作用和相互影响的生态系统组成(功能上)。

(3)景观是处于生态系统之上、区域之下的中等尺度生物空间实体(尺度上)。

(4)景观具有一定自然和文化特征，兼具经济、生态、文化价值(景观形成上)。

**2. 景观要素**(landscape element)

1)景观要素定义

景观要素是指组成景观的最基本、相对均质的土地生态要素，也称景观单元，包括地形、气候、水、生物、土壤，以及社会文化因素，例如山体、动植物、水体、大气、建筑、音乐等。景观的自然要素部分是物质的并且是可见的，通常被客观地描述或定量化表达；关于社会文化等人文要素，有些为非物质状态。

2)景观要素分类

按照在景观中的地位和形状，景观要素可以分为斑块、廊道、基质3种类型。

斑块是指与周围环境在外貌或性质上不同，但又具有一定内部均质性的空间部分。其大小、类型、形状、边界、位置、数目、动态以及内部均质程度对生物多样性的保护都有特定的生态学意义。斑块面积的大小不仅影响物种的分布和生产力水平，而且影响能量和养分的分布。一般来说，斑块面积越大，物种多样性越高。斑块数目对生物多样性的影响主要表现在生物栖息地的增减上，减少一个斑块就意味着抹去一个栖息地；增加一个斑块，则意味着增加一个避难所。一般而言，两个大型的自然斑块是保护某一物种的最低斑块数目，4～5个同类型斑块对维持物种的长期健康与安全较为理想。斑块的形状对生态学过程和各种功能流有重要的影响，例如，紧密型斑块有利于保储能量养分和生物，松散型易于促进斑块与周围环境在物质能量生物方面的交换。

廊道是具有通道或屏障功能的线状或带状的景观要素，是联系斑块的重要桥梁和纽带。它不同于两侧的基质，可以看作是一个线状或带状斑块。廊道在很大程度上影响着斑块间的连通性，也在很大程度上影响着斑块间物种营养物质能量的交流和基因交换。廊道的生态功能取决于其内部生境结构长度和宽度及目标种的生物学特性等因素。廊道有着双重性质：一方面将景观不同部分隔开，对被隔开的景观是一个障碍物；另一方面又将景观中不同部分连接起来，是一个通道，最显著的作用是运输，它还可以起到保护作用。

廊道在生物多样性的保护中有重要作用，主要表现在：①为物种提供特殊生境或者栖息地；②增加物种重新迁入机会；③促进斑块间物种的扩散。

基质是景观的本底，是景观中面积最大、连接度最好、对景观控制力最强的景观要素。基质对斑块嵌体等景观要素内及景观要素之间的物质能量流动、生物迁移觅食等生态学过程有明显的控制作用，因而作为背景的基质对生物多样性保护起关键作用。

3)景观与景观要素的关系

景观和景观要素有本质区别，但也是相对的。

区别表现为：景观强调空间实体的整体性和异质性，而景观要素强调空间单元的从属性和匀质性。

相对性表现为：景观和景观要素都可在不同的研究对象或等级尺度处于不同的地位。比如：森林既可作为景观研究，也可以作为要素考虑。

### 3. 景观功能

景观功能研究是景观生态学研究中最薄弱的环节，问题的关键在于没有形成自身的功能描述方式和特色研究范式。

1)景观功能的自然观

把景观生态功能归结为各种生态流的实现。

生态流类型：能量流、物质流、物种流。

运动载体：风、水流、飞翔动物、陆地动物、人和机械。

研究内容：生态流的运动特征，如流量、流速及时空分布差异以及不同景观组分在生态流实现过程中的作用。

2)景观功能的社会人文观

在考虑生态学特色的基础上，综合考虑人为活动的具体需求，将景观功能进行进一步的现实化。

自然观点可以为景观功能分析建立比较符合科学要求的分析内容及研究范式，但功能的具体指向不明确，特别是针对与人为活动联系密切的景观而言，这种研究方法很难得出对人类活动具有指导意义的直接成果。

人文观点尽管可以有很明确的功能表现形式，但内容无法形成景观生态学自身的鲜明特色。这是关于形式与特色的一个显著悖论。

3)景观的整体功能

景观的整体功能见表2-5。

**表2-5　景观整体功能一览表**

<table>
<tr><td rowspan="8">1.调节功能</td><td>气候调节</td><td rowspan="6">3.生产功能</td><td>食物或营养(食用动植物)</td></tr>
<tr><td>海岸保护与防洪</td><td>基因资源</td></tr>
<tr><td>保持水土、防止侵蚀</td><td>建筑原材料</td></tr>
<tr><td>固定生物能</td><td>生物化学机质</td></tr>
<tr><td>人体废物的储存与循环</td><td>能源(燃料、太阳能等)</td></tr>
<tr><td>提供生物控制</td><td>观赏资源(如黑珊瑚)</td></tr>
<tr><td>移栖生境和动物繁殖场所</td><td rowspan="5">4.信息功能</td><td>美学信息</td></tr>
<tr><td>生物多样性保护</td><td>精神或伦理信息</td></tr>
<tr><td rowspan="3">2.载体功能</td><td>水产养殖</td><td>历史信息</td></tr>
<tr><td>娱乐与旅游</td><td>文化或艺术激励</td></tr>
<tr><td>自然保护</td><td>科学或教育信息</td></tr>
</table>

### (二)景观生态学的概念及其研究内容

#### 1. 景观生态学的概念

景观生态学(Landscape ecology)是新一代的生态学,从组织水平上看,处于个体—种群—群落—生态系统—景观—区域—全球的较高层次,属宏观生态学范畴。它在欧洲(起源于欧洲),从地理学中发展起来,注重在土地的利用、规划管理和保护上的应用。它在北美,从生态学中发展而来,注重空间格局、功能及其格局动态变化。

景观生态学是以景观为研究对象,研究景观格局、功能、变化及其规划与管理的一门宏观生态学科。

景观生态学与生态系统生态学的差异主要表现在于空间异质性、空间格局、空间范围等的不同。

#### 2. 景观生态学研究对象

景观生态学研究对象主要体现在以下 4 个方面:

景观结构——不同景观要素之间的空间关系。

景观功能——各种景观要素之间的相互作用,不同生态系统之间的能量流、物质流和物种流。

景观变化——景观的结构和功能上随时间的变化。

景观规划管理——通过分析景观特征,提出景观利用管理最优化方案。

#### 3. 景观生态学研究的具体内容

景观生态学研究的具体内容如下。

(1)空间异质性或格局的形成与动态。

(2)空间异质性与生态学过程的相互作用。

(3)景观的等级结构特征。

(4)格局-过程-尺度之间的相互关系。

(5)人类活动与景观结构、功能的反馈关系。

(6)景观异质性、多样性的维持和管理等。

## 二、景观生态学基本原理

### (一)景观系统的整体性原理

景观是由景观要素有机联系组成的复杂系统,含有等级结构,具有独立的功能特征和明显的视觉特性,具有明确边界和可辨识的地理实体。

一个健康的景观生态系统具有功能上的整体性和连续性。

从系统的整体性出发研究景观的结构、功能与变化,将分析与综合、归纳与演绎互相补充,可深化研究内容,使结论更具逻辑性和精确性。

通过结构分析、功能评价、过程监测与动态预测等方法,采取形式化语言、图解模式和数学模式等表达方式，以得出景观系统综合模式的最好表达。

景观的系统整体性不仅表现在景观总是由异质的景观要素所组成，景观要素的空间结构关系和生态过程中的功能关系等水平方向上，而且还表现于景观在等级系统结构中垂直方向上不同等级水平之间的关系上。

### (二)景观研究的尺度性原理

#### 1. 尺度的概念

尺度(scale)：通常指在研究某一物体或现象时所采用的空间或时间单位，同时又可指某一现象或过程在空间和时间上所涉及到的范围。

尺度可分为空间尺度和时间尺度。

#### 2. 尺度的表达

尺度往往以粒度(grain)和幅度(extent)来表达。

空间粒度：指景观中最小可辨识单元所代表的特征长度、面积或体积。

时间粒度：指某一现象或某一干扰事件发生的频率或时间间隔。

幅度是指研究对象在空间或时间上的持续范围或长度。

空间幅度：所研究区域的总面积。

时间幅度：研究项目持续的时间。

一般而言，从个体、种群、群落、生态系统、景观到全球生态学，粒度和幅度呈逐渐增加趋势。

大尺度(或粗尺度，coarse scale)：是指大空间范围或时间幅度，往往对应小比例尺、低分辨率(因局部信息被忽略)。

地理学或地图学中的比例尺(scale)不同于景观生态学中尺度的用法，并且表现为相反的含义。大比例尺的分辨率高，如 1∶100 000(大比例尺)分辨率高；而 1∶1 000 000 分辨率低。

#### 3. 尺度性原理

景观生态研究一般对应于中尺度的范围，即从几千米到几百千米，从几年到几百年。

特定的问题对应着特定的时间与空间尺度，一般需要在更小的尺度上揭示其成因机制，在更大的尺度上综合变化过程，并确定控制途径。

在一定的时间和空间尺度上得出的研究结果不能简单地推广到其他尺度上。

格局与过程研究的时空尺度化是当代景观生态学研究的热点之一，尺度分析和尺度效应对于景观生态学研究有着特别重要的意义。

尺度分析一般是将小尺度上的斑块格局经过重新组合而在较大尺度上形成空间格局的过程，并伴随着斑块形状规则化和景观异质性减小。

尺度效应表现为，随尺度的增大，景观出现不同类型的最小斑块，最小斑块面积逐步减少。

由于在景观尺度上进行控制性试验往往代价高昂，人们越来越重视尺度外推或转换技术，试图通过建立景观模型和应用 GIS 技术，根据研究目的选择最佳研究尺度，并把不同尺度上的研究结果推广到其他不同尺度。

然而尺度外推涉及如何穿越不同尺度生态约束体系的限制，由于不同时空尺度的聚合会产生不同的估计偏差，信息总是随着粒度或尺度的变化而逐步损失，信息损失的速率与空间格局有关，因此，尺度外推或转换技术也是景观生态研究中的一个热点和难点。

时空尺度具有对应性和协调性，通常研究的地区越大，相关的时间尺度就越长。

生态系统在小尺度上表现出非平衡特征，而大尺度上仍可表现为平衡特征，景观系统常常可以将景观要素的局部不稳定性通过景观结构加以吸收和转化，使景观整体保持动态镶嵌稳定结构。

例如，大兴安岭的针叶林景观经常发生弱度的地表火，火烧轮回期30年左右，这种林火干扰常使土壤形成粗粒结构，火烧迹地斑块的平均大小与落叶松林地斑块的平均规模40～50$hm^2$相接近。在这种林火干扰状况的控制下，兴安落叶松林景观仍可保持大尺度上的生态稳定结构。

可见，系统的尺度性与系统的可持续性有着密切联系，小尺度上某一干扰事件可能会导致生态系统出现激烈波动，而在大尺度上这些波动可通过各种反馈调节过程被吸收或转化，可以为系统提供较大的稳定性。

大尺度空间过程包括土地利用和土地覆盖变化、生境破碎化、引入种的散布、区域性气候波动和流域水文变化等。它对应的时间尺度是人类的世代，即几十年，是景观生态学最为关注的时间尺度，即所谓“人类尺度”，是分析景观建设和管理对景观生态过程影响的最佳尺度。

### (三)景观生态流空间再分配原理

在景观各空间组分之间流动的物质、能量、物种和其他信息被称为景观生态流。生态流是景观生态过程重要的外在表现形式，受景观格局的影响和控制。景观格局的变化比如伴随着物种、养分和能量的流动和空间再分配，也就是景观再生产的过程。

物种运动过程总是伴随着一系列的能量转化，它需要通过克服景观阻力来实现对景观的控制，斑块间的物质流可视为在不同能级上的有序运动，斑块的能级特征由其空间位置、物质组成、生物因素以及其他环节参数所决定。景观生态流的动态过程可以表现为聚集与扩散2种趋势。

景观中的能量、养分和物种主要通过5种媒介或传输机制从一种景观要素迁移到另一种景观要素，即风、水、飞行动物、地面动物和人。

景观水平上的生态流有扩散、重力和运动3种驱动力。

扩散与景观异质性有密切联系，是一种类似热力学分子扩散的随机运动过程，扩散是一种低能耗过程，仅在小尺度上起作用，并且是使景观趋向于均质化的主要动力。

重力(物质流)是物质沿能量梯度下降方向的(包括景观要素的边界和景观梯度)流动，是物质在外部能量推动下的运动过程，其运动的方向比较明确，如水土流失过程。传输是景观尺度上物质、能量和信息流动的主要作用力，如水流的侵蚀、搬运与沉积是景观中最活跃的过程之一。

运动是物质(主要是动物)通过消耗自身能量在景观中实现的空间移动，是与动物和人类活动密切相关的生态流驱动力，这种迁移最主要的生态特征是使物质、能量在景观中维持高度聚集状态。

总之，扩散作用形成最少的聚集格局，重力居中，而运动可在景观中形成最明显的聚集格局。

因此，在无任何干扰时，森林景观生态演化使其水平结构趋于均质化，而垂直分异得到加强。

在这些过程中，景观要素的边际带对通过边际带的生态流进行过滤，对生态流的性质、流向和流量等都有重要影响。

### (四)景观结构镶嵌性原理

景观和区域的空间有 2 种表现形式，即梯度与镶嵌。

镶嵌性是研究对象聚集或分散的特征，在景观中形成明确的边界，使连续的空间实体出现中断和空间突变。

因此，景观的镶嵌性是比景观梯度更加普遍的景观属性。

美国景观生态学家 R. T. T. forman 等在 1986 年出版的《景观生态学》中所提出的斑块-廊道-基质模型就是对景观镶嵌性的一种理论表述。

景观斑块是地理、气候、生物和人文等要素构成的空间综合体，具有特定的结构形态和独特的物质、能量或信息输入与输出特征。

斑块的大小、形状和边界，廊道的曲直、宽窄和连接度，机制的连通性、孔隙度、聚集度等，构成了景观镶嵌特征丰富多彩的不同景观。

景观的镶嵌格局或景观的斑块-廊道-基质组合格局，是决定景观生态流的性质、方向和速率的主要因素，同时景观的镶嵌格局本身也是景观生态流的产物，即由景观生态流所控制的景观再生产过程的产物。

因此，景观的结构和功能，格局与过程之间的联系与反馈始终是景观生态学研究的重要课题。

### (五)岛屿生物地理学原理

#### 1. 岛屿的概念

岛屿性(insularity)是生物地理所具备的普遍特征。岛屿通常是指历史上地质运动形成，被海水包围和分隔开来的小块陆地。许多自然生境，例如溪流、山洞以及其他边界明显的生态系统都可看作是大小、形状和隔离程度不同的岛屿。有些陆地生境也可看成是岛屿，例如，林中的沼泽、被沙漠围绕的高山、间断的高山草甸、片段化的森林和保护区等。由于人类活动的影响，自然景观的片段化(fragmentation)，也是产生生境岛屿的重要原因。由于物种在岛屿之间的迁移扩散很少，对生物来讲岛屿就意味着栖息地的片段化和隔离。

#### 2. 岛屿的种数与面积的关系

早在 20 世纪 60 年代，生态学家就发现岛屿上的物种数明显比邻近大陆的少，并且面积越小，距离大陆越远，物种数目就越少。在气候条件相对一致的区域中，岛屿中的物种数与岛屿面积有密切关系，许多研究表明，岛屿面积越大，种数越多。Preston(1962)将这一关系用简单方程描述：

$$S=CA^{z}$$

该公式经过对数转换后，变为：

$$\log S=\log C+Z\log A$$

式中：$S$——面积为 $A$ 的岛屿上某一分类群物种的数目；

$C$，$Z$——常数。

**3. 物种数目分布的机制与假说**

对于物种数目随面积和隔离度变化的原因，主要有以下假说。

1）平衡假说（equilibrium hypothesis）

MacArthur 和 Wilson（1967）认为，岛屿上物种数目是迁入和消失之间动态平衡的结果。如图 2-7 所示，物种迁入率（$I$）随物种数（$S$）增加而逐渐下降，而消失率（$E$）却逐渐上升，这主要是由于竞争压力的作用。当 $I=E$ 时，达到平衡物种数（$S$）。当面积增加时，迁入率曲线上升至 $I_1$，消失率曲线下降至 $E_1$，当 $I_1=E_1$ 时，达到新的平衡数目 $S_1$，比原平衡数目 $S$ 大。反之亦然。当迁入率（$I$）＝消失率（$E$）时形成平衡物种数目 $S$，若面积增加，则形成新的平衡物种数目 $S_1$，且 $S_1>S$；反之，有 $S_2$，$S_2<S$。

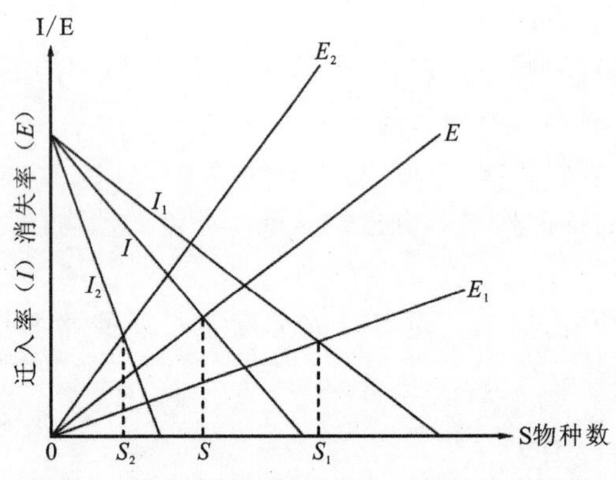


图 2-7　平衡假说中物种数和面积的关系机制

根据平衡假说，隔离度越大，物种数应越小。因为迁入率（$I$）变小，平衡物种数也小。迁移扩散在决定物种数目上起着重要作用。例如，鸟类能飞行，岛屿中鸟类物种数目占大陆的百分比往往要高于岛屿陆生兽类占大陆的百分比。

岛屿中的物种，其物种消失率的增加，往往是由于种群生存面积不足时会导致遗传多样性的丧失，降低了物种的适应力。种群变小增加了种群随机灭绝的概率。这就是平衡假说中的岛屿面积效应。

2）栖息地异质性假说（habitat heterogeneity hypothesis）

William（1964）认为面积增加包含了更多类型的栖息地，因而应有更多的物种可以存在。Buckley（1982）和 Westman（1983）也认为物种随岛屿面积增加而增加的原因是由于栖息地增加的结果，而不是平衡假说中岛屿面积效应的结果。

3）随机样本假说（random sampling hypothesis）

随机样本假说认为物种在不同大小岛屿上的分布是随机的，大的岛屿只不过是大的样本，因而包含着较多的物种。Dunn 和 Loehle（1988）认为，取样范围会影响物种数与面积的关系。如果取样范围过窄，就很可能反映不出物种数随面积增大而增加的趋势。

#### 4. 岛屿生态与自然保育

自然保护区在某种意义上讲，是受其周围生境“海洋”所包围的岛屿，因此岛屿生态理论对自然保护区的设计具有指导意义。

1)保护区地点的选择

为了保护生物多样性，应首先考虑选择具有最丰富物种的地方作为保护区，另外，特有种、受威胁种和濒危物种也应放在同等重要的位置上。Gilbert(1980)认为有些生态系统(如热带森林等)中的动物(如蜜蜂、蚂蚁等)是多种植物完成其生活史必不可少的，它们被称为流动联接种(Mobile links)，由于这些植物是流动联接种食物的主要来源，所以支持流动联接种的植物又称为关键互惠共生种。关键互惠共生种的丢失将导致流动联结种的灭绝。因此，在选择保护区时，保护区必须有足够复杂的生境类型，保护关键种，特别是关键互惠共生种的生存。

2)保护区的面积

按平衡假说，保护区面积越大，对生物多样性保育越有利。Noss 和 Harris(1986)认为，对于保护区面积确定的关键问题是，我们对于目标物种的生物学特征往往并不十分清楚。因此，保护区的面积确定必须在充分了解物种的行为(Karieva，1987；Merriam，1991)、传播方式(Mader，1984)，与其他物种的相互关系和在生态系统中的地位等(Tibert，1980；Pimm，1992)的基础上才能进行。此外，保护区周围的生态系统与保护区的相似也是保护区确定面积时要考虑的。如果保护区被周围相似的生态系统所包围，其面积可小一些；反之，则适当增加保护区面积。

3)保护区的形状

Wilson(1975)认为，保护区的最佳形状是圆形，应避免狭长形的保护区。主要是因为考虑到边缘效应，狭长保护区不如圆形的好。另外，狭长形的保护区造价高，也易于受人为的影响。但 Blouin 和 Connor(1985)认为，如果狭长形的保护区包含较复杂的生境和植被类型，狭长形保护区反而更好。

4)一个大保护区还是几个小保护区好?

许多研究认为，一个大的保护区比几个小保护区好，这是因为大的岛屿含有更多的物种。由于保护区的隔离作用，保护区的物种数可能超出保护区的承载力，从而使有些物种灭绝。

栖息地异质性假说认为，物种数随面积的增加主要由于栖息地异质性增加。它不赞同在同一地区设置太大的保护区，因为其异质性是有限的。故建议从较大地理尺度上选择多个小型保护区。

5)保护区之间的连接和廊道

一般认为，几个保护区通过廊道连接起来，要比几个相互隔离的保护区好。这是因为，物种可以廊道为踏脚石岛(stepping stone islands)，不断地进入保护区内，从而补充局部的物种灭绝。

6)景观的保护

对于保护区的建立，大多数的研究主要考虑遗传多样性和物种多样性，而忽视了更高水平的保护。许多学者现在倾向对整个群落的保护，而景观水平的探索和研究越来越引起人们的重视。

### （六）景观的文化性原理

景观是人类活动的场所，景观的属性与人类活动密不可分，因而并不是一种单纯的自然综合体，往往由于不同的人类活动方式而带有明显不同的文化色彩。同时，也对生活在景观中的人们的生活习惯、自然观、生态伦理观、土地利用方式等文化特征产生直接或显著的影响，即所谓“一方水土养一方人”。

人类对景观的感知、认识和价值取向直接作用于景观，同时也受景观的影响。

人类的文化背景强烈地影响着景观的空间格局和外貌，反映出不同地区人们的文化价值观。

例如，我国东北的北大荒地区就是汉族移民在黑土岗上的开发活动所创造的农业景观。

按照人类活动的影响程度，可将景观划分为自然景观、管理的景观和人工景观，并常将管理的景观和人工景观等附有人类文化或文明痕迹或属性的景观称为文化景观。

文化景观实际是人类文明景观，是人类活动方式或特征给自然景观留下的文化烙印，反映着景观的文化特征和景观中人类与自然的关系。

大量的人工建筑物，如城市、工矿和大型水利工程等自然界原先不存在的景观要素，完全改变了景观的原始外貌，人类成为景观中主要的生态组分，是文化景观的特征。

这类景观多表现为规则化的空间布局，高度特化的功能，高强度能量流和物质流维持着景观系统的基本结构和功能，因而对文化景观的生态研究不仅涉及自然科学，更需要人文科学的交叉和整合。

### （七）景观演化的人类主导型原理

景观系统如同其他自然系统一样，其宏观运动过程是不可逆的。

系统通过从外界环境引入负熵而提高其有序性，从而实现系统的进化或演化。

景观研究的动力机制有自然干扰与人为活动两个方面，由于人类活动对景观影响的普遍性与深刻性，在作为人类生存环境的各类景观中，人类活动对景观演化的主导作用非常明显。

人类通过对景观变化的方向和速率进行有目的的调控，可以实现景观的定向演化和持续发展。

景观生态建设是指在一定地域、生态系统，适用于特定景观类型的生态工程，它以景观单元空间结构的调整和重新构建为基本手段，改善受胁迫或受损生态系统的功能，提高其基本生产力和稳定性，将人类活动对于景观演化的影响导入良性循环。

我国各地的劳动人民在长期的生产实践中创造出许多成功的景观生态建设模式，如珠江三角洲湿地景观的基塘系统、黄土高原侵蚀景观的小流域综合治理模式、北方风沙干旱区农业景观中的林-草-田镶嵌格局与复合生态系统模式等。

### （八）景观多重价值原理

景观作为一个由不同土地单元镶嵌组成，具有明显视觉特征的地理实体，兼具经济、生态和美学价值，这种多重性价值判断是景观规划和管理的基础。

景观的经济价值主要体现在生物生产和土地资源开发等方面，景观的生态价值主要体现为生物多样性与环境功能等方面，这些已经研究得十分清楚。

而景观美学价值却是一个范围广泛、内涵丰富,比较难于确定的问题,随着时代的发展,人们的审美观也在变化。

景观的宜人性可理解为比较适于人类生存、走向生态文明的人居环境,它包含以下内容:景观通达性、建筑经济性、生态稳定性、环境清洁度、空间拥挤度、景色优美度等。

## 第四节 恢复生态学基础

### 一、恢复生态学的基本概念

#### (一)生态恢复的定义

长期以来,生态恢复与恢复生态存在多种定义,区别不清,不同学者从不同的角度和理解中派生出了众多的概念。

(1)再造一个自然群落或再造一个自我维持并保持后代具有持续性的群落(Diamond,1987)。

(2)生态恢复是生态学有关理论的一种严格检验,它研究生态系统自身的性质、受损机理及修复过程(Bradshaw,1987)。

(3)研究生态系统自身的性质、受损机理及修复过程(Jordan et al.,1987)。

(4)美国自然资源委员会(The US Natural Resource Council,1995)认为,使一个生态系统恢复到较接近其受干扰前状态的过程即为生态恢复。

(5)使生态系统回复到先前或历史上(自然或非自然)的状态即为生态恢复(Jordan,1995)。

(6)恢复被损害生态系统到接近于它受干扰前的自然状况的管理和操作过程,即重建该系统干扰前的结构与功能及有关物理、化学和生物学特征(Cairns,1995)。

(7)生态恢复是重建某区域历史上曾有的植物和动物群落,且保持生态系统和人类的传统文化功能的持续性过程(Egan,1996)。

不管怎样理解,以上概念都强调逆转退化生态系统的发展方向,强调受损的生态系统要恢复到理想的状态才为生态恢复。但是,现实中这种理想状态很难实现,原因在于:缺乏对生态系统历史的了解、恢复时间太长、生态系统中关键种的消失、费用太高等。

这种理想状态不容易达到,于是有了下面的定义:

生态恢复是帮助退化、受损或毁坏的生态系统恢复的过程,是一种旨在启动及加快对生态系统健康、完整性及可持续性进行恢复的主动行为。

#### (二)恢复生态学的定义

恢复生态学是研究如何修复由于人类活动引起的原生生态系统生物多样性和动态损害的一门学科,其内涵包括帮助恢复和管理原生生态系统完整性的过程。

生态恢复更多是指实践活动。

恢复生态是指生态恢复实践所依赖的根本理论基础。

## (三)生态恢复目标

首先恢复它的生态功能,也就是恢复一个生态系统的健康。其次恢复它的生态结构,也就是恢复一个生态系统的完整性。再次恢复生态的可持续性,一方面是指生态的抵抗能力,另外一方面是生态的自我恢复能力。最后还要考虑恢复它的文化、人文特色。

## (四)生态恢复的三个层次

### 1. 物种层次的恢复

(1)恢复物种聚集地和种群,保持遗传多样性。需选取用乡土种并达到一定个体数量。

(2)50/500 法则:Franklin(1980)提出小族群管理的 50/500 法则,其主要论点如下:

①为了防止族群在短期内出现近交衰退的情形,族群中至少必须维持 50 只个体。

②由于圈养动物每代会丧失 2%~3%的遗传变异(由果蝇突变率的资料推论),因此,长期而言,族群中至少要有 500 只个体,才足以保持族群的遗传变异性。

### 2. 种群层次的恢复

(1)恢复最终的产物必须是能自我维持的种群或群落。在给定的运行规则下,恢复必须使栖息地能处于自我维持的半自然状态。

(2)栖息地的损失与破碎影响种群(斑块的数量和规模)。对于栖息地的恢复,应该对与栖息地斑块规模、空间组织有关的因素以及它们如何影响种群生存进行检验,保证其能支持栖息地恢复或重建。恢复多少栖息地、怎样安排才能最有益于目标种群,这些在决定物种达到自我维持的目标时应该认真考虑。

(3)小种群容易失绝。由于种群统计的随机性、环境的随机性、杂合性的缺失、遗传上的变化趋势以及近亲繁殖等原因,小种群很容易灭绝。

(4)物种对栖息地毁坏的反应。在一个可以栖息但不适于居住的方形地中放置两个竞争种,扩散能力弱的优势种和扩散能力强的劣势种。在这种搭配方式下,物种的扩散能力决定了它们对灭绝的抵制能力。

(5)恢复地点的确定:边缘与中心种群、地形。将目标放在具有历史分布的中心区域(最适宜的栖息地)还是放在周围的不规则栖息地上,可能会有不同的优点。

分布于中心部分的种群和分布于边缘的种群有质的差异。分布于边缘的物种生存在异常的或不规则的环境中,最易于彼此分离,因此自然选择和遗传学上的变异会促进边缘种群的变异。

边缘种群往往不那么密集并且比较不稳定,因此人们推断它们具有较高的灭绝可能性,因而从地理分布上看,一个正在退化的物种可能从分布的边缘向分布的中心退化。

### 3. 景观层次上恢复

(1)目前绝大多数生态恢复都集中在个别区域(如采矿点),而一些利用过度、管理不当等原因造成的景观功能削弱、景观结构改变需要在更广的尺度上研究,即景观层次上。

景观层次的生态恢复仍处于早期阶段,还需要时间来评估它们的有效性,时间和空间尺度问题也还需要新颖和完整的方法来解决。

(2)景观层次的恢复通常要考虑多种问题，如具体的生物、物理、社会和经济现状等，同时要平衡保护和生产。

为了使生态恢复成功进行，恢复活动不仅需要有效的生态原理和信息，还需要经济可行并符合实际。

## 二、生态恢复原理

### (一)自我设计理论和人为设计理论

自我设计理论和人为设计理论是唯一从恢复生态学中产生的理论(Valk，1999)，也在生态恢复实践中得到了广泛应用。

自我设计理论：只要有足够时间，退化生态系统将根据环境条件、合理地组织自己并最终改变其组分。

人为设计理论：通过工程方法和植物重建可直接恢复退化生态系统，但恢复的类型可能是多样的。

两种理论的区别：自我设计理论把恢复放在生态系统层次考虑，未考虑到缺乏种子库的情况，其恢复的只能是环境决定的群落；而人为设计理论把恢复放在个体或种群层次上考虑，恢复的结果可能有多种。这两种理论均未考虑人类干扰在整个恢复过程中的重要作用。

### (二)生态系统结构理论

所谓生态系统的结构指生态系统中的组成成分及其在时间、空间上的分布和各组分间能量、物质、信息流的方式与特点。

具体来说，生态系统的结构包括3个方面，即物种结构(又称为组分结构，是指生态系统由哪些生物种群所组成，以及它们之间的量比关系)、时空结构(生态系统中各生物种群在空间上的配置和时间上的分布，构成了生态系统结构上的特征)、营养结构(生态系统中由生产者、消费者、分解者三大功能类群以食物营养关系所组成的食物链、食物网即生态系统的营养结构)。

合理生态系统结构：从时空结构角度，应充分利用光、热、水、土资源，提高光能利用率；从营养结构角度，应实现生物物质和能量的多级利用与转化，形成一个高效的，无“废物”的系统；从物种结构上，提倡物种多样性，以利于系统的稳定和持续发展。

根据生态系统结构理论，生态恢复中应采用多种生物物种，实行农业物种、林业物种、牧业物种、渔业物种的结合，实现物种之间能量、物质和信息的流动。应在不同的地理位置上，安排不同的物种，如山区的生态恢复以林业为主，丘陵的生态恢复应以林、草相结合为主，平原地区的恢复以农、渔饲料和绿肥为主。

### (三)生态适宜性原理

生物由于长期与环境的协同进化，对生态环境产生了生态上的依赖，其生长发育对环境产生了要求，如果生态环境发生变化，生物就不能较好地生长，因此生物产生了对光、热、温、水、土等的依赖性，这就是生态适宜性原理。

植物中有一些是喜光植物，而另一些则是喜阴植物。同样一些植物只能在酸性土壤中才能生长，而有一些植物则不能在酸性土壤中生长。一些水生植物只能在水中才能生长，离开水体则不能成活。

因此种植植物必须考虑其生态适宜性，让最适应的植物或动物生长在最适宜的环境中。

根据生态适宜性原理，在生态恢复设计时要先调查恢复区的自然生态条件，如土壤性状、光照特性、温度等，根据生态环境因子来选择适当的生物种类，使得生物种类与环境生态条件相适宜。

#### (四)生物群落演替理论

生物群落演替就是指某一地段上一种生物群落被另一种生物群落所取代的过程。成功的人工植被或生态系统在深入认识生态学原则和动态原则的基础上，得出模拟自然生态系统的产物是退化生态系统恢复与重建最有效的途径——顺应生态系统演替的发展规律。生物群落的演替的模式为：一或二年生草本植物→黄蒿→羊草→贝加尔针茅→和当地气候相适宜的种类；先锋植物→二年生草本→多年生根型禾草→多年生禾草。

生物群落总是从极端环境演替到中生环境：水生→湿生→中生→干旱。

F. E. Clements(1916)的单元演替顶极学说：任何一类演替都要经过迁移、定居、群聚、竞争、反应和稳定 6 个阶段。到达稳定阶段的群落，就是和当地气候条件保持协调的平衡群落——演替的终点，称为演替顶极群落。

A. G. Tansley(1954)的多元演替顶极学说：如果一个群落在某种生境中基本稳定，能自行繁殖并结束它的演替过程，就可以看作是顶极群落。在一个气候区域内，群落演替的最终结果，不一定都汇集于一个共同的气候顶极终点。除气候顶极外，还可有土壤顶极、地形顶极、火烧顶极、动物顶极等。

由于干扰的作用，植被要达到稳定或平衡状态是不可能的。干扰在很大程度上决定了现代景观中绝大部分植被类型及其非平衡性。把干扰结合到演替过程中去认识，是当代演替理论的重大进展。

任何生态系统都是在干扰状态下进行演替的。自然干扰成为生态演替不可缺少的动因。人为干扰与自然干扰的结果明显不同——生态演替在人为干预下可能加速、延缓、改变方向以至于向相反的方向进行。因此，作为生态恢复，人为干扰是必要的。

## 第五节　生态工程基本原理

### 一、生态工程的概念

生态工程是指应用生态系统中物质循环原理，结合系统工程的最优化方法设计的分层多级利用物质的生产工艺系统，其目的是将生物群落内不同物种共生、物质与能量多级利用、环境自净和物质循环再生等原理与系统工程的优化方法相结合，达到资源多层次和循环利用的目的。如利用多层结构的森林生态系统增大吸收光能的面积、利用植物吸附和富集某些微量重金属以及利用余热繁殖水生生物等。

生态工程起源于生态学的发展与应用，有近 60 年的历史。20 世纪 60 年代以来，全球面临的主要危机表现为人口激增、资源破坏、能源短缺、环境污染和食物供应不足，表现出不同程度的生态与环境危机。在西方的一些发达国家，这种资源与能源的危机表现得更加明显与突出。现代农业一方面提高了农业生产率与产品供应量，另一方面又造成了各种各样的污染，对土壤、水体、人体健康带来了严重的危害。而在发展中国家，面临着不仅是环境资源问题，还有人口增长、资源不足与遭受破坏的综合作用问题，所有这些问题都进一步孕育、催生生态工程与技术对解决实际社会与生产中所面临的各种各样的生态危机的作用。

1962 年美国的 H. T. Odum 首先使用了生态工程(ecological engineering)，提出了生态学应用的新领域：生态工程学，并把它定义为“为了控制生态系统，人类应用来自自然的能源作为辅助能对环境的控制”。管理自然就是生态工程，它是对传统工程的补充，是自然生态系统的一个侧面。20 世纪 80 年代后，生态工程在欧洲及美国逐渐发展起来，出现了多种认识与解释，并相应提出了生态工程技术，即“在环境管理方面，根据对生态学的深入了解。花最小代价的措施，对环境的损害又是最小的一些技术。”

在我国，生态工程的概念的提出是由已故的生态学家、生态工程建设先驱马世骏先生在 1979 年首先倡导的。马世骏先生(1984)给生态工程下的定义为：“生态工程是应用生态系统中物种共生与物质循环再生原理，结构与功能协调原则，结合系统分析的最优化方法，设计的促进分层多级利用物质的生产工艺系统。”

在中国面临的生态危机，不单纯是环境污染，而是由于人口激增、环境与资源破坏、能源短缺、食物供应不足等共同而成的综合效应。因此中国的生态工程不但要保护环境与资源，更迫切的要以有限资源为基础，生产出更多的产品，以满足人口与社会的发展需要，并力求达到生态效益、经济效益和社会效益的协调统一，改善与维护生态系统，促进包括废物在内的物质良性循环，最终是要获得自然-社会-经济系统的综合高效益。正因为如此，在我国对生态系统的发展与生态工程的建设提出了“整体、协调、再生、良性循环”的理论。生态工程的基础形成了除以生态学原理为支柱以外，还吸收、渗透与综合了其他许多的应用学科，如农、林、渔、养殖、加工、经济管理、环境工程等多种学科原理、技术与经验，生态工程的目标就是在促进良性循环的前提下，充分发挥物质的生产潜力，防止环境污染，达到经济与生态效益同步发展(涂同明等，2013)。

## 二、生态工程原则

生态工程是从系统思想出发，按照生态学、经济学和工程学的原理，运用现代科学技术成果、现代管理手段和专业技术经验组装起来的，以期获得较高的经济、社会、生态效益的现代农业工程系统，建立生态工程的良好模式必须考虑如下几项原则。

### (一)因地制宜

必须因地制宜，根据不同地区的实践情况来确定本地区的生态工程模式。

### (二)扩大系统的物质、能量、信息的输入

由于生态系统是一个开放、非平衡的系统，在生态工程的建设中必须扩大系统的物质、能量、信息的输入，加强与外部环境的物质交换，提高生态工程的有序化，增加系统的产出与效率。

### (三)密集相交叉的集约经营模式

在生态工程的建设发展中,必须实行劳动、资金、能源、技术密集相交叉的集约经营模式,达到既有高的产出,又能促进系统内各组成成分的互补、互利协调发展。生态工程建设的目标是使人工控制的生态系统具有强大的自然再生产和社会再生产的能力。在生态效益方面要实现生态再生,使自然再生产过程中的资源更新速度大于或等于利用速度;在经济效益方面要实现经济再生,使社会经济再生产过程中的生产总收入大于或等于资产的总支出,保证系统扩大再生产的经济实力不断增强;在社会效益方面要充分满足社会的要求,使产品供应的数量和质量大于或等于社会的基本要求,通过生态工程的建设与生态工程技术的发展使得三大效益能协调增长,实现高效益持续稳定的发展(涂同明等,2013)。

## 三、生态工程遵循的基本原理

### (一)物质循环再生原理

生态系统中,生物借助能量的不停流动,一方面不断地从自然界摄取物质并合成新的物质,另一方面又随时分解为原来的简单物质,即所谓"再生",重新被系统中的生产者植物所吸收利用,进行着不停顿的物质循环。物质能够在各类生态系统中,进行区域小循环和全球地质大循环,循环往复,分层分级利用,从而达到取之不尽、用之不竭的效果。

### (二)物种多样性原理

理论基础是生态系统的抵抗力稳定性。生物多样性程度可提高系统的抵抗力稳定性,提高系统的生产力。生态系统的成分越单纯,营养结构越简单,自动调节能力就越小,抵抗力就越低;反之,抵抗力就越高。物种多,复杂生态系统抵抗力稳定性高。

### (三)协调与平衡原理

协调与平衡的理论基础是生物与环境的协调与平衡。生物数量不超过环境承载力,可避免系统的失衡和破坏。

### (四)整体性原理

整体指由社会-经济-自然复合而成的巨大系统,因此,我们在生态工程设计和建设时不仅要考虑自然生态系统的规律,而且还需要考虑经济和社会系统的影响,统一协调各种关系,保障系统的平衡与稳定。只有把生态与经济和社会有机地结合起来,才能从根本上达到建设生态工程的目的。

### (五)系统学与工程学原理

#### 1.系统的结构决定功能原理

生态工程需要考虑系统内部不同组分之间的结构,通过改变和优化结构,达到改善系统功能的目的,即要通过改善和优化系统结构改善功能。

例如:我国南方水网地区的桑基鱼塘。

**2. 系统整体性原理**

系统各组分间要有适当的比例关系,使得能量、物质、信息等的转换和流通顺利完成,并实现总体功能大于各部分之和的效果,即“1+1>2”。

**3. 整体性原理和系统整体性原理的比较**

整体性原理指社会、经济、自然三方面协调统一,保障整个系统的稳定与平衡。如林业建设中自然系统、社会与经济系统的关系问题,即种树的同时考虑经济收入、粮食、燃料等问题。

系统整体性原理指整体大于部分之和,目的是保持系统有很高的生产力,具体地说指互利共生的生物体现系统整体性原理,如藻类和珊瑚虫、大豆和根瘤菌、地衣植物中的藻类和真菌等。

# 第三章 待复垦土地调查评价与预测评估

待复垦土地是指因生产建设活动或自然灾害已经损毁的土地(即损毁土地)和拟损毁土地的总称。

## 第一节 损毁土地分类

参照国土资源部于2013年1月23日发布、2013年2月1日起实施的《土地复垦质量控制标准》(TD/T1036—2013),依据土地损毁成因、土地损毁方式和生产建设工艺等,将损毁土地类型设置为三级分类。共分为人为活动损毁土地、自然灾害损毁土地与其他损毁土地三大类(表3-1)。

表3-1 损毁土地类型表

| 一级分类 | | 二级分类 | | 三级分类 | |
|---|---|---|---|---|---|
| 代码 | 名称 | 代码 | 名称 | 代码 | 名称 |
| 1 | 人为活动损毁土地 | 11 | 挖损地 | 111 | 露天采场(坑) |
| | | | | 112 | 取土场 |
| | | 12 | 塌陷地 | 121 | 积水性塌陷地 |
| | | | | 122 | 季节性积水塌陷地 |
| | | | | 123 | 非积水性塌陷地 |
| | | 13 | 压占地 | 131 | 排土场 |
| | | | | 132 | 废石场 |
| | | | | 133 | 矸石山 |
| | | | | 134 | 粉煤灰灰场 |
| | | | | 135 | 尾矿库 |
| | | | | 136 | 赤泥堆 |
| | | | | 137 | 建筑物、构筑物压占土地 |
| | | 14 | 占用地 | 141 | 办公及生活场地 |
| | | | | 142 | 预制场地 |
| | | | | 143 | 临时道路 |
| | | | | 144 | 堆料场地 |
| | | | | 145 | 设备场地 |
| | | 15 | 污染地 | 151 | 工业污染土地 |
| | | | | 152 | 农业污染土地 |
| | | | | 153 | 生活垃圾污染土地 |
| | | | | 152 | 其他污染土地 |

续表 3-1

| 一级分类 | | 二级分类 | | 三级分类 | |
|---|---|---|---|---|---|
| 代码 | 名称 | 代码 | 名称 | 代码 | 名称 |
| 1 | 人为活动损毁土地 | 16 | 遗弃地 | 161 | 遗弃宅基地 |
| | | | | 162 | 遗弃的坑、洼、塘地 |
| | | | | 163 | 其他遗弃地 |
| 2 | 自然灾害损毁土地 | 21 | 水毁地 | 211 | 泥石流损毁地 |
| | | | | 212 | 洪水损毁地 |
| | | | | 213 | 滩涂地 |
| | | 22 | 滑塌地 | 221 | 滑坡损毁地 |
| | | | | 222 | 崩塌损毁地 |
| 3 | 其他损毁土地 | 31 | 退化地 | 311 | 盐碱地 |
| | | | | 312 | 沙化地 |
| | | | | 313 | 酸化地 |
| | | | | 314 | 侵蚀地 |
| | | 32 | 荒(漠)地 | 321 | 沙漠地 |
| | | | | 322 | 戈壁地 |
| | | | | 323 | 岩漠地 |
| | | | | 324 | 荒山(岭)地 |

## 一、人为活动损毁土地

人为活动损毁土地是指人为进行生产、生活及建设活动所损毁的土地。可依据土地损毁方式进一步划分为:挖损地、塌陷地、压占地、占用地、污染地、遗弃地等6类。

### (一)挖损地

挖损地主要指露天开采矿藏、勘探打井、挖井取土、采石淘金、烧制砖瓦、修建公路铁路、兴修水利、工矿建设、城镇和农村建筑等工程完毕后留下的毁损废弃的土地。

挖损地又可以依据生产建设工艺划分为:露天采场(坑)、取土场、其他挖损地等。挖损地分布涉及全国各地。这类土地根据当地条件,可复垦为耕地、林地和牧地。

### (二)塌陷地

塌陷地是指地下开采矿产资源和地下工程建设挖空后,由于地表塌陷而废弃的土地。

塌陷地又可以依据积水情况进一步划分为:积水性塌陷地、季节性积水塌陷地及非积水性塌陷地。由于塌陷地的形成主要由地下采矿所引起,从全国范围来看,其分布与我国地下能源或矿产基地相一致,主要分布在山东、河北、山西、江苏、安徽、河南、黑龙江、辽宁等煤炭资源基地分布区内。一般这类土地只要地形和土壤条件允许,可复垦为耕地和其他农用地,积水区可发展水产养殖。

### (三)压占地

压占地是指采矿、冶炼、燃煤发电、水泥厂等排放的废渣、石、土、煤矸、粉煤灰等工业固体废弃物、露天矿排土场及生活垃圾等所压占的土地,也包括废弃建筑物所压占的土地。

压占地又可以依据堆积的废物类型进一步划分为:排土场、废石场、矸石山、粉煤灰灰场、尾矿库、赤泥堆及建筑物、构筑物压占土地等7类。这类土地如毒性大、垫土开发困难,或所在地区坡度较大,一般适宜复垦为林草地。

#### (四)占用地

占用地是指能源、交通、水利等基础设施建设和其他生产建设活动临时占用所损毁的土地。

占用地又可以依据利用方式划分为:办公及生活场地、预制场地、临时道路、堆料场地及设备场地等5类。这类土地可直接复垦为耕地和其他农用地或林地、草地。

#### (五)污染地

污染地主要是指因城市、工业、交通、乡企"三废"排放和污水灌溉而废弃的土地。

污染地又可以依据污染源的特点进一步划分为:工业污染土地、农业污染土地、生活垃圾污染土地及其他污染土地等4类。对于这类土地,前期一般不宜复垦为生产人畜食用产品的农用地,仅适宜种植林木,用于观赏和用材。

#### (六)遗弃地

遗弃地主要是指农村因房屋搬迁而遗弃的坑、洼、塘及遗弃的宅基地。一般这类土地可直接复垦为耕地和其他农用地,较大的废弃的坑、洼、塘可开发为水产养殖用地。

### 二、自然灾害损毁土地

自然灾害毁损土地是指因地震、暴雨、山洪、泥石流、滑坡、崩塌、沙尘暴等自然灾害而被损毁的土地。这类土地主要分布在洪涝灾害比较严重的地区,对于洪水毁损的土地,当年可直接开发为原农业用地类型,包括水毁地和滑塌地两类。

### 三、其他损毁土地

其他损毁土地是指法律规定的其他生产建设活动造成损毁的土地,包括盐碱地、沙化地、酸化地、侵蚀地等退化地和沙漠地、戈壁地、岩漠地、荒山(岭)地等荒漠地。

## 第二节　损毁土地现状调查评价

### 一、损毁土地现状调查

损毁土地现状调查就是对历史遗留损毁土地和自然灾害损毁土地进行勘查、测量、分析,从而摸清损毁土地的数量、分布、特点及其复垦利用的难易程度、适宜的用途和利用潜力等,从而为各级部门对土地复垦管理进行宏观决策,为编制土地复垦规划与年度计划提供科学的依据。

## (一)损毁土地现状调查的内容

损毁土地现状调查一般应包括如下几项内容：损毁前土地利用类型、位置、面积、权属和损毁土地类型、损毁特征、损毁原因、损毁时间、污染情况、自然条件、社会经济条件等。

### 1. 损毁土地的类型调查

即查清待复垦的损毁土地的地类、位置、面积、权属、损毁土地类型。我国待复垦的损毁土地主要包括人为活动损毁土地、自然灾害损毁土地及其他损毁土地等三大类，每一大类又有若干种具体类型。待复垦的损毁土地现状调查就是要分类查清各类型待复垦的损毁土地的数量、具体分布状况和特点等。

### 2. 损毁土地的复垦难易程度调查

由于损毁土地的类型、特点及所处社会经济条件不同，待复垦不同的地块具有不同的难易程度。衡量一块待复垦的损毁土地的复垦难易程度有4个方面的指标：

一是它所处的社会经济区位。经济区位越好，社会需求越大，同时决定了一定的经济实力。雄厚的经济实力可以保证充足的资金用于复垦难以利用的土地，相对降低了土地复垦的难度。

二是现有科学技术水平。土地复垦是一个资金、技术、人力、物力投入的过程。有些损毁土地只需简单地投入就可以利用，有些必须采用更先进的机械或工程生物技术措施。对同一块待复垦的损毁土地来说，手工劳动显然比机械施工土地复垦的难度大得多。

三是土地复垦的用途。将土地复垦出来做什么，决定了土地复垦的深度。如果土地复垦出来作建设用地，有时需要进行基础处理，也可能只需“三通一平”；如果土地复垦出来作耕地，一般要使表层土壤适宜农作物的生长，有时需要客土，也可能只需要简单松土配肥。因此，不同的土地复垦方式也决定了不同的土地复垦难度。

四是待开发复垦整理土地本身的自然属性。土地是自然综合体，待复垦的损毁土地所处地貌、土质、石砾含量及地质构造等自然因素决定了复垦这块土地的技术难度。

要确定一块土地的复垦难易程度，必须综合考虑上面几个方面的因素，即自然、社会经济条件和科学技术水平。调查时就是要通过对这些因素的调查分析，综合评定各类土地复垦利用的难易程度，以确定哪些土地是较易复垦的，哪些是较难复垦的，哪些是很难复垦的，哪些是暂不能复垦的。

### 3. 土地复垦后的适宜用途调查

损毁土地经复垦后适宜用途调查属于一种预测性调查。由于土地具有多宜性(既可作耕地，也可栽果树，还可供养殖)，因此，土地复垦后适宜用途涉及判断属性问题。判断属性又分为自然属性和经济属性两种。若以自然属性进行判断，一块土地复垦后可作耕地的，也可作园地、林地、水产养殖用地或建设用地。若按社会经济属性判断，就必须根据地块所在位置的土地利用总体规划或城市规划来判定。

由于存在两种不确定因素，调查人员往往很难做出综合预测。因此，必须统一规定开发复垦整理后适宜用途属性判断准则。目前，一般规定除在规划中已经规划的利用方式之外，待开发复垦整理土地资源开发复垦整理后适宜用途以自然属性进行判断,并按耕地、园地、林地、水产养殖地、牧草地、建设用地、其他用地(不属于以上6类的土地)等7种用途先后顺序归类。这样的顺序主要是考虑我国耕地珍贵,必须采用耕地优先、其他次之的原则。比如一块土地开发复垦整理出来后,既可以耕地,也可作林地,则计为耕地。其他以此类推。

#### 4. 土地复垦投入产出预测调查

土地复垦投入产出预测调查的目的主要是为编制土地复垦规划,进行可行性论证及为土地复垦方案优选等提供参考。包括两个内容:一是土地复垦投资调查;二是土地复垦投工调查。有的还包括土地复垦投入物资(如炸药、水泥等)调查。土地复垦投资主要是根据相邻地区已复垦同类土地比较进行推算或按待复垦的损毁土地本身特征及土地复垦后用途进行估算。一般以每亩投入的物质量折合成价格表示(不包括劳动价格),因此,土地复垦投资是相对于调查时的价格水平推算的。

土地复垦所需投工调查主要是针对农村遗弃地复垦成农用地而言的。目前,农村一般实行义务工制度,如果调查了待复垦土地所需工日,即可由农村集体组织统一复垦,由农民投入一定的义务工,国家、集体给予适当补偿。复垦所需投工也是针对待复垦土地的复垦难易程度和现有复垦技术水平而言的。一般以"劳动日/亩"为单位。

在编制土地复垦规划时要在投入调查的基础上,对产出进行概算,以预测经济与社会效益。

### (二)损毁土地的调查方法

#### 1. 调查形式

1)全面调查

全面调查指对调查范围的待复垦土地资源进行逐块调查,其目的是取得全面的、准确的基本资料。

2)典型调查

典型调查属于非全面调查的一种。它是根据调查的目的和任务,有意识地选择调查对象中若干个有代表性的单位作系统周密和深入细致的调查研究,掌握有关情况,以认识调查对象的本质和规律性。

#### 2. 调查方法

1)综合调查

将待复垦土地资源作为土地利用现状的一个或几个未利用级类,列入土地变更调查之中进行。

待复垦土地资源调查与土地详查同时进行。

对已经完成土地详查的地区,可依据详查资料,进行必要的补充修正,完成待复垦土地资源的调查。

2)专项调查

专项调查是对某项待复垦土地资源进行的专门调查,是针对特定的目的而进行的,是根据社会生产发展需要而专门组织对某一类或几类待复垦土地资源进行的调查。

## 二、损毁土地现状评价

待复垦的损毁土地评价是在损毁土地现状调查的基础上，通过对影响土地生产能力的主要自然性状（气候、土壤、地貌、地形、水文、植被等）和社会经济条件进行分析、评估，鉴定土地对于某种特定用途的适宜性和限制性，从而确定待复垦的损毁土地的适宜用途，复垦的潜力及复垦目标和复垦利用的价值，为复垦规划提供科学的依据。

评价内容包括：损毁土地复垦适宜性评价，主要有损毁程度、复垦潜力、利用方向及生态环境影响等；土地复垦效益分析，包括社会、经济、生态等效益。

主导因素与综合分析相结合是待复垦的损毁土地评价的基本方法，即在评价待复垦土地时，应对气候、地形、土壤、植被、水文和地质等自然因素进行全面综合分析，研究各因素之间的相互关系，找出影响不同地区、不同类型待复垦土地的主导因素，并对其进行重点评价。待复垦的损毁土地评价应以损毁类型为基础，选择具体影响待复垦的损毁土地质量的较稳定的自然要素进行评价。

以复垦方向为耕地为例，其质量影响因素主要有以下几项：

——侵蚀程度。一般条件下已发生沟蚀的损毁土地不宜于农作物种植利用，但种植经济林木，土壤侵蚀程度可以适当放宽标准。

——坡度。是侵蚀的潜在危险和影响机械化、水利化的主要因素。一般＜3°时无明显的侵蚀发生；3°～7°有发生较强侵蚀危险；＞7°时不仅土壤侵蚀较严重，而且农机作业也受到影响。

——土层厚度。宜耕地的土层厚度一般不宜薄于50cm，土层小于30cm的损毁土地不宜列为宜耕地。

——土壤质地。指土质粗细及其排列层次。特别是50cm以内的土壤质地，影响土壤肥力、耕性、水热状况及灌溉、排水、洗盐的效果，是评价损毁土地的重要因子。通常将土壤质地分黏、壤、砂、砾4类。一般来讲，壤质为佳，砂质、砾质最差。砾石含量＞15%时对耕作影响明显。

——水文与排水条件。地表积水及其排泄条件是评价泛滥地、沼泽地的主要因素，其中地表积水时间、有无排水出路和改良措施的难易程度是评价的重要内容。

——微地形起伏程度。

——温度条件。通常用日均气温≥10℃的积温多年平均值来表示。一般小麦生长发育要求的≥10℃的最低积温大致为1500～1600℃，将其定为一般地区宜耕地热量指标的下限。温度条件是在青藏高原和我国最东北地区选择复垦方向为宜耕地的主要因素。

——水分条件。降水和灌溉水源保证程度，是干旱、半干旱地区土地评价的主要因素。大部分地区把多年平均降水量400mm作为旱作的临界降水量。在干旱、半干旱地区进行土地评价时，首先要考虑有无灌溉条件，无灌溉可能的损毁地不宜选定宜耕地作为复垦方向。

待复垦的损毁土地对于某一特定复垦方向的适宜等级划分是评价的核心。同一适宜等级的待复垦的损毁土地对于同一复垦方向的适宜程度、生产潜力和复垦难易程度大致相同。如对于宜耕的损毁土地评价，根据评价因素可将其分为好、中、差等3类。

一等宜耕损毁土地。质量好或较好，农业利用无限制或少限制，不采取改良措施或略采取改良措施，垦后易建成稳定高产农田，利用正常，对其本身及邻近土地不会产生不良的后果。

二等宜耕损毁土地。质量中等，农业利用受到一定限制，需要采取一定的改良措施或保护措施，才能开垦利用。

三等宜耕损毁土地。质量差，农业利用受到很大限制或肥力很低，改良困难，需要采取复杂的工程措施，才能开垦利用。

已损毁未复垦土地应当纳入复垦责任范围。

### 三、土地损毁现状分析评价应注意的问题

土地损毁现状分析评价应对照损毁前地形地貌景观、土壤类型、土地利用类型、土地生产力及生物多样性等进行评价。

评价时应结合土地损毁的环节与时序，说明矿区生产建设过程中可能导致土地损毁的生产建设工艺及流程。明确项目区已损毁土地的类型、范围、面积及损毁程度，分析已损毁土地被重复损毁的可能性，说明已损毁土地已复垦情况，包括复垦面积、范围、复垦方向及复垦效果。

## 第三节　拟损毁土地预测评估

### 一、拟损毁土地预测

#### （一）概述

依据项目或工程类型、生产建设方式、地形地貌特征等，确定拟损毁土地的预测方法，预测拟损毁土地的方式、类型、面积、程度。主要针对井下开采的损毁形式为地表移动变形及排矸（土）场压占和露天开采的煤矿、非金属矿、金属矿的生产项目。

**1. 预测依据**

生产建设项目的工程类型、生产方式、工艺流程以及项目工程建设进度安排等。

**2. 预测任务**

测算不同工程类型、生产方式、工艺流程以及项目工程建设进度安排下的土地挖损、塌陷、压占等损毁的范围、地类、面积和程度等。

**3. 预测内容**

（1）拟损毁土地的损毁类型、程度。

（2）拟损毁土地利用现状类型、质量、面积、分布。

（3）确定预测依据、方法和预测参数。

（4）不同类型、损毁程度、利用类型、质量土地面积的统计。

（5）土地损毁时序预测。为了做到“边损毁，边复垦”，使损毁土地得到及时、动态复垦，应明确土地损毁时序，以使土地复垦工作安排更为合理。

生产服务年限较长的生产项目需分时段和区段预测土地损毁的方式、类型、面积、程度，并结合对土地利用的影响进行土地损毁程度分级。分级应参考国家和地方相关部门规定的划分标准，也可结合类比确定。

## (二)露天采矿拟损毁土地预测

### 1. 拟损毁类型

露天采矿的特点是先剥离矿产上的土与岩石，然后进行采矿。所以拟损毁的类型有 3 种(表 3-2)：

(1)采坑挖损损毁。

(2)外排土场堆放压占损毁。

(3)剥离表土的临时堆放压占损毁。

**表 3-2　露天采矿土地拟损毁方式表**

| 拟损毁类型 | 损毁环节 | 拟损毁性质 | 影响后果 |
| --- | --- | --- | --- |
| 采坑挖损 | 建设期<br>生产期 | 永久 | 造成地表挖损，形成采坑，影响期长，表土扰动严重，造成生态系统功能损失，加剧水土流失 |
| 外排土场压占 | 建设期<br>生产期 | 永久 | 改变了地貌，生态系统功能较长期损失，损毁期较长，加剧水土流失 |
| 表土堆放压占 | 建设期 | 临时 | 地表植被遭到损毁，暂时丧失生产能力 |

### 2. 预测依据

(1)工作线长度与宽度(开槽)。

(2)年推进速度。

(3)岩土剥离——排弃计划。

(4)排土场设计参数(高度、边坡、平台宽度等)及稳定分析。

(5)采坑设计参数(边坡、采深)及稳定性分析。

### 3. 预测方法与结果统计

1)预测方法

拟损毁排土场预测：可按照排土场设计与岩土排弃计划进行计算。

采坑挖损损毁：

拟损毁面积＝采坑底部面积＋边坡开挖占地面积

2)结果统计

统计预测结果(表 3-3、表 3-4)。

表 3-3 露天采矿预测拟损毁土地利用类型统计表

| 土地利用类型 | 首采区 | 排土场 1 | 排土场 2 | 合计 |
|---|---|---|---|---|
| 耕地 | | | | |
| 园地 | | | | |
| 林地 | | | | |
| 草地 | | | | |
| 办公场地 | | | | |
| 其他 | | | | |

表 3-4 露天采矿土地拟损毁时空预测表

| 预测年份 | 拟损毁面积 | | 拟损毁类型 | 合计 |
|---|---|---|---|---|
| | 采场采区 | 排土场 | | |
| | | | | |
| | | | | |
| | | | | |
| | | | | |
| | | | | |

## (三)井工开采土地塌陷拟损毁预测

### 1. 拟损毁类型

井工采矿的特点是在不对地表进行大面积扰动的状态下，通过矿井来开采地下矿产资源，从而导致地下矿产资源采掘后地表的沉陷与固体废弃物的压占对土地的损毁。所以损毁的类型有 2 种：①采矿地表塌陷损毁。②固体废弃物压占损毁。

### 2. 预测依据

预测依据主要有开采工艺、采深、采厚及进度计划、煤层的倾角、下沉系数、水平移动系数、开采影响传播角、工作面宽度等。

### 3. 地表塌陷预测的方法

预测可采用中国矿业大学(北京)研制的开采沉陷分析系统软件 MSAS 进行。需要的相关参数有资源开采深度、采煤的厚度、下沉系数、水平移动系数；主要影响角正切开采影响传播角系数。具体步骤是如下。

(1)分析确定相关预测参数。

(2)根据采掘计划，分时段用上述软件进行地表沉陷预测。

(3)地表裂缝预测。

(4)地表移动延续时间预测。

(5)土地损毁面积预测。

(6)土地损毁等级划分与统计(表 3-5)。

**表 3-5　井工开采土地拟塌陷损毁等级表**

| 损毁等级 | 地表裂缝 | | 下沉/mm | 耕作条件 | 减产情况 |
|---|---|---|---|---|---|
| | 宽度/mm | 间距/m | | | |
| 轻度 | ＜100 | ＞50 | 不明显 | 复垦后可正常耕作 | ＜10%不明显 |
| 中度 | 100～300 | 30～50 | ＜500 | 复垦后尚可耕作 | 10%～30%稍有影响 |
| 重度 | ＞300 | ＜30 | ＞500 | 复垦难度大，不能正常耕作 | ＞30%明显减产 |

## 二、拟损毁土地评估

### (一)拟损毁土地现状分析

拟损毁土地现状分析应按《矿山地质环境保护与恢复治理方案编制规范》中的 7.2.2.4 条款，分析与预测评估区内采矿活动对土地资源的影响和损毁情况。在采矿活动对土地资源影响现状评估中因注意下列问题。

(1)土地现状评估中影响程度分级：应按《矿山地质环境保护与恢复治理方案编制规范》附录表 E.1 现状评估采矿活动和矿区建设对土地已造成的影响和损毁级别：

①严重为：

已损毁基本农田；

已损毁耕地大于 $2hm^2$；

已损毁林地或草地大于 $4hm^2$；

已损毁荒地或未开发利用土地大于 $20hm^2$。

②较严重为：

已损毁耕地小于或等于 $2hm^2$；

已损毁耕地或草地 $2～4hm^2$；

已损毁荒山地或未开发利用土地 $10～20hm^2$。

③较轻为：

已损毁林地或草地小于等于 $2hm^2$；

已损毁荒地或未开发利用土地小于或等于 $10hm^2$。

(影响程度分级时，有一条符合某一级别，就定为该级别。)

(2)露天开采，应评估采场及影响范围内已影响和损毁土地类型、范围、面积；工业场地、废石场(或矸石场、矿渣堆或其他固体废弃物堆放场)、道路已损毁土地类型、范围、面积。

(3)地下开采，应评估地下开采已造成地表移动变形，诱发的各类地质灾害影响和损毁土地类型、范围、面积;工业场地、废石场(或矸石场、矿渣堆或其他固体废弃物堆放场)、道路已损毁土地类型、范围、面积。

### (二)拟损毁土地预测评估

土地资源影响或损毁预测评估按《矿山地质环境保护与恢复治理方案编制规范》中的7.2.3.4条款,预测评估采矿活动对土地资源的影响或损毁类型、规模和程度。土地资源影响或损毁预测评估有关问题说明如下。

(1)土地资源影响或损毁,影响程度分级:应根据《矿山地质环境保护与恢复治理方案编制规范》附录表E.1预测评估采矿活动和矿山建设对土地资源影响程度级别。

(2)露天开采,应预测评估采场及影响范围内影响或损毁土地类型、范围、面积;工业场地、废石场(或砾石场、矿渣堆)道路损毁土地类型、范围、面积。

(3)地下开采,应预测评估地表移动变形、诱发的地质灾害影响或损毁土地类型、范围、面积;工业场地、废石场(或砾石场、矿渣堆)道路损毁土地类型、范围、面积。

(4)采矿活动和矿区建设对土地资源影响或损毁程度预测评估,可定性描述对各类土地影响或损毁程度(不同程度的范围、面积);如果有资料可按有关技术规范定量预测评估采矿活动和矿山建设对各类土地资源的影响或损毁程度及不同程度的面积。

## 三、土地损毁动态预测评估应注意的问题

土地损毁动态预测评估应依据项目或工程类型、生产建设方式、地形地貌特征等,确定拟损毁土地的预测方法,预测拟损毁土地的方式、类型、面积、程度。生产服务年限较长的矿山需分时段和区段预测土地损毁的方式、类型、面积、程度,并结合对土地利用的影响进行土地损毁程度分级。分级应参考国家和地方相关部门规定的划分标准,也可结合类比确定,尤其是山区、丘陵区的井工开采的矿山。

土地损毁现状分析评估与动态预测评估以及应附图件,参照《土地复垦方案编制规程TD/T1031—2011》(通则、露天煤矿、井工煤矿、金属矿、石油天然气)中的6.4.1、6.4.2、6.4.3条款,以及《矿山地质环境保护与恢复治理方案编制规范》DZ/T0223—2011中的7.2.2和7.2.3条款规定的执行。

# 第四节 土地复垦可行性研究

土地复垦的可行性研究是在待复垦土地的调查评价及预测评估基础上,分析区域的自然条件优势,根据土地本身的损毁(或拟损毁)特征、理化特性、适宜性、限制性和社会经济条件,初步确定可被复垦各类用地的可能性,同时明确复垦的目标、措施、投资预算和复垦利用价值的研究行为。对土地复垦项目进行可行性研究是非常必要的。

## 一、土地复垦可行性研究的依据

对一个区域的土地复垦项目进行可行性研究,必须在当地以及上级土地利用总体规划和国家有关规划、政策、法规的指导下完成,同时还要有相应的各种技术资料。

土地复垦可行性研究的主要依据：

(1)《中华人民共和国土地管理法》《土地管理法实施条例》及《土地复垦条例》。

(2)土地利用总体规划与国民经济和社会发展计划。

(3)自然资源部《土地复垦条例实施办法》及国家制定的其他土地复垦政策和规定。

(4)项目区的自然、经济、社会等基础资料。

(5)批准的项目建议书和项目建议书批准后签订的意向性协议等。

(6)与项目建设相关的其他专项规划，如城市规划、江河流域规划、路网规划、防护林规划等。

(7)有关专业部门的相关鉴定意见。

(8)有关国家、地区和行业的工程技术、经济方面的法令、法规和标准定额资料。

(9)国家颁布的建设项目经济评价方法与参数，如社会折现率、行业基准收益率、影子价格换算系数、影子汇率等。

(10)市场调查报告。

## 二、土地复垦可行性研究的步骤

### 1. 提出任务

明确项目来源和目标。自然资源主管部门按土地开发整理计划下达任务，并向规划设计单位提出可行性研究委托文件，双方签署协议。接受委托的规划设计单位要掌握项目的来源和依据，项目研究的意图和目标，研究的范围和时间，以及有关项目可行性研究的背景。

### 2. 项目区调查

调查项目区水、土等自然资源情况，社会经济经营基础，当地及上级土地利用规划，土地权属状况，土地利用现状，土地利用的限制因素，资源潜力，生态环境情况，资金来源、物资供应及劳动力等社会资源潜力和市场信息，以及项目区有关交通、能源等情况。确定项目区范围、整理方式与途径。

### 3. 项目规划设计和效益评价

根据可行性研究要求和内容，进行项目区生产和经济预测、生态效应估计；确定项目的规模和范围及整理措施等内容；制定技术标准，进行方案设计，投入产出设计，经济效益、生态效益和社会效益评价，方案优化和确立。

### 4. 在综合研究的基础上，编制可行性研究报告

### 5. 预审和修改可行性研究报告

可行性研究报告要报当地自然资源主管部门有关领导和专家讨论并经其预审。在充分听取各个方面修改意见和建议的基础上，进一步修订和完善可行性研究报告的有关内容，使研究报告更加切合实际。

### 6. 上报审批

修改后的可行性报告正式交给委托单位，由委托单位再次审议并上报省级自然资源主管部门。申报国家项目，应由省级自然资源主管部门行文向自然资源部申报，经自然资源部审核同意后，方可实施。

## 三、土地复垦可行性研究的内容

土地复垦项目本身具有特定的技术和经济的要求，包括了土地复垦规划和设计全过程。不但涉及工程措施、生物措施和农业措施等多种农业工程项目的布局，而且涉及了可行性研究中的经济、生态与社会评价，同时与资源情况、环境条件乃至市场流通都有着直接或间接的关系，所以土地复垦可行性研究包括的内容比较广泛和复杂。

### (一)项目的提出和概况及项目背景

包括当地土地资源尤其是耕地资源情况、社会经济发展目标、政府的工作重点等；项目依据；项目规模、范围、主要工程建设内容；项目目标；项目涉及区域土地权属调整方案；项目概算总投资；项目建设工期等。

### (二)项目区概况及基础信息

所谓项目区，是指生产建设项目的项目范围内土地构成的区域。

#### 1. 项目区概况

说明项目区名称、项目区与附近城镇的位置关系，项目区所在的县(区)、乡镇村组，隶属关系、地理坐标、区位条件(主要是交通条件)、矿区及周围经济社会概况；企业名称及性质、项目性质(如新建、扩建、延续、变更等)、开采方式、生产规模与能力、生产服务年限或剩余使用年限、项目范围(由拐点坐标控制)等。

注意：插项目区交通位置图(比例尺宜为 1∶500 000～1∶1 000 000)。

#### 2. 项目区基础信息

1)矿区自然地理

(1)气象。矿区所处的气候带及气候类型、气温(多年平均及年内变化、极端最高和最低气温及出现的时间)、冻土深度(多年平均、最大冻土深度)、相对湿度(多年平均及年内变化)、降水量(多年平均及年际、年内变化，最大降水强度)、蒸发度(多年平均及年际、年内变化)、光照及积温、风向及风速等内容。

(2)水文。水系分布情况及水文特征(多年平均、历史上最高及最低水位及流量，年内水位及流量变化特征)等。

(3)地形地貌。地形-地形起伏变化特征；地貌按成因类型、成因形态、形态单元划分并描述其特征，论述其微地貌特征，附比例尺宜为 1∶50 000 的地貌图。

(4)土壤。土壤类型及分布特征、土壤剖面构型、土壤质地、结构、厚度及有机质含量、pH 值。

(5)植被。植被类型及分布特征。

2)矿区地质环境背景

此部分为矿山项目必需介绍的内容。

(1)地层岩性。

地层:出露及分布情况、岩性特征、结构、厚度、化石产出情况、与下伏地层接触关系等。论述顺序应为由老到新论述。

岩性:(岩浆岩或侵入岩)产出类型、岩性特征、分布等。

(2)地质构造。褶皱、断裂、构造裂隙发育规律、新构造运动、地震烈度等情况。附矿区地质图。

(3)水文地质条件。

地下水的赋存及循环条件、地下水类型分述、矿坑充水因素分析及涌水量预测,排水量大或矿山排水影响周边工矿企业及居民用水、造成环境水文地质问题突出时,应附水文地质图(比例尺宜为1∶10 000～1∶50 000)。

(4)工程地质条件。

重点是矿体围岩及上覆地层的工程地质特征。分析斜坡的稳定性,岩土体的结构、构造及完整性。

(5)矿体(层)地质特征。

矿体(层)产状、厚度、分布标高或埋藏深度、围岩的岩性特征等。应附必要的地质剖面图。

(6)矿区及周边其他人类工程活动情况。

如城市及村镇建设、修建公路、水利设施等。

3)项目区社会经济概况

说明矿区近3年的乡(镇)人口、农业人口、人均耕地、农业总产值、财政收入、人均纯收入、农业生产状况,并注明资料来源。

4)项目区土地利用现状

说明矿区土地利用类型、数量和质量。结合典型土壤剖面图说明耕地、林地、草地等不同土地利用类型的表土层厚度、土壤质地、有机质含量以及pH值等主要理化性质。

5)项目区及周边其他人类重大工程活动

主要说明矿区及周边人类工程活动特点,如附近分布的自然村、区内工矿乡镇企业等,重大工程如建设工程(铁路、高速公路、水库大坝),居住建筑、公共建筑(行政办公建筑、文教建筑、托教建筑、科研建筑、医疗建筑、商业建筑、观览建筑、体育建筑、旅馆建筑、交通建筑、通信广播建筑、园林建筑、纪念性建筑)、工业建筑,以及易燃易爆场所。

6)土地复垦案例分析

主要介绍项目区内土地复垦的基本情况,与本项目区类型相同或相似的项目区周边土地复垦案例,并进行类比分析。

### (三)项目实施的必要性和可行性

复垦潜力和利用限制因素的分析,包括近期与远期技术、经济与生态目标和可行程度。

### (四)土地复垦区及复垦责任范围确定

土地复垦区是指生产建设项目损毁土地和永久性建设用地构成的区域。复垦责任范围是指复垦区中损毁土地及不再留续使用的永久性建设用地共同构成的区域。其中永久性建设用地为依法征收并用于建设工业场地、公路和铁路等永久性建筑物、构筑物及相关用途的土地。

依据土地损毁分析与预测结果,合理确定复垦区与复垦责任范围,应提供西安80系或2000系拐点坐标。

注意:项目区、复垦区、复垦责任范围会经常含混不清。复垦区=生产建设项目损毁土地+永久性建设用地≥土地复垦责任范围(当永久建设用地不留续使用时,二者相等)。

### (五)土地复垦方向可行性分析

#### 1. 复垦区土地利用现状分析

复垦区土地利用现状按《土地复垦方案编制规程》(第1部分:通则)TD/T1031.1—2011中的6.4.2条款执行。

1)土地利用类型

(1)列表说明复垦区及复垦责任范围内土地利用类型、数量、质量、损毁类型与程度,说明基本农田所占比例、农田水利和田间道路等配套设施情况、主要农作物生产水平。

(2)土地利用现状分类体系应采用《土地利用现状分类标准》GB/T21010—2007,明确至二级地类。土地利用现状的统计数据应与所附的土地利用现状图上的信息一致。

(3)土地利用现状表参见《土地复垦方案编制规程》(第1部分:通则)TD/T1031.1—2011中的附录F。

2)土地权属状况

(1)说明复垦区土地所有权、使用权和承包经营权状况。集体所有土地权属应具体到行政村或村民小组。需要征(租)收土地的项目应说明征(租)收前权属状况。

(2)土地利用权属表参见《土地复垦方案编制规程》(第1部分:通则)TD/T1031.1—2011中的附录F。

#### 2. 土地复垦适宜性评价

土地复垦适宜性评价一般按《土地复垦方案编制规程》(第1部分:通则)TD/T1031.1—2011中的6.4.4条款执行。露天煤矿还应按TD/T1031.2的6.4.4条款执行;井工煤矿还应按TD/T1031.3的6.4.3条款执行;金属矿还应按TD/T1031.4的6.4.4条款执行;石油天然气项目还应按TD/T1031.5的6.5.1条款执行;铀矿还应按TD/T1031.7的6.4.4条款执行。

根据对损毁土地的分析和预测结果,划分评价单元,选择评价方法。

明确评价依据及过程,列表说明各评价单元复垦后的利用方向、面积、限制性因素。

依据土地利用总体规划及相关规划,按照因地制宜的原则,在充分尊重土地权益人意愿的前提下,根据原土地利用类型、土地损毁情况、公众参与意见等,在经济可行、技术合理的条件下,确定拟复垦土地的最佳利用方向(应明确至二级地类),划分土地复垦单元。

损毁单元≠复垦单元，土地复垦单元是土地损毁方式相同、损毁程度相近、性状相对一致的一类损毁土地，是土地可行性评价的最小单位。在土地复垦方向和工程措施上一致。

#### 3. 水土资源平衡分析

水土资源平衡分析一般按 TD/T1031.1—2011 中的 6.4.5 条款执行，铀矿还应按 TD/T1031.7—2011 中的 6.4.5 条款执行。

应结合复垦区表土情况、复垦方向、标准和措施，进行表土量供求平衡分析。

需外购土源的，应说明外购土源的数量、来源、土源位置、可采量，并提供相关证明材料。无土源情况下，可综合采取物理、化学与生物改良措施。

复垦工程中涉及灌溉工程的，应进行用水资源分析，明确用水水源地和水量供需及水质情况。

铀矿还应结合铀废石场、尾矿库及其他场所防氡析出标准要求，设计所需覆盖层厚度，并测算所需土方量。

#### 4. 土地复垦质量要求

土地复垦质量要求一般按《土地复垦方案编制规程》（第 1 部分：通则）TD/T1031.1—2011 中的 6.5.1 条款和《土地复垦质量控制标准》TD/T1036—2013 相关条款执行。

金属矿还应按 TD/T1031.4—2011 中的 6.5.1 条款执行；石油天然气矿还应按 TD/T1031.5—2011 中的 6.6.1 条款执行；铀矿还应按 TD/T1031.7—2011 中的 6.5.1 条款执行。

依据土地复垦相关技术标准，结合复垦区实际情况，针对不同复垦方向提出不同土地复垦单元的土地复垦质量要求。

土地复垦质量制定不宜低于原（或周边）土地利用类型的土壤质量与生产力水平。复垦为耕地的应符合当地省级土地开发整治工程建设标准的要求；复垦为其他方向的建设标准应符合相关行业的执行标准。

### （六）复垦区规划与设计

#### 1. 土地复垦工程

依据土地复垦适宜性评价结果，阐明土地复垦的目标任务、主要工程措施和工程量。一般按《土地复垦方案编制规程》（第 1 部分：通则）TD/T1031.1—2011 中的 6.6.1 条款执行。

露天煤矿还应按《土地复垦方案编制规程》（第 2 部分：露天煤矿）TD/T1031.2—2011 中的 6.6.1 条款执行；井工煤矿还应按《土地复垦方案编制规程》（第 3 部分：井工煤矿）TD/T1031.3—2011 中的 6.6.1 条款执行；金属矿还应按《土地复垦方案编制规程》（第 4 部分：金属矿）TD/T1031.4—2011 中的 6.6.1 条款执行；石油天然气矿还应按《土地复垦方案编制规程》（第 5 部分：石油天然气（含煤气层）项目）TD/T1031.5—2011 中的 6.7.1 条款执行；铀矿还应按《土地复垦方案编制规程》（第 7 部分：铀矿）TD/T1031.7—2011 中的 6.6.1 条款执行。

（1）根据确定的土地复垦方向和质量要求，针对不同土地复垦单元采用不同措施进行复垦工程设计。土地复垦质量要求参照《土地复垦质量控制标准》（TD/T1036—2013）执行。

（2）工程措施的设计内容包括：确定各种措施的主要工程形式及其主要技术参数。工程措施的设计可根据项目类型、生产建设方式、地形地貌、区域特点等有所侧重，主要工程设计应附平面布置图、剖面图、典型工程设计图。

(3)生物措施的设计内容包括：植物种类筛选、苗木(种子)规格、配置模式、密度(播种量)、土壤生物与土壤种子库的利用、整地规格等。

(4)化学措施的设计内容包括：复垦土地改良以及污染土地修复等。

(5)监测措施的设计内容包括：监测点的数量、位置及监测内容(土地损毁情况与土地复垦效果)。

(6)管护措施的设计内容包括：管护对象、管护年限、管护次数及管护方法。

#### 2. 土地复垦监测和管护工程

1)土地复垦监测

土地复垦监测包括土地损毁监测和复垦效果监测两方面。其中，复垦效果监测部分包括：土壤质量监测、植被恢复情况监测、农田配套设施运行情况监测等。阐明土地复垦监测的目标任务、监测点的布设、监测内容、监测方法、监测频率及技术要求、监测时限等。

2)土地复垦管护

管护工程主要包括复垦土地植被管护和农田配套设施工程管护等。主要内容是对林地、果园地、草地等的补种，病虫害防治，排灌与施肥，以及对农田排灌设施的管护等。植被管护时间应根据区域自然条件及植被类型确定，一般地区 3～5 年，生态脆弱区 6～10 年。

#### 3. 土地复垦工作部署

(1)根据矿区地质环境治理与土地复垦工程设计，提出矿区地质环境保护与土地复垦总体目标任务，说明总工程量构成，做出矿区服务期限内的总体工作部署和实施计划。

(2)按照矿区所涉及的各类工程，分别部署落实工程实施期限，重点细化方案适用期限内的工程实施计划，按年度阐明工作安排。

(3)生产建设服务年限超过 5 年的，原则上以 5 年为一个阶段进行矿区地质环境治理与土地复垦工作安排，应明确每阶段的目标、任务、位置、单项工程量及费用安排。生产建设服务年限小于 5 年的，应分年度细化工作任务及工作部署，并制订第一个年度的矿区地质环境治理与土地复垦工作实施计划。

### (七)经费估算与进度安排

按照土地复垦工程量估算经费。土地复垦工程包括各种土地复垦工程措施、土地复垦监测和管护工程。

#### 1. 土地复垦工程经费估算

(1)说明经费估算依据、取费标准及计算方法。

(2)根据不同土地复垦单元工程措施、生物措施、化学措施、监测和管护措施的设计内容，参照相关标准，分别估算复垦费用并列表汇总。

(3)土地复垦费用构成包括前期费用(勘察费、设计费)、施工费、设备费、监测与管护费、工程监理费、竣工验收费、业主管理费、预备费(基本预备费和风险金)等。

(4)土地复垦费用估算表格参见《土地复垦方案编制规程》(第 1 部分:通则)TD/T1031.1—2011 中的附录 E。

**2. 经费进度安排**

根据方案适用期的工程部署和年度实施计划,按年度做出经费分解。

### (八)保障措施与效益分析

**1. 保障措施**

1)组织保障

按照“谁开发,谁保护、谁破坏,谁治理”和“谁损毁,谁复垦”原则,明确方案实施的组织机构及其职责。

2)费用保障

明确落实土地复垦费用来源、预存、管理、使用和审计等制度的措施。

3)监管保障

落实阶段治理与复垦费用,严格按照方案的年度工程实施计划安排,分阶段有步骤地安排治理与复垦项目资金的预算支出,定期向项目所在地县级以上自然资源主管部门报告当年治理复垦情况,接受县级以上自然资源主管部对工程实施情况的监督检查,接受社会监督。

4)技术保障

加强对矿山企业技术人员的培训,组织专家咨询研讨,开展试验示范研究,引进先进技术,跟踪监测,追踪绩效。

**2. 效益分析**

对方案实施后可能产生的社会效益、生态效益和经济效益进行客观的分析评价。包括方案的财务分析,资金偿还能力分析,生态效益和社会、经济效益评价,综合效益分析论证和多方案优化分析。

### (九)公众参与

制定全面、全程的公众参与方案,公众参与形式及内容应公开、科学、合理,参照《土地复垦方案编制规程》(第 1 部分:通则)TD/T1031.1—2011 中的 6.10.5 条款。

### (十)不确定性分析

对项目的技术、经济、社会和环境等影响因素中的不确定性做不确定性分析。

# 第四章　土地复垦规划与设计技术

## 第一节　概　述

### 一、土地复垦规划的概念与分类

#### (一)土地复垦规划的概念

土地复垦规划是指对在生产建设或自然灾害过程中造成破坏的土地采取整治措施的规划。它是土地利用总体规划下属的专项规划。

#### (二)土地复垦规划的分类

土地复垦规划按照土地损毁特征可以分为:塌陷地复垦规划、压占地复垦规划、挖损地复垦规划等。

按照矿区开采方式分为地下开采复垦规划和露天开采复垦规划。从时间考虑,复垦规划可分为采前复垦规划和采后复垦规划。采前复垦规划是指新矿区开发或老矿井改扩建时,在采矿设计阶段就作的复垦规划;采后复垦规划则是指矿产资源已经开采,因以前对复垦工作没有重视,现在需要复垦而作的规划,这在我国较为普遍。从空间范围来说,可以是一片塌陷地、一个矿井、一个矿区、几个矿区甚至全国的采矿区域,依此,矿区土地复垦规划可分为某塌陷区、某矿、某矿区或全国的土地复垦规划。

按复垦区所处的地理位置,可分为城郊复垦区土地复垦规划、农村复垦区土地复垦规划,我国后一种规划居多。

根据地貌条件,可分为位于山区的和位于平原的土地复垦规划。

根据复垦区地下潜水位埋藏情况,又可分为高、中、低潜水位复垦区土地复垦规划。

制定土地复垦规划时,可根据上述分类明确复垦方向、复垦重点及影响复垦工程实施的制约因素。

(1)城郊复垦区土地复垦规划可优先考虑娱乐场所用地、建立蔬菜基地或作园林化复垦;农村复垦区土地复垦规划则优先考虑种植业、养殖业用地。

(2)采前规划需预测破坏程度;采后规划则需实地勘测破坏程度。

(3)地下开采复垦规划应重点考虑解决地表沉陷后积水、土地沼泽化、土壤次生盐渍化问题;露天开采复垦规划则应重点考虑土壤结构的重建、土地植被重建等问题。

不同地貌条件的矿区土地复垦方向与重点也明显不同,位于黄淮海平原、华北平原等重要粮棉基地的矿区，恢复为可耕地是复垦的重点；位于丘陵山区的矿区，复垦时加强水土保持措施、防止水土流失显得尤为重要。

## 二、土地复垦规划与设计的意义

土地复垦规划与设计的意义表现为：避免复垦工程的盲目性，保证土地利用结构与土地生态系统的结构更趋合理，保证自然资源主管部门对土地复垦工作的宏观调控，保证土地复垦项目时空分布的合理性。

### （一）避免复垦工程的盲目性

不经过规划设计的复垦工程，往往在以下几方面具有盲目性：①在塌陷不稳定区进行大量土方工程；②片面追求高标准；③对塌陷积水区采取盲目回填措施等。

通过对土地复垦工程进行合理的规划，可以充分发挥区域自然资源优势，正确选择复垦投资方向，避免造成复垦有投入无产出或产出甚微的情况。

### （二）保证土地利用结构与土地生态系统的结构更趋合理

土地复垦规划既是土地利用总体规划的重要内容，又是土地利用的一个专项规划。国内外土地复垦实践证明：制定一个合理的土地复垦规划完全可以使土地生产力及生态环境恢复至原有水平，甚至高于原有水平。

### （三）保证自然资源主管部门对土地复垦工作的宏观调控

根据我国人多地少这一国情，在条件允许的情况下，应优先考虑复垦为耕地。自然资源主管部门通过审定土地复垦规划对土地复垦方向实行宏观调控。

### （四）保证土地复垦项目时空分布的合理性

土地复垦规划的实质就是对土地复垦项目实施的时间顺序及空间布局作合理安排，因此，土地复垦规划设计能保证土地复垦项目时空分布的合理性。在时间上，复垦项目纳入企业生产与发展或建设项目计划，不同的生产建设阶段完成不同的复垦任务；在空间上，按照土地破坏特征将土地复垦为不同的用途。

## 三、土地复垦规划的对象

依据《土地复垦条例实施办法》（自 2013 年 3 月 1 日起施行），土地复垦规划与设计的对象为历史遗留损毁土地和自然灾害损毁土地。

其中符合下列条件的土地，所在地的县级自然资源主管部门应当认定为历史遗留损毁土地：

（1）土地复垦义务人灭失的生产建设活动损毁的土地。

（2）《土地复垦规定》实施以前生产建设活动损毁的土地。

## 四、土地复垦规划的内容

依据《土地复垦条例实施办法》第三十条，土地复垦规划应当包括下列内容：

(1)土地复垦潜力分析。

(2)土地复垦的原则、目标、任务和计划安排。

(3)土地复垦重点区域和复垦土地利用方向。

(4)土地复垦项目的划定,复垦土地的利用布局和工程布局。

(5)土地复垦资金的测算,资金筹措方式和资金安排。

(6)预期经济、社会和生态等效益。

(7)土地复垦的实施保障措施。

## 五、土地复垦规划设计应遵循的原则

### (一)协调原则

土地复垦规划是土地利用总体规划的下属专项规划,因此必须与土地利用总体规划相协调。土地复垦义务人在制定土地复垦规划时,应当根据经济合理的原则和自然条件以及土地破坏状态,确定复垦后的土地用途。在城市规划区内,复垦后的土地利用应当符合城市规划。

### (二)统一原则

土地复垦应当与生产建设统一规划。有土地复垦任务的企业应当把土地复垦指标纳入生产建设计划,经当地自然资源主管部门批准后实施。

### (三)就地取材原则

土地复垦应当充分利用邻近的废弃物(粉煤灰、煤矸石、城市垃圾等)充填挖损区、塌陷区和地下采空区。利用废弃物作为土地复垦充填物,防止造成新的污染。

上述3条是《土地复垦条例》对土地复垦规划所作的原则规定。实际工作中,还应遵循以下原则:

(1)先作总体规划,再作复垦工程设计。

(2)因地制宜,综合治理。

(3)近期效益与长远效益相结合。

(4)经济效益、生态环境效益与社会效益相结合。

因此,复垦工程实施应从全局考虑,首先安排投资少、见效快的项目。复垦工程的目标不仅要寻求最佳的投资收益比,还要达到复垦后土地生态系统的整体性和协调性。复垦规划不仅是耕地恢复规划,还包括村庄搬迁、水系道路、建设用地、环境治理等综合规划。

## 六、土地复垦规划设计的基本程序

制定矿区土地复垦规划设计的基本程序如图4-1所示。

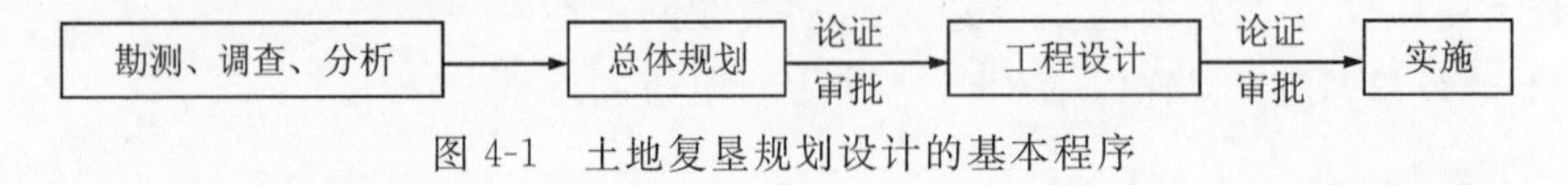


图4-1 土地复垦规划设计的基本程序

## (一)勘测、调查与分析

勘测、调查与分析的目的是明确复垦问题的性质，获取制定规划所必需的数据、图纸等基础资料。

## (二)总体规划

总体规划需要确定规划范围、规划时间，制定复垦目标和任务；然后将复垦对象分类、分区并作分期实施计划，对总体规划方案进行投资效益预算；最终通过部门间协调、论证，形成一个可行的规划方案。最终成果包括规划图纸和规划报告。

## (三)复垦工程设计

复垦工程设计是在总体规划的基础上，对近期要付诸实施的复垦项目所作的详细设计。复垦工程设计的最基本要求是具有可操作性，即施工部门能按设计图纸和设计说明书进行施工。

## (四)审批实施

无论是总体规划还是复垦工程设计都需要得到自然资源主管部门审批后，方可付诸实施，且复垦工程实施后，自然资源主管部门需对复垦工程进行验收，土地使用者需对复垦土地进行动态监测管理。

矿区土地复垦规划设计各阶段的内容和目标如表 4-1 所示。

**表 4-1　土地复垦规划设计各阶段的内容和目标**

| 阶段 | 内容 | 目标 |
|---|---|---|
| 勘测、调查与分析 | (1)地质(采矿)条件调查与评价；<br>(2)社会经济现状调查与评价；<br>(3)社会经济发展计划；<br>(4)自然资源调查与评价，包括土地破坏与土地利用现状、土壤类型与分布、水资源、气候条件等；<br>(5)环境污染现状调查与环境质量评价；<br>(6)地形勘测 | (1)明确复垦问题性质；<br>(2)为总体规划提供基础资料 |
| 总体规划 | (1)确定规划区域范围；<br>(2)确定规划时间；<br>(3)选择土地利用方向与复垦工程措施；<br>(4)制定分类、分区、分期复垦方案；<br>(5)复垦规划方案的优化论证；<br>(6)投资效益预测；<br>(7)关于影响复垦工程实施的相关问题与解决方法的说明 | (1)和土地利用总体规划一起为区域土地利用的合理性提供保证；<br>(2)为复垦工程设计提供依据 |

续表 4-1

| 阶段 | 内容 | 目标 |
| --- | --- | --- |
| 复垦工程设计 | (1)明确复垦工程设计的对象(位置、范围、面积、特征等);<br>(2)设计达到总体规划目标的工艺流程、工艺措施、机械设备选择、材料消耗、劳动用工等;<br>(3)实施计划安排(如所需物料来源、资金来源、水源等);<br>(4)施工起止日期安排,工程投入与年经营费、年收益的详细预算 | 供施工单位施工 |

## 第二节 土地复垦对象模糊聚类

### 一、基本原理

(1)聚类分类是多元统计方法中的一种数字分类方法。它把所有研究对象看作空间的一个点,然后按其性质上亲疏远近的程度确定研究对象之间的相似性,最后把关系密切的点归为一类。两个数据点在 $m$ 维空间的相似性可以用欧几里得距离来度量,即

$$d_{ij}=\sqrt{\sum_{k=1}^{m}(X_{ki}-X_{kj})^2} \tag{4-1}$$

式中:$d_{ij}$——数据点 $i$ 与数据点 $j$ 之间的欧几里得距离;

$k$——变量序号;

$m$——变量个数;

$X_{ki}$——数据点 $i$ 的 $k$ 变量数据;

$X_{kj}$——数据点 j 的 $k$ 变量数据;

距离越小,两者的相似性越大。

(2)对模糊集分类,首先要确定不同的分类水平 $\lambda$ $(0\leqslant\lambda\leqslant1)$,取模糊集合的 $\lambda$ 截集使其成为普通集合,然后再进行分类,这种方法就叫模糊聚类分析。

设 $X$ 为给定的有限论域,$\boldsymbol{R}=(r_{ij})$ 是 $X$ 上的模糊关系,$\boldsymbol{R}$ 满足

$$r_{ij}=1, \mathrm{i}=j \tag{4-2}$$

$$r_{ij}=r_{ji}, i\neq j \tag{4-3}$$

就称 $R$ 为模糊相似关系,它所对应的矩阵 $\boldsymbol{R}=(r_{ij})$ 叫作模糊相似矩阵。若模糊相似关系 $R$ 还满足传递性,即

$$\rho(i,j)<\rho(i,k)+\rho(k,j) \tag{4-4}$$

式中:$\rho$——两向量的距离。

则称 $R$ 为模糊等价关系。下面先看一个模糊聚类分析的例子。

**例 4-1**　设 $X=(x_1,x_2,x_3,x_4)$，给出模糊等价关系 $\boldsymbol{R}$，它所对应的矩阵为：

$$\boldsymbol{R}=\begin{bmatrix} 1 & 0.48 & 0.62 & 0.41 \\ & 1 & 0.48 & 0.41 \\ & & 1 & 0.41 \\ & & & 1 \end{bmatrix} \tag{4-5}$$

若取 $\lambda_1$ 满足 $0.62<\lambda_1\leqslant 1$，由于 $\lambda$ 截集是一个普通集合，其元素可用“1”和“0”表示，这时 $\boldsymbol{R}$ 中凡大于 0.62 的元素都用“1”表示，小于或等于 0.62 的元素用“0”表示，这便得到：

$$\boldsymbol{R}_{\lambda_1}=\begin{bmatrix} 1 & & & \\ & 1 & & \\ & & 1 & \\ & & & 1 \end{bmatrix} \tag{4-6}$$

根据上述分类结果，可做出动态聚类图(4-2)。

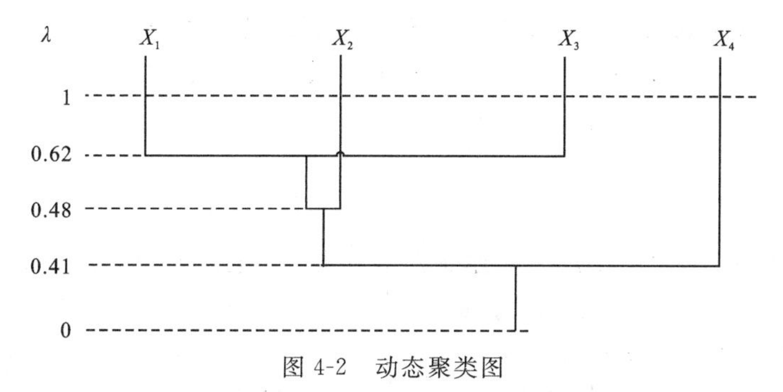


图 4-2　动态聚类图

从上例不难看出：为了进行分类，首先必须构造模糊等价关系矩阵，在此基础上取不同分类水平的 $\lambda$ 截集，最终可得到一个动态聚类图。在解决实际问题时，供分类用的数据往往比较复杂，下面介绍如何用这些数据来构造模糊等价关系及分类计算步骤。

## 二、模糊聚类分析法分类的计算步骤

### (一)原始数据标准化

原始数据标准化是将分类指标数值压缩或放大成[0,1]闭区间里的数。

设被分类对象一共有 $n$ 个，对这些对象的某一因素 $x_k$ 就一共可取得 $n$ 个原始数据，设为 $(x_{k1}{}',x_{k2}{}',x_{kn}{}')$，且把它们叫作这一因素的各个元素。为了把这些元素标准化，先找出这一因素诸元素中的最大值和最小值，记为 $x_{k\max}{}'$ 和 $x_{k\min}{}'$，于是可用式(4-7)将各元素标准化。

$$x_{ki}=(x_{ki}{}'-x_{k\min}{}')/(x_{k\max}{}'-x_{k\min}{}'),(k=1-m,i=1-n) \tag{4-7}$$

式中：$m$——因素个数；

$n$——分类对象个数；

$x_{ki}$——元素标准化后数值；

$x_{ki}{}'$——元素标准化前数值。

### (二)标定

数据标准化后，为了构造模糊相似关系矩阵，就要根据各分类对象不同元素的标准化数据，算出分类对象间的相似程度 $r_{ij}$，这一步骤叫作标定。

计算 $r_{ij}$ 的方法很多。式(4-8)为欧几里得距离法计算 $r_{ij}$ 的公式。

$$r_{ij}=\begin{cases}1 & (i=j)\\ \sqrt{\frac{1}{m}\sum_{k=1}^{m}(x_{ki}-x_{kj})^2} & (i\neq j)\end{cases} \tag{4-8}$$

计算出 $r_{ij}$，就可得到模糊相似关系矩阵 $\boldsymbol{R}=(r_{ij})n\times n$

计算 $r_{ij}$ 的方法还有夹角余弦法、数量积法、指数相似系数法、非参数方法等。

### (三)求取模糊等价关系

设 $\boldsymbol{R}$ 为模糊相似关系矩阵，据模糊数学原理有：$\boldsymbol{R}^2=\boldsymbol{R}\cdot\boldsymbol{R}$，$\boldsymbol{R}^4=\boldsymbol{R}^2\cdot\boldsymbol{R}^2$，…，直至 $\boldsymbol{R}^{2k}=\boldsymbol{R}^k\cdot\boldsymbol{R}^k$ 为止，记模糊等价关系 $\boldsymbol{R}^*$ 为

$$\boldsymbol{R}^*=\boldsymbol{R}^k \tag{4-9}$$

这里，"·"表示模糊关系矩阵相乘，它不同于普通矩阵相乘。设有模糊关系矩阵 $\boldsymbol{A}=(a_{ij})_{n\times n}$，$\boldsymbol{B}=(b_{ij})_{n\times n}$，$\boldsymbol{C}=\boldsymbol{A}\cdot\boldsymbol{B}=(c_{ij})_{n\times n}$，则模糊关系矩阵相乘按式(4-10)法则相乘。

$$c_{ij}=\max[a_{ik},b_{ik}]=v[a_{ik}\wedge b_{ik}] \tag{4-10}$$

### (四)聚类

有了模糊等价关系，就可以按相似标准进行分类。取值 $\lambda\in[0,1]$，规定对于集合中任意两个元素 $x_i$、$x_j$，若 $r_{ij}\geqslant\lambda$，则 $x_i$、$x_j$ 属于同一类，否则 $x_i$、$x_j$ 不同类。

一般说来，分类结果与 $\lambda$ 的取值大小有关。$\lambda$ 取值越大，分类就越细，即类数越多；$\lambda$ 取值越小，类容量就越大，相应类数就越少。当 $\lambda$ 值小到一定程度时，所有样本就归为一类了。通常根据实际问题的需要选择一适当的 $\lambda$ 值而获得与实际情况较一致的分类。

## 三、塌陷土地的模糊聚类分类示例

**例 4-2** 某矿区的八片塌陷区域的分类基础数据如表 4-2 所示。此例分类对象个数为 8，即 $n=8$。分类对象的属性，即因素个数为 5，$m=5$。

**表 4-2 某矿区塌陷地分类基础数据**

| 因素 | 1 | 2 | 3 | 4 | 5 | 6 | 7 | 8 |
|---|---|---|---|---|---|---|---|---|
| 塌陷深度/m | 2.47 | 1.19 | 1.12 | 3.40 | 3.24 | 6.30 | 4.46 | 3.29 |
| 塌陷面积/亩 | 1591 | 2911 | 819 | 1919 | 3360 | 864 | 430 | 395 |
| 积水深度/m | 0.47 | 0.41 | 0.1 | 1.4 | 1.24 | 4.30 | 2.64 | 1.29 |
| 万吨塌陷率/(亩/万 t) | 5.3 | 5.8 | 5.0 | 5.0 | 5.0 | 4.0 | 4.0 | 4.0 |
| 土壤等级 | Ⅳ | Ⅳ | Ⅲ | Ⅳ | Ⅲ | Ⅲ | Ⅳ | Ⅲ |

按照上述分类步骤，取不同的 $\lambda$ 值得到该矿区 8 片塌陷地模糊聚类谱系图如图 4-3 所示。

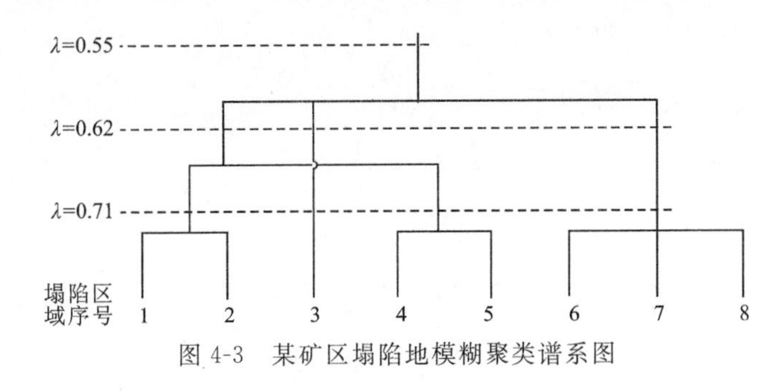


图 4-3　某矿区塌陷地模糊聚类谱系图

由图 4-3 知：当分类水平 λ＝0.62 时，8 片塌陷地分为(1,2,4,5)、(3)、(6,7,8)三类，于是土地复垦规划可按这 3 种类型分别给出规划设计方案。

## 第三节　待复垦土地的适宜性评价方法

### 一、待复垦土地适宜性评价的概念

待复垦土地的适宜性评价是对受破坏土地针对特定复垦方向是否适宜以及适宜程度所作出的判断分析。它是进行土地复垦利用方向决策，科学地编制土地复垦规划的基本依据。这些特定的复垦方向包括农作物种植、水产养殖、家禽家畜养殖、林果种植、蔬菜种植、建筑利用、娱乐场所等。其一般步骤如下：

(1)确定具体的复垦方向。

(2)选择影响因子，这些因子包括土壤、气候、地貌、地物等自然因素，工农业生产布局、资金投入、土地利用结构等经济因素，种植习惯、行政区划分等社会因素。

(3)按照一定的标准评判某一地块的各个因子对指定复垦方向的适宜程度。

### 二、待复垦土地适宜性评价的特点

待复垦土地属于特殊立地条件，即土地用途受到极大限制、土地位于特定环境条件下。换句话说，待复垦土地不同于一般的土地资源，有其特殊性。

#### (一)土地破坏程度制约土地复垦利用方向

土地破坏程度越严重，土地复垦利用方向限制越大。土地破坏的表现形式多种多样，如稳定和不稳定，长年积水、季节性积水与不积水，裂缝、台阶状下沉与波浪状下沉等。对于不稳定塌陷地，一般不进行较大的投入，土地利用方向为临时性的。土地破坏程度对土地复垦利用方向的制约程度可通过增加投入来弥补。复垦投入越大，复垦方向的选取越灵活。

#### (二)非现状、非评价对象本身的因素起较大的制约作用

非现状因素是指未来塌陷的影响程度、种植习惯、管理水平、复垦工程措施的选取等；非评价对象本身的因素是指相邻塌陷区的情况、相邻区域的环境条件和土地利用模式、水利设施、交通运输条件和充填料来源等。

因此，待复垦土地的适宜性评价不只是对现状的评述，还具有一定的预测性，评价因子应

包括非现状、非评价对象本身的因素。

### (三)经济、环境、社会效益必须有机结合

损毁土地的复垦利用既是一项经济活动,又是矿区环境治理的任务,因此,必须兼顾经济、环境与社会效益。

### (四)区位原则具有特定的含义

所谓区位原则,是指地块地理位置的差异带来经济效益上的差异。

待复垦土地范围一般较小,区位原则具有特定的含义,即:复垦地块距充填料来源地近时,复垦土地利用方向的选择范围大;复垦地块距水源地近且塌陷深时,越宜发展水产养殖业;距矿山工业广场愈近地区越需加强绿化造林,以改善矿山环境质量等。

## 三、待复垦土地的适宜性评价方法

### (一)适宜性评价的分类系统

适宜性评价的分类系统是指复垦后土地利用方向及适宜等级构成的评价系统。这种分类系统不同于土地利用现状调查规程规定的分类系统。一般可根据待复垦土地本身的属性和复垦目标灵活确定。

所有待复垦土地分为适宜纲和不适宜纲。适宜纲是指经过一定的改造措施,损毁的土地资源可复垦为农、林、牧、渔、建等用地;不适宜纲是指采取复垦措施在技术上不可行或经济上不合算。适宜纲分为宜农用地、宜基塘复垦用地、宜林果用地 3 类。对宜农用地又进一步分为一级宜农用地和二级宜农用地。

适宜纲下又分为宜农(包括粮食和蔬菜种植)、宜林、宜牧、宜渔、宜建 5 个亚纲。在亚纲下又根据损毁土地资源类型分为 8 类,即塌陷地、矸石山、粉煤灰场、窑场等。在类下又按损毁程度和复垦利用的难易程度分为若干级。

一般根据损毁土地的性状,将待复垦土地资源按"纲—亚纲—类—级"建立分类系统,比如可根据需要将评价对象分为适宜纲和不适宜纲。

### (二)适宜性评价的依据或标准

适宜性评价时需要选择影响因子、确定影响因子的权重以及影响因子对给定复垦方向等级的影响分值。

适宜性评价的重要标准是土地生产力,即选择那些对土地生产力影响较大的因子,确定权重和分值时主要看影响因子对给定土地利用方向生产力的贡献大小。实际工作中,选择影响因子、确定权重和分值往往是建立在实际调查资料基础上的。

### (三)适宜性评价方法

常用土地适宜性评价方法有极限条件法、指数法和模糊数学等方法。这里介绍一种基于模糊数学原理的模糊集合综合评价法。

模糊集合综合评价法由单项适宜性评价模型和多目标生产布局决策模型两部分组成。

### 1. 单项适宜性评价模型

设对某一复垦方向作适宜性分析，影响因素有 $m$ 个，每个因素对应一个状态集 $V_i$ 为：

$$V_i=(v_{i1},v_{i2},\cdots,v_{ij},\cdots,v_{in}),(i=1\sim m,j=1\sim n) \tag{4-11}$$

式中：$i$——影响因子序号；

$j$——某一复垦方向的适宜等级。

例如对影响因子附加坡度而言，若将宜农复垦方向分为两个等级，则它所对应的状态集为：

$$V_j=(\leqslant 0.5°,>0.5°) \tag{4-12}$$

显然，每个因素的状态集都是一个对指定复垦方向从优到劣的全序集。

所有影响因素属性值的优劣可用矩阵 $\boldsymbol{R}$ 表示。

$$\boldsymbol{R}=\begin{bmatrix} a_1p_{11} & \cdots & a_ip_{1i} & \cdots & a_mp_{1m} \\ \vdots & & \vdots & & \vdots \\ a_1p_{j1} & \cdots & a_ip_{ji} & \cdots & a_mp_{jm} \\ \vdots & & \vdots & & \vdots \\ a_1p_{n1} & \cdots & a_ip_{ni} & \cdots & a_mp_{nm} \end{bmatrix} \tag{4-13}$$

式中：$a_i$——$i$ 因子对指定复垦方向的影响权重值；

$p_{ji}$——$i$ 因子对指定复垦方向 $j$ 适宜等级的贡献函数值(或称适宜分值)。

$a_i$可用层次分析法、特尔斐法、多元回归分析或经验法确定。

$p_{ji}$的确定方法是：首先设定一等地的适宜分值，其他适宜等级的分值用贡献函数方程或分值分配公式(如等差级数形式)确定。

显然，$j$ 等级的理想分值 $p_j$ 为：

$$p_j=\sum_{i=1}^{m}p_{ji},(j=1,\cdots,n) \tag{4-14}$$

设每个评价单元或地块的属性指数值 ID，有：

$$\mathrm{ID}=\frac{1}{\sum\limits_{i=1}^{m}a_ip_{1i}\cdot\sum\limits_{i=1}^{m}a_ip_{ji}} \tag{4-15}$$

又设 $D$ 为评价单元对于 $j$ 等级的相容度，有：

$$D=1-|\mathrm{ID}-p_j/p_1| \tag{4-16}$$

若某一等级的理想分值 $p_j$，使 $D$ 值最大，则可将此评价单元归为 $j$ 等级。

### 2. 多目标生产布局决策模型

设备选复垦方向有 $k$ 个，这时就需建立多目标生产布局决策模型进行综合适宜性评价。

设与 $k$ 复垦方向有关的因素有 $r$ 个，$r$ 个因素的实际属性指数值为$(t_1,t_2,\cdots,t_r)$，对于正复垦方向最佳要求的属性值为$(T_1,T_2,\cdots,T_r)$，于是，实际属性与最佳要求属性存在距离 $d_k$：

$$d_k=\sqrt{\sum_{i=1}^{r}(t_i-T_i)^2} \tag{4-17}$$

比较 $k$ 个复垦方向的距离 $d_k$，$d_k$最小者即为最佳复垦方向。

## 四、模糊集合综合适宜性评价示例

**例 4-3** 华东某高潜水位矿区模糊集合综合适宜性评价示例

### (一)评价区域概述

评价区域位于华东高潜水位矿区。采煤沉陷后积水率达 30%以上。土地塌陷前为高产农田。煤矿开采后环境污染严重。本区经济基础好,复垦资金来源充足。道路、水利设施框架完整,局部受开采影响。本区土壤类型基本分为淤土和砂疆土两类,地理位置近市靠矿。

### (二)复垦方向的选择

根据实际条件和生产需要,选择农作物种植、基塘复垦、林果种植 3 种复垦方向。农作物种植又进一步分为一级宜农地和二级宜农地。

### (三)评价因子的选择

不同的复垦方向,其影响因子不尽相同,因素间的重要性也存在差异。3 种不同复垦方向的影响因子分别如下所述。

#### 1. 农作物种植复垦方向

影响因素有:积水状况、土地利用现状、排灌条件、区位条件、土壤条件等。

(1)积水状况和土地利用现状反映了土地破坏程度以及土地的肥力、耕作条件等,因此,没有单独考虑下沉深度等因素。

(2)排灌条件包括两个方面,即旱能灌、涝能排,它直接影响土地生产力的发挥。

(3)区位条件是指塌陷地块距充填料及水源、道路的远近。

(4)土壤条件没有细分成有机质含量、土层厚度等因素,主要考虑评价区域内土壤条件变化不大。

(5)其他因素,如地形起伏等对农业生产限制性较大,但因本区这些因素的取值或条件变化不大,因此没有考虑。

#### 2. 基塘复垦方向

影响因素有水源条件、积水状况、治理现状及其他外部条件。外部条件是指能否成片开发,政府与农民的积极性,水、电、路通畅条件等。

#### 3. 林果种植复垦方向

影响因素有环境污染程度、治理现状、地表标高及区位条件等。

### (四)评价因子权重及等级分值的确定

评价因子的权重反映该因子对指定复垦方向的重要性。本例采用层次分析法确定。

等级分值用以区分同一复垦方向不同适宜等级间的差异。当参评因子的属性值在某复垦方向一级适宜度的区间内或以上时,其分值为 100;当参评因子属性在某复垦方向的末级适宜度以外或以下，即不适宜该复垦方向时，其分值为0；介于两者之间的其他适宜等级分值根据贡献函数方程确定。本例只涉及农作物种植用地的分等，取一级为100，二级为60。不同复垦方向的参评因子、权重、等级分值、属性值如表4-3～表4-5所示。

**表4-3　农作物种植复垦方向的参评因子、权重及分值表**

| 等级 | 评价因子 | 积水状况 | 土地利用现状 | 区位条件 | 排灌条件 | 土壤条件 |
|---|---|---|---|---|---|---|
| 1 | 因子权重 | 0.12 | 0.25 | 0.21 | 0.24 | 0.18 |
| | 等级分值 | 100 | 100 | 100 | 100 | 100 |
| | 属性值 | 12 | 25 | 21 | 24 | 18 |
| | 属性值 | 无 | 水浇地、菜地及稻麦两熟地 | 距捧水沟近、离污染源远等 | 起伏小、有排灌设施 | 淤土、土层厚 |
| 2 | 等级分值 | 60 | 60 | 60 | 60 | 60 |
| | 属性值 | 7.2 | 15 | 12.6 | 14.4 | 10.8 |
| | 属性值 | 季节性积水 | 旱地、可改造荒地、草地 | 水源不足、距污染源近等 | 无排灌设施或排灌设施不健全 | 淤土土层薄、砂疆土 |

**表4-4　基塘复垦方向的参评因子、权重及分值表**

| 等级 | 参评因子 | 水源条件 | 积水状况 | 治理现状 | 外部条件 |
|---|---|---|---|---|---|
| 1 | 因子权重 | 0.1 | 0.16 | 0.34 | 0.4 |
| | 等级分值 | 100 | 100 | 100 | 100 |
| | 属性值 | 14 | 29 | 26 | 31 |
| | 属性值 | 好 | 长年积水，但面积不大；季节性积水，面积大 | 精养鱼塘；浅滩区 | 距污染源远；有成片开发可能 |

**表4-5　林果种植复垦方向的参评因子、权重及分值表**

| 等级 | 参评因子 | 地表标高 | 环境污染现状 | 治理现状 | 区位条件 |
|---|---|---|---|---|---|
| 1 | 因子权重 | 0.14 | 0.29 | 0.26 | 0.31 |
| | 等级分值 | 100 | 100 | 100 | 100 |
| | 属性值 | 14 | 29 | 26 | 31 |
| | 属性值 | 较高 | 严重 | 粉煤灰充填区；砂疆土，无植被区 | 沟、渠，路、厂、矿、居民点四周 |

### (五)综合适宜性评价结果

通过编程计算,得到适宜复垦方向的用地结构如表 4-6 所示,同时可得到各类各级复垦方向的平面分布图。

表 4-6 适宜复垦方向的用地结构

| 复垦用地结构 | 总面积 | 一级宜农地 | 二级宜农地 | 基塘复垦 | 林果地 |
|---|---|---|---|---|---|
| 面积/亩 | 8820 | 3 810.75 | 1 971.75 | 2235 | 982.5 |

值得注意的是:破坏土地的分类方法、待复垦土地适宜性评价方法与土地生产力评价方法虽有相似之处,但其本质是不同的。

## 第四节 复垦土地利用结构的规划

合理的用地结构应综合考虑土地本身的适宜性、利用后的经济效益以及生态环境效益,并符合土地利用总体规划及其他各项政策要求。土地适宜性评价结果得到的用地结构主要考虑了待复垦土地的自然属性因素,不一定是合理的。合理的用地结构往往按下述方法之一确定:①按农业生产技术的需要,如按间、套、轮作的合理比例或生态工程各生态单元的用地比例确定;②考虑土地自身的适宜性及其他各项要求,按最佳经济效果配置用地结构。

本节介绍利用线性规划模型优化复垦用地结构的方法。

### 一、用地结构优化的线性规划模型

设 $Z(t)$ 为 $t$ 年土地的总收益,$C_j(t)$ 为 $t$ 年各类用地单位面积的经济收益,$x_j(t)$ 为 $t$ 年各类用地的面积,则有:

$$\text{目标函数 } \mathrm{Max}Z(t) = \sum_{j=1}^{n_1} C_j(t)x_j(t) \tag{4-18}$$

约束条件:

$$n\sum_{j=1}^{n_1} a_{ij}(t)x_j(t) \leqslant (\text{or} \geqslant) m_i(t)\ ,(i=1- n_2\ ) \tag{4-19}$$

$$x_j(t) \geqslant 0\ ,(j=1- n_1\ ) \tag{4-20}$$

若 $t$ 年系数一定,上述模型简化为:

目标函数:

$$\mathrm{Max}Z = \sum_{j=1}^{n_1} C_j x_j \tag{4-21}$$

约束条件:

$$\sum_{j=1}^{n_1} a_{ij}x_j \geqslant \text{or} \leqslant m_i\ ,(i=1- n_2\ ) \tag{4-22}$$

$$x_j \geqslant 0\ ,(j=1- n_1\ ) \tag{4-23}$$

式中：$n_1$——用地类型数；

$n_2$——除非负约束外的约束条件数。

为列立约束方程，通常需作深入的调查研究和统计分析工作，以寻求模型中的参数 $C_j$、$a_{ij}$ 和 $m_i$。

上述模型中，若设 $Z$ 为总产值或总产量，那么方案就难以说明效益的高低，只是在总量控制时是有意义的。若需要其效益最佳，不妨将 $Z$ 设为投入产出比。若还想用其他指标来作为规划的目标，需要用多目标规划模型来求解。

## 二、约束条件的类型

建立用地结构优化模型的关键是选取计算参数和列立约束方程。土地复垦规划的约束条件通常分为总量约束、绝对量约束、配置量约束及非负约束 4 类。

### （一）总量约束

#### 1. 资金约束

与土地复垦有关的工程如挖深垫浅、土壤肥化等都需耗费大量的资金，而我国目前复垦资金渠道有限，要在有限的投入下获得最佳的经济效果，就会受到资金的约束。比如恢复 1 亩耕地需投资 $a_{11}$ 元，开挖 1 亩鱼塘需 $a_{12}$ 元，依此类推，而总的投资约束在 $m_1$ 元内，于是有约束方程：

$$a_{11}x_1+a_{12}x_2+\cdots\leqslant m_1 \tag{4-24}$$

#### 2. 资源约束

无论是用粉煤灰还是矸石或其他废弃物，或从外地运泥土充填塌陷坑，其总量总是有限的，另外在发展水产养殖业或复垦为水浇地时也受到当地水资源的限制。比如根据计算或经验知，某矿区造地 1 亩需填方 $a_{21}\mathrm{m}^3$，挖塘 1 亩得土 $a_{22}\mathrm{m}^3$，现有各种充填料 $m_2\mathrm{m}^3$，则：

$$a_{21}x_1-a_{22}x_2\leqslant m_2 \tag{4-25}$$

#### 3. 劳动力约束

设每年可投入复垦工程的劳动日为 $m_3$，而耕地、鱼塘、菜地等每亩需劳动日 $a_{31}$、$a_{32}$、$a_{33}$ 个，于是有：

$$a_{31}x_1+a_{32}x_2+a_{33}x_3+\cdots\leqslant m_3 \tag{4-26}$$

若从解决就业问题的角度出发，通过复垦必须安排 $m_3'$ 个劳动日以上，则有：

$$a_{31}x_1+a_{32}x_2+a_{33}x_3+\cdots\geqslant m_3' \tag{4-27}$$

### （二）绝对量约束

#### 1. 需求约束

矿区地表沉陷引起农作物产量下降，非农业人口增加，而对粮油等的需求量也日益增加，这就对复垦为耕地的要求更加迫切。若矿区需粮 $n$kg，复垦土地单产 $p$kg，未受破坏土地 $s$ 亩，

单产 $q$kg，矿区外调拨粮食 $t$kg，则复垦为耕地的面积 $x_1$ 必须满足：

$$x_1 \geqslant (n - sq - t)/p \tag{4-28}$$

**2. 政策约束**

据国家政策或地方规定又有许多约束，如矿区要求林业覆盖率达 $\eta$，则

$$x_{林} \geqslant 林业覆盖率\ \eta \times 矿区总面积 \tag{4-29}$$

### (三)配置量约束

例如，养鱼 1 亩水面，需配饲料地 0.5 亩，则有：

$$x_4 - 0.50x_2 \geqslant 0 \tag{4-30}$$

### (四)非负约束

非负约束表示为：

$$x_j \geqslant 0, (j = 1 \sim n_1) \tag{4-31}$$

## 三、用地结构优化步骤

线性规划的优点是方法成熟，使用简便，有通用计算机程序，因此被广泛使用，但约束条件和模型中的参数直接影响优化结果，若约束条件建立不当或系数选取不合理，往往导致优化结果失真。此外，线性规划模型虽可解众多约束条件的问题，但对复垦用地结构优化来说，应尽可能使模型简洁，层次清楚，考虑主要的约束条件。

用地结构优化问题解算步骤如下：

(1)系统分析。

(2)确定决策变量和参数。

(3)建立目标函数和约束条件。

(4)解算线性规划模型，获得几个优化方案。

(5)方案比较与评价。

(6)决策。

## 四、应用举例

**例 4-4** 规划区面积约 860 亩，规划区内人口约 700 人。原地势平坦，均为良田，适于种植小麦、玉米、大豆、水稻、花生等粮食作物与经济作物。该区平均潜水位标高为 34.5m，最高时达 35.0m，丰水期积水率在 30%以上。

该规划区距江苏省徐州市较近，据调查，农产品(尤其是蔬菜)、水产品需求量大。与规划区相邻接的较大范围的社会经济状况为：因煤炭开采耕地大面积塌陷，部分地方人均耕地仅 0.1 亩。当地农民已自发开挖了一些鱼塘，他们对复垦后的耕作制度和养殖技术缺乏经验。

**1. 系统分析与建模**

根据土地利用现状和复垦利用的可能性，复垦后土地利用方向包括养猪场($x_1$)、养鸡场($x_2$)、养鱼池($x_3$)、粮食作物($x_4$)、林果园($x_5$)、饲料地($x_6$)及服务用地($x_7$)等 7 类。根据现有

资源和生产条件将约束条件分为4类，即总量约束、配置约束、绝对量约束和非负约束。总量约束所需数据见表4-7。

配置约束有：养鱼1亩配饲料地0.5亩，即：$x_6 \geqslant 0.5x_3$。绝对量约束有：受技术水平、饲料来源等限制，猪场、鸡场的规模受到一定限制，即：$x_1 \leqslant 20$，$x_2 \leqslant 40$；该区需粮$20 \times 10^4$kg，以亩产600kg计算，$x_4 \geqslant 333$。非负约束为$x_1 \geqslant 0$、$x_2 \geqslant 0$、$x_3 \geqslant 0$、$x_4 \geqslant 0$、$x_5 \geqslant 0$、$x_6 \geqslant 0$、$x_7 \geqslant 0$。

**表4-7　总量约束数据表**

| 利用方向 | 决策变量 | 纯收益/[元/(年·亩)] | 复量投资/(元/亩) | 劳力投资/[人/(年·亩)] | 服务用地面积/亩 | 土方量/($m^3$/亩) |
|---|---|---|---|---|---|---|
| 猪场 | $x_1$ | 14 000 | 34 500 | 3 | 0.03 | −200 |
| 鸡场 | $x_2$ | 10 000 | 21 800 | 4 | 0.03 | −200 |
| 养鱼 | $x_3$ | 800 | 1500 | 0.1 | 0.01 | 700 |
| 粮食作物 | $x_4$ | 600 | 2000 | 0.1 | 0.01 | −400 |
| 林果园 | $x_5$ | 800 | 1200 | 0.02 | 0.02 | −200 |
| 饲料地 | $x_6$ | 167 | 1200 | 0.05 | 0.005 | −400 |
| 服务用地 | $x_7$ | 0 | 700 | 0 | −1 | 0 |
| ∑ | 860 | =Max$Z$ | ≤1 720 000 | ≤300 | ≤0 | ≥0 |

目标函数为：$\text{Max}Z = 14\,000x_1 + 10\,000x_2 + 800x_3 + 600x_4 + 8800x_5 + 167x_6$。

### 2. 模型解算与结果分析

(1)只考虑$x_3 \sim x_7$ 5种复垦利用方向，考虑上述所有的约束条件；

(2)考虑$x_1 \sim x_7$ 7种复垦利用方向，不考虑粮食种植面积约束，将投资总额由172万元增至260万元。

结果分析

方案一：需投资138.30万元，就业人数72人，土方工程量$20.7 \times 10^4 m^3$，挖填均衡，年纯收入最大值为52.09万元，以复利$i=10\%$计算，投资回收期3.2年，人均收入744元。此方案的优点是将塌陷地充分开发利用为粮食、林果种植和水产养殖，土方工程量均衡，充分利用了区内资金和资源条件。存在的问题是解决就业的人数少、人均收入低。即使这样，同未受塌陷影响的农村相比，效益尚可。

方案二：需投资256.1万元，解决251人就业，土方量为$14.8 \times 10^4 m^3$，挖填均衡，年纯收益最大值为124.20万元，以复利$i=10\%$计算，投资回收期为2.4年，人均收入1 744.27元。该方案的优点是将塌陷地充分开发利用于林果种植、水产及禽畜养殖，土方工程量小，解决就业人数多，人均收入高，存在的问题是仅靠区内提供的资金和资源条件是不够的，一方面，需筹集资金，初期投资需256.1万元，表4-7中可供利用的资金只有172万元，尚缺84.1万元；另一方面，在约束条件中只考虑了养鱼的饲料来源，养鸡、养猪亦需大量的饲料，需从外地购进；再一个问题就是当地居民的口粮没有解决。

若能解决以上问题，方案二是较优的，若不能解决则选用方案一。

### 五、矿区复垦土地利用结构的决策

矿区复垦土地利用结构的决策需要考虑以下因素。

**1. 遵循土地利用总体规划的要求**

土地利用总体规划往往是粗线条的，它要提出本地区土地利用目标和基本方针，包括开发、复垦目标，这些目标、方针正是制定土地复垦规划的依据。如某地区确定2000年以前复垦煤矿塌陷地3万亩，其中复垦为耕地不少于1万亩，以弥补新开采沉陷的耕地数量，于是在制定矿区土地复垦规划时，就应从现有的塌陷地中挑选出1万亩最适宜，即自然条件好、投入少、宜于复垦为高产农田的塌陷地块复垦为耕地。

**2. 满足人民生活和生产建设需要**

满足人民生活需要就是要综合考虑本地区粮食供应、劳动力就业、当地居民生活与耕作习惯等因素；满足生产建设需要包括满足农业生产和工业生产两方面，如兴修水利、道路建设、村庄搬迁、煤矿工业广场扩大、其他工业企业用地等均应统一考虑。

**3. 合理的用地结构应能改善本地区的生态环境质量**

水资源短缺地区可结合矿区土地复垦修建一些蓄水设施；矿区粉尘污染严重，应通过复垦适当增加绿地面积；矿山污水、固体废弃物排放也影响复垦后土地利用结构的决策。

**4. 社会因素**

需要考虑的社会因素包括劳动力就业，规划区内人口构成、生活习惯、规划区内交通、通信设施现状、游乐场所现状等。

## 第五节　塌陷积水区域的规划

塌陷积水是开采沉陷后土地破坏的一个重要特征，尤其在我国东部沿海高潜水位煤矿区，华东地区开采沉陷积水率在30%以上，华北地区在20%～30%之间。在这种情况下，不论采取何种复垦措施，都不可能完全排除塌陷坑积水使矿区水面率控制在原有水平。因此，对塌陷积水区域进行合理规划与开发利用具有十分重要的意义。

### 一、塌陷积水区域形态与水质特征

#### (一)塌陷积水区域形态

塌陷积水区域一般是封闭的水体，其中部深、四周浅，类似于天然湖泊，水面面积在几亩到数千亩不等，积水深度与煤层开采厚度、潜水位标高、外河水位等因素有关。

按积水情况，可将塌陷积水区域分为荒滩区与积水区(图4-4)，其中常年积水深度大于3m的深水区；常年积水深度在1～3m的浅水区；季节性积水，因盐渍和水涝而荒芜的荒滩区。

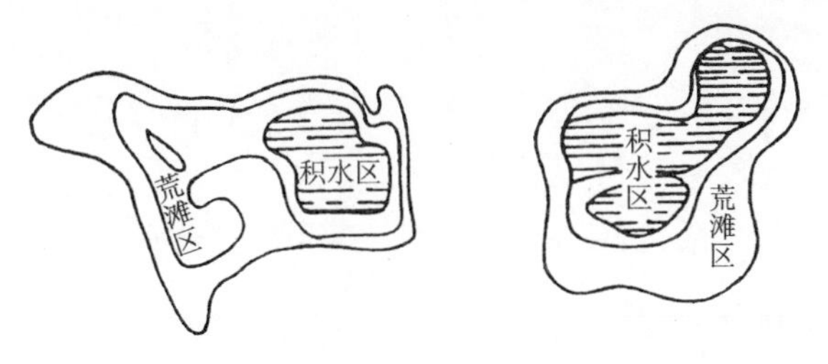


图 4-4　塌陷积水区域形态示例

### (二)塌陷积水区域水质

塌陷区的积水主要来源于地下水的渗入、天然降水、灌溉退水、矿井水与生活用水的排入。据对部分矿区的调查，塌陷积水区域水质一般呈中营养类型，理化性状良好。由于积水区大多是原来常年耕种的农田，积水后土壤中的营养盐类、N、P、K 都逐渐溶于水中，形成较肥沃的水层，有利于水生生物的生长。根据生物监测和理化监测，大多数矿区塌陷积水区域水质的一般规定项目都在国家渔业水质标准和地面水二级标准之内。

## 二、塌陷积水区域的开发利用规划

### (一)农灌供水规划

我国有不少矿区塌陷后出现丰水季节倒灌、旱季缺水的现象。这类矿区进行土地复垦时可保留适当的水面用作水库、蓄水池和鱼塘来调节供水排水。究竟保留多大的水面合适，这便是需要规划的问题。若水面太大，则耕地太少；反之，则复垦费用增加，且不能调节用水排水量。因此，农灌供水规划的任务之一就是确定最优水面率。

农灌供水规划的另一任务是对水域的位置、水系的流向作合理的安排。蓄水池的位置与排水站、灌溉站的位置及塌陷地的深度等有关，因而也存在确定其最佳位置的问题。

最优水面率的确定可以用线性规划模型来求解，蓄水池或水库最佳位段的确定可以用计算机技术进行优化。

### (二)水产发展规划

水产发展规划包括确定养殖品种、放养方式、开发措施以及开发的时间顺序。

#### 1. 确定养殖品种

水产养殖品种有鱼类、虾类、蟹类、贝类、藻类以及其他水生动植物。确定养殖品种时，应综合考虑养殖水面的条件、水生动植物的生物学特性以及当地对不同水产品的市场供需情况。

#### 2. 确定放养方式

凡有拦鱼设施、能彻底清除敌害、有较好的起水条件，并且饲料和肥料比较充足的水域，皆可精养；若起水条件较差，即可粗养。

**3. 确定开发措施**

如果对塌陷积水区域的开发利用能形成一定生产能力的养殖场，则应根据具体情况采取相应的开发措施。如修建场房、办公室、试验室、加工厂、抽水机站；铺设通往养殖场的公路；设置拦鱼设施，修建产卵池、孵化池、鱼苗池、越冬池、隔离池、蓄水池、沉淀池、晒水池等。

**4. 确定开发的时间顺序**

一般是先开发荒滩区和浅水区，再开发深水区。

具体开发时间视当地资源条件、资金投入、生产经验等确定。

### （三）提高水域生产力的规划

开发利用塌陷积水区域应以提高水域生产力为目标。所谓水域生产力，是指在一定时期内单位水域动植物的生产量。提高水域生产力的措施通常有以下几种。

**1. 增加投入**

增加投入包括投喂充足的饵料和改善养殖水面的条件。用于水产养殖的水面应满足以下要求。

(1)有足够的光照。

(2)鱼类生长季节的水温保持在 20～30℃，水层不能过浅。

(3)保持较大的水面，使水体流动，从而保证足够溶氧含量。

(4)使水体呈中至弱碱性，pH 值在 6.5～8.5 之间。

(5)水中有丰富的饵料(包括微生物、浮游植物、浮游动物、底栖生物、人工水草等)。

**2. 精细管理**

精细管理措施包括保持水域中水的质量、防治鱼病、完善排灌系统、建立水质动态监测制度等。

**3. 采用科学的养殖技术**

科学的养殖技术包括：

(1)选用良种良苗。

(2)立体混养。

(3)流水密养。

(4)轮捕轮放等。

实践证明：这些措施既能获得高产，又经济易行。

## 三、塌陷积水区域的分区利用

### （一）荒滩区开发利用

荒滩区是季节性积水区，既盐渍又水涝，因而其生态位只适宜于野生水草。为了改变荒滩区的生态条件，稳定塌陷区可采用挖深垫浅的方法将荒滩区改造成田塘相间的种植-养殖系统；不稳定塌陷区可采用围堰分割的方法将荒滩区与浅水区分开利用，堰内荒滩区种植浅水藕等水生植物，堰外浅水区发展水产养殖。

### (二)浅水区开发利用

浅水区的常年积水深度为1～3m，适宜于水生植物及鱼类生长。由于水面宽广，难于投料和控制鱼类的品种比例，鱼类的自然生长受到天敌的侵害和同类的竞争，有效地改善鱼类的生长条件和加强养殖管理是必要的，可采用围网养鱼的方法，把水面分割成若干片，分片进行投料与管理以提高产量。围网水域要求水底平坦，否则不宜采用该法。围网内以养殖鱼类为主，适当放养少量水禽和水生植物；围网外以放养水禽和水生植物为主，适当放养少量鱼类。

### (三)深水区开发利用

深水区常年积水在3m以上，适宜于鱼类、水禽及水生植物生长。但养鱼存在难管理的问题，水禽及水生植物的生长条件不如浅水区，改善鱼类养殖条件的方式只有网箱养鱼。网箱养殖的特点是投资大、技术要求高、管理复杂，但经济效益十分显著。网箱外可放养水禽、水生植物和鱼类。

综上所述，塌陷积水区域的开发利用形式可采取挖深垫浅、围网养鱼、网箱养鱼、种植水生植物以及水禽养殖等多种形式。

除此之外，对缺水地区，可将深水区改造成水库或蓄水池；对城镇郊区或居民较多的工矿区，可将塌陷积水区改造成水上公园；距电厂较近时，可利用塌陷积水区域作为贮灰场，必要时采取保护水体不受污染的措施。

## 第六节　生态工程复垦规划设计

## 一、生态工程与生态工程复垦概述

### (一)生态工程

生态工程是一种运用生态学中物种共生和物质循环再生等原理以及系统工程的优化方法，实现物质多层次利用的工艺体系。

在生态系统的动态变化过程中，有两个功能起主要作用：一是通过系统中共生物种间的协调作用形成生态系统在结构和功能上的动态平衡；二是系统中的物质循环再生功能，就是以多层营养结构为基础的物质转化、分解、富集和再生。

以经济学观点看，有了这两个基本功能，自然生态系统的生物成员就能合理、高效率地利用环境中的资源。把自然生态系统中那种“最优化”结构和高经济效能的原理应用到矿区土地复垦中，这就是矿区生态工程复垦的基本思想。

### (二)生态工程复垦

生态工程复垦就是依据生态工程原理把煤矿塌陷地建设成为一个人工生态系统的土地复

垦活动。生态工程复垦所依据的生态学原理主要包括以下几点。

**1. 生态位原理**

生态位系指一种生物种群所要求的全部生活条件，包括生物和非生物的。种群和生态位是一一对应的，否则将导致剧烈的种内和种间斗争。

图 4-5 为一陆地生态系统就温度、湿度、光照 3 种生态因子建立的三维生态位图。当确定某种生物的生态位在某一特定范围内时，便可根据生物对生态因子的要求条件，确定它在三维空间的某一立方体内。

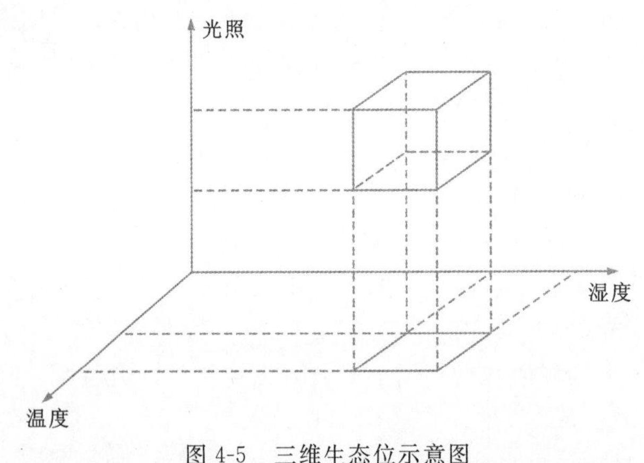


图 4-5　三维生态位示意图

**2. 食物链原理**

生态系统中由初级生产者、初级消费者、次级消费者直至分解者所构成的营养关系称为食物链。食物链既是一条物质传递链，又是一条价值增值链。当生态系统比较复杂时，简单的食物链就发展成为食物网，在食物网中，生产者、消费者有时是难以区分的，只能区分出不同的营养层次。

**3. 养分循环原理**

自然生态系统之所以具有强大的自我调节和自我维持的“自肥能力”，就是基于几乎闭合的养分循环机制和生物固氮而产生的氮素平衡机制（图 4-6）。

**4. 生物和环境的协同进化原理**

生态系统作为生物和环境的统一体，既要求生物要适应环境，又承认生物对其环境的反作用，即改造作用，改造了的环境又对生物群落有新的作用，最终导致了生物群落的改变和生态系统的演替。

在对煤矿塌陷区进行生态工程复垦时，生态位原理主要用于指导如何改善和利用塌陷区不同区域的生态位条件。

食物链原理是根据塌陷区不同区域的生态位来指导选择适生的、有经济价值的生物物种，完成塌陷区开发的人工生态系统的营养结构的设计。

养分循环原理要求在选择生物物种设计营养结构时，应考虑到营养物质的循环利用。

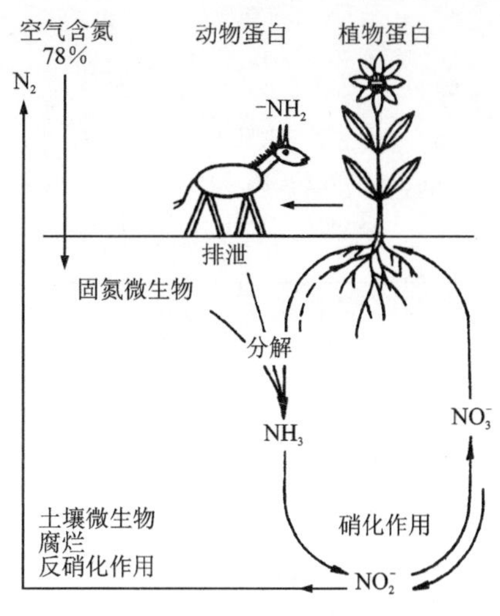


图 4-6　养分 N 循环示意图

生物和环境的协同进化原理则要求考虑到生物与环境的相互作用，使复垦后的人工生态系统走上良性循环道路。

## 二、矿区生态工程复垦规划设计的内容和步骤

矿区生态工程复垦规划的内容有系统结构规划和工艺规划。结构规划又包括营养结构规划、平面结构规划、垂直结构规划和时间结构规划等，其中营养结构规划是基础。

生态工程规划设计的主要步骤如下。

(1)根据矿区土地破坏特点及矿区生态变化规律，吸取本矿区及外地生态农业经验，找出符合本矿区生产发展的营养结构模式。

(2)营养结构模式优化。

(3)对优化的营养结构模型进行评价。

(4)依据优化的营养结构模型进行平面结构、垂直结构和时间结构设计。

(5)对整个结构设计进行总体评价。

(6)进行工艺规划和设计。

## 三、生态工程复垦规划中的结构设计

### (一)营养结构设计

生态系统的营养结构是指生态系统的生物成员在能量与营养物质上的依存关系。

营养结构的设计就是依据食物链原理选择适合复垦土地生态条件的生物物种，并确定生物物种间在能量与营养物质上的依存关系。按照食物链原理，进入生态系统的能量都是从太阳经绿色植物转化而来的。在矿区生态工程复垦系统中，绿色植物主要是旱地的农作物或饲草及水域中的水生植物，绿色植物的一小部分直接被鱼类食用，大部分需经禽畜消化后再供给鱼类，塘泥则作为肥料将营养物质送回旱地，完成能量的转化过程与营养物质的循环过程，其

一般模式如图 4-7 所示。

生态工程复垦与传统的种植、养殖业相比，主要区别在于生态系统各营养单元的物种和比例应按一定要求配置。如图 4-7 中，旱地农作物品种的选择主要考虑能为家禽、家畜提供质高量多的饲料；水生植物品种考虑能为鱼及水禽提供食物；家禽家畜品种的选择应和旱地农作物、水生植物协调考虑；鱼类品种选择则应考虑到池鱼混养的生态学要求。

生态系统的营养结构通常是较为复杂的网络系统。为提高系统内营养物质循环利用率，可适当增长食物链，设置一些过渡营养单元。图 4-8 与图 4-7 相比，在陆地增设了食用菌和蚯蚓两个营养单元，在水体中充分利用不同鱼种的取食关系，使整个系统营养物质利用率提高，从而提高了整个系统的效率。

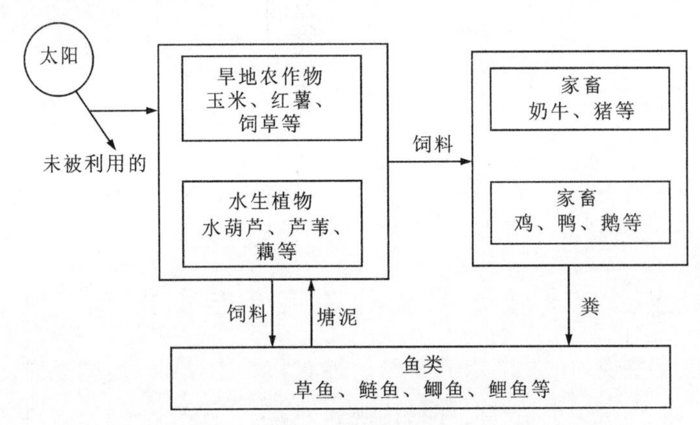


图 4-7　矿区生态工程复垦系统营养结构的一般模式

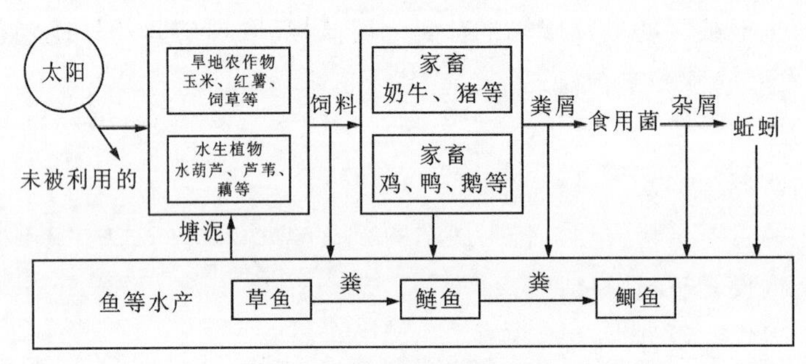


图 4-8　加长食物链示例

## (二)平面结构设计

生态系统的平面结构是指生态系统的生物成员在平面上的分布情况。

平面结构设计是在对塌陷区实施工程复垦措施后，依据生态位原理，将营养结构中的各营养单元，即生物成员配置在一定的平面位置上(图 4-9)。

## (三)垂直结构设计

生态系统的垂直结构是指生态系统各营养单元在垂直面上的分布情况。

矿区复垦后生态系统在垂直面内具有不同的生态条件，适合于不同的生物物种生存，垂直

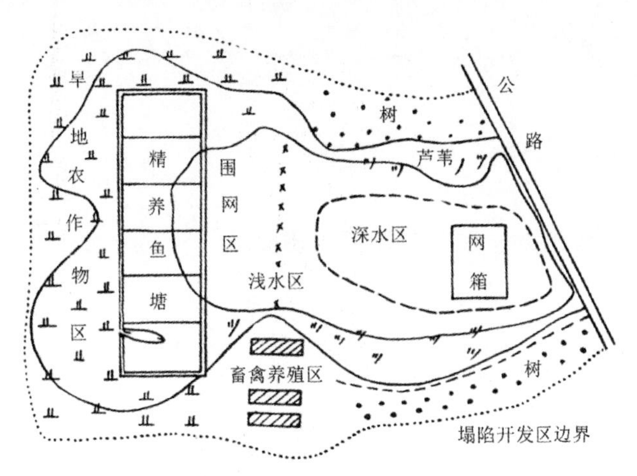


图 4-9　平面结构设计示例

（淮北矿区袁庄矿某塌陷地生态工程复垦的平面结构设计）

结构设计就是依据生态位原理，兼顾种植、养殖方便，将生物成员配置在适当的垂直位置上（图 4-10）。

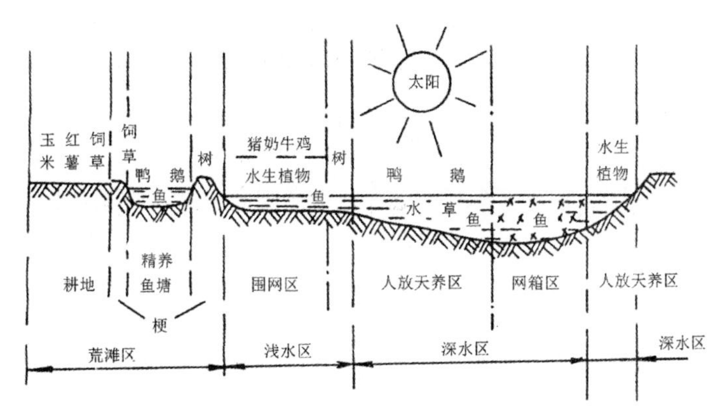


图 4-10　垂直结构设计示例

（淮北矿区袁庄矿某塌陷地生态工程复垦的垂直结构设计）

生态系统的平面结构和垂直结构是相互联系的，两者统称为生态系统的空间结构。

## (四)时间结构设计

生态系统的时间结构是指生态系统的生物成员在一年内四季的更替情况。

水陆共生生态系统中，陆地生产的时间结构主要考虑一年四季适生的作物品种；水域生产的时间结构主要确定不同季节水产的上市品种与轮捕轮放方式。

通过合理设计复垦系统的时间结构，可提高土地利用率和光能转化率、水资源利用率等。生态系统的时间结构往往是在生产实践过程中逐步调整、总结经验的基础上建立起来的。

# 第七节　露天煤矿土地复垦设计

## 一、设计的原始资料

### (一)矿区范围工程地质与水文地质勘探资料

主要包括剥离岩石、土壤类别及其物理力学性质。其中含有害元素的分布情况及化验分析资料;地下水分布状况及水量、水质化验资料。

### (二)土壤资料

包括土壤类别及分布情况;物理性质,如松软、板结、透水性等;农业化学性质;pH 值;采掘场、排水场范围土壤数量(其中腐殖土储量应单独统计计算)等指标。

### (三)地形地域资料

地物地貌特征与类型;交通、通信条件;地震烈度;土地利用现状;地区经济发展规划;土地利用总体规划、水土保持规划等相关规划资料;名胜古迹及国家重要设施、受保护的自然资源分布情况等。

### (四)地表水体状况

水体分布;水资源利用情况;洪水位资料;水质分析资料;区域水利规划等。

### (五)矿区气象资料

温度、湿度;风力风向;降雨量,包括暴雨频率、降雨时间分布等;冻土深度;积温状况及其他农业气候特征。

### (六)区域生态环境特征

主要植被、作物类型及其生长分布状况;区域性环境质量状况及各种污染源分布;环境容量及“三废”排放量等;区域环境保护规划资料。有关资料可以从矿区环境质量评价及环境影响评价报告书中获取。

### (七)矿区开发规划与开采计划

矿区中长期开发规划,含矿床开发顺序及分期工程项目规划、矿区总平面布置、单项工程平面布置等;开采进度计划,包括开采工艺、开采设备、运输系统及基建、移交、达产至最终停采位置平面图;排土进度计划,包括排弃方式、排土场技术规格及基建、移交、达产至最终停排位置平面图。

## 二、设计原则

设计原则包括 3 个方面,分别是:①遵循《土地复垦条例》中有关土地复垦规定的条款;

②符合地方环境保护规划及国家有关的环境保护法规；③复垦设备尽量与矿山采运排设备合用，以便减小投资，提高设备利用率。

## 三、设计内容

露天煤矿土地复垦设计是矿山开采设计的重要组成部分。一般土地复垦设计的原则和方法不完全适用于露天矿山，露天矿山土地复垦设计的内容具有自身的特色。

### (一)矿山土地破坏预测

设计前需对挖损、压占破坏的土地及景观进行预测，包括破坏土地的类别、分布及数量、破坏程度；排弃物料类别及含有害元素物料的状况；排土场的稳定状况及其对复垦工程的影响；土壤的损失与贫化等。

### (二)覆土来源与土壤改良计划设计

覆土来源主要有：一是从采掘场剥离表土，对此设计时要严格控制和安排，不能将开采初期的表土，特别是对复垦价值很高的腐殖土运至排土场任意排弃，而必须按设计圈定的表土堆存场地堆放并采取保护措施；二是排土场址范围内的地表土，不仅可作复垦的覆盖土源，而且对排土场的基层稳定十分有利，依据排土计划，按不同生产时期的占地范围进行表土的采运和堆存；三是在有条件的矿区，利用塘河湖泥进行覆盖。当上述 3 种覆盖土数量仍不足时，可选择剥离物中易风化的物料作为表层土。选择覆盖土的堆置场地，首先要考虑经济合理的运输距离，又要防止不稳定引起大块段塌方及水土流失，危害环境。

土壤改良计划是露天矿复垦设计的重要内容。土壤改良方法通常可采用物理的、化学的及生物的改良措施，有效的方法是这 3 种措施的综合运用。

### (三)复垦设备类型选择及数量计算

复垦设备包括复垦工程设备和复垦种植与收获设备。

复垦工程设备的选择与数量取决于复垦工程量的大小与运输距离。当运输距离在 50m 以内时宜采用推土机运输；当运输距离在 50～200m 时宜采用铲运机运输；当运输距离在 200～1000m 时宜采用自卸卡车运输；当矿山采用铁道运输工艺时，若线路技术条件允许，亦可采用铁道运输。装载设备一般选用与卡车吨位相匹配的挖掘机或前装机。平整场地一般采用推土机和平地机等。复垦种植与收获一般需配备拖拉机、耙地机、收割机及载重汽车等。

### (四)复垦后土地利用类型与作物品种的选择

选择复垦后土地利用类型与作物品种应因地制宜，综合考虑复垦区域土壤条件、排灌条件、土地利用总体规划的要求。

### (五)复垦区道路与排灌系统布置

排土场的排土干线和支线道路可继续用作复垦道路，同时可根据复垦后的需要布置必要的道路，供复垦设备及人员通行。道路等级可采用较低标准。复垦区灌溉与排水系统的设计可采用远近结合的方法，逐步提高排灌标准。

### (六)复垦与监测管理设计

复垦监测的内容包括土壤改良定位监测、有害元素迁移转化规律监测、水位水质监测、沉降监测等。

复垦管理的内容包括劳动定员、管理机构、耕作制度、田间管理等。

复垦监测与管理设计即是对上述内容的实施方法和步骤作出安排。

### (七)费用效益分析

费用效益分析之前,首先估算复垦工程量,如土方量,排灌沟渠、道路及土建工程量等,据此计算总投资。

费用效益分析通常根据实际情况选择投资回收期、单位面积产出等指标来分析。

# 第八节　土地复垦规划报告的编制

## 一、编制土地复垦规划报告的依据

编制土地复垦规划报告的依据包括国家和地方的法规、行业技术设计规程和企业设计文件等几方面。具体有:

(1)《土地复垦条例》及当地土地复垦的有关规定、政策和实施细则。

(2)与土地利用有关的法律、法规,包括《中华人民共和国土地管理法》《中华人民共和国城市规划法》《中华人民共和国矿产资源法》和《中华人民共和国环境保护法》。

(3)有关行业的技术设计规程。

(4)当地国民经济和社会发展规划、计划以及矿山企业的生产计划。

(5)国民经济统计资料。

(6)土地复垦资源现状调查资料、图件与统计表。

(7)为编制土地复垦规划而设置的专项研究成果等。

(8)地质勘探报告以及补充地质调查报告。

(9)开采设计或已开采区域的开采情况。

## 二、矿山企业设计时土地复垦规划报告的编制

从科学合理性的角度来说,应当将土地复垦看成矿山企业生产建设的一个重要环节。具体地说,在矿山地质勘探、设计、建设直至报废诸阶段都应考虑土地复垦问题。因此,土地复垦规划是根据地质勘探成果、建设项目的可行性研究报告和设计任务书、设计文件、工艺设计中对土地复垦的要求和生产建设过程中可能造成的土地破坏情况,以及经济合理性原则编制的。

### (一)《土地复垦条例》对有土地复垦任务建设项目的基本要求

(1)建设项目可行性报告和设计任务书中应当包括土地复垦的内容。

(2)设计文件应当有土地复垦的章节,明确其复垦任务。

(3)工艺设计应当兼顾土地复垦的要求。

(4)土地复垦应当与生产建设统一规划。

(5)应当把土地复垦指标纳入生产建设计划。

(6)可能时,地质勘探阶段就对土地资源及与复垦有关的其他资源进行详细调查。

## (二)矿山企业设计时土地复垦规划报告的内容

根据我国目前复垦规划报告编写现状,矿山企业设计时土地复垦规划报告一般应包括如下内容。

### 1. 前言

包括任务来源和编制依据,如委托书、合同书、国家有关法规、土地利用总体规划要求、城市建设规划和环境规划要求等,规划期限,规划范围,复垦承担单位和分工协作关系,需要说明的其他问题等。

### 2. 社会环境与自然环境概况

包括地理、交通、地形地貌、区域经济、人文社会环境、土地利用现状,土壤、气候、地表水系、农田水利系统与生态环境等。

### 3. 地质与矿床埋藏条件

包括地层、构造、水文地质条件等;煤厚度、埋藏条件、分布状况、倾角等。

### 4. 煤层开采计划与土地破坏预测

开采计划包括近期、中期及远期开采计划,为减少地面破坏(包括村庄、道路、河流、耕地等)而采取的井下开采工艺计划,露天矿山为少占农田、剥离保护耕殖土等而采取的开采工艺计划等;土地破坏预测包括预测农田破坏数量、范围、程度,以及地面附属设施的破坏程度、土壤产生盐渍化的可能性等多方面。

### 5. 土地复垦规划设计

包括复垦目标规划、工艺措施和复垦方向的规划、矿山废弃物处理利用的可能性、复垦工程实施计划等。

### 6. 复垦效益和技术经济指标

复垦效益从社会、经济、生态环境三方面论述。主要技术经济指标包括工程量、投资与人员定员、年经营费用、年效益、复垦率等。

### 7. 附图

包括:矿区交通位置图(1∶10 000～1∶50 000)、地形图(1∶2000～1∶10 000)、开采计划与复垦规划图(1∶2000～1∶10 000)、塌陷预测图(1∶2000～1∶10 000)、地质剖面图、复垦进度实施计划图表等。

## 三、矿山废弃地复垦规划报告的编制

矿山废弃地复垦规划报告涉及的内容与规划的目的、土地破坏的原因、复垦对象、范围、现有技术水平、经济实力等多因素有关。一般应包括下述内容。

**1. 前言**

任务来源和设计依据；规划设计的目的和指导思想；规划范围和面积；基本要求；其他要说明的问题。

**2. 总论**

土地利用现状及其周围的环境特征，如地形地貌、植被分布、气候气象、居民区分布、土壤类型等；矿床开采方法及开采历史、开采计划、矿山企业的经营状况与用地需求；复垦的有利条件和不利条件分析等。

**3. 待复垦土地的可行性分析**

可行性分析从技术可行、经济合理、实践可能 3 个方面入手。具体内容包括：场地稳定性论证；成片复垦的可能性；已塌陷土地与将要破坏的土地综合考虑的可能性；复垦难易程度评价；复垦利用的适宜性评价；与区域环境治理协调一致的可行性评价；总投入、总产出、单位投入效益等经济分析；复垦工程实施的组织管理；复垦的资金来源；复垦后产生的社会、生态环境效益等。

**4. 复垦工程设计**

包括：复垦目标；复垦工艺措施设计；复垦利用方向和层次选择；复垦方案的优化；辅助复垦工程设计，如道路、排水系统，灌溉系统等工程；专门问题设计，如表土堆放、种植计划、田间试验等。

**5. 分期实施规划**

分期实施规划主要考虑资金的分期投入量、复垦工程的难易程度、复垦项目收益的大小、复垦工程本身对时节的要求等因素。

# 第九节　土地复垦规划的实施与管理

编制规划的最终目的是将规划方案有计划、有步骤地进行实施。所以，抓好矿山土地复垦规划的实施与管理工作是土地管理部门一项重要的工作。我国现阶段矿山土地复垦规划的实施与管理主要应做好以下几方面的工作。

## 一、抓好资金落实

落实资金是复垦规划得以实施的关键。关于土地复垦费用问题，《土地复垦条例》中明确指出：

(1)基本建设过程中破坏的土地,土地复垦费用和土地损失补偿费从基本建设投资中列支。

(2)生产建设过程中破坏的土地,土地复垦费用分3种情况:一是从企业更新改造资金和生产发展基金中列支;二是经复垦后直接用于基本建设的,从该项基本建设投资中列支;三是由国家征用,能够以复垦后土地的收益形成偿付能力的,土地复垦费用可以用集资或银行贷款的方式筹集。

(3)在生产建设过程中破坏的国家不征用的土地,其损失补偿费可以列入或分期列入生产成本。

上述规定对《土地复垦条例》颁布以后破坏的土地复垦是可以执行的,但对以前破坏的土地尚无约束,而我国现阶段急需大量复垦的资金。因此,抓资金落实是一项艰巨的工作,各地可以根据实际情况采取集资、贷款、拍卖、建立土地复垦基金或押金制度等形式筹集复垦资金。

## 二、实行复垦工程立项管理办法

近年来,各地纷纷出台了一些《土地复垦条例》实施细则。一个成功的办法就是实行复垦工程立项管理办法。如江苏省铜山县土地管理局近年来逐步摸索了一套土地复垦项目申报制度,要求申请验收的复垦项目必须有项目申报表、论证材料、规划图等资料。立项管理的好处是可以准确把握规划落实情况,及时调整规划实施的进度,还可对复垦项目实施跟踪管理,以便不断总结复垦经验。

## 三、其他措施

### (一)加强组织管理,建立专门复垦队伍

有复垦任务的地方可以与企业联合成立复垦领导小组,及时发现并解决土地复垦规划实施中出现的问题。建立专门复垦队伍对保证复垦工程质量及复垦工程的如期完成有重要的作用。

### (二)推行多种复垦经营形式

如实行土地复垦承包,成立复垦开发公司,对复垦土地实行有偿出让等形式,从而充分调动各方面参与复垦的积极性。

### (三)加强复垦后的土地利用和保护工作

对复垦后的土地要实行工程措施和生物措施相结合的办法,逐步培肥地力,争取一年复垦、二年巩固、三年变良田,使复垦后的土地成为具有多种用途和永续利用的资源。通过搞好保护,加强土地管理,变资源优势为经济优势,最大限度地发挥废弃土地的经济价值和生态效益。

### (四)先试验后推广,分阶段实施复垦规划

复垦工作起步较晚的地区可先采取试点,同时借鉴条件类似的其他矿区经验,分阶段实施复垦规划,逐步提高复垦率。

# 第五章　土地复垦工程技术

## 第一节　概　述

### 一、复垦工程概念

复垦工程，即按照复垦规划中土地的利用方向采用一定的工程措施，包括人工和机械措施来平整、充填土地，以达到复垦模式的要求。

### 二、复垦工程技术定义

土地复垦技术是指恢复土地生态系统的各种工程措施。不同的破坏特征、不同的自然条件应根据现行各种采矿沉陷地生态重建技术的工作原理、复垦工艺、适用条件和优缺点等，采取不同的技术措施。

### 三、复垦工程技术分类

从复垦形式分，土地复垦工程技术主要包括充填复垦技术和非充填复垦技术。充填复垦技术主要包括矸石充填复垦技术、粉煤灰充填复垦技术、污泥充填复垦技术、无污染充填复垦技术和动态充填复垦技术等。而非充填复垦技术主要包括疏排降复垦技术、挖深垫浅利用复垦技术、梯田式复垦技术、直接利用技术、修整利用技术等。

依据《土地复垦方案编制规程　第1部分：通则》可以将土地复垦工程技术划分为土壤重构工程技术、植被重建工程技术、配套工程技术、监测与管护工程技术等四大类（图5-1）。

结合复垦土地的利用方向和土地破坏的形式、程度，常用的土地复垦工程技术有：土地平整技术；梯田式复垦；疏排法复垦；充填法复垦；建筑复垦技术；采矿与复垦相结合的技术；矸石山复垦技术；露天矿复垦技术；塌陷水域的开发利用。土地平整、梯田式、疏排法复垦属于非充填复垦形式；充填法复垦有矸石充填、粉煤灰充填等形式。值得注意的是，上述方法往往都是配合使用的。

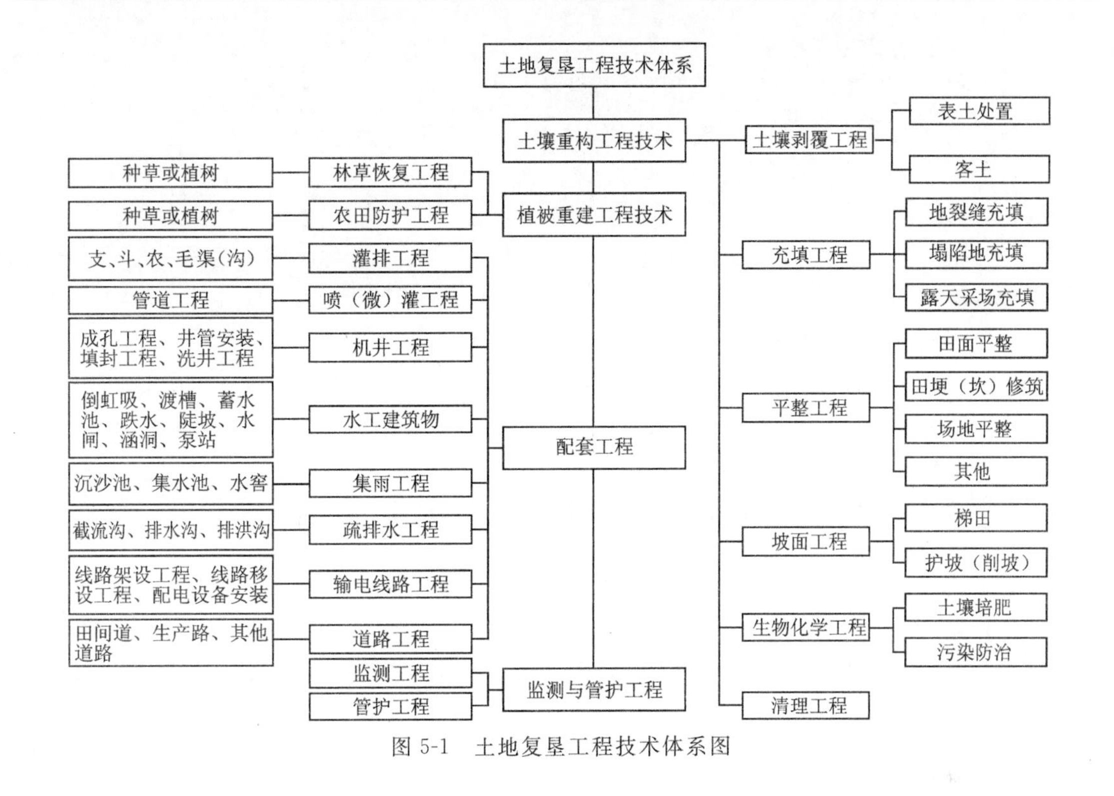


图 5-1　土地复垦工程技术体系图

## 第二节　基础工程技术

### 一、土地平整技术

#### (一)基本原理

**1. 概念**

土地平整工程是指为了使平整后的土地具有更适合种植或者其他用途的需要而根据一定的条件、按照一定的标准所进行的土方填挖和调配的过程，是一项重要的复垦工程技术。土地平整对合理灌溉、节约用水、改良土壤、保水、保土、保肥、提高劳动生产率和机械作业效率等起着重要的作用，能有效消除附加坡度、地表裂缝以及波浪状下沉等破坏特征对土地利用的影响。

**2. 适用条件**

适用于中低潜水位塌陷区的非充填复垦、高潜水位塌陷区充填法复垦、与疏排法配合用于高潜水位塌陷区非充填复垦、矿山固体废弃物堆放场的平整以及建筑复垦场地的平整等。

**3. 基本要求**

(1)要和土地利用工程规划统一起来，土地平整要与沟、渠、路、田、林、井等统一考虑，避免挖了又填、填了又挖的现象。

(2)平整工作量最小,要求移高填低,就近挖填平衡,运距最短,工效最高。

(3)平整后的土地要尽量保持一定的肥力,满足作物高产稳产对水分的需要。

(4)平整土地应遵循权属完整性原则。

(5)平整土地应遵循因地制宜的原则,在制订土地平整方案的过程中,首先应综合考虑土地整理区的自然因素,主要包括地貌、地形及土壤等。其次,应考虑不同地区的社会经济条件。最后,应考虑不同地区农户的农业耕种习惯及配套的农业基础设施是否相同。应结合土地整理区的实际条件因地制宜地对土地进行平整。

(6)平整土地应以长远为目标,以当前为基础。长远目标是使复垦区排灌配套、地面平整和稳产高产。立足当前要安排好各项工程实施顺序,如先粗平,到能保证灌溉和排水时再逐年精细平整,这样可保证逐年增产。

(7)选择机械化施工为主、人工施工为辅的整地方案。

(8)平整后田块内各点高程都应比农渠(或毛渠)引水口的水位低。

(9)平整后的土地应加强田间管理。早灌塌实,重施有机肥,促进土壤熟化。

(10)地面平整度必须符合规定要求。一般情况下,田面纵坡方向设计与自然坡降一致,田面横向不设计坡度,纵坡斜面上局部起伏高差和畦田的横向两边高差一般均以不大于5cm为宜。对于水田,格田内绝对高差不宜超过7cm。

## (二)方法和步骤

### 1.常用方法

土地平整工程通常采用“倒行子法”“抽槽法”和“全铲法”等3种方法,每种方法都有各自的优缺点,采用何种土地平整方法,应根据地块的地形地貌状况、土地平整方式等具体情况确定。

1)倒行子法

倒行子法是一种机械与人工结合的平整土地的方法。具体操作分两步进行:首先根据测量设计,确定开挖线。然后进行划行取土,沿开挖线,以1m宽度分别向上向下划行,确定取土带和填土带。平整时先挖第一取土带,直至标准地面以下25mm,将土填入第一填土带,将第二取土带厚约25mm耕层肥土,填入第一取土带槽底。再开挖第二取土带生土,填入第二填土带,同时将第三填土带表土反卷在第二填土带上,如此抽生留熟,依次平整。

采用此方法平整土地的优点:可保留表土,保持地力均匀;平地加深翻,可达到改良土壤的目的。缺点:此方法操作较为精细,影响施工进度。

2)抽槽法

抽槽法也是一种机械与人工结合的平整土地的方法。具体操作分3步进行:首先根据测量设计,确定开挖线。然后开槽平整,根据设计划行,开槽取土,熟土放至槽梁,生土垫至低处。最后搜根平梁,进行合槽。

采用抽槽法平整土地的最大优点:可同时开多槽,进度快,工效高。缺点:合槽时,梁上表土不易保存,造成地力不匀。

3)全铲法

全铲法是一种主要依靠机械进行土地平整的方法，在具体操作时，把设计地面线以上的土一次挖去，起高垫低。这种方法适于机械平整，工效高。但出现生土多，地力不易恢复。人工平地不宜采用此种方法。

**2. 步骤**

1)地形测量

地形测量一般采用方格网法。方格网的间距取决于图纸比例尺、土方量计算精度要求、地形起伏状况以及土地平整施工方法等。一般采用 20m×20m、50m×50m 方格。地形测量得到方格网点高程及主要地物的位置(如道路、沟渠、涵洞等)。

2)土地平整后标高与坡度设计

土地平整后标高应满足作物生长要求或建(构)筑物的要求，对于农田，其平整后标高 $H$ 应满足式(5-1)。

$$H \geqslant H_t = H_p + h \tag{5-1}$$

式中：$H_t$——农田应达到的最低标准；

$H_p$——潜水位标准；

$h$——地下水临界埋深。

$h$ 与土质、地下水矿化度、作物种类等因素有关(表 5-1、表 5-2)。

**表 5-1　北方地区采用的地下水临界埋深表**

| 矿化度/(g/L) | 土壤质地/m | | |
|---|---|---|---|
| | 砂壤 | 壤土 | 黏土 |
| <2 | 1.8～2.1 | 1.5～1.7 | 1.0～1.2 |
| 2～5 | 2.1～2.3 | 1.7～1.9 | 1.1～1.3 |
| 5～10 | 2.3～2.6 | 1.8～2.0 | 1.2～1.4 |
| >10 | 2.6～2.8 | 2.0～2.2 | 1.3～1.5 |

**表 5-2　各种作物要求的地下水埋深**

| 作物 | 小麦 | 玉米 | 棉花 | 高亮 | 甘薯 |
|---|---|---|---|---|---|
| 生长期适宜地下水埋深/m | 100～120 | 120～150 | 110～150 | 80～100 | 90～110 |
| 雨后短期允许的地下水埋深/m | 80～100 | 40～50 | 40～70 | 30～40 | 50～60 |

3)土地平整计算

(1)土方量最小的平整面参数的计算。

如图 5-2 所示，平整面参数包括坐标原点 $O$ 的标高 $H_0$，纵横向地面坡度 $i_x$、$i_y$，只要知道

$H_0$、$i_x$、$i_y$，就可根据格网点的坐标，按式(5-2)计算格网点高程 $H_k$。

$$H_k = H_0 + i_x \times x_k + i_y \times y_k \tag{5-2}$$

式中：$H_k$——第 $k$ 个格网点计算高程；

$x_k$——第 $k$ 个格网点纵坐标；

$y_k$——第 $k$ 个格网点横坐标。

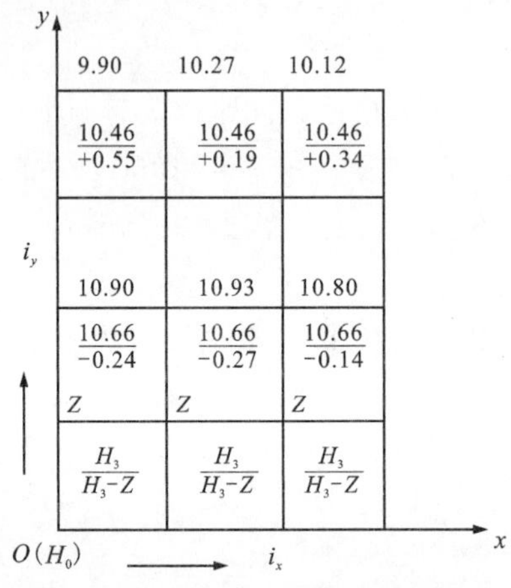


图 5-2 土地平整面参数计算示意图

使土地平整范围内的土方量最小，根据最小二乘法可得到方程组。

$$[P]H_0 + [P_x]i_x + [P_y]i_y = [P_z], \tag{5-3}$$

$$[P_x]H_0 + [P_x{}^2]i_x + [P_{xy}]i_y = [P_{xz}], \tag{5-4}$$

$$[P_y]H_0 + [P_{xy}]i_x + [P_y{}^2]i_y = [P_{yz}], \tag{5-5}$$

式中：$x$、$y$——方格网点的纵、横坐标；

$z$——自然地表面格网点的实际高程；

$P$——格网点高程的权重，取值方法见图 5-3。1 个方格用的点，$P$ 取 0.25；2 个方格共用的点，$P$ 取 0.5；3 个方格共用的点，$P$ 取 0.75；4 个方格共用的点，$P$ 取 1。

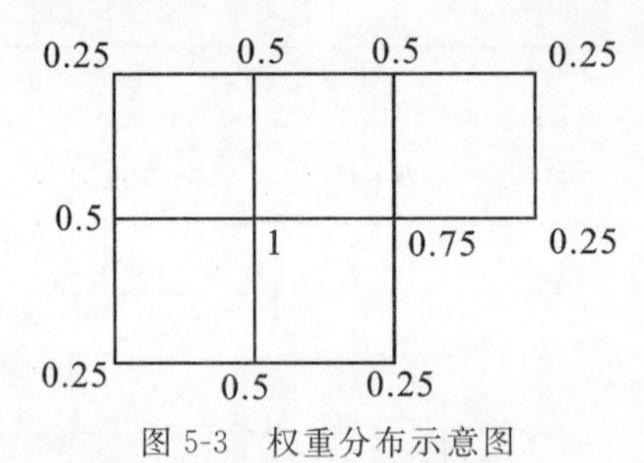


图 5-3 权重分布示意图

解此三元一次联立方程组可得到 $H_0$、$i_x$、$i_y$ 3 个参数，按公式(5-2)可求出各格网点计算高程。实际计算时可采用表格形式计算。上述方程组可解决以下几种特殊情况。

a. 保持某格网点高程为定值。

如为保证排水沟水位衔接需要，水位衔接点处农田标高必须保持一固定值，这时可将该点作为坐标原点，用下述方程组求解 $i_x$，$i_y$：

$$[P_x{}^2]i_x+[P_{xy}]i_y=[P_{xz}]-[P_x]H_0 \tag{5-6}$$

$$[P_{yx}]i_x+[P_y{}^2]i_y=[P_{yz}]-[P_y]H_0 \tag{5-7}$$

b. 保持某两点高差为定值 $h$。

这时可将其中一点作为坐标原点，两点连线方向为 $x$ 轴（或 $y$ 轴），用下面两式求 $i_x$ 和 $i_y$。

$$i_x=h/L \tag{5-8}$$

$$i_y=([P_{yz}]-[P_{yx}]i_x-[P_y]H_0)/[P_y{}^2] \tag{5-9}$$

式中：$L$——两固定点间的距离。

c. 必须保持某个坐标轴方向上的坡度。

以保持 $i_x$ 为例，可用下列方程组求解 $i_y$、$H_0$。

$$[P]H_0+[P_y]i_y=[P_z]-[P_x]i_x \tag{5-10}$$

$$[P_y]H_0+[P_y{}^2]i_y=[P_{yz}]-[P_{yx}]i_x \tag{5-11}$$

d. 若要求平整为平地时，即 $i_x=i_y=0$，$H_0$ 可用下式计算。

$$H_0=[P_z]/[P] \tag{5-12}$$

（2）方格网点施工高度的计算。

利用公式（5-2）得到 $H_k$，则施工高度 $C_k$ 计算有下述几种情况。

a. $H_k$ 满足式（5-2），坡度亦满足设计坡度要求，则 $C_k$ 用下式计算。

$$C_k=H_k-z_k+\Delta h_1 \tag{5-13}$$

显然，挖方为"－"，填方为"＋"。

b. $H_k$ 满足公式（5-2），坡度不满足设计要求，这时应按设计坡度要求重新计算 $H_0$，由重新求得的 $H_0$ 和设计坡度重新计算 $H_k$。若重新求得的 $H_k$ 仍满足公式（5-2），算法同 a；若重新求得的 $H_k$ 不满足公式（5-2），算法同 c。

c. $H_k$ 不满足公式（5-2），即 $H_k<H_t$，但 $i_x$、$i_y$ 满足设计要求，则 $C_k$ 用公式（5-14）计算。

$$C_k=H_k+\Delta h_2-z_k+\Delta h_1 \tag{5-14}$$

d. $H_k$、$i_x$、$i_y$ 均不满足要求，可按 b 的做法处理。

式（5-13）、式（5-14）中，$\Delta h_1$ 为考虑土方膨胀的调整高度。由于填挖过程中，实方变成虚方，故填方要加膨胀系数。一般黏土加 30%，沙土加 20%，砾石土加 35%。但这样处理的结果经沉陷后还不能达到预求平整的要求，填高的部分要比挖深的部分高得多。根据实践可采用这样的方法，如土壤膨胀系数为 30%，把总挖方量 10%的土平铺在整个地面上，于是平铺的土层厚 $\Delta$ 为：

$$\Delta=\text{总挖方量}\times 10\%/\text{总面积} \tag{5-15}$$

然后在每个挖深角点多挖 $\Delta$ 值，在每个填高角点加上这个 $\Delta$ 值，再加上它本身填高数的 20%，即为考虑土壤膨胀后的实际填挖数，故对于挖方角点，$\Delta h_1=+\Delta$；对于填高角点，$\Delta h_1=\Delta+(H_k-z_k)\times 20\%$。

式（5-14）中，$\Delta h_2$ 为充填高度。$H_k$ 不满足式（5-2），即是说土地平整后不能满足作物生长需要，需要在 $H_k$ 的基础上充填 $\Delta h_2$ 高度，$\Delta h_2=H_t-H_k$。

（3）计算零位线。

零位线为不挖也不填的点连成的线。零位线绘制方法与等高线绘制方法相同，可用内插的方法得到。图 5-4 中方格网角点右下角为加上 $\Delta h_1$ 后的施工高度，经实际计算图 5-2 算例中 $\Delta=0.01\text{m}$。

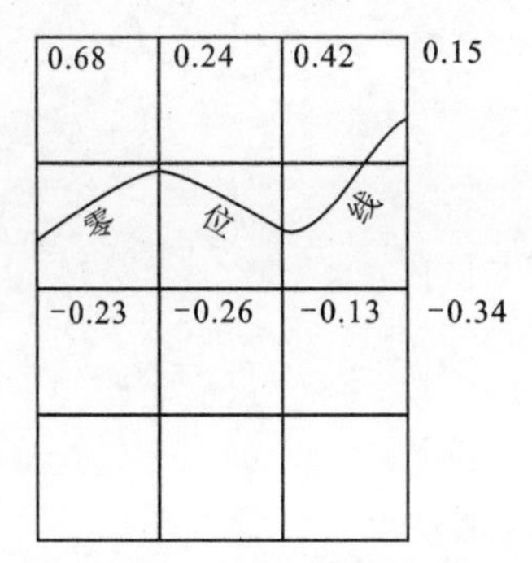


图 5-4　调整后的施工高度及零位线图

(4)计算挖填土方量。

土方量计算是方案选择、工程量与经费预算的基础。常用方格网法计算。用方格网法计算挖填土方量可分为图 5-5 所示 5 种方格的情况：①全部为挖方(或填方)；②一侧两角点挖方，一侧两角点为填方；③对角两角点为挖方或填方；④3 个角点为挖方(或填方)，1 个角点为填方(或挖方)；⑤对角为零位线穿过，另外一挖一填。

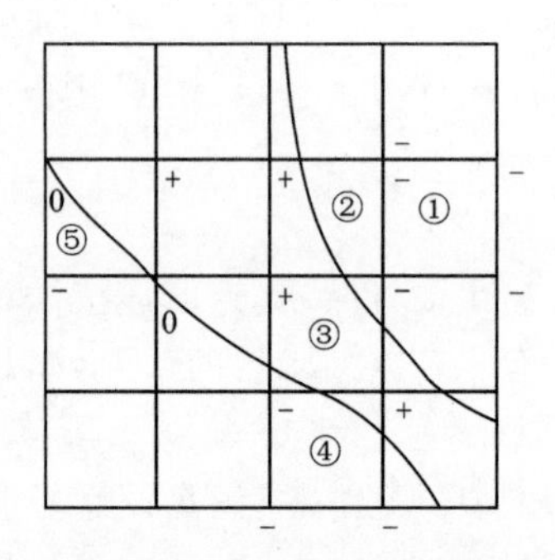


图 5-5　土方量计算示意图

a. 4 个角点全为挖方(或填方)。基本图形如图 5-6(a)所示，计算公式为：

$$V=a^2/4(c_1+c_2+c_3+c_4) \tag{5-16}$$

式中：$a$——方格网边长；

$c_i$——$i$ 角点施工高度。

b. 一侧两角点挖方，另一侧两角点为填方。基本图形如图 5-6(b)所示，计算公式为：

$$V_{填}=a^2/4[c_1^2/(c_1+c_4)+c_2^2/(c_2+c_3)] \tag{5-17}$$

$$V_{挖}=a^2/4[c_4^2/(c_1+c_4)+{c_3}^2/(c_2+c_3)] \tag{5-18}$$

c. 对角点分别为挖方和填方。基本图形如图 5-6(c)所示，计算公式为：

$$V_{填1}=a^2c_1^3/[6(c_1+c_2)(c_1+c_4)] \tag{5-19}$$

$$V_{填3}=a^2c_3^3/[6(c_3+c_2)(c_3+c_4)] \tag{5-20}$$

$$V_{挖}=a^2/6(2c_2+2c_4-c_1-c_3)+V_{填1}+V_{填3} \tag{5-21}$$

d. 一填三挖。基本图形如图 5-6(d)所示，计算公式为：

$$V_{填}=a^2c_1^3/[(c_1+c_2)(c_1+c_4)] \tag{5-22}$$

$$V_{挖}=a^2/6(2c_2+2c_4+c_3-c_1)+V_{填} \tag{5-23}$$

一挖三填时，计算公式将挖方和填方颠倒。

e.对角为零位线穿过，另两角点为一挖一填。基本图形如图 5-6(e)所示，计算公式为：

$$V_{挖}=c_3a^2/6 \tag{5-24}$$

$$V_{填}=c_1a^2/6 \tag{5-25}$$

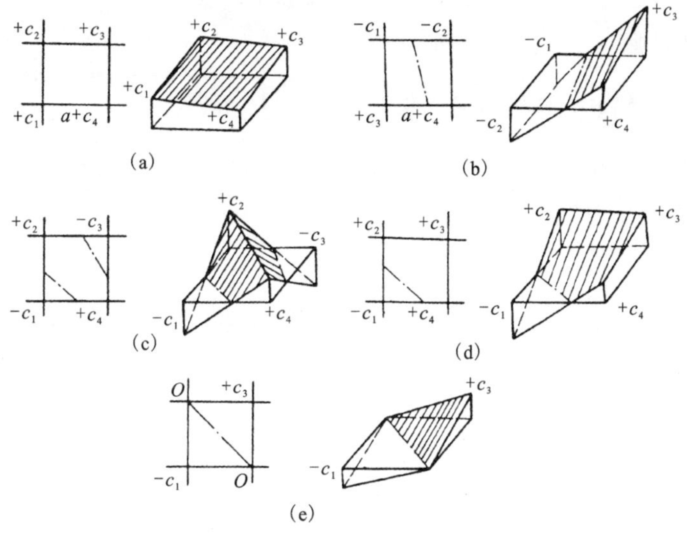


图 5-6 土方量计算的基本图形

(5)绘制施工图。

根据上述计算结果，绘制土地平整施工图，在图上勾绘出填挖范围、运土方向和搬运的土方量等。

4)土地平整工程施工

施工方法正确与否，直接影响复垦质量。对地面高差不大的田块，可结合耕种，有计划地移高垫低，逐年达到平整。对于需要深挖高填的地块，可采用人工或机械的方法平整。无论是人工法还是机械法施工，都应注意保留熟土。

(1)人工施工法。

人工施工常采用倒槽施工工艺，即将待平整土地分成 2～5m 宽的若干条带，依次逐带先将熟土翻在一侧，然后挖去沟内多余的生土，按施工图运至预定填方部位。填方部位也要先将熟土翻到另一侧，填土达到一定高度后，再把熟土平铺在生土上。

(2)机械施工法。

机械法施工时常用的机械有推土机、铲土机、平地机等，施工工艺有分段取土、抽槽取土、过渡推土等方法，按填土顺序又分为前进式和后退式，选用哪种工艺方法应结合所用机械类型和实际地形而定，且应尽可能避免机械碾压造成的土壤板结现象或采取相应的措施，如用平整后的耕翻来解决土壤板结问题。

## (三)配套措施

### 1.建立并完善复垦区排灌系统

尽可能高水高排，低水低排。灌溉则尽可能统一布局，因受开采沉陷的影响，塌陷地形往往比较破碎，如忽高忽低，可采取分区灌溉的方法，统一规划灌溉水源。

**2. 深耕细整，耙磨碾压**

深耕可以松土匀土，使新老土掺和，利于蓄水和土壤熟化。耕翻、耙磨、碾压可以破碎土块，弥补平整造成的缺陷，改良土壤的物理特性。

**3. 与疏排法、挖深垫浅、充填法复垦相结合**

只有多种复垦方法相结合，才能达到大面积复垦的目的，并使复垦工程真正最大限度地消除矿山开采造成的多种消极影响。

**4. 土地利用分区**

土地平整复垦往往是较大范围内复垦的一种形式，应结合其他复垦形式统一考虑复垦后土地利用的方向。

**5. 培肥措施**

增施有机肥，改善土壤结构。

### (四)应用案例

#### 土地平整技术在德江县土地开发中的应用

**1. 土地平整技术的选用**

土地平整工程设计按照土地平整的相关要求，结合渠系布置、道路走势和地形坡度、分坡度选择不同地块的宽度，并以地块为单位进行土地平整，基本做到挖、填土方平衡。典型地块之间有一定高差，但德江县雷打坨区域基本保持原地形坡降，以利于排水。

该区在地貌类型上为中山丘陵，内部仍有一定的高差。经过比较选取局部平整方案，运用倒行子法进行整平，即人工与机械结合使用。平整过程中以耕作田块为平整单元，每个单元内部保持土地的挖、填土方平衡，在此基础上根据所布置的沟渠水流方向确定最终的地面高程，各单元之间允许有一定的高差。填挖方工程量和工程投资大大降低，有利于保护表土层。

**2. 土地平整分区**

土地平整按8°～15°，15°～25°两个坡度级分区。各分区采取半挖半填的方式进行土方调配平衡，按坡度级别确定地块长度与宽度。其工程设计与技术要求如表5-3所示。

**表5-3　土地平整工程技术指标**

| 耕地坡度/(°) | 长度/m | 宽度/m | 平整度 | 填土坎稳固性 |
|---|---|---|---|---|
| 0～5 | 20 | 5 | 平均坡度＜3°，凹凸高差＜50mm | 中等 |
| 5～8 | 10 | 5 | 平均坡度＜3°，凹凸高差＜50mm | 合格 |
| 8～15 | 5 | 3 | 平均坡度＜5°，凹凸高差＜50mm | 合格 |
| 15～25 | 5 | 3 | 平均坡度＜7°，凹凸高差＜80mm | 合格 |

#### 3. 土方计算

该区地形为自然土坡，根据土方计算相关要求，按照截面法计算。选择具有代表性的截面，且尽量与等高线垂直。依据这一原则，结合项目实际情况，区域内 8°～15°、15°～25°各选取一个典型地块进行土方计算，表土剥离按厚度 20cm 进行，剥离面积按新增耕地面积设计，共设计表土剥离 22 014$m^3$。土地平整工程量汇总如表 5-4 所示。

表 5-4　土地平整工程量汇总

| 地形坡度/(°) | 平整量/$hm^2$ | 挖土方量/$m^3$ | 单位面积挖土方量/($m^3/hm^2$) |
| --- | --- | --- | --- |
| 8～15 | 2.021 | 2537 | 1 255.32 |
| 15～25 | 3.356 | 5308 | 1 581.64 |
| 合计 | 5.377 | 7845 | 2 836.96 |

#### 4. 土地平整工程的施工

首先根据地形坡度确定开挖线，然后进行划行取土。以 1m 宽度，由上向下沿开挖线划行，确定取土带和填土带。平整时先挖第一取土带，直至标准地面以下 25cm，将土填入第一填土带。将第二取土带厚约 25cm 的表层肥土填入第一取土带槽底。再将第二取土带的生土填入第二填土带，同时将第三填土带表土反卷在第二填土带上，如此抽生留熟，依次平整。为保证土地开发后新增耕地的肥力，规划对表土层进行充分利用。采取表土剥离回填的方法，充分利用表层土。表土剥离回填设计分为土方平整时表土剥离和新增耕地的表土回填 2 个部分。在进行土地平整时将表层沃土取出，集中堆放，地块平整后进行回填。为达到耕作地块的平整要求，表土剥离后，需进一步进行平整，采取半挖半填的施工方式，按铲运机铲运土方设计。经过土地表土剥离回填、平整梯化后，为保证农田耕作、保肥保土，土壤厚度应大于 50cm。

## 二、梯田式复垦技术

### (一)基本原理

#### 1. 概念

梯田式复垦工程是指对于地表沉陷较大或地表原有坡度较大，不可能将地表沉陷土地恢复成平地，通过修建梯田的方式来对土地进行平整的方式。修建梯田后，可改善土壤的水分和养分，大大减少径流速度，增加降水的入渗时间，特别是对于水土流失严重地区的土壤条件有着很大的改善作用。

#### 2. 适用条件

对位于丘陵山区或中低潜水位采厚较大的矿区，耕地受损的特征是形成高低不平甚至台阶状地貌。按照我国对地形特征的划分标准：地表坡度小于 2°为平原，大于 6°为山地，2°～6°为丘陵，25°以上为高山。采煤形成塌陷而产生的附加坡度一般都较小。塌陷后地表坡度在 2°

以内时，通过土地平整或不平整就能耕种；塌陷后地表坡度在2°～6°之间时，可沿地形等高线修整成梯田，并略向内倾以拦水保墒，土地利用时可布局成农林（果）相间，耕作时采用等高耕作，以利水土保护。因此，梯田式复垦适用于地处丘陵山区的塌陷盆地或中低潜水位矿区开采沉陷后地表坡度较大的情况。我国山西大部分矿区和河南、山东等地的一些矿区不少塌陷地可采用此法复垦。利用此法复垦可解决充填法复垦充填料来源不足的问题。

#### 3. 基本要求

(1)梯田复垦工程包括梯田、道路、林网、引排洪设施等，必须统一规划、合理布设、同步实施，并有利于机耕或灌溉，有利于防洪安全和稳定，省地、省工、便于耕作。

(2)梯田应根据地形沿等高线布设，大弯就势，小弯取直，宽适当，长不限，以便于耕作。

(3)梯田建设应坚持先近后远、先易后难、先缓后陡的原则，并尽可能做到集中连片，与其他措施相结合。

(4)梯田总体布局上既要有产流区（梯田的客水），又要合理分配到汇流区（梯田的田块），严禁不管地面坡度和人口的分布，从山头修到坡脚的做法。

(5)梯田尽量与水保治沟骨干工程、塘坝、井窖等水源工程结合。有条件的逐步完善小型水利配套，发展节水灌溉，实现梯田改小片水地（“梯改水”）目标。

### (二)方法和步骤

#### 1. 梯田的分类

根据断面形式不同，梯田可分为水平梯田、坡式梯田、隔坡梯田、反坡梯田、复式埂坎梯田、削坡复式梯田6种（图5-7）。主要以前3种为主。

(1)水平梯田：沿等高线把田面修成水平的阶梯农田，如图5-7(a)所示，是最常见，也是保水、保土、增产效果最好的一种。

(2)坡式梯田：在坡上隔一定距离（20～30m）沿等高线修筑田埂，埂内地表不加平整，仍保留原有坡度，利用田埂蓄水保土，也是坡耕地向水平梯田发展的一种过渡形式。

(3)隔坡梯田：水平梯田和自然坡地沿山坡相间分布，即上一阶梯田与下一阶梯田之间保留一定宽度的原山坡地，此坡地可作为下一级水平梯田的集水区。水平梯田上种作物，坡地上种草防蚀、集水、割草沤肥或饲养牲畜。水平梯田和坡地两带宽度比一般为1∶1～3∶1（干旱地区取大值）。

(4)反坡梯田：梯田田面坡向与山坡方向相反，修成外高内低，有3°～5°的反坡，如图5-7(d)所示，这种梯田具有较强的蓄水、保土和保肥能力，但用工多。

(5)复式埂坎梯田：为便于机械施工与耕作，增加梯田宽度，田坎也随之增高，但较高的田坎不仅修筑费用高且易滑塌，可以采用下陡上缓的复式梯田，下部切土部分为硬埂，上部填土部分为软埂。

(6)削坡复式梯田：即水平梯田与削减原地面坡度的缓坡田面相结合的复式断面梯田，也称为“集流梯田”，其田坎低，工作量小，修筑速度快，抗旱能力强，增产显著。

根据埂坎修筑材料不同，梯田分土坎梯田与石坎梯田。土石山区一般多用石坎梯田，丘陵沟壑区多用土坎梯田。

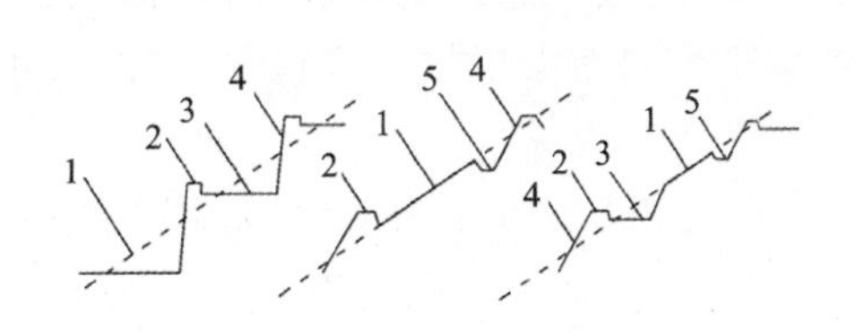

(a)水平梯田 (b)坡式梯田 (c)隔坡梯田

1. 原坡面；2. 田埂；3. 田面；4. 田坎；5. 蓄水沟

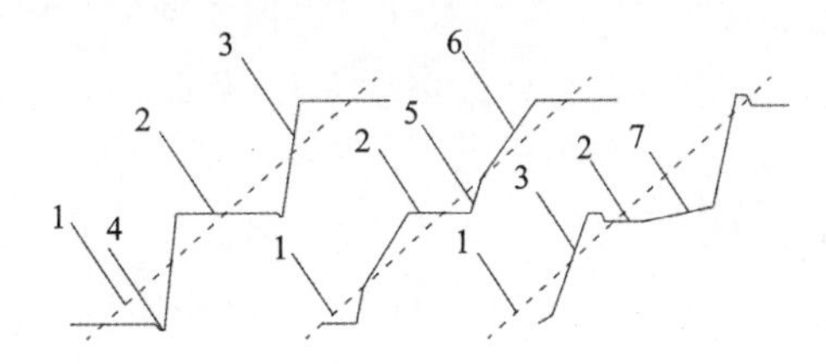

(d)反坡梯田　(e)复式埂坎梯田　(f)削坡复式梯田

1. 原坡面；2. 水平田面；3. 田坎；4. 蓄水沟；5. 硬坎；6. 软坎；7. 削坡田面

图 5-7　梯田类型示意图

**2. 梯田类型的选用**

梯田类型的选择，主要以地形、坡度而定，另外还需考虑土壤质地、雨量大小、水源状况、距村庄的距离、机耕难易程度等因素。应本着投资少、省劳力和效益大的原则进行选择。

**3. 梯田设计和修筑方法**

1)梯田设计

(1)梯田断面三要素。

如图 5-8 所示，田面宽、田坎高、田坎侧坡(分内侧坡和外侧坡)是梯田断面的三要素。梯田设计就是要根据沉陷后地形及地质条件与耕作要求等确定断面要素。断面要素设计合理，既可保证边坡稳定、耕作灌溉方便，同时又节省用地、用工，提高土地的利用率。

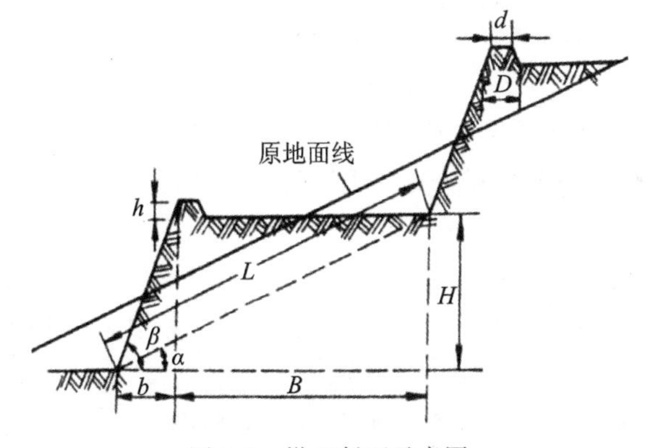


图 5-8　梯田断面示意图

$L$. 斜坡距离(m)；$B$. 田面宽(m)；$b$. 田坎占地宽(m)；$D$. 地埂底宽(m)；$d$. 地埂顶宽(m)；$H$. 田坎高(m)；$h$. 地埂高(m)；$\alpha$. 地面坡度(°)；$\beta$. 田坎侧坡(°)

(2)断面要素间的相互关系与断面要素计算。

田面宽度不宜太宽，也不宜太窄。太窄不方便，田坎占地又多；太宽则土方工程量大，投入的人力、物力也就多。因此，梯田宽的确定综合考虑沉陷后的地形坡度、土层厚度、农业机械化程度和复垦后土地利用方向等因素。在地形坡度小于 5°的情况下，田面宽选在 30m 左右为宜；10°以上丘陵陡坡田面宽以不少于 8m 为宜，最小不小于 2m。平顶山矿区规定田面最窄不少于 3m。

田坎高度与田面宽和沉陷后地形坡度等因素有关，在坡度一定的情况下，田面宽越大，田坎越高，反之田坎越低。田坎太高，修筑困难且易塌陷。因而需根据土质情况、坡度大小等来选择田坎高，一般田坎高在0.9～1.8m为宜。

田坎侧坡越缓，安全性越好，但占地、用工量大；反之田坎侧坡较陡，占地和用工量减小，但安全性差。因此田坎侧坡的确定，以能使田坎稳定而少占耕地为原则。边坡大小、田坎高度与筑梗材有关，壤土取1∶0.3～1∶0.4，砂土取1∶0.5。

田面宽($B$)、田坎高($H$)和田坎侧坡($\beta$)之间的关系可用下式表示：

$$B=H(\cot\alpha-\cot\beta) \tag{5-26}$$

田坎占地宽$b$用下式计算。因此可得到田坎占地百分数$c\%$，如下式所示：

$$b=H\cot\beta \tag{5-27}$$

$$c\%=(b+D)/(b+B)\times 100\% \tag{5-28}$$

由上述公式知，当地面坡度$\alpha=5°$，田坎侧坡取1∶0.3，田坎高度1m时，田面宽为11.1m，当$D$取0.4m，$b$取0.3m时，田坎占地百分数为6.1%。

(3)修筑梯田时土方量的估算。

坡度变化不大，挖填土方量大致相等时，每亩梯田的土方量可用式(5-29)估算，即：

$$V=SL=HB/8\times 666.67/B=83.3H \tag{5-29}$$

式中：$V$——每亩梯田土方量($m^3$)；

$S$——梯田挖方或填方的断面积($m^2$)，当挖填相等时，$S=HB/8$；

$L$——每亩梯田的田面长度(m)，$L=666.67/B$；

$H$——田坎高(m)；

$B$——梯田田面宽(m)。

由公式(5-29)知，土方量是田坎高的函数。田坎越高，挖填土方量越大。

2)梯田修筑方法

修筑梯田是一项多工序的施工作业，同时，还因各地的土质、地形等自然条件不同，要求修筑梯田的规格也不同。目前，修筑方法有人工修梯田和机修梯田两种方式。

(1)人工修梯田。施工工序大致是：保留表土、修筑田坎和修平田面3道工序。

保留表土：为了保证新修梯田当年增产，要严格保留表土。坡面耕作层(即表土)土壤比较肥沃，结构良好，透气蓄水保肥性能较高，适宜作物生长。因此，修梯田时应保留耕作层土壤，采取“里切外垫，生土搬家，死土深翻，活土还原”的方法。

修筑田坎：一要清理埂基，二要分层夯实。埂基宽度不小于1m，修筑时土壤含水量在15%～20%之间，每次铺土厚10cm左右，夯实后的干容重应不低于1.2～1.3t/$m^3$。埂坎的外坡用铁锨拍实拍光，也可用椽子或木板夹土夯实，较坚固耐久。

修平田面：这是梯田施工的主要工序。因田面宽度和运土距离不同有两种不同的施工方法。坡面坡度较陡，梯田田面较窄(10m以下)时，田坎基本顺等高线布设，没有远距离运土，修平田面，一般不用架子车。施工时先从埂坎下方挖土，用铁锨向上翻土培埂填膛，到埂坎高约2m时，则从田面上方取土，用铁锨向下翻土填膛，把地修平。田面宽度10m以上(缓坡梯田可达30m)时，需顺田坎方向远距离运土，修平田面时需用架子车。由于田面的填方部分是由虚土填成，修平以后经过一段时间还要发生沉陷，沉陷深度一般为填方厚度的10%左右。因而，需将田边填得比水平面高10～20cm，形成宽1～2m的倒坡，预留沉陷量，等土体沉实后才能保证田面水平。

(2)机修梯田。

机修梯田必须保证施工机具能够进入耕作区内每个田块，并能较方便地进行施工和耕作，尽量避免远距离调运土方，提高机修工效。机修梯田包括推土机修梯田、机引犁修梯田和铲刨机修梯田。由于各种机械性能的差异，使得修筑梯田的方法各异。不规整地形宜采用推土机等正向运土机具施工，规则地形宜采用机引犁、铲刨机等侧向运土机具施工，工效较高。

**4.梯田施工**

为保证梯田施工质量，在施工前需在实地测量定线。测量定线的内容包括确定各台梯田的埂坎线以及在每台锑田上定出挖填分界线。测量定线的依据是梯田施工设计图。

梯田施工主要包括表土处理、平整底土和田坎修筑等几个环节。施工顺序是：清除地面障碍物、表土处理、平整底土、田坎修筑、回铺表土。表土处理和底土平整常用中间堆土法、逐级下翻法和条带法等施工方法。图 5-9 为中间堆土法示意图，其主要工序包括堆积耕层土于设计的两田埂中间、切垫底层土及覆盖表土 3 个步骤。此法适用于坡度大、田面窄的梯田施工。

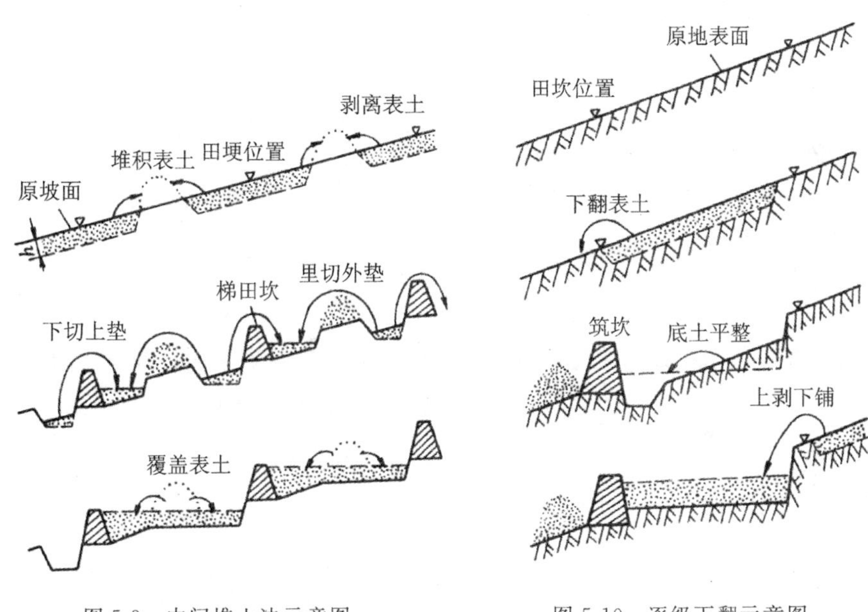


图 5-9　中间堆土法示意图　　　　图 5-10　逐级下翻示意图

图 5-10 为逐级下翻法施工示意图，该法自下而上修筑梯田，上一级梯田的表土作为下一级梯田的覆盖土源，最下一级梯田的表土首先堆存起来，或作为最上一级梯田覆盖土源，也可留作他用。此法也适用于坡陡、田面窄的梯田。

条带法适用于坡缓、田面宽的梯田修筑(图 5-11)。该法施工顺序为间隔条带剥离堆放表土，再进行底土平整(图 5-11 中 1、3、5 条带)，待底土平整完后将 2、4 条带堆存的表土覆盖于 1、3、5 条带上，依同样的方法可修筑 2、4、6、…条带。

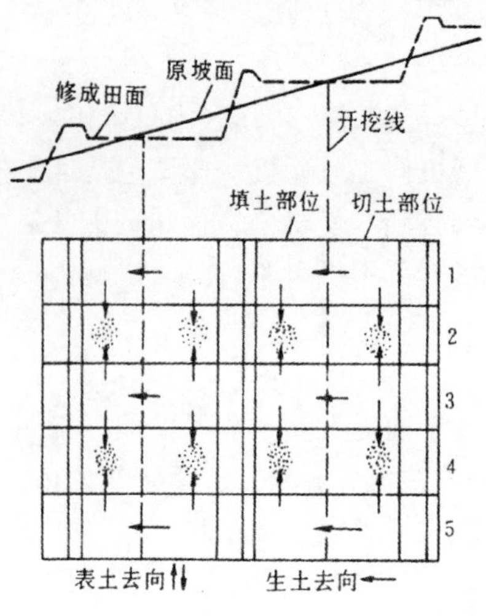


图 5-11　条带法施工示意图

## (三)梯田式复垦的配套措施

### 1. 灌溉措施

灌溉措施应着重多方面开辟灌溉水源。灌溉水源可以外部引入,也可结合梯田复垦将塌陷盆地底部挖深蓄水,这样也可减轻水土流失造成的危害,因为养分随地表径流从梯田流入盆底,又用盆底蓄水浇灌梯田,正好实现了养分的循环利用。

### 2. 生物措施

生物措施有梯田采用农林(果)相间的利用方式,在每一梯田的田坎植树种果或种豆科作物。这样做的好处是既防止水土流失,又起到提高田坎稳定性的作用。

### 3. 培肥和耕作措施

梯田施工过程中由于土方工程及机械碾压等,往往导致土壤层位破坏,物理性质发生变化,所以在土地利用过程中应采取培肥和耕作措施逐步解决上述问题。如深耕深翻、多施有机肥等。

## (四)应用案例

### 山西省中小煤矿地表塌陷区的治理案例

山西省各煤矿多属于3#以上的多煤层或分层开采,各次塌陷时间间隔长短不一,地表容易出现多次重复塌陷,因此对于不同程度的塌陷采取不同的复垦治理技术,其中,对于倾角小于 25°的坡地,采用梯田式复垦。

### 1. 生熟土混堆法机修水平梯田复垦工艺

此工艺根据山西地区黄土层古土壤生土易于培肥熟化的特征,适用于地面倾角小于 25°的坡地改建为水平梯田的复垦,其作业流程如图 5-12 所示。

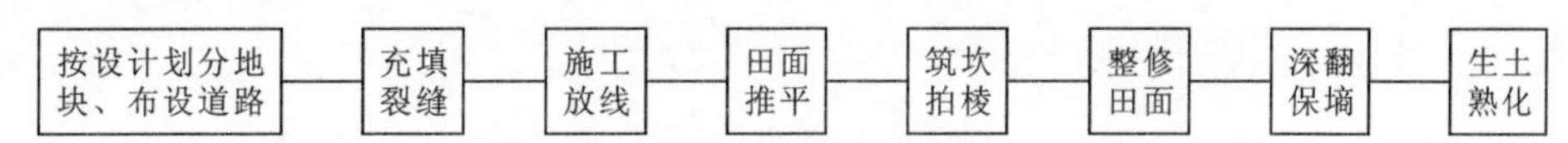


图 5-12　生熟土混堆法机修水平梯田复垦工艺流程图

作业方法和工艺如下：

(1)按设计划分地块、布设道路：按坡地改建水平梯田(半挖半填式)的设计要素划分地块，修建进入地块的施工道路并纳入农田道路网。

(2)充填裂缝：位于田面设计标高以下低洼处宽度 0.3m 以上的大裂缝和塌陷坑应在平整土地之前充填；小于 0.3m 的中小裂缝可在平整土地过程中充填；平整土地后显露出来的裂缝和塌陷坑则在平整土地之后充填。宽度小于 0.3m 的裂缝可按非稳定塌陷地复垦工艺中所述的方法进行充填。宽度大于 0.3m 的裂缝塌陷坑充填时应加设防渗层，防渗层厚度应大于 1.0m，位于田面 0.5～1.0m 以下，用黏土分 3 层以上捣实达干容重 1.4t/m$^3$ 以上。用于构筑防渗层的黏土，其渗透系数小于 0.001m/d。

(3)施工放线：在现场放出每个地块的开挖零线、开挖边线、填方边线和坝顶高程。

(4)田面分块推平：用铲车、推土机和运输车辆相配合分区按设计要求进行土地平整，按标桩指示高度挖高填低。

(5)筑坝拍棱：按设计要求修筑梯田地坎。筑坝时的土壤以手捏成土团自由落地碎开为拍棱的最佳土壤湿度。通过拍棱，力求使距棱坝外侧 40～60cm 内的土壤干容重达到 1.4t/m$^3$ 以上。

(6)修整田面：因梯田外侧填方部位有一定塌陷，同时考虑梯田的盖水保肥要求，应将推平的梯田面修整为外高里低的内倾式逆坡，坡度为 1°～3°；并于棱坎顶部筑一蓄水埂，其顶宽 25cm，埂高 20cm。

(7)深翻保墒：混推法修筑的梯田挖、填部位土体的松紧不一，故整地之后应进行深翻，以达到保墒的要求。深翻深度为 0.5m 左右。

(8)生土熟化：混推法机修梯田的表层混有大量生土，因而在深翻同时，还要用农家肥或氮、磷化肥进行深耕深施，以培肥熟化耕层土壤。

## 2. 坡耕地改建水平梯田工程量计算

坡耕地改建水平梯田工程量计算见表 5-5。

**表 5-5　坡地改建水平梯田设计参数及每亩挖(填)方土方量**

| 坡度区 $\alpha$/(°) | 田坎高度 $h$/m | 田坎坡角 $\beta$/(°) | 田坎上沿收缩量 $d$/m | 田面宽度 $b$/m($\frac{小～大}{平均}$) | 每亩挖(填)土方量 $M$/m$^3$ |
|---|---|---|---|---|---|
| <5 | 1.5 | 80 | 0.26 | 16.9～85.7<br>51.3 | 125 |
| 5～15 | 2.0 | 78 | 0.42 | 7.0～16.9<br>12 | 166.7 |
| 15～25 | 2.5 | 76 | 0.62 | 4.7～7.0<br>5.8 | 208.3 |
| >25 | 不改建水平梯田，退耕还林 | | | | |

## 三、疏排法复垦技术

### (一)基本原理

#### 1. 概念

疏排法复垦是指通过开挖沟渠、疏浚水系,将塌陷区积水引入附近的河流、湖泊或设泵站强行排除积水的复垦工艺。开挖沟渠、疏浚水系是防止和减轻低洼易涝地渍灾害的有效途径。疏排法复垦可以有效地降低复垦标高,缩小复垦范围,减少复垦工程费用和征地费用,显著地提高土地复垦率。

#### 2. 疏排法复垦技术的原理

(1)排水工程缩短地面径流流程,有助于加速排除地面积水。

(2)排水工程改变了浅层地下水的"入渗-蒸发型"运动规律,增大了横向排泄量,提高了地下水的消退速度。

(3)排水工程增加了地下水"蓄水库容",地下水位上升的快慢与高低不仅与降水最有关,与水位前期埋深也有很大关系,地下水位控制在一定高度,可相对增加"蓄水库容"。

(4)排水工程有效地控制和降低土壤含水量,表层土含水量的大小直接影响农作物的生长,含水量与降水、蒸发、渗透三因素有关,排水工程增加了渗透。

#### 3. 适用条件

地下开采沉陷引起地表积水而影响耕种,地表积水可分成图 5-13 两种情况。图 5-13(a)是外河洪水位高出塌陷后地表标高的情形,这种情况下,若不采取充填法复垦,必须采用强排法排除塌陷坑积水或采用挖深垫浅的方法抬高部分农田标高方可耕种。图 5-13(b)为外河洪水位标高低于塌陷后农田标高的情况,这种情况下,可在塌陷区内建立合理的疏排系统,通过自排方式排除地表积水,但在 $H_s-H_p<h$($h$ 为地下水临界深度)时,除建立疏排系统外,还必须开挖降渍沟降低地下水位 $H_p$,这样才能保证作物正常生长。

无论是自排还是强排,都必须进行排水系统设计,而且排水系统在露天矿以及其他类型复垦区域也起着十分重要的作用。

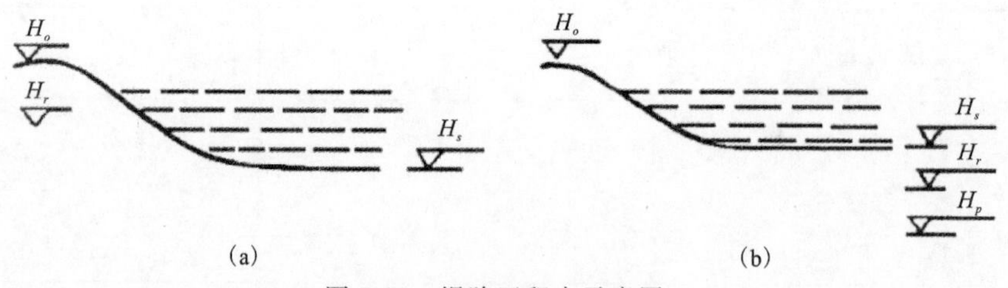


图 5-13　塌陷区积水示意图

(a)$H_r>H_s$;(b)$H_r\leqslant H_s$

$H_o$. 原地表标高;$H_s$. 塌陷后地表标高;$H_r$. 外河洪水位标高;$H_p$. 潜水位标高

## (二)关键工程措施

### 1. 疏排系统组成

排水系统包括排水沟系和蓄水设施、排水区外的承泄区和排水枢纽等部分。排水沟系按排水范围和作用分为干、支、斗、农四级固定沟道;蓄水设施可以是湖泊、坑塘、水库等(排水沟也可兼作蓄水用);承泄区即通常说的外河;排水枢纽指排水闸、强排水电站等。采矿塌陷地疏排法复垦,重点需防洪、除涝和降渍,防洪就是要防止外围未塌陷地段的地表径流或山洪汇入塌陷低洼地;除涝就是要排除塌陷低洼地的积水;降渍则是在排除积水之后开挖降渍沟或用其他方法将潜水位降至临界深度以下。

### 2. 防洪系统

防洪通常采取以下方法。

1)整修堤坝

水下采煤必然导致河、湖堤沉陷。堤坝整修既是复垦的需要,也是保证矿山生产乃至整个流域工农业生产安全的需要。堤坝整修一方面要加高堤顶、扩宽堤坝;另一方面还应注意堤坝因塌陷而产生的裂缝,因为这些裂缝经水浪冲蚀,会成为堤坝崩溃的隐患。

整修后堤顶标高 $H_a$ 一般按公式(5-30)确定:

$$H_a = H_r + h_1 + h_2 \tag{5-30}$$

式中:$H_r$——河水水位海拔高度(m);

$h_1$——为波浪爬高(m);

$h_2$——为安全超高($h_1 + h_2$ 通常取 1.5～2.0)(m)。

2)分洪

分洪就是将塌陷区以外的洪水经过治理区外围河道汇入承泄区。这种做法实际上是减小复垦区排水沟汇水面积。许多矿山在开采之初为保证矿山生产安全就已在其井田边界开挖了防洪沟道,这些防洪沟道若在采矿塌陷后及时整修疏浚,就可起到很好的分洪作用。

### 3. 除涝系统

1)分片排涝,高水高排,低水低排

图 5-14 就是利用这种方法排除塌陷区域积水的实例。通过高水高排可以减少强排面积,提高排水效益。

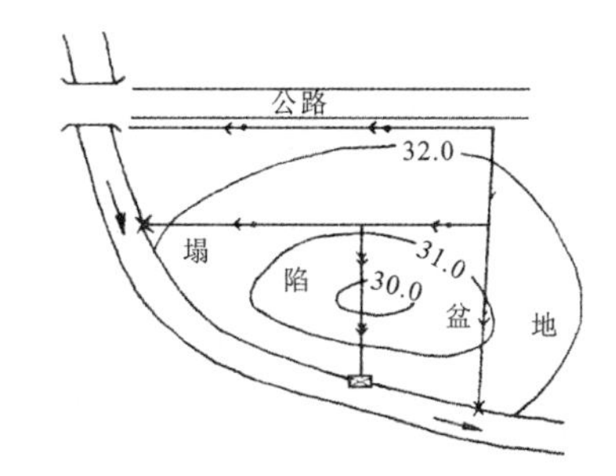


自排沟; 强排沟; X. 涵洞; 强排站

图 5-14　分片排涝示意图

2)排蓄结合,排灌结合

在治理地势总体平坦,局部特别低洼时,可将低洼段改造成蓄水池,或将低洼段用挖深垫浅法复垦,挖出的鱼塘实际也起蓄水作用。排水沟也可分段设闸,丰水季节开闸排水,枯水季节关闸蓄水,蓄水可用于灌溉。

3)力争自排,辅以强排

自排与强排方式的选择取决于塌陷区的地形、外围承泄区水位以及地面建(构)筑物分布等因素。选择的原则是技术可行、经济合理与实施可能。图5-15为一塌陷区除涝方案示意图。

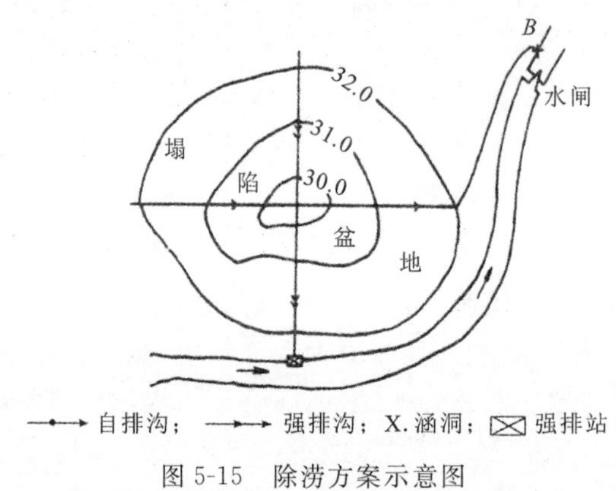


图5-15 除涝方案示意图

**4. 降渍系统**

为保证土壤有适宜的含水率并防止土壤盐碱化,复垦区应设置降渍系统。降渍工程实际上是为了控制地下潜水位,有明沟排水、暗沟排水和竖井排水等方法。

通常使用的方法是明沟排水,其对地下水位的控制作用如图5-16所示,即在无降渍沟的情况下,当有降雨等水源补给地下水时,地下水位上升,而开挖降渍沟后,地下水侧向渗透流入降渍沟使地下水回落,因而起到降低地下水位的作用。

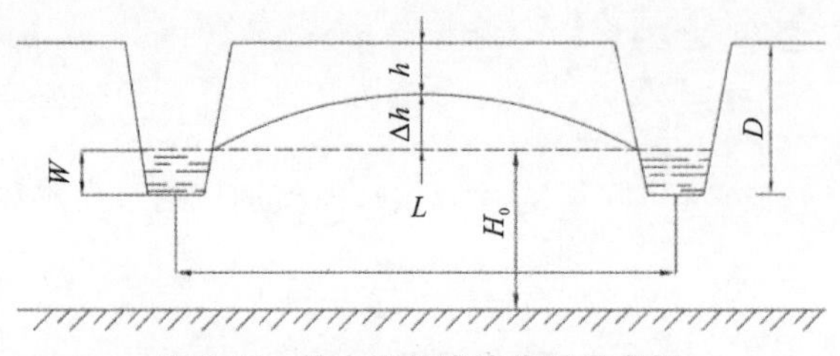


图5-16 排水沟的降渍作用示意图

排水沟的深度 $D$ 可按下式确定:

$$D=h+\Delta h+W \tag{5-31}$$

式中:$h$——作物要求的地下水埋深;

$\Delta h$——两沟之间的中心点地下水位降至 $h$ 时,地下水位与排水沟水位之差,其大小取决于排水沟间距和土质,一般不小于0.2~0.3m;

$W$——排水沟水深。

排水沟的间距通过试验或经验的方法确定，也可用公式计算。式(5-32)为隔水层位于有限深度时恒定流计算排水沟间距的公式。

$$L^2=4K(\Delta h^2+2H_0\Delta h)/\varepsilon \tag{5-32}$$

式中：$\Delta h$——地下水位上升高度(m)；

$L$——排水沟间距(m)；

$K$——土壤渗透系数(m/d)；

$H_0$——沟内水位至隔水层的距离 $m$；

$\varepsilon$——降雨入渗强度(m/d)。

所谓恒定流是指雨季长期降雨时，降雨入渗补给地下水的水量与排水沟出水量相等的情况，这时地下水位趋于稳定，而不随时间变化。非恒定流计算公式和隔水层位于无限深度时，排水沟间距的计算公式可参看有关文献。

### (三)配套措施

(1)灌溉措施。塌陷区积水是一大危害，同时又面临干旱威胁。因此利用疏排法复垦治水的同时，应考虑灌溉水源问题。恰当的灌溉措施还可压盐，改善土壤的物理特性。

(2)以排为主，排灌结合。坚持“以排为主，排灌结合”，要求排水沟、闸、站设计均应考虑灌溉要求，如应按灌溉要求对断面尺寸进行校核；排水闸可分段设置，开闸排水、关闸蓄水；排蓄结合，保留部分坑塘兼养殖和蓄水两用。

(3)与挖深垫浅法配合使用。挖深垫浅法可解决疏排法复垦区域的以下问题：①治理区内局部特别低洼地段的积水问题；②使局部不平整的土地得到平整；③集中成片开挖成塘田相隔的基塘系统，有利于复垦农田的培肥和复垦区内水资源利用率的提高。

(4)与平整土地相结合。采煤引起地表沉陷后，土地产生一定的附加坡度及地表裂缝，对水土保持是极为不利的，通过土地平整可减小此类不良影响。为减小平整土地工程量，可因势利导，修筑成台田或梯田，即保持田块间一定的落差。在平整时还应注意腐殖土的保护和覆盖。

(5)与生物措施相结合。在实施疏排工程措施的同时，采取适当的生物措施，如提高绿色植被覆盖率，路堤、沟边植树等，可起到生物降低地下水位和防止水土流失的作用。

## 四、充填复垦技术

### (一)基本原理

#### 1. 概念

充填复垦即采用外来材料对沉陷区进行充填，以恢复原有的标高，适宜于农作物的生长。按充填材料不同，可分为矸石充填、粉煤灰充填、生活垃圾充填、其他工业废料充填、塘河湖泥充填等。

#### 2. 适用条件

该法主要用于地表沉陷后积水深度不大的区域，是我国一种重要复垦方式，可充分利用矿区固体废物，起到一举多得的效果，因而在我国广泛使用。

## (二)矸石充填复垦技术

### 1. 矸石充填工艺

矸石充填塌陷坑是近年来值得提倡的一种矿井排矸方式，也是一种重要的复垦形式，其工艺过程如图 5-17 所示。根据矸石充填塌陷坑后土地利用情况不同，对充填工艺的要求往往也不同。

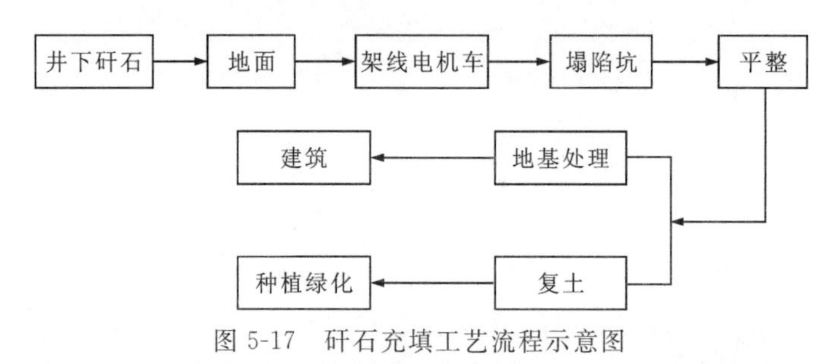


图 5-17　矸石充填工艺流程示意图

### 2. 矸石充填方法

矸石充填方法可分为全厚充填法和分层充填法。

1)全厚充填法

全厚充填法就是一次将塌陷坑用矸石回填至设计标高(图 5-18)。由于全厚充填法施工方法简单，适用性强而广泛被利用。使用这种方法恢复的土地可以用于农林种植，稍作地基处理可建低层建筑，经强夯处理可建高层建筑。

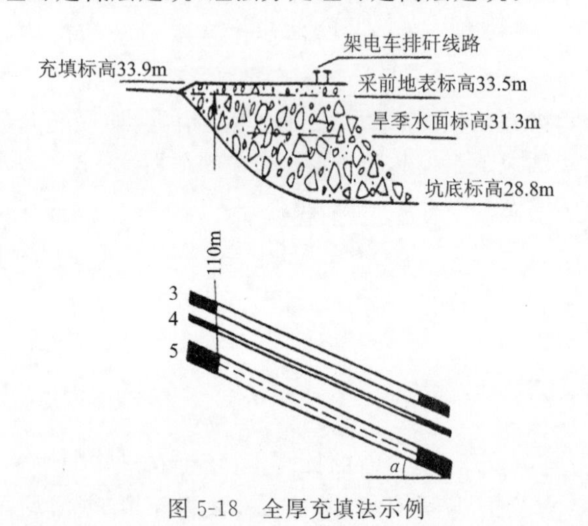


图 5-18　全厚充填法示例

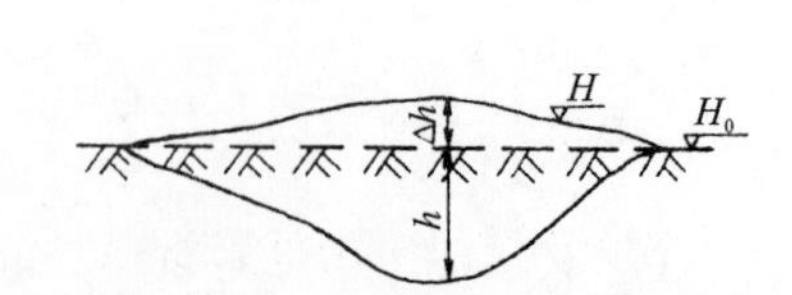


图 5-19　矸石充填标高计算示意图

充填标高 $H$ 按式(5-33)确定(图 5-19)。

$$H=H_0+\Delta h \tag{5-33}$$

式中：$H_0$——设计充填沉降后的标高；

$\Delta h$——充填后的沉降量，$\Delta h$ 由式(5-34)或式(5-35)确定。

$$\Delta h=(r/r_0-1)h \tag{5-34}$$

$$\Delta h=[e_1/(e_2+1)-1]h \tag{5-35}$$

式中：$r$——矸石压实后实际达到的密度；

$r_0$——压实前矸石密度；

$h$——充填高度(如图 5-19 所示)；

$e_1$——矸石压实前的孔隙比；

$e_2$——矸石压实后的孔隙比(孔隙比等于孔隙体积与矸石颗粒体积之比)。

矸石全厚充填法回填塌陷区常有两种运输方法：一是铁路运输；二是汽车运输。无论采取哪种运输方式，通常是将轨道或汽车运输的道路沿长度方向布置，这种布置方法的优点是轨道移动次数少，倾倒方便，材料消耗少。

2)分层充填法

分层充填法就是为了达到预期的充填复垦效果，以一定的充填厚度逐次将塌陷区回填至设计标高。将塌陷地改造为建筑用地常用这种充填方法。

分层充填厚度与矸石的颗粒级配、含水量、压实要求、压实设备、压实趟数等有关。图5-20表明分层厚度与压实趟数的关系，图 5-21 则显示含水量与压实效果的关系。分层厚度的确定可以用理论计算的办法，也可根据经验确定，但压实后都必须通过现场测试加以检验。

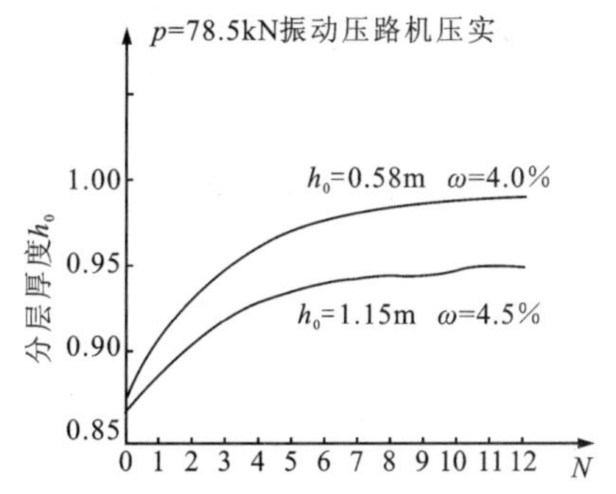


图 5-20　分层厚度与压实趟数的关系曲线

$\omega$. 含水量；$h_0$. 分层厚度；$p$. 压力；$N$. 压实趟数

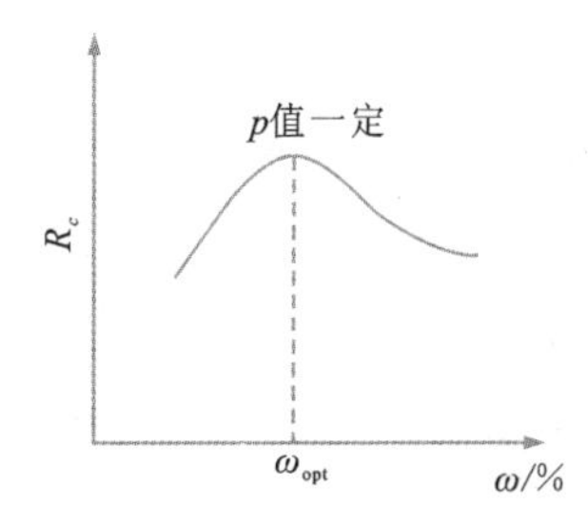


图 5-21　含水量与压实度的关系

$R_c$. 相对压实度；$\omega_{opt}$. 最佳含水量

**3. 矸石充填的施工**

矸石充填的施工过程可简化为以下步骤：

(1)充填工艺设计。包括施工场地勘测、充填方法的确定、施工过程的监测设计、充填后土地利用方向的考虑等。

(2)施工场地准备。包括排除积水、清理杂物、铺设道路等工作。

(3)充填—平整—压实—充填—平整。

(4)监测。监测的目的是为调整充填方法提供依据。

(5)交付使用。

## (三)粉煤灰充填复垦技术

我国大型火力电厂多在煤矿区，如淮北电厂是安徽省最大的火力电厂，位于淮北矿区。燃煤发电过程中要排放大量的灰渣，通常的做法是修筑山谷或平原型贮灰场，需要征用大量的土地。同时，对周围环境污染严重。利用电厂灰渣充填塌陷坑复垦既可解决电厂灰场征地难的问题，又可解决煤矿塌陷地复垦问题，同时还能取得较好的经济效益。粉煤灰充填复垦工艺过程可用图 5-22 表示。

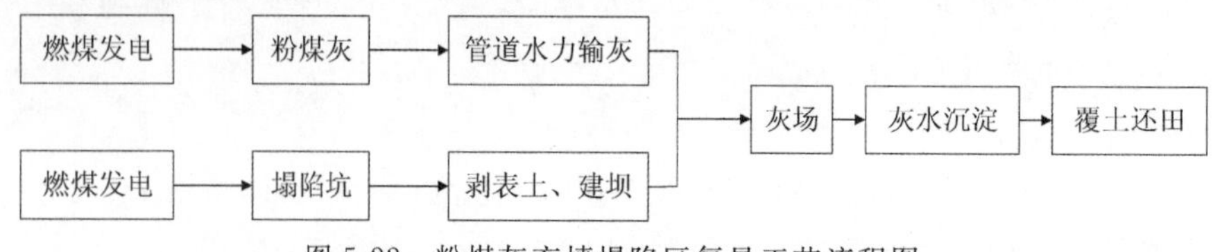


图 5-22　粉煤灰充填塌陷区复垦工艺流程图

塌陷区用作贮灰场通常有两种情况：一是稳定塌陷区用作贮灰场，可称为静态塌陷区贮灰场；二是不稳定塌陷区用作贮灰场称为动态塌陷区灰场。静态塌陷区贮灰场与平原型洼地贮灰场基本相似，无特殊技术要求。下面重点介绍动态塌陷区充填复垦的关键技术和充灰、覆盖技术。

**1. 技术关键**

1)向动态塌陷区排灰，灰水是否会溃入井下影响生产安全；

2)贮灰场建筑物和附属设施能否适应地表移动和变形。

第一个问题可通过“三带”高度预测来论证，第二个问题需预计地表移动变形值，将预计值与贮灰场建筑物的允许变形值比较来分析技术可行性。

**2. 贮灰场规划设计原则**

塌陷区贮灰场设计，目前尚无技术规程。根据过去的经验、一般贮灰场技术规程和煤矿开采的特点，贮灰场规划设计时一般应考虑下述主要问题。

1)贮灰场容量

总容量应能存放电厂 10～20a 按装机容量计算的灰渣量，一般排灰量为 $1m^3/kW$。贮灰场可分期建设，初期容量能存放 5～7a 的灰渣量为宜。灰场的一个区为 $30\sim50hm^2$，库容量要求 $1\sim2Mm^3$，可供电厂运行 2a 左右。所以灰场的一个区通常可选择一两个采区范围内的塌陷坑，且以井下煤柱在地面上的投影为贮灰场的界线。

2)贮灰场边界和输水管线等构筑物的位置

尽量将边界和构筑物的位置设于相对稳定地带。

3)出灰口和排水口位置

出灰口和排水口位置的选择应考虑贮灰场库容量的设计以及贮灰场的运行管理等因素。

4)输灰水设备

输灰水设备的选择应便于安装和拆卸，同时能适应变形。

5)贮灰场建设时机

最佳施工期为征地迁村完毕、地下采煤已开始、地表刚开始塌陷时。这时地下水位位于表土以下，便于使用大型铲运机械或组织人工，进行表土剥离、取土筑堤，并储存覆盖土源。

6)贮灰场区域内的防洪排涝问题

### 3. 塌陷区充灰和覆盖技术

1)灰管适应地表变形技术措施

据对灰管影响的大小,地表移动和变形依次为下沉、水平移动和变形、倾斜和曲率等。为克服这些移动和变形的影响,灰管通常需采取一些保护措施。

(1)适当增加伸缩节,吸收地表变形对管道的拉伸和压缩。

(2)采用卡箍式柔性管接头,代替法兰盘和伸缩节,管道设计中取消固定支座。

(3)释放应力。在多煤层开采时,管道将受到多次变形,为了不叠加各煤层开采后管子上的附加应力,可以在开采一层以后,开采下一层之前,将管子切断,释放应力后再接上。

(4)制定运行规程,进行变形监测,适时进行维护调整。

2)贮灰场取土、扩容和覆盖技术措施

取土方法有预先取土法、水下取土法和循环取土法。预先取土法是指在地表未塌陷或塌陷初期事先取出表土筑坝或堆存;水下取土法是在塌陷积水地段用挖泥船取土覆盖贮灰场;循环取土法是指覆盖贮灰场第一区所用表土取自第二区,覆盖第二区所用表土取自第三区,如此循环进行。

覆土与不覆土以及覆土厚度的确定取决于复垦后土地用途及粉煤灰的理化特性。

## (四)露天矿山采空区充填复垦

按排土方式不同,露天矿山采空区复垦可分为采用外排土方式时的充填复垦和采用内排土方式时的充填复垦。

### 1. 采用外排土方式时的充填复垦

所谓外排土方式,是将所采矿床的上覆岩土剥离后运送到采空区以外预先划定的排土场地堆存起来。

采用外排土方式时采空区可以用地下开采排放的矸石、电厂粉煤灰或其他固体废弃物充填复垦,也可将排土场的岩土重新运回充填。若用排土场岩土回填,一般在排土时就应根据岩土的理化特性采取分别堆放措施,回填时先石后土;大块岩石在下,小块岩石在上;酸碱性岩石在下,中性岩石在上;不易风化的岩石在下,易风化的岩石在上;贫瘠的岩石在下,肥沃的土壤在上。

### 2. 采用内排土方式时的充填复垦

所谓内排土方式,是将剥离的岩土直接回填在露天开采境界内的已采区域中。此时,采空区充填复垦就成为回采的一道工序。由于岩土运距短,排土又不需占用专门的场地,复垦费用可大大降低。为保证岩土的剥离、回填与采矿工程之间互不干扰,应合理布置回填块段、回采块段和剥离段之间的顺序。

图 5-23 为某露天砂矿采区平面布置图。沿矿体走向每隔 400m 划为一个采区,然后将采区又划分为 400m×(120～200)m 的块段。

首先用拖拉铲运机和推土机在第一采区第Ⅰ块段剥离。剥离的岩土堆置在采区范围外的

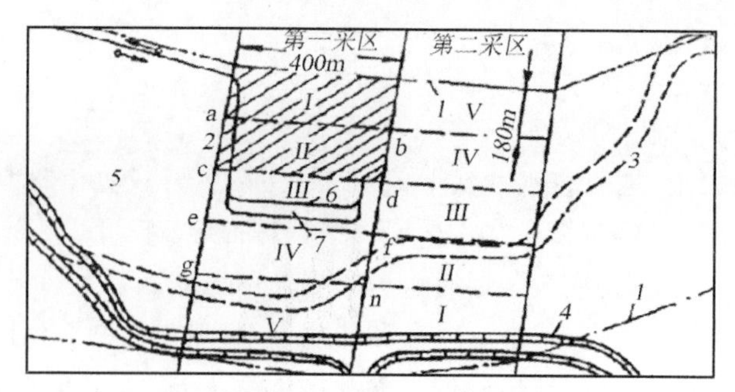


图 5-23　某露天砂矿采区平面布置图

Ⅰ、Ⅱ.已复垦田块段；Ⅲ.正在采矿和回填块段；Ⅳ.剥离块段；Ⅴ.未剥离块段

1.矿体边界线；2.铁道线；3.原有小河；4.河流改道；5.稻田；6.采矿装车线；7.回填卸载线

适当地点，待块段Ⅰ剥离完毕，即自块段Ⅰ的下边线 *ab* 开掘开段沟进行采矿。当采矿工作线向前推进约 15m，即可铺设回填卸载线路。由选矿厂返回的废石及尾砂开始回填采空区，而回填卸载线路紧紧尾随采矿工作线逐渐向前移设，使采矿与采空区回填保持一定的距离。

当采空区回填一定宽度时，即开始块段Ⅱ的剥离工作，要求从 *cd* 边界开始向前推进，剥离的沃土直接覆盖在地段Ⅰ(业已回填)上部，其他岩石回填块段Ⅰ的采空区。当块段Ⅰ采矿结束后，即转入块段Ⅱ采矿（从 *cd* 线开始)，随后回填工作也转入块段Ⅱ内。

待地段Ⅱ的剥离工作完毕后，接着就可以从边界 *ef* 开始进行块段Ⅲ的剥离。当第一采区块段Ⅴ进行采矿和回填时，将第二采区块段Ⅰ剥离的岩土运往第一采区块段Ⅴ内。当轮到第二采区块段Ⅴ采矿和回填时，则可将原第一采区块段Ⅰ剥离堆放在境界外的岩土运来复田。

## 五、挖深垫浅复垦技术

### (一)基本原理

挖深垫浅技术是将造地与挖塘相结合，即用挖掘机械（如挖掘机、推土机、水力挖塘机组等)，将沉陷深的区域继续挖深（“挖深区”)，形成水（鱼)塘，取出的土方充填至沉陷浅的区域形成陆地（“垫浅区”)，达到水陆并举的利用目标。水塘除可用来进行水产养殖外，也可视当地实际情况改造成水库、蓄水池或水上公园等，陆地可作为农业种植或建筑等。

挖深垫浅法复垦原指将深塌陷区的泥土取出垫入浅塌陷区上，抬高浅塌陷地的标高而成为农田，降低深塌陷地的标高而成为鱼塘。现在挖深垫浅法复垦经各地的推广应用，已不局限于挖“深”垫“浅”，而泛指对一部分塌陷地取土，可以是深塌陷区，也可是浅塌陷区，抬高另一部分塌陷地的标高。挖深垫浅一般适用于高潜水位矿区或水资源丰富的矿区。

### (二)基本工艺

人工法挖深垫浅一般在枯水季节施工，人力取土、运土、平整土地并覆土。机械法复垦取土、运土、平整土地与覆土等工序由机械完成。图 5-24 为水力挖塘机组复垦工艺流程。必要时，需增加剥离腐殖土、保存腐殖土和覆土工序。

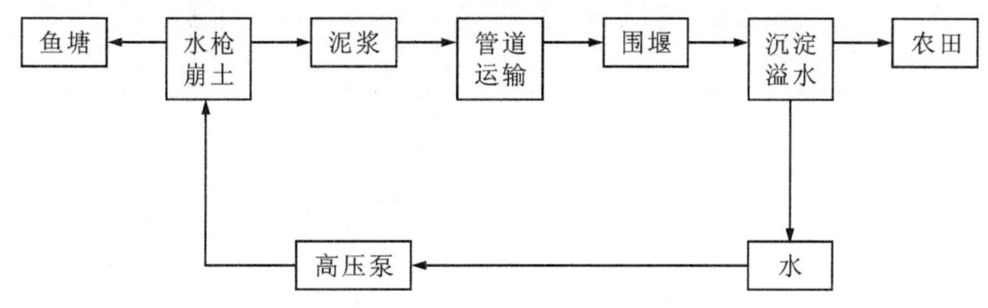


图 5-24　水力挖塘机组复垦式工艺流程

## (三)基本方法

挖深垫浅技术按挖土覆土的方法不同,分为机械和人工两种形式。机械法又常用推土机、水力挖塘机组两种机械,有条件的地方还使用挖掘机、吸泥船等。

依据复垦设备的不同,可以细分为 4 种主要技术:泥浆泵复垦技术、拖式铲运机复垦技术、挖掘机复垦技术(依据运输工具不同又可分为:挖掘机+卡车复垦技术、挖掘机+四轮翻斗车复垦技术)和推土机复垦技术。由于推土机多用于平整土地,往往与其他机械设备联合使用,因此,从复垦设备区分主要是前 3 种。

### 1. 泥浆泵复垦技术

1)应用条件

除满足挖深垫浅复垦技术的应用条件外,还应有足够的水源供泥浆泵水力挖掘土壤。

2)施工工艺

沉陷地泥浆泵复垦技术工艺流程如图 5-25 所示。高压水泵通过吸取水池中的水产生高压水,利用高压水枪冲击泥土(即挖土)形成泥浆水,再利用泥浆泵将泥浆水由挖深区抽到垫浅区(输土)进行充填与沉淀,以垫高浅水区,后修整、利用。

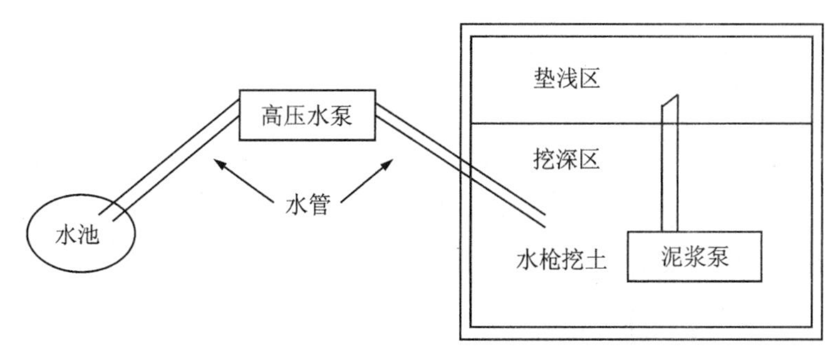


图 5-25　沉陷地泥浆泵复垦技术工艺流程示意图

(产生高压水→挖土→输土→充填与沉淀→修整土地→利用)

3)优点

这种方法工艺简单、成本低,在我国不少矿区得到广泛应用。

4)缺点

(1)复垦后原耕作层与深土层相混合,破坏了原有的土壤结构。

(2)土壤在用水切割、粉碎、运输、沉淀等过程中,营养成分随水流失。

(3)泥浆自然沉淀过程缓慢,复垦工期长。

(4)复垦后土地易板结。

**2. 拖式铲运机复垦技术**

拖式铲运机(图 5-26)已被国外广泛用于露天矿的表土和心土的剥离。由于铲运机集挖掘、运输于一体,是一个很好的土壤挖掘和运输机械。但由于采煤沉陷地地形起伏变化大,有些区域潜水位较高,因此,一般采用中小型拖式铲运机进行施工。

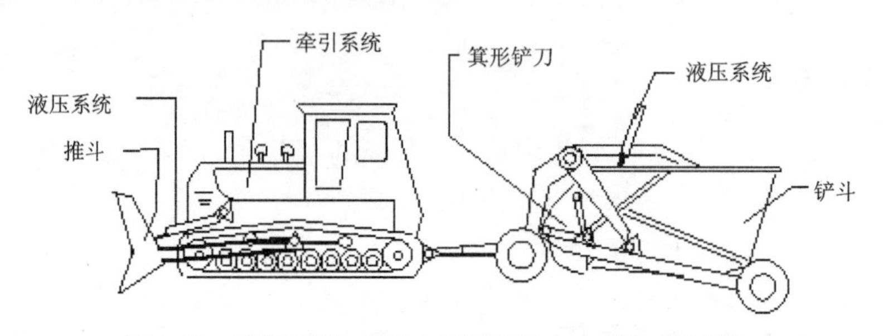


图 5-26 采煤沉陷地复垦中所采用的中小型拖式铲运机

1)复垦工艺

铲运机复垦技术工艺流程如图 5-27 所示。第一步:在挖深区打井抽水降低地下潜水位(挖深区抽水降水位井平面布置见图 5-28);第二步:剥离表层熟土统一堆放保存;第三步:在挖深区开挖土方,并充填到回填区至设计标高,开挖区可以用作鱼塘进行水产养殖;第四步:将保存的表层熟土回填至回填区,并平整土地,重建水利设施;第五步:在回填区进行翻耕、施肥,恢复其土地生产力后进行作物种植。

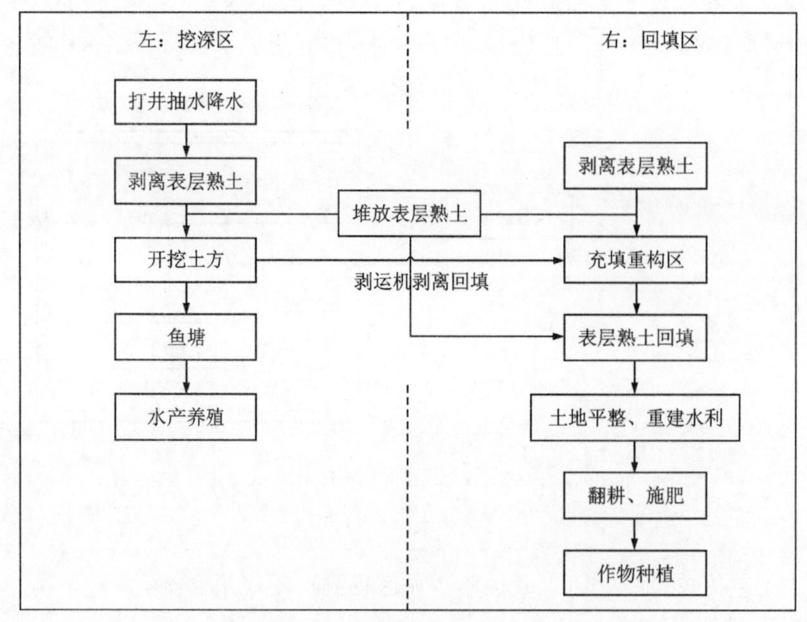


图 5-27 铲运机复垦技术工艺流程图

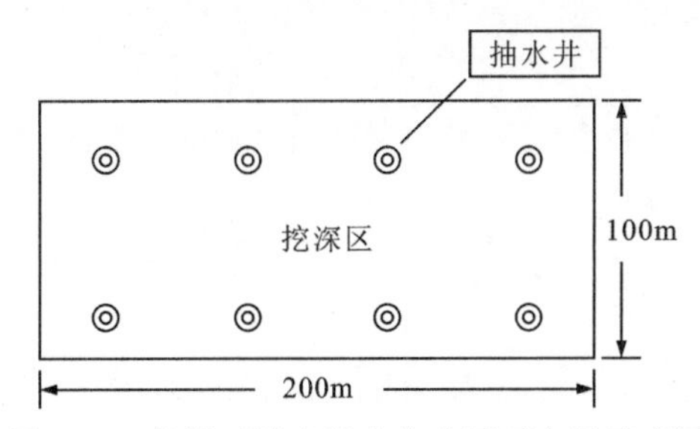


图 5-28　挖深区抽水降水位井平面布置示意图

2)优点

土地复垦速度快、效率高、工期短。中小型拖式铲运机一趟可挖运土方量 $3m^3$ 左右，一台铲运机一天工作 15～16h 可挖土方 $350m^3$，作业生产效率提高约 25%。

不受运输距离等限制。铲运机进行长距离土方运送工作效率仍很高，弥补了挖掘机和推土机的不足。

施工不受土壤内部结构成分(如砂浆砾石)的影响，弥补了泥浆泵的不足。

铲运机前部的推斗可调整高度和方向，机械灵活，挖出的鱼塘较规则平整。

施工过程中通过分块段、分层剥离和分层回填技术，容易使熟土重新回填作为表土层，这样能保证复垦后土壤结构破坏程度较小。

3)缺点

施工受积水和潜水位条件限制，对积水区需排水和打井降低潜水位，雨季需停工。

为减少抽水费用，一般需长时间连续作业(每台铲运机开工 18～20h/d 以上)，工人劳动强度较大。

对机械设备要求较高，复垦成本较其他工艺要高。

**3. 挖掘机复垦技术**

挖掘机具有挖掘力强、速度快、适应性强的特点。由于它无法运输，必须与卡车、四轮翻斗车等运输机械联合作业才能完成复垦工作。

### (四)挖深垫浅复垦技术对比

上述 3 种挖深垫浅复垦技术的复垦工艺、工作原理、适宜场地条件、工作性能、复垦效率、复垦成本、复垦效果及影响因素等对比见表 5-6。

**表 5-6　挖深垫浅复垦技术对比表**

| 复垦工艺 | 铲运机 | 挖掘机＋推土机 | 泥浆泵 |
|---|---|---|---|
| 工作原理 | 利用铲运机挖土、运土和回填 | 挖掘机＋推土机联合进行挖土、运土和回填 | 水力挖土、运土和填土 |
| 场地条件 | 干燥、土质松软、水位较低；或土中含大粒径的砾石不适于泥浆泵复垦，且作业场地大，运送距离较长(>50m)时 | 干燥、土质松软、水位较低；或土中含大粒径的砾石不适于泥浆泵复垦，运送距离较短(<50m)时 | 待剥离层表土为轻黏土或砂质土，且不含大粒径的砾石；有充足的水源，运送距离相对推土机长，但也不宜过长 |

续表 5-6

| 复垦工艺 | 铲运机 | 挖掘机+推土机 | 泥浆泵 |
|---|---|---|---|
| 工作性能 | 连续工作、速度快、工期短 | 可连续工作 | 不能连续工作 |
| 复垦效率 | 挖土方 350m³/(d·台) | 挖土方 200～300m³/(d·台) | 挖土方 65m³/(d·台) |
| 复垦成本 | 4.68 元/m³ | 4.0 元/m³ | 2.3 元/m³ |
| 复垦效果 | 能保留熟土层,土壤养分损失较少;复垦后土壤存在压实现象,需要深耕;复垦后土地能立即恢复耕种 | 能保留熟土层,土壤养分损失较少;复垦后土壤存在压实现象,需要深耕;复垦后土地能立即恢复耕种 | 复垦后土壤含水分高,干结周期长;土壤结构被破坏;土壤养分流失严重、肥力降低,需培肥 |
| 影响因素 | 受雨季、潜水深度及地形影响 | 受雨季、潜水深度及地形影响 | 需有充足的水源保障 |

## 六、土壤重构技术

### (一)基本原理

#### 1. 概念

胡振琪等(2005)认为,土壤重构即重构土壤,是以工矿区损毁土地的土壤恢复或重建为目的,采取适当的采矿和重构技术工艺,应用工程措施及物理、化学、生物、生态措施,重新构造一个适宜的土壤剖面、土壤肥力条件以及稳定的地貌景观,在较短的时间内恢复和提高重构土壤的生产力,并改善重构土壤的环境质量。

土壤重构所用的物料既包括土壤和土壤母质,也包括各类岩石、矸石、粉煤灰、矿渣、低品位矿石等矿山废弃物,或者是其中两项或多项的混合物。所以在某些情况下,复垦初期的"土壤"并不是严格意义上的土壤,真正具有较高生产力的土壤,是在人工措施定向培肥条件下,重构物料与区域气候、生物、地形和时间等成土因素相互作用,经过风化、淋溶、淀积、分解、合成、迁移、富集等基本成土过程而逐渐形成的。

土壤重构的实质是人为构造和培育土壤,其理论基础主要来源于土壤学科。在矿区土壤重构过程中,人为因素是一个独特的而具影响力的成土因素,它对重构土壤的形成有广泛而深刻的影响,可使土壤肥力特性短时间内即产生巨大的变化,减轻或消除土壤污染,改善土壤的环境质量。另外,人为因素能够解决土壤长期发育、演变及耕作过中产生的某些土壤发育障碍问题,使土壤的肥力迅速提高。但是,自然成土因素对重构土壤的发育产生长期、持久、稳定的影响,并最终决定重构土壤的发育方向。因此,土壤重构必须全面考虑到自然成土因素对重构土壤的潜在影响,采用合理有效的重构方法与措施,最大限度地提高土壤重构的效果,并降低土壤重构的成本和重构土壤的维护费用。

### 2. 土壤重构的方法

土壤重构的一般方法如图5-29所示。土壤重构方法的确定首先要考虑到具体的采矿工艺和岩土条件;其次,土壤重构方法应该考虑到重构后的“土壤”物料组成与介质层次要与区域自然成土条件相协调;第三,土壤重构还要考虑到破坏土地复垦后的利用方向、法律法规要求、复垦资金保证等其他一些相关因素。

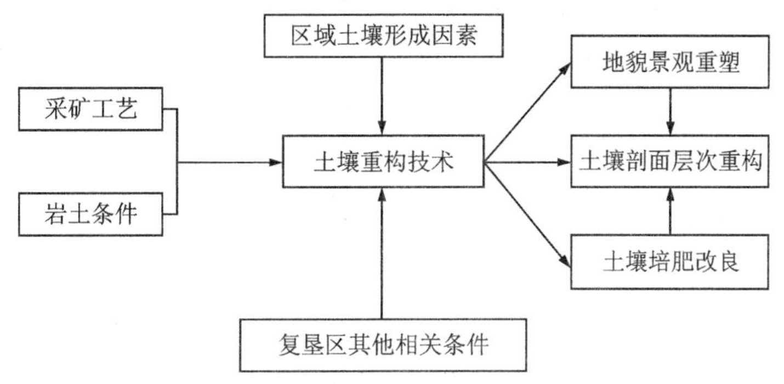


图5-29　复垦土壤重构的一般方法(据胡振琪等,2005)

土壤重构是一个长期的过程,土壤重构的一般程序是:首先考虑的是地貌景观重塑,它是土壤重构的基础和保证;然后是表层土壤剖面层次重构,目的是构造适宜重构土壤发育的介质层次;最后是重构土壤培肥改良措施(主要是生物措施),促使重构介质快速发育,短期内达到一定的土壤生产力。特别是对于利用矿山固体废弃物作为主要重构物料的土壤介质,只有采取适当的生物措施才能使重构物料逐步发育,从而形成土壤特性。

在土壤重构的设计和实施中,应注意以下问题:

(1)采矿工艺及岩土条件对土壤重构方法的影响。土壤重构要以具体的采矿工艺和当地的岩土条件为基础,不同的采矿工艺和岩土条件要求采取不同的重构方式:井工采煤往往造成不同程度的地表沉陷,沉陷地的土壤重构可采用直接利用法、修整法、疏排法、挖深垫浅法、充填法等方法;露天土壤重构应该十分注重采排工艺的紧密结合,不考虑土壤重构的采排工艺必然会大大增加土壤重构的难度和成本,一般要求对表土进行剥离和回填,以及地质剖面重构及地貌景观重塑;对少土区来说,表土的剥离与回填为关键;在无土区,则需要对各扰动层次进行样品分析,选择合适层次的物料作为替代“土壤”覆盖于表层;黄土区土层深厚,对表土的剥离与回填要求不高,但需要采取有效的水土保持措施防止水土流失,恢复植被,重建生态。在土壤重构的初期,偏重工程措施和物理化学方法,复垦的后期则多用生物生态措施。

(2)区域土壤形成因素对土壤重构方法的影响。区域土壤形成因素必然对重构土壤产生长期的、稳定的影响,并最终决定重构土壤的发育方向。土壤重构虽然是人为构造和培肥土壤,但是,人工措施只有与自然成土因素相协调,全面考虑到自然成土因素对重构土壤的影响,才能有效地发挥作用,从而使重构土壤与生态环境相协调,降低重构土壤的维护和管理费用。

(3)复垦区域其他相关条件对土壤重构方法的影响。复垦区损毁土地利用方向的依据是相关法律法规以及区域土地利用总体规划,它们决定了损毁土地是否恢复为农林草用途,此为土壤重构的依据。复垦的投资是土壤重构的资金保证,复垦资金的多少,关系到土壤重构工艺和措施的选择,从而影响到重构土壤的质量。

### 3. 适宜条件

土壤重构最适宜应用于平坦地区的露天煤矿农田复垦。

## (二)基本工艺

胡振琪(1997)基于国内外的土地复垦实践,提出"分层剥离、交错回填"的复垦方式就可实现土层顺序的基本不变,其基本特点是:①剥离表土并堆存于开采通道上,供复垦土地回填作为新土壤的表土层(耕植土);②将上覆岩层分为若干层(如分为上部土层和下部岩石层)并分别加以剥离;③分层剥离的岩(土)层通过错位的方式交错回填以实现土层顺序的基本不变,其中,交错回填是该重构原理的核心。

### 1. 上覆岩(土)层分为两层的交错回填工艺原理

1)条带式倒堆工艺的交错回填原理

先将第1条带的上部土层和下部岩层分别剥离和堆积,然后将第2条带的上部土层也剥离和堆积。此时,在开采区域外形成了2个土堆,并可以开采第1条带的煤层。在第1条带采空后,将第2条带下部岩层剥离并充填在第1条带的采空区内,形成第1条带新构土的下部岩层,然后将第3条带的上部土层剥离回填在第1条带内,就构成了由第2条带下部岩石和第3条带上部土层组成的新的第1条带土壤剖面,使上部土层仍在上部,下部岩层仍在下部。以此类推就可通过这种交错回填实现新构土层顺序的正位(基本不变)。其中最后2个条带的重构需用第1、第2条带剥离并堆积的岩土来回填(但在实际的条带开采复垦工作中,由于最后条带所需回填的岩土运距太远,费用太高,往往并不回填,而复垦成水池或人工湖)。

这样各条带土壤剖面构型就依次重构变为:

第1条带:$A_2D_3$(A为土层,D为岩层,下标表示条带顺序数)。

第2条带:$A_3D_4$。

第$i$条带:$A_{i+1}D_{i+2}$($i=1,2,3,\cdots,n$)($n$为划分的条带数)。

第$n$条带:$A_1D_2$。

2)其他开采类型的交错回填原理

对于其他类型的开采方法,可以通过划分若干采矿块段,通过采矿块段间的交错回填,达到构造出土层顺序基本不变的新造土壤。其原理和新构造土层的公式与条带式倒堆工艺的一致,只不过将开采条带变成开采块段。

### 2. 上覆岩(土)层分为两层以上通用的交错回填原理

设上覆岩(土)层分为4层,开采条带或块段数为$n$,自上而下的土壤剖面构型为:$A_n$—$B_n$—$C_n$—$D_n$。

第一步:在开切第1块段,开采区域的外部将形成4个土堆,分别用$A_1$、$B_1$、$C_1$、$D_1$表示。

第二步:第1块段开采完毕,开采第2块段,开采区域的外部将新增3个土堆,分别用$A_2$、$B_2$、$C_2$表示,此时,$D_2$层的岩石直接填于第1块段的采空区。

第三步:第2块段开采完毕,开采第3块段,开采区域的外部将新增2个土堆,分别用$A_3$、$B_3$表示,此时,$C_3$层岩土直接填于第1块段采矿区内的$D_2$层的岩石之上,$D_3$层的岩石直接填于第 2 块段的采空区。

第四步：第 3 块段开采完毕，开采第 4 块段，开采区域的外部将新增 1 个土堆，用 $A_4$ 表示，此时，第 4 块段 $B_4$ 土层直接冲填于第 1 块段采空区中 $C_3$ 层岩土之上，$C_4$ 层岩土直接填于第 2 块段的采空区中的 $D_3$ 层岩石之上，$D_4$ 层的岩石直接填于第 3 块段的采空区。

第五步：第 4 块段开采完毕，开采第 5 块段，此时，第 5 块段 $A_5$ 直接填于第 1 块段的采空区中的 $B_4$ 土层之上，第 5 块段 $B_5$ 土层直接冲填于第 2 块段采空区中 $C_4$ 层岩土之上，$C_5$ 层岩土直接填于第 3 块段的采空区中的 $D_4$ 层岩石之上，$D_5$ 层的岩石直接填于第 4 块段的采空区。

至此，第 1 块段完成复垦，其土壤剖面重构为：$A_5$—$B_4$—$C_3$—$D_2$。

如此循环，直至采完最后一个块段，并达到边采矿边复垦的目的。

在实际采矿过程中，为了避免少占用土地，上述每一块段上覆岩土同层可以混堆，尤其注意必须加强表土层的保护。

## 七、建筑复垦技术

### (一)概述

随着煤炭工业的发展，新矿区不断地开发建设，老矿区不断地挖潜改造，在矿区地面兴建的建筑物越来越多。为了有利于生产，方便生活，某些建筑物需要建在采动影响区内。建在采动区内的建筑物是否会遭受破坏，一是取决于地基的稳定性和承载能力，二是取决于建筑物的结构及其抗变形能力的大小。因此，如何将塌陷区复垦为建筑用地以及如何设计采动区抗变形结构建筑物的问题受到人们的重视。

研究试验结果表明：利用煤矸石将塌陷区充填复垦为建筑用地，可以满足工民用建筑物对地基的工程性质和承载力的要求；在采动影响区内，根据预计的地表变形值建造抗变形结构建筑物，使其抵抗地表变形的影响，可以有效而又较为经济地解决建筑物下采煤问题。例如，淮北矿区的岱河煤矿在煤矸石地基上建造三、四层试验楼房取得成功；湖南资江煤矿在采动区上建造的一至五层抗变形建筑群取得成功，并取得了显著的经济效益。将塌陷区充填复垦为建筑用地，关键是要采取合理的充填方式和地基加固处理技术；而设计采动区抗变形结构建筑物，关键是采取合理的建筑结构措施。

### (二)煤矸石充填方式与地基加固处理技术

用煤矸石充填塌陷区，由于其粒度大小不一，回填高度不同，不易达到均匀的压实效果，因此，必须对矸石地基进行加固处理。

为了提高矸石地基的稳定性，减小其不均匀沉降，提高地基的承载能力，应采取水平分层充填、分层碾压的充填加固方式。用链轨推土机碾压时，分层充填厚度一般不应超过 0.3m；用压路机碾压时，分层厚度不应超过 0.5m；用碾压机碾压时，则分层厚度可大大增加。充填时应把很大的石块拣出来，采用此种充填加固方式，可使矸石地基的承载能力达到 $15t/m^2$ 以上，而且由于隔绝了空气，还可防止矸石地基的自燃、风化和潮解。

但是，如果采用全厚自卸式充填方式，则最有效的地基加固处理方式是采用强夯法。夯锤的重量为 8～40t，夯锤吊起高度为 6～40m。吊车上有限位自动脱钩装置，当夯锤吊到设计高度时自动落下，猛烈夯击地面使其加固。加固深度 $h$ 可按下式计算：

$$h^2 = K^2 QH \tag{5-36}$$

式中：$Q$——夯锤重量(t)；

$H$——吊起高度(m)；

$K$——影响系数，可视具体情况取0.5～0.7。

经强夯加固的地基，承载力可提高2～5倍，压缩性可降低2～10倍。

强夯法是新近发展起来的一种地基加固处理技术，尚未建立起成熟的计算方法。目前，一次夯击的能量、夯击点的布置、每一点最佳的夯击次数、前后两遍夯击的时间间隔等参数主要是通过现场试夯来取得。另外，一次充填矸石的厚度越大，用该法进行加固处理就越困难，不如采用分层充填、分层碾压法经济方便。

## (三)采动区抗变形建筑物的设计

### 1. 设计所需的原始资料

设计采动区抗变形建筑物，首先要收集下列原始资料。

(1)地质条件：开采煤层的层数、厚度、倾角、埋藏深度、有无老采空区，上覆岩层的性质和断层等地质构造情况，水文地质情况等。

(2)采矿条件：开采计划、开采方法、顶板管理方法、开采边界、工作面推进方向和速度。

(3)预计的地表变形值：地表下沉、倾斜、曲率和水平变形值，当考虑建筑物结构的空间作用时，还应预计地表的剪切变形和扭曲变形值。

(4)断层的露头位置，地表可能出现的裂缝和台阶的位置、宽度及落差。

(5)老采空区活化的可能性及其对地表的影响，地表可能出现塌陷坑的位置。

(6)地下开采后，地下含水层疏干的可能性及其对地面的影响。

(7)场地条件：建筑物场地的地形、地下水位以及地基土壤的物理力学性质。

(8)其他条件：如一般建筑物设计所需的原始资料，包括建筑物的使用要求等。

### 2. 抗变形建筑物的设计要点

1)合理规划，正确选择建筑场地

设计中必须考虑地面远景发展与采矿工程的关系。建筑场地应尽可能选在地表变形较小的区域；建筑物的轴线应尽可能平行或垂直于煤层走向；位于下沉盆地边缘的建筑物，其长轴应平行于下沉等值线；位于盆地平底建筑物，其长轴应与工作面推进方向垂直。不同类型的建筑物，应根据其结构和使用要求，避开地表变形的不利影响区(如高耸构筑物不宜建在下沉盆地的拐点附近)。此外，建筑场地不应选在可能产生塌陷坑、台阶、裂缝等非连续变形的地区，以及地表下沉积水区和可能产生滑坡的地区。

2)建筑物形式

采动区建筑物的体形力求简单，以便于用变形缝分割为高度相同、结构刚度和荷载均匀的各个矩形单体。建筑物的纵横承重墙应与中心轴线呈对称布置。

3)基础

在满足冻结深度和承载能力的条件下，尽可能减小基础埋置深度。在基础的上部，应设置钢筋混凝土基础圈梁，在圈梁和基础之间必须设置水平滑动层。

4)墙体

应根据墙体高度和长度均匀地布置隔墙和门窗洞口，并使它们有同样的高度和宽度。门窗洞口边沿距建筑物的距离不应小于1.5m，距纵横墙丁字连接处轴线不应小于0.6m，门窗宽度不宜超过1.8m。门窗过梁宜采用钢筋混凝土过梁，预制过梁伸入支座的长度不应小于0.36m。在墙体转角和纵横墙连接处，应沿高度1m左右设置$\Phi6$拉结钢筋，钢筋伸入邻边长度不小于1m。墙体不宜采用空斗墙，墙面宜为勾缝清水墙面。

5)圈梁和构造柱

在采动区内新建建筑物，必须设置圈梁和构造柱。它们设置在墙体和基础里，互相锚结，以形成空间骨架系统。

6)楼盖和屋盖

楼盖和屋盖宜采用现浇整体钢筋混凝土，最好是与墙壁圈梁和檐口圈梁的钢筋混凝土一块浇制。采用预制盖板时，预制板在墙体上的支承长度不应小于10cm，并应与圈梁和墙体牢固拉结。梁或屋架与墙体之间应有可靠的连接，即在墙内设置现浇或预制的梁垫，最好是用圈梁作支承点。

楼盖和屋盖不允许采用可产生横向推力的砖拱或混凝土拱结构。

## (四)抗变形建筑物结构措施的设计

### 1. 变形缝

设置变形缝就是将建筑物从屋顶至基础分成若干个彼此互不相连、长度较小、刚度较好、自成变形体系的独立单体(图5-30)，以减小地基反力分布不均匀对建筑物的影响。这是设计采动区抗变形建筑物采用的基本措施之一，是保护建筑物免受损坏的有效而又经济的方法。

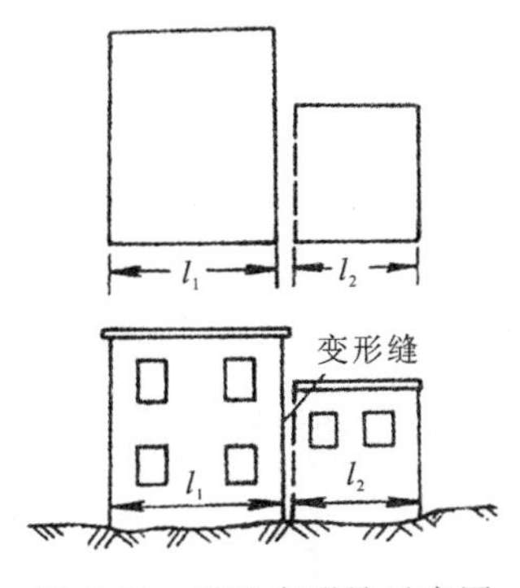


图5-30　设置变形缝示意图

1)建筑物单体长度的确定

建筑物各单体的合理长度，主要决定于地表水平变形值和曲率变形值，此外，还应考虑地基性质及建筑物高度等因素。对于砖石结构建筑物，一般情况下是根据预计的地表水平变形值按表5-7确定各单体的长度。

2)设置变形缝的位置

(1)长度过大的建筑物，按确定的单体长度将其划分为若干个单体，在单体的接合处设置变形缝。

表 5-7 建筑物各单体长度的确定

| 水平变形值 ε/(mm/m) | ≥6 | <6 |
|---|---|---|
| 单体长度 $l$/m | <20 | 20～25 |

(2)平面形状复杂的建筑物的转折部位。

(3)建筑物的高度差异或荷载差异处。

(4)建筑结构(包括基础)类型不同处。

(5)地基强度有明显的差异处。

3)确定变形缝的宽度

当建筑物位于地表拉伸——正曲率变形区,变形缝宽度可按表 5-8 确定。

当建筑物位于地表压缩——负曲率变形区,其墙壁变形缝和基础变形缝的宽度分别用下列公式计算:

$$\Delta_{墙}=(\varepsilon+HK)(l_1+l_2)/2 \tag{5-37}$$

$$\Delta_{基}=\varepsilon\cdot(l_1+l_2)/2 \tag{5-38}$$

式中:$l_1$,$l_2$——变形缝两侧单体的长度(m);

$K$——预计的地表负曲率变形值(mm/m);

$H$——建筑物单体高度(m);

ε——预计的地表压缩变形值(mm/m)。

表 5-8 变形缝宽度

| 建筑物层数/层 | 2～3 | 4～5 | 5 层以上 |
|---|---|---|---|
| 变形缝宽度/cm | 5～8 | 8～12 | 不小于 12 |

**2. 圈梁和水平滑动层**

设置钢筋混凝土圈梁的作用在于增强建筑物整体性和刚度,可在一定程度上防止或减少裂缝等破坏现象的出现,圈梁分为墙圈梁和基础圈梁两种。

墙圈梁一般设于檐口以及楼板下部或窗过梁水平的墙壁上,基础圈梁设在基础上部。在圈梁与基础之间设置水平滑动层(图 5-31)。

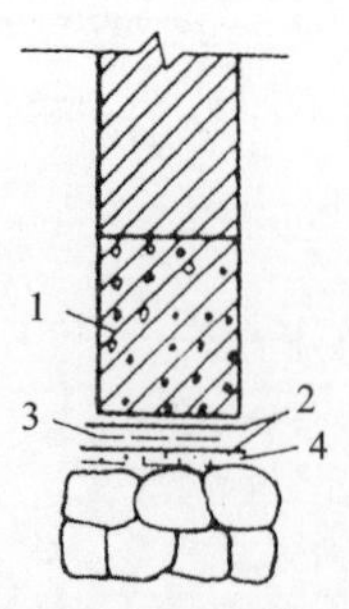


图 5-31 设置基础圈梁和水平滑动层示意图

1. 钢筋混凝土圈梁;2. 油毡;3. 云母片;4. 水泥砂浆找平层

任何部位的圈梁均应在同一水平上连续地设置,形成一个水平封闭的系统,不应被门窗洞口切断。圈梁设置的数量,应视地表变形的大小及建筑物的状况而定。水平滑动层的做法是:在砖石基础顶部用1∶3水泥砂浆抹平压光,然后铺上两层油毡。为加强水平滑动层的效果,可在两层油毡之间及下层油毡与水泥砂浆找平层之间放置云母片或石墨。

**3. 双板基础图**

当地表变形很大,尤其是地表扭曲和水平剪切变形很大,设置基础圈梁和滑动层仍不能有效地抵抗地表变形的影响时,可采用双板基础(图5-32)。

双板基础是保护采动区建筑物免受地表变形影响的有效结构,但由于施工复杂、费用昂贵,除非特殊情况,一般不宜采用。

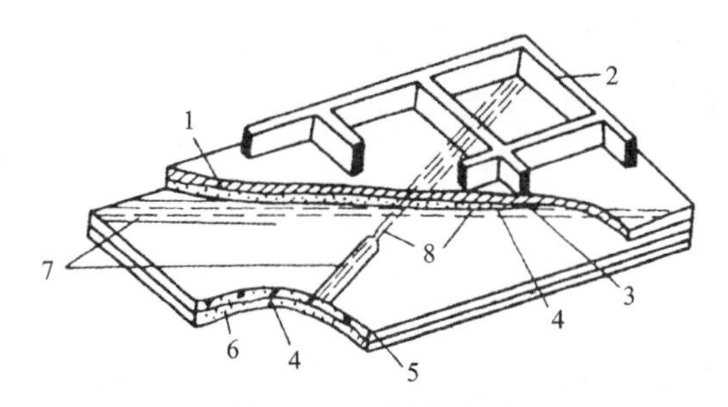


图5-32　双板基础图

1. 钢筋混凝土板;2. 基础圈梁;3. 5cm厚的板间砂层;4. 二层油毡;
5. 混凝土板;6. 15～20cm厚的底部砂层;7. 白铁皮;8. 变形缝

**4. 构造柱**

设置构造柱是为了提高墙壁的抗剪切强度,增加建筑物的整体刚度,限制裂缝延长。构造柱一般设置在建筑物各单体墙壁的转角处以及承受较大附加剪力的墙壁位置。构造柱应与各墙壁梁连接,其上端和下端应分别锚固在钢筋混凝土楼盖(檐口)圈梁和基础圈梁内。

**5. 设置千斤顶调整基础**

当地表发生不均匀下沉时,可及时采用千斤顶来调整基础的水平。一般是把千斤顶设置在基础圈梁下部砌体中预留的千斤顶窝内。

采用千斤顶调整时,应在基础圈梁下部设橡皮垫和工字钢,千斤顶下部也应有足够大的支座垫板,以保证圈梁和下部基础砌体不因局部受压而被破坏。

## (五)建筑复垦后的监测

为了检验地基加固处理和建筑物抗变形结构措施的效果,掌握建筑物的动态和建筑物变形与地表变形之间的关系,应在基础下方和圈梁中埋设应力计进行应力监测,在建筑物及其周围地面上设置观测站进行变形监测。

**地基和受力钢筋的应力监测**

应力测量常用差动电阻式钢筋计(图5-33)、钢弦式钢筋计、钢弦式压力盒和电阻应变片等进行。

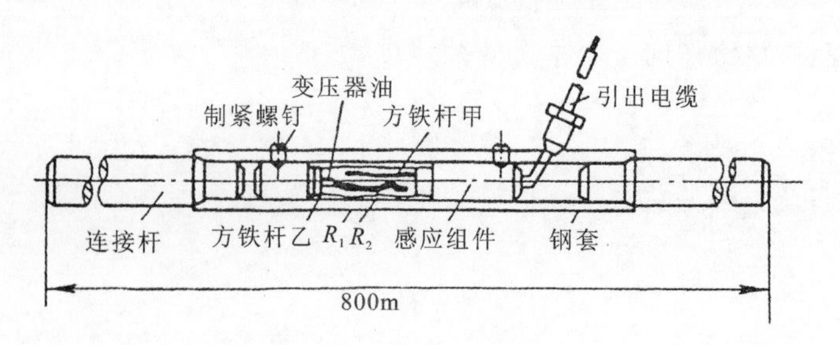


图 5-33 差动电阻式钢筋计

埋设在混凝土里的钢筋计通过连接杆与受力钢筋焊接。当钢筋受到轴向拉力和压力时，钢筋计里电阻丝 $R_1$ 和 $R_2$ 的电阻比和电阻值发生变化，通过引出电缆用比例电桥测出其变化值，可按下式计算轴向应力的变化量 $\Delta_\sigma$：

$$\Delta_\sigma = f \cdot \Delta_z + b \cdot \Delta_t \tag{5-39}$$

式中：$f$——钢筋计的灵敏度，其数值由生产厂提供[Pa/(0.01%)]；

$\Delta_z$——电阻比相对于基准值(即首次观测值)的变化量，拉伸变形时为正，压缩变形时为负(0.01%)；

$b$——温度计补偿系统，其数值由生产厂提供(Pa/℃)；

$\Delta_t$——温度相对于基准值的变化量，温度升高时为正，降低时为负(℃)。

埋设点的温度 $t$ 与钢筋计电阻值 $R_t$ 之间有如下关系：

$$当\ 60℃ \geqslant t > 0℃ 时，t = \alpha'(R_t - R_0')$$

$$当\ 0℃ \geqslant t \geqslant -25℃ 时，t = \alpha''(R_t - R_0')$$

式中：$R_0'$——钢筋计计算冰点电阻，由生产厂提供(Ω)；

$\alpha'$——钢筋计零上温度系数，由生产厂提供(℃/Ω)；

$\alpha''$——钢筋计零下温度系数，由生产厂提供(℃/Ω)。

由上述关系，可根据实测电阻值计算埋设点温度，从而求得 $\Delta_t$。

## (六)建筑物变形监测

### 1. 砖石结构建筑物的变形观测

1)观测点布置

建筑物变形观测点，主要是埋设在建筑物上的墙壁点和与之对应的土壤点。墙壁点的结构和埋设方法如图 5-34 所示，土壤点的结构和埋设要求与矿山开采沉陷中的地表移动观测点相同。

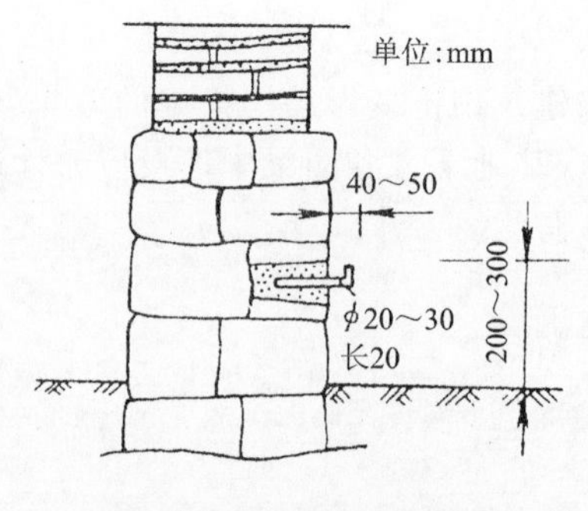


图 5-34 墙壁点设置图

观测点一般布置在建筑物角部和纵、横墙连接处及窗间墙的勒脚部位，但在变形缝、缓冲沟、新旧房屋连接处两侧和最大动载荷的周围以及地质条件不利处也应设置观测点。建筑物每侧的观测点应不少于 3 个，其间距一般为 3～10m，墙壁点与对应土壤点之间的距离要大于基础埋深，一般为 1.5m。

2)观测的内容、精度和时间要求

对土壤点、墙壁点以及变形缝和缓冲沟两侧的对应观测点，均需进行距离丈量和水准测量。每段距离的往返丈量值，加入 3 项改正数(即比长、温度、倾斜改正数)之后，其互差不得大于 2mm。水准测量用精度不低于 5 级的水准仪按两次仪器高进行，相邻两测点高差互差不得大于 3mm。每幢建筑物的水准测量路线构成一个闭合环，其闭合差应不大于±2mm。对建筑物上肉眼可见的裂缝和其他异常现象，如墙体倾斜、鼓凹、门窗变形等，均应做上标记，并对其大小、位置、方向和发生的时间进行素描和记录。

观测时间根据建筑物移动变形情况而定。在地表受采动影响的初始和衰退期，每月应至少观测 1 次，活跃期每月观测不少于 2 次。建筑物移动稳定后，每隔 2～3 个月还应进行一次水准测量，以了解建筑物残余变形情况。

**2. 高耸建筑物的变形观测**

由于高耸建筑物(如烟囱、水塔、高压电塔、井架等)对地表倾斜最为敏感，因此，主要是对它们进行倾斜观测。一般是在其顶部设置观测标志(或利用避雷针等)来观测偏斜的程度。

**3. 工业厂房内各种设备基础的观测**

独立的设备基础底面积小、刚度较大，地表水平变形和曲率变形对其影响不大，但地表倾斜变形则能使其歪斜。因此，在地表移动过程中应在设备基础上钻出直径为 30～50mm、深度为 100～150mm 的孔洞，用混凝土或水泥砂浆将刻有十字标记的 Φ14 钢筋埋于孔内作为观测点，十字标记露出基础平面不应超过 10mm。

当需要检查机械主要连接部位的几何关系时，还应进行边长丈量。对吊车轨道必须设置标记，进行轨平、轨距及方向变化的测量。

## 第三节　几种常见矿山复垦模式

### 一、露天矿复垦

#### (一)基本概念

露天矿复垦是指将采矿破坏的土地因地制宜地恢复到所期望状态的行动和过程。主要目标是重新建立永久稳定的景观地形，这种地形在美学上和环境上能与未被破坏的土地相协调，而且采矿后土地的用途能最有效地促进其所在的生态系统的稳定和生产力的发展。根据可持续发展的观点，经复垦后的土地，不但要满足当代人的需求，而且也要为后代人留下一个良好的生存环境。

### (二)主要采用的复垦模式

露天矿复垦的主要对象是已挖掘的采场和排土场。

**1. 露天采场复垦**

露天采场的复垦主要取决于矿床赋存、地形条件、围岩、表土及当地的实际需要。

露天开采的水平矿和缓斜矿的剥离物可堆弃在露天采场(采用内排工艺)内,复垦场地的坡度可与矿床底板坡度相近,以利于地表水的排除。在开采前利用采运设备超前采集土壤,接着覆盖在内排场地上即可恢复原先的地形。然后按田园化要求修筑机耕道、灌溉水渠及营造防护林带。

开采矿体长的倾斜或急斜矿时,也可采用内排方法,将矿体分为若干小矿田,在其中寻出剥离系数最小的一块矿田进行强化开采,尽快将矿物采出以腾出空间,同时将剥离的表土暂时堆弃在该矿田周边上,然后再开采另一块矿田并将剥离物回填在已腾出空间的采空区上,再将其周边的表土覆盖上去并整平。

复垦地用于种植大田作物时平整的坡度不应超过 1°,个别情况下为 2°～3°;用于植树造林时不超过 3°,个别情况下可达 5°。必要时可修筑成梯田。

对于倾斜或急斜的坡积矿床,用水力开采或随等高线开挖后,呈现裸露的石坡一般成“石林”状。这类地形的复垦就地取材修筑梯田,按等高线堆筑石墙,并尽量与“石林”联结,然后在墙内回填尾矿,尾矿可用泥浆泵吸取,经过管道回填到梯田。尾矿干涸后要保持 5‰以上的坡度,以满足复垦后排灌的要求,再在平整后的地面铺土整平(覆盖土层厚度一般不少于 0.4～0.5m),供农业或林业用。

对于地下水丰富的矿区,为恢复因采矿而破坏了的含水层,必须在采空区内先回填岩石再覆盖土壤层。

用于农业、林业复垦的露天采场,在适宜的位置上需设置防洪设施,以免洪水冲毁场地。

露天采场边帮和安全平台上可用植被保护。为使植被在边帮上成长,可用泥浆法处理,或在安全平台上种植藤本植物,以拢住岩石。平台(崖道)可视具体条件种植矮株的经济林、薪炭林。

深度较大的露天矿坑可改造成各种用途的水池。如工业和居民的供水池、养鱼和水禽池、水上运动池、文化娱乐设施和疗养地等。此时,要求矿坑四周围岩无毒无害且无大的破碎带,整体性强,渗水性小,或者是第四纪沉积层。不必采取大的堵漏、防渗等措施。

**2. 排土场复垦**

露天矿排土场破坏土地的面积一般占全矿面积的 50%左右,所以排土场地复垦是矿山企业土地复垦的重点。

露天矿外排土场主要表现为剥离物对土地的大量压占,内排土场主要表现为剥离物对矿坑的回填。由于内排充分利用了空间,减少了剥离物对土地的大面积压占及其对环境带来的危害,因此在地形条件允许的情况下,对于水平、近水平和缓倾斜的矿床,尽可能优先考虑实现内排,其次再考虑外排;对于倾斜和急倾斜的矿床,内排难度较大,应考虑外排。

排土场一般可复垦为农业、林业、牧业、工业民用建筑用地以及景观娱乐场地等。值得注意的是，在复垦为农、林、牧用地时，应依据采掘计划和土壤重构原理合理采集、堆存和覆盖剥离的废岩及表土，以使复垦活动顺利进行。

若露天矿在农业发达地区，并且排土场范围较广，剥离物的土化性质对农用地有利，应首先考虑复垦为农业地，其次可考虑复垦为林、牧用地。

若露天矿在干旱、水土流失、易沙化地区，并且矿区地形复杂，居民分散，为防风固沙、防止水土流失、调节气候、美化环境，可优先考虑复垦为林业用地。

若露天矿在居民稠密区或工业区，为缓解当地建筑用地紧张问题，可首先考虑复垦为建筑用地，建造工业企业或民用建筑群，以达到合理利用土地的目的；其次可考虑复垦为农、林用地。

若露天矿在城市和大居民点附近，且附近没有风景娱乐区，为调节居民生活，美化环境，可优先复垦为风景休憩区及景观娱乐场地；其次可复垦为农用地。

若露天矿在草原地区，为维持生态平衡，保护畜牧业正常生产，尤其在一些高寒地区，因霜期长而农作物不宜成熟，可复垦为草地，同时也可起到防止土地沙化和水土流失的作用。

#### 3. 露天坑的复垦

对开采倾斜和急倾斜矿床以及现已形成大坑的露天矿，一般情况下对露天矿坑进行回填的难度较大，甚至很难实现。

结合露天矿的实际情况，为了充分利用矿坑这一“资源”，可考虑将矿坑作为蓄水库，既能进行渔业生产，也能为抗旱救灾和灌溉创造有利条件。

这种复垦方式在缺水地区尤为必要。

若露天矿在城市、大居民点或工业区附近，矿坑深部可蓄水复垦作为人工湖创建水上乐园，并向湖中引进多种水生生物以形成良性生态循环。

## 二、矸石山复垦

### (一)基本概念

矸石山复垦是指对露天堆置的矸石山采取工程措施和生物措施，使其恢复一定的经济价值或改善其生态环境所进行的综合工程。

### (二)矸石山复垦的意义

矿井的矸石山对环境的危害很大。它们压占了大量土地，尘埃污染大气，岩石中的可溶矿物污染周围土地及水塘，含有可燃物质的岩石产生自燃，不仅污染空气，而且会引起矸石山滑坡。为消灭污染源，必须对矸石山进行复垦。此工作一般包括以下3个方面：

(1)把矿井工业广场及居民区范围内的矸石山完全清除掉，把矸石用于工业或修筑道路等。

(2)把圆锥形矸石山改造成平面或其他形状，用于工业和民用建筑。

(3)将矸石山作适当处理，复垦为绿化区。

### (三)主要采用的复垦技术

停止使用的矸石山,一般根据堆积坡度和形态决定复垦方向。

矸石山表面坡度小于 2°时,按平原地貌进行整治,复垦后可用于农作物种植;坡度在 2°～6°时,按丘陵地貌整治,修成宽条带梯田,农果间种;坡度在 6°～25°时,修成窄条带梯田,种植果木;坡度大于 25°时,只适宜植树造林,用于绿化。

## 三、塌陷地复垦

### (一)基本概念

对塌陷地采取工程措施和生物措施,使其恢复一定的经济价值或改善其生态环境所进行的综合工程。

### (二)塌陷地复垦的意义

塌陷地的出现一方面造成矿区的建设和农业用地紧张,人地矛盾突出;另一方面由于土地塌陷引发相应的生态环境问题,如环境严重污染、水土流失、土地盐渍化等,这些问题严重制约了矿区的可持续发展。采矿塌陷地的危害具体有以下几个方面。

#### 1. 农业生产环境方面

采矿塌陷引起地表裂缝、台阶、塌陷坑及滑坡破坏,同时降低了地表标高,形成低洼积水坑或沼泽地,破坏了原有的地形地貌;对地表生态植被破坏严重,易导致水土流失、土地荒漠化,打破了原有的生态平衡,容易引起土壤水渍(积水)、土壤盐渍化和土壤侵蚀。

#### 2. 生产生活方面

(1)毁坏基础设施:矿山开采塌陷致使矿区内基础设施和公益设施遭到不同程度的破坏,给人们的生产、生活带来极大的不便。塌陷使道路的路基、路面受到破坏,也使道路纵向坡度发生变化使车辆运行的阻力增大或减少,导致交通事故的增加;地表移动变形致使采矿区影响范围内的建筑物、构筑物产生倾斜,尤其是类似水塔、烟囱等这样面积小而高度大的构筑物受倾斜变形的危害更大;采矿塌陷范围内供电、输电线路将随着地表的塌陷受到不同程度的影响,绝大多数输电线路将遭受严重破坏,高压输电线路等被迫改线重建;部分河流被迫改道。由此带来的征地拆迁费,房屋租赁费,沟、塘、路、渠、坝等设施的维修、加固、重建费用,给企业造成了很大的经济负担。

(2)诱发山体滑坡、塌陷型地震。在丘陵山区,开采塌陷引起的地表塌陷和裂缝有可能诱发山体滑坡甚至是塌陷型地震。1956—1980 年间,山西大同煤矿因塌陷而诱发有感地震 40 多次,最大震级 3.4 级。1993 年,大同矿务局晋华宫矿发生大面积采空区塌陷造成 3.8 级塌落地震,影响半径达 15km,相邻的煤矿生产矿井遭受严重破坏。

(3)危及人民安全。严重的采矿塌陷会损坏地面建筑物,使居民的住宅变成危房,直接影响居民的生活甚至危及生命。

### 3. 经济和社会发展方面

（1）加剧土地利用矛盾。矿山的开采使耕地大面积塌陷，加上人口增长和建设占地等原因，塌陷区人均耕地日益减少。随着矿区经济的发展，对土地的需求量进一步加大，因此采矿塌陷势必会造成矿区用地矛盾突出，同时大量农民失地又会加剧矿区人地之间的矛盾。

（2）影响社会安定。失去了农业发展的支撑，地方经济必然会受到很大的影响。同时，失地农民另谋生路，由于受教育程度较低、没有专项技术，很可能与市场需求脱节。当失业的农民达到一定数量时，就容易产生不安定的因素。此外，采矿塌陷损房毁地，由此带来的搬迁、安置、补偿等问题，也使矿区工农关系普遍紧张。实际中，群众和采矿企业之间对损失赔偿的争议时有发生，由此激发的当地农民和矿山企业、政府之间的矛盾比较严重，严重影响了农村稳定，制约了社会经济的发展。

（3）制约矿区发展建设。矿山开采引起地表的塌陷使得很多建设项目难以正常进行。即使进行建设，为解决工程稳固的问题需增加很多建设费用。这种状况使得矿区建设在人力、物力上都大大增加了投资，加重了地方财政的负担，也制约了矿区的进一步发展。

## （三）主要采用的复垦技术

塌陷地复垦的工程技术主要有：充填式复垦和非充填式复垦。充填式复垦是使用填充材料填充塌陷地，改变地形标高，常用的材料是粉煤灰和煤矸石。近几年，通过研究和实践又增加了一些新型材料如湖泥、有机-无机复合材料等。非充填式复垦是指复垦过程中不使用充填材料而是直接采用工程措施和机械复垦技术，对土地进行复垦利用。从目前来看常见的方法有：挖深垫浅法、直接利用法、就地平整法及疏排法等。复垦土地用途，可分为农业用地和非农业用地，农业用地主要用于发展种植业、林业、牧业、渔业；非农业用地主要用于生产和生活的基建用地、旅游业等。

# 第六章　退化土地的修复技术

## 第一节　概　述

### 一、土地(壤)退化的概念

土地退化,是指在各种自然尤其是人为因素影响下,所发生的不同强度侵蚀而导致土壤质量及农业牧业生产力下降,乃至土壤环境全面恶化的现象(周建民,2013)。

赵其国(1991)认为,土地退化是指人类对土地不合理利用而导致土地质量下降乃至荒芜的过程。

联合国粮农组织(1971)对土地退化的定义:由于使用土地或由于一种营力或数种营力结合,致使干旱、半干旱和亚湿润干旱地区旱地、水浇地或草原、牧场、森林和林地的生物或经济生产力和复杂性下降或丧失,其中包括风蚀和水蚀致使土壤物质流失,土壤的物理、化学和生物特性或经济特性退化,以及自然植被长期丧失。

广义的土地退化:指对生态安全造成威胁的土地退化,主要表现为:植物生长条件的恶化,直接损坏生态系统生产力;通过水分与能量平衡交替,对全球气候及C、N、S、P等元素循环产生不利影响;导致政策与社会的不稳定,并加速森林破坏,土壤侵蚀,水体污染、温室气体向大气扩散等。

狭义的土地退化:指对食物安全造成威胁的土地退化,主要指人类对土地资源不合理利用而导致的土地质量下降过程,表现为以土壤有机质下降为标志的耕地退化和草场退化。

土地退化过程包括人类活动和居住方式所引起的风蚀和水蚀作用,土壤物理、化学、生物和经济特性的恶化,自然植被的长期丧失等。它主要表现为土地生产系统生物生产量的下降、土地生产潜力的衰退、土地资源的丧失和土地地表出现不利于生产活动的状况。从生态学的观点看,土地退化就是植物生长条件的恶化,土地生产力的下降。从系统论的观点来看,土地退化是人为因素和自然因素共同作用、相互叠加的结果。从实质上讲"土地退化"的基本内涵与变化过程是通过土壤退化反映的。它包括土壤的侵蚀化、沙化、盐碱化、肥力贫瘠化、酸化、沼泽化及污染化等(也可概括为:土壤的物理退化、化学退化与生物退化)。近年来国际上常用"土壤退化"一词来代替土地退化。

## 二、我国土壤退化的基本特征

### 1. 类型多、分布广、面积大、发展快

据2019《中国生态环境状况公报》，2018年底，我国水土流失面积273.69万 $km^2$，荒漠化土地面积261.16万 $km^2$，沙化土地面积172.12万 $km^2$，石漠化土地面积10.07万 $km^2$。

据联合国教科文组织和粮农组织(2017)的不完全统计，全世界盐碱地的面积为9.54亿 $hm^2$，我国的为9913万 $hm^2$，且分布范围广。

据《中华人民共和国草原法》第五十六条释义，至2007年底，我国90%的草地不同程度地退化，其中中度退化以上草地面积已占半数。全国"三化"草地面积已达1.35亿 $hm^2$，并且每年还以200万 $hm^2$ 的速度增加。

20世纪50—60年代：土地退化由局部到大面积发生期；70—80年代：土地退化大面积快速发展期；90年代：土地退化持续发展，且部分得到控制期；21世纪：向控制土地退化，大面积生态治理方向发展期。

### 2. 类型组合的地域差异大

中国地域辽阔，自然环境不稳定，且类型复杂多样，人类活动影响深刻且广泛。土地退化类型组合和人类活动对土地退化影响程度的地域差异极为显著。从宏观上看，呈现东西分异，自东向西依次为：沿海人为影响土地退化的地带；东部人为加速土地退化地带；中部人为加速土地退化的严重地带；西部自然-人为影响土地退化的地带(表6-1)。

土地退化类型组合呈现南北差异：北方以沙化、草地退化、水土流失和盐渍化为主要类型组合；南方以水土流失、石漠化、土地污染和潜育化为主要类型组合。

表6-1　中国区域土地退化类型组合

| 地带 | 类型组合区 | 土地退化类型组合 | 不合理土地利用 |
|---|---|---|---|
| 沿海 | 北部沿海区 | 盐渍化、土地污染、沙化 | 丘陵植被破坏 |
| | 东南部沿海区 | 水土流失、土地污染、潜育化 | 灌溉与污染 |
| 东部 | 东北区 | 水土流失、土地污染、沙化、冻融侵蚀 | 山地丘陵植被破坏 |
| | 华北区 | 盐渍化、沙化、土地污染、水土流失 | 灌溉与污染 |
| | 东南区 | 水土流失、潜育化、土地污染 | 山地丘陵植被破坏 |
| 中部 | 草原与农牧交错区 | 沙化、草地退化、水土流失、盐渍化 | 经营粗放 |
| | 黄土高原区 | 水土流失、沙化、草地退化 | 过度复垦和放牧 |
| | 西南区 | 水土流失、石化、潜育化、土地污染 | 滥牧滥伐 |
| 西部 | 西北区 | 沙化、盐渍化、草地退化 | 过度放牧 |
| | 青藏区 | 冻融侵蚀、草地退化、盐渍化 | 滥垦滥伐 |

### 3. 危害严重

(1)土地退化加剧土地资源短缺,影响食物安全。近50年来,因水土流失平均每年毁掉耕地$7\times10^4hm^2$以上,造成草地退化约$100\times10^4km^2$,每年$50\times10^8t$泥沙流失;年均损失粮食$30\times10^8kg$。土壤每年流失的N、P、K超过全国的施用量。

(2)土地退化加剧自然灾害,影响生态安全。土地退化使得生态安全风险加大,退化土地加速土壤侵蚀过程,进而加剧自然灾害,影响生态安全。

(3)土地退化加剧贫困程度,影响社会安全。根据国务院统计,20世纪70年代末55%的贫困县,60%的贫困人口分布在严重土地退化的地区;1986年底84.5%贫困县、1.63亿人口分布在水土流失严重的山地丘陵区,1999年底3/4的贫困县和90%的农村贫困人口生活在水土流失严重的地区,其中300个贫困县的1.7亿人在沙漠化和风沙频繁活动的地区。

(4)土地退化降低固碳能力,加剧气候暖干化、土地退化造成原有碳储量丧失和固碳能力的下降,加剧气候升温造成地面反照率增大,土壤水分蒸发增强加速地表空气水分的散失,降低地表和土壤湿度。

## 三、土地退化的类型

在土地退化类型划分方面,目前存在着许多不同的方法和体系。联合国粮农组织将土地退化分为土壤侵蚀、盐碱累积、有机废料、传染性生物、工业无机废料、农药、放射性废料、重金属、肥料和洗涤剂等引起的十大类土地退化,龚子同(1982)则将我国土地退化划分为土壤侵蚀、土壤沙化、土壤盐渍化、土壤污染以及不包括上列各项的土壤性质恶化、耕地的非农业占用六大类。下面主要介绍土地荒漠化、土地盐渍化和土壤污染这3种土地退化类型的概念、特点,在对退化土地复垦时应根据土地退化的特点,选择合理的复垦方式。

### (一)荒漠化

荒漠化是指土壤和植被退化地块的形成与扩大或加重,特别是在人口稀少、生态条件差、资源管理不善的地区。荒漠化在任何类型的气候条件下均可发生,但以干旱、半干旱地区和干旱的次湿润地区,受影响最为严重,这些地区约占全球地表的30%。干旱地区自然资源在长期干旱中早已退化,达到了不可逆转的程度,引起了一系列复杂的经济、生活和社会问题,遭受着荒漠化的威胁。1992年6月在巴西里约热内卢召开的联合国环境发展大会,通过谈判,对荒漠化的定义是:干旱、半干旱和干旱的次湿润地区的土地的退化,由各种因素造成的,其中包括气候的变化和人类的活动。

据联合国粮农组织和环境规划署的资料,在全球范围内,约有20亿$hm^2$的土地不同程度地受到土地退化的影响。从区域看,亚洲的干旱地区荒漠化较为严重,达7.5亿多公顷,非洲3.9亿多公顷,欧洲2.15亿多公顷,北美1.6亿多公顷,南美2.5亿多公顷,大洋洲1亿多公顷。世界70%的旱地(占全球土地面积20%以上)在某种程度上已经退化。干旱地区荒漠化的主要原因,不同地区之间有明显差别,除澳大利亚外,都直接与农业活动有关(如毁林、过度放牧、乱垦等)。据国际有关资料,北美因乱垦造成的土地退化达8000多万公顷;南美毁林1亿多公顷;过度放牧6000$hm^2$;欧洲毁林8000多万公顷;大洋洲过度放牧8000万$hm^2$;亚洲毁林近3亿$hm^2$,过度放牧大约1.9亿多公顷,乱垦2亿多公顷;非洲毁林6500万$hm^2$,过度放牧 2.4 亿 $hm^2$，乱垦 1.2 亿 $hm^2$。

我国是世界上沙漠化土地最多的国家之一，也是受荒漠化危害最为严重的国家之一。国土沙化面积达 1.26 亿 $hm^2$，主要分布在我国北方干旱、半干旱地区，且扩展面积逐年增大。20 世纪 90 年代后期(1995—1999 年)，干旱、半干旱面积平均每年扩大 3436$km^2$。目前，全国退化耕地占耕地总面积的 40%，退化草场占可利用草场面积的 25%；其中我国干旱、半干旱区的草地和耕地退化面积分别达到了 59.5%和 49.6%，远高于全国平均水平。日益严重的土地沙化退化，导致生态环境恶化，水土流失加剧，沙尘暴频发。根据全国第二次遥感调查结果，中国水土流失面积 356 万 $hm^2$，占国土面积 37.1%，目前仍以每年 10 000$km^2$ 的速度增加。

## (二)土壤(地)盐渍化

### 1. 土壤(地)盐渍化概念及分布

土壤盐渍化是指由特定气候条件、地质条件和土壤质地等自然因素，以及不合理的灌溉方式和植被破坏等人为因素的综合作用引起的土壤盐化的土地质量退化过程。盐土、碱土以及各类盐化、碱化土壤统称盐渍化土壤或盐碱土。盐渍化土壤中含有大量的易溶性盐分，当土壤表层含盐量超过 0.6%～2.0%时即属盐土，氯化物的含盐下限为 0.6%，硫酸盐盐土的积盐下限为 2.0%，氯化物-硫酸盐及硫酸盐-氯化物盐土的积盐下限为 1.0%。

当前，在世界土地资源总量中，盐碱土占有相当大的份额，据联合国教科文组织和粮农组织的不完全统计，全世界盐碱地面积约 9.55 亿 $hm^2$，分布在从寒带、温带到热带的各个地区，从美洲、欧洲、亚洲到澳洲，遍及各个大陆及亚大陆地区。由于所处地理位置不同，气候条件各异，盐碱地在不同国家和地区的分布也有很大差别。世界分布前十名的国家和地区参见表 6-2、表 6-3。

**表 6-2　盐碱土在全球各大地区的分布**

| 地区 | 面积/$\times 10^3 hm^2$ | 比率/% |
|---|---|---|
| 北美洲 | 15 755 | 1.65 |
| 墨西哥和中美洲 | 1965 | 0.21 |
| 南美洲 | 129 163 | 13.53 |
| 非洲 | 80 538 | 8.43 |
| 南亚 | 87 608 | 9.18 |
| 北亚和中亚 | 211 686 | 22.17 |
| 东南亚 | 19 983 | 2.09 |
| 大洋洲及周边地区 | 357 330 | 37.42 |
| 欧洲 | 50 804 | 5.32 |
| 合计 | 954 832 | 100 |

表 6-3　世界上盐碱土分布较多的国家和地区

| 国家和地区 | 面积/$\times 10^3$ hm$^2$ | 国家和地区 | 面积/$\times 10^3$ hm$^2$ |
|---|---|---|---|
| 澳大利亚 | 357 240 | 印度 | 7000 |
| 前苏联 | 170 720 | 伊朗 | 6726 |
| 中国 | 36 658 | 沙特阿拉伯 | 6002 |
| 印度尼西亚 | 13 213 | 蒙古 | 4070 |
| 巴基斯坦 | 10 456 | 马来西亚 | 3040 |

中国地域广大，气候多样，盐碱土的分布几乎遍布全国。据研究，现代盐渍化土壤面积约 3 693.3 万 hm$^2$，残余盐渍化土壤约 4 486.7 万 hm$^2$，潜在盐渍化土壤为 1 733.3 万 hm$^2$，各类盐碱地面积总计 9 913.3 万 hm$^2$。由于盐渍土分布地区生物气候等环境因素的差异，大致按类型可将中国盐渍土分为：滨海盐土与滩涂，黄淮海平原盐渍土，东北松嫩平原盐土和碱土，半漠境内陆盐土和青新极端干旱的漠境盐土等五大片。各地不但面积有别，而且盐分组成与成因也颇为不同。

**2. 土壤(地)盐渍化危害**

1)对植物生长的危害

(1)土壤中的盐含量超过指标，溶液浓度增大，溶液的渗透压增高，造成植物吸收水分困难，甚至发生反渗透现象，组织脱水而死，如种子不能吸水、发芽迟或不发芽，植物吸水弱、光合作用降低等，致使植物受害。

(2)土壤中盐含量过多，破坏了植物内部与土壤之间盐的平衡，使植物的体内原生质遭到破坏，渗透性降低，轻则生长受到抑制，重则造成死亡。例如，$K^+$、$Na^+$ 等一价离子过多，就会过分地增加蛋白质的膨胀度，增加溶胶效应；而 $Ca^{2+}$、$M^{2+}$ 等二价离子过多则会降低膨胀度，并使原生质趋于凝聚，导致植物新陈代谢作用紊乱。

(3)碱土对植物的危害更甚于盐土。当 $Na^+$ 过多时，土壤胶体中代换性 $Na^+$ 与溶液中 $H^+$ 进行代替产生 NaOH，使土壤碱性增强，pH 值在 9～11 之间。强碱能使植物根系组织细胞腐烂，同时 $Na^+$ 过多，破坏养分平衡，特别是降低了 $Ca^{2+}$、$Fe^{2+}$、$NO_3^-$ 的有效性，致使植物发生各种病症。此外，蛋白质变成钠-蛋白质后就不能正常活动。

(4)盐碱过多，影响土壤物理性。湿时透水性差，干时结成硬块，影响土壤的通透性和植物根系发育。

2)对生态环境的危害

土地的盐碱化，破坏了土壤内部的自然平衡，抑制了植物的生长和其他生物的生存，减少了地表植被，增大了土壤的蒸发量，造成局部地区湿度下降，干旱的发生，形成干热风的危害，制约生态平衡的正常发展。

## (三)土壤污染

土壤污染是指人类活动所产生的污染物通过各种途径进入土壤，其数量和速度超过了土壤的容纳和净化能力，从而使土壤的性质、组成及性状等发生变化，使污染物质的积累过程逐渐占据优势，破坏了土壤的自然生态平衡，并导致土壤的自然功能失调、土壤质量恶化的现象。土壤污染的明显标志是土壤生产力下降。凡是进入土壤并影响到土壤的理化性质和组成物而导致土壤的自然功能失调、土壤质量恶化的物质，统称为土壤污染物。土壤污染物的种类繁多，既有化学污染物也有物理污染物、生物污染物和放射污染物等，其中以土壤的化学污染物最为普遍，且严重和复杂。按污染物的性质一般可分为4类：有机污染物、重金属、放射性元素和病原微生物。重金属和有机物是2种主要的污染源，下面主要介绍有机污染物、重金属这2种土地污染类型。

### 1. 由有机物引起的土壤污染

土壤有机物污染物按污染来源分为石油烃类、有机农药、持久性有机污染物、爆炸物和有机溶剂。各类土壤有机污染物的来源、特性及其危害见表6-4。

**表6-4 土壤有机污染物及其危害**

| 土壤有机污染物 | 来源 | 特性 | 危害 |
|---|---|---|---|
| 石油烃类(TPH) | 石油开采、加工、运输和使用过程中进入到环境中的大量石油烃及其不完全燃烧物 | 水溶性较差，生物降解缓慢，对土壤物理性质及土壤生态系统产生严重影响 | 堵塞土壤空隙，改变土壤有机质组成和结构，阻碍植物呼吸作用；破坏植物正常生理功能；沿食物链富集到生物体内，危害健康 |
| 有机农药 | 长期、大量、不合理地使用农药 | 挥发性小、生物降解缓慢、高毒性、脂溶性强 | 进入植物体内，导致农产品污染超标，沿食物链富集到生物体内引发慢性中毒；增强土壤害虫的抗药性，毒害大量害虫天敌 |
| 持久性有机污染物(POPs) | 农药的大量使用、天然火灾以及火山爆发 | 长期残留性、生物累积性、半挥发性和高毒性 | 能通过各种环境介质长距离迁移，沿食物链富集到生物体内，聚集到有机体的脂肪组织里 |
| 爆炸物(TNT) | 爆炸工业 | 具有吸电子基团，很难发生化学或生物氧化、水解反应 | 在土壤环境中停留时间很长，是显著的环境危害物 |
| 有机溶剂 | 废液的不恰当处理、储存罐泄露 | 挥发性、水溶性、毒性 | 抑制土壤呼吸，高浓度的氯化溶剂会抑制土壤微生物的生长和繁殖，降低土壤呼吸率 |

### 2. 由重金属引起的土壤污染

1)土壤重金属污染概念

土壤重金属污染是指由于人类活动将重金属带入到土壤中，致使土壤中重金属的含量明显高于背景含量，并可能造成现存的或潜在的土壤质量退化、生态与环境恶化的现象。土壤中重金属含量超过土壤的自净能力，就会引起土壤的组成、结构和功能发生变化，微生物活动受到抑制，重金属或其衍生物在土壤中逐渐积累，通过“土壤—植物—人体”或通过“土壤—水—人体”间接被人体吸收，达到危害人体健康的程度。土壤污染过程是土壤中污染物的输入、积累和土壤对污染物的净化作用两个相反而又同时进行的对立、统一过程，在正常情况下，两者处于动态平衡状态，但如果人类各种活动输入的污染物质，其数量和速度超过了土壤自净的能力，打破了原来的自然动态平衡，就导致了土壤在生物、化学、物理特性等方面的恶化。

2）土壤重金属污染的特点

（1）普遍性。随着工业生产的发展，重金属污染日趋普遍，几乎威胁着每个国家，20 世纪 50 年代，日本富山县神通川流域的“痛痛病”就是由于 Cd 污染而导致糙米中 Cd 超标而引起的。我国也有很多城市的郊区和灌区遭到了不同程度的重金属污染。

（2）累积性。污染物质在大气和水体中，一般都比在土壤中更容易迁移。这使得污染物质在土壤中并不像在大气和水体中那样容易扩散和稀释，同时，土壤中重金属污染物大部分残留于土壤耕作层，很少向土壤的下层移动。这是由于土壤中存在着有机胶体、无机胶体和有机-无机复合胶体，它们对重金属有较强的吸附和螯合作用，限制了重金属在土壤中的迁移能力。因此重金属很容易在土壤中不断积累而超标。

（3）间接危害性。土壤中的重金属元素不能为土壤微生物所分解，但可为生物所富集，通过食物链对人畜造成危害，同时还可通过地下渗滤水进入地下水体，从而成为新的污染源。

（4）滞后性。大气污染、水污染和废弃物污染等问题一般都比较直观，通过感官就能发现。土壤重金属污染由于其无色无味，很难被人的感觉器官察觉，它往往要通过对土壤样品进行分析化验和对农作物的残留检测，甚至要通过植物进入食物链积累到一定程度致使人畜健康受到损害才能反映出来。因此，土壤污染从产生污染到出现问题通常会滞后较长的时间。

（5）不可逆性。如果大气和水体受到污染，切断污染源之后通过稀释作用和自净化作用有可能使污染问题逐渐得到好转，但是由于重金属在土壤中积累到一定程度时，便引起土壤结构与功能的变化，污染土壤中的难降解重金属污染物又很难靠稀释作用和自净化作用来消除。土壤污染一旦发生，仅仅依靠切断污染源的方法往往很难恢复，有时要靠换土、淋洗土壤等方法才能解决问题，其他治理技术可能见效较慢。因此，治理污染土壤通常成本较高、治理周期较长。

3）土壤重金属污染的危害

第一，影响植物的生长发育和产品质量。就植物正常生长发育而言，土壤的重金属元素可分为有用元素和无用元素两大类。有用元素如 Cu、Zn、Fe、Mn、Al 等，这些元素称之为微量营养元素，它们大多数对各种酶系统产生催化作用，如 Cu 是细胞色素及氧化酶的重要组成部分，参与了植物体内叶绿素的形成和蛋白质的代谢作用；Zn 是多种脱氢酶、蛋白质酶的必要组成部分；Al 主要存在于硝酸还原酶和固氮酶中；Fe、Mn 也是生物体酶活动的催化剂。但这些元素的最佳适宜范围很窄，土壤中含量过低时植物生长发育不良，增加该种元素能促进植物生长。当土壤中含量过高时又会破坏植物正常的代谢功能，引起植物生长、生理障碍并影响对其他元素的吸收和代谢。此外，对于 Cd、Pb、Ni、Hg 等元素来说，通常认为是无用元素（有害元素），当环境中含量少时，并不显示有害症状，在某些情况下，甚至对植物生长有刺激作用，但当土壤中无用元素的浓度继续增加，植物便会出现各种生长、生理毒害，并随着土壤浓度增加危害加剧，最后可造成植物死亡。

第二，影响人和动物的健康。重金属被植物吸收后通过食物链进入人和动物体内，当富集到一定程度时就会对人和动物的健康造成损伤。如重金属中Cr、Co、Ni、Cd和Zn等已被证明有致癌作用。Pb对人体的危害主要是损坏中枢神经系统，并可降低红细胞输氧能力而造成贫血；Cd能引起肾脏和骨骼损伤，有时作物吸收过量的Cd而生长却未受影响，但农产品的重金属含量已经超过卫生标准的几倍甚至十几倍。

第三，导致其他环境问题。含重金属浓度较高的污染表土容易在风力和水力的作用下分别进入到大气和水体中，导致大气污染、地表水污染、地下水污染和生态系统退化等其他次生生态环境问题。上海川沙污灌区的地下水检测出Hg、Cd和As等污染物。北京市的大气扬尘中，有一半来源于地表。表土的污染物质可能在风的作用下，作为扬尘进入大气中，并进一步通过呼吸作用进入人体。这一过程对人体健康的影响类似于食用受污染的食物。因此，美国、澳大利亚、奥地利、香港等国家和地区的科学家已经注意到城市的土地污染对人体健康也有直接影响。

## 第二节　退化土地的生物复垦技术

### 一、荒(沙)漠化土地生物复垦技术

#### (一)植物修复技术

##### 1. 保护性耕作

保护性耕作是最原始又有效的防止土壤沙化的有效技术手段，通过减少对土壤的耕作次数，增加地表秸秆残茬覆盖，来增加土壤有机质含量，改善土壤结构，控制水土流失，减少风蚀、水蚀，缓解沙尘危害。

国内外研究人员对保护性耕作做了大量的研究。张海林(2002)的研究结果表明，免耕比传统耕作增加土壤蓄水量10%，减少土壤蒸发约40%，耗水量减少15%，水分利用效率提高10%；李立科(1999)的研究表明，采用小麦秸秆全程覆盖耕作技术，可以使自然降水的蓄水率由传统耕作法的25%～35%提高到50%～65%，使土壤增加60～120mm水分。

澳大利亚的大量实验证明，残茬覆盖可减少水土流失90%，减少风蚀70%～80%。黑龙江八一农垦大学保护性耕作研究中心的研究表明，残茬覆盖可有效地防治风蚀，覆盖处理比无覆盖地表含水量增加15%左右，地表粗糙度显著增加，提高了防治风蚀的能力，其中，覆盖量较大时，相对于无覆盖减少总风蚀60%以上。保护性耕作保持和改善了土壤结构和物理化学性质，提高了土壤持水能力和土壤有机质的含量，为土壤微生物的生存和加速繁殖提供了有利条件。各类土壤微生物相对均衡的生长，加速了土壤有机残体的分解，进一步提高了土壤有机质含量，促进了土壤团粒结构形成和土壤养分的转化。保护性耕作比传统耕作有蓄水保墒的优点，但若旱情十分严重，土壤含水率太低，则难以满足种子发芽出苗和成苗的最低要求，保护性耕作也会大幅度减产甚至绝收，存在着难以防范的灾害风险。而在一般干旱年则可锦上添花，提高增产幅度。

### 2. 退耕还林还草

虽然保护性耕作等农田保护措施在防止和恢复耕地土壤退化方面作用显著，但是对于水土流失严重、沙化、盐碱化、石漠化严重而生态地位重要、粮食产量低而不稳的耕地，不适于再做农田的耕地，则要通过退耕还林还草加以恢复、培肥地力。

### 3. 围栏封育技术

围栏封育是目前草场退化土壤主要的修复技术之一。一般情况下，对于在退化草场生产力没有受到根本破坏时，采用封地育草，就可以达到恢复草场生产力的目的。草原围栏在畜牧业发达国家已成为一种经典的、普遍的草地利用保护措施。在英国、美国、新西兰、阿根廷和澳大利亚等国家，已实现了草地围栏化，而且向着电围栏的方向发展。虽然围栏具有简单，经济，不需要更多耗资，草场的总产量可以得到迅速恢复以及土壤含水量、养分、有机质等也能得到一定程度提高的优点，但是要实现草场质量和生产力的全面恢复，则需要很长时间。原因是单纯的封育措施只是保证了植物的正常生长发育规律免受破坏，而植物的生长发育能力还受到土壤紧实度、肥力高低、水分多少和其他多种因素的限制。因此，若要全面地恢复草场的生产力，最好在草场封育期内结合采用别的措施，如松耙、补播、施肥、灌溉等进行综合改良，促使退化草原尽快地恢复到良好的生产状态，促进畜牧业的发展。

## (二)微生物修复技术

土壤微生物既是土壤形成的参与者，又是土壤的重要组成部分，肥土中每克土含几亿至几十亿个微生物，贫瘠土中每克土含几百万至几千万个微生物。土壤微生物参数可作为土壤质量变化的指标。土壤微生物的主要作用之一就是促进土壤团粒结构的形成。特别是丝状菌真菌及放线菌黏结土壤颗粒形成团聚体时作用更明显。土壤有机质只有在微生物的作用下，才具有团聚土粒的作用。

由于土壤微生物能生活在各种极端环境中，具有广泛的生态适应性，因此在降水稀少的荒漠地区，许多耐旱、耐高温的土壤微生物种类仍然能够生活在沙土的表面，在荒漠地表生物结皮各阶段起十分重要的作用。细菌可以产生胞外代谢物，通过胶结作用稳定团聚体，放线菌和真菌主要参与土壤有机质分解过程，放线菌能够分解有机质及多数真菌和细菌不能分解的化合物。

真菌能分解纤维素、半纤维素、木质素，亦能分解蛋白质并释放氨。微生物类群在团聚体形成中的作用是：真菌＞放线菌＞细菌。此外，微生物细胞作为一种带负电荷的胶体物质也可借助静电引力促使土壤颗粒彼此连接在一起。土壤酶活性经常作为土壤微生物生长和活性的指标。土壤酶活性主要来源于土壤微生物、植物根系和土壤动物。

在干旱地区，植物生长受降水限制，沙丘中土壤动物少，而土壤微生物存活要求的条件较低，贫瘠流动沙丘中仍有一定数量各类微生物生存，可见在干旱荒漠地区土壤微生物对土壤酶累计贡献较大。土壤酶活性的增强加速了沙土中各种有机物质的酶促反应，促进了有机化合物循环，改良了沙土性质，使其利于植物和土壤微生物生长繁殖，促进了结皮层的形成。微生物在其生命活动期间能分解土壤中难溶性的矿物，并把它们转化成易溶性的矿质化合物，从而帮助植物吸收各种矿质元素。土壤中含有很多钾细菌和磷细菌，它们能够将土壤矿物无效态的钾和磷释放出来，供植物生长发育用。

## 二、盐渍化土地生物复垦技术

据对盐碱化土地的改良措施的性质，可将改良方法分为 3 种，物理改良方法、化学改良方法和生物改良方法。比较常用的物理化学改良盐碱地的方法有深沟排水，灌水洗盐，磷石膏、沸石、磷酸催化剂等，虽然物理和化学改良方法有一定的效果，但也带来一些副作用，例如利用淡水洗盐措施，在洗碱盐的同时，除可以把 $Na^+$、$Cl^-$ 等盐离子排走外，土壤中一些植物必需的矿质元素，如 P、Fe、Mg 和 Zn 等也同时被排走。此外，这种措施造价比较高，淡水也很缺乏，而且一旦停止，土壤含盐量还会恢复，与工程措施相比，生物学措施具有投资少、见效快，尤其是利用盐生植物修复土壤，不仅能利用盐碱地获得良好的经济效益，而且盐碱土地的性质在利用的同时也得到改良，可以说是一举两得。所以，对盐碱地的改良越来越倾向于使用生物改良方法。

### （一）植物修复技术

目前盐碱地生物修复主要以植物修复为主，植物在盐碱土修复过程中发挥的作用主要有：增加地表覆盖，减缓地表径流，减少水分蒸发，抑制土壤返盐，避免土壤耕作层盐分积累，回收盐碱土中的盐分；植物根系生长改善土壤物理性状，增加土壤有机质，提高土壤肥力和土地生产力；有利于土壤的有益微生物数量、种群的增加；同时植被还具有一定的经济效益。研究表明在干旱区盐碱地上种植耐盐小麦、草木犀、枸杞，使土壤盐分得到了不同程度的降低；而且土壤全盐含量随着种植年限的增加呈下降趋势。利用盐生植物盐地碱蓬进行天津河口滨海盐碱地的生物修复结果表明，种植区碱蓬根际土壤有机质和总氮与对照土壤相比分别均有增加，根际土壤的微生物数量明显增多。在盐碱草地种植牧草，可以疏松土壤，减少土壤表层积盐，牧草腐烂分解后产生的有机酸可以起到中和碱的作用，还可以促进成土母质石灰质的溶解。

以植物为主的生物改良技术可以归纳为以下几个方面：

(1)植树造林，种植耐盐碱树木，如沙枣、胡杨等。树木改良盐渍化土壤的作用是多方面的，它可以防风降温，调节地表径流，树木的庞大根系和大量的枯枝落叶也可改善土壤结构，提高土壤肥力，抑制表面积盐。同时，枝繁叶茂的树冠可蒸发大量水分，使地下水位降低，减轻表面积盐。有些树木还可以生产木材，其副产品的加工可以创造经济价值。

(2)种植耐盐碱作物，如向日葵、大豆、甜菜、高粱、蚕豆、大麦、小麦、玉米等，这些作物在较高的盐分溶液中也可以吸收足够的水分，不仅可以降低土壤盐分，还具有一定的经济效益。

(3)种植牧草和绿肥，通过种植耐盐提高土壤肥力，碱地田菁、苕子、草木犀、紫花苜蓿、绿豆等，可以改善植物根际微环境，增加土壤有机质。

### （二）微生物修复技术

土壤中所进行的一切生物化学过程都要由土壤微生物的作用才能完成，微生物和酶既是土壤有机物质矿化的执行者和植物养分的活性库。近年来基于微生物的生物修复技术也被广泛应用于盐渍化土壤改良的实践中。国内外对微生物修复模式研究主要集中在：微生物对植物耐盐性的影响，微生物种群和结构对土壤肥力（特别是速效磷）的影响两个方面。早在 20 世纪 70 年代初，人们便得出耐盐菌能增强作物耐盐性的结论。

### (三)动物修复技术

蚯蚓作为陆地生态系统中重要的大型土壤动物,其取食活动直接参与土壤中有机物的分解过程,并通过增强土壤微生物活性影响土壤有机质转化和养分释放。研究表明蚯蚓对土壤活性有机碳组分含量有一定的促进作用;蚯蚓活动还能够影响农田土壤的细菌生理菌群数量和酶活性,从而改善土壤肥力;同时还能够使盐碱地土壤的团聚体结构、渗透率、活性得到恢复和改善,在盐渍化土壤改良种有很好的应用前景。

生物措施被普遍认为是最有效的改良途径。国内外研究表明,结合工程改良的生物改良模式,即通过种植具有一定经济价值和开发利用价值的耐盐及盐生植物促进盐渍土开发利用和经济可持续发展,已经表现出很大的发展前景。

## 三、污染土壤的生物复垦技术

### (一)有机物污染土壤修复技术

目前,土壤有机污染物的修复技术主要有化学修复、物理修复、生物修复、电化学修复、化学与生物相结合的修复技术等。由于生物修复具有安全、经济和非破坏性等优点,已成为最具有前途的污染修复技术之一。生物修复技术是利用生物新陈代谢的方法将土壤、地下水和海洋中的有毒有害污染物吸收、转化或分解,并从环境中去除,减少其对环境的危害。下面主要介绍土壤有机污染生物修复的3种技术,即微生物修复技术、植物修复技术和菌根生物修复技术。

#### 1.微生物修复技术

1)有机污染土壤的微生物修复原理

微生物修复技术是在人为优化的条件下,利用自然环境中生息的微生物或人为投加特效微生物的生命代谢活动,来分解土壤中的污染物,以修复受污染的环境。

微生物对物质进行各种转化作用的生理学基础是其新陈代谢活动,在这一过程中,有机污染物在土壤微生物的作用下可以直接分解或通过共代谢作用分解为低毒或无毒的代谢产物,也可以是微生物分泌的酶系(胞内酶和胞外酶)对有机物的代谢作用等。

具体来说,在土壤系统中液一固界面常附有一层薄薄的的生物,包括细菌、真菌、寄生物等微生物,这一薄层称微生物膜。通过生物膜中微生物的活性,可以将膜上水体中溶解的有机物进行生物降解。在微生物降解过程中,一部分有机质被直接分解成为 $CO_2$ 和 $H_2O$。微生物从中获得相应的能量用于细胞质的合成和细胞的运动;另一部分有机物被转化为细胞质,其中一部分细胞质在新陈代谢过程中又被分解为 $CO_2$ 和 $H_2O$。

有机污染物质的降解过程是微生物细胞内由一系列活性酶催化的氧化还原反应。其中,有机物作为电子供体,而无机物质作为电子受体。在好氧条件下,氧气通常是电子受体;在厌氧条件下,二氧化碳、三价铁离子、硝酸盐或硫酸盐等甚至有机物分了本身作为电子受体。在降解过程中,有机物质先被转化为中间产物,再进而转化为最终产物如二氧化碳和水等。也有许多难降解污染物是通过共降解途径得到降解的。

2)有机污染土壤的微生物修复治理技术

(1)原位生物修复技术。

农耕法:对污染土壤进行耕耙处理,在处理过程中施入肥料进行灌溉,用石灰调节酸度,使微生物得到最适宜的降解条件,保证污染物的降解在土壤的各个层次上都能发生。该方法结合农业措施,经济易行,对于土壤通透性较差、土壤污染较轻、污染物较易降解时可选用。

投菌法:就是直接向遭受污染的土壤中接入外源的污染物降解菌,并提供这些细菌生长所需的营养物质,如氮、磷、硫、钾、钙、镁、铁、锰等。

生物培养法:就地定期向土壤中投加过氧化氢和营养物以满足污染环境中已经存在的降解菌的需要,提高土著微生物的活性,将污染物完全矿化为二氧化碳和水。研究认为,通过提高受污染土壤中土著微生物的活力比采用外源微生物的方法更可取,但无论选择何种微生物,应首先确定有利于污染物降解菌生长的营养元素的添加率。

生物通气法:是一种强迫氧化的生物降解方法。在污染的土壤上至少打两口井,安装上鼓风机和抽真空机,将空气强排入土壤,然后抽出,土壤中有毒物质也随之去除。在通入空气时,加入一定量的氨气,为微生物提供氮源增强其活性,其制约因素是土壤结构,不合适的土壤结构会使氧气和营养元素在到达污染区域之前就被消耗,具有多孔结构的土壤可采用此法。

有机黏土法:是一种化学与生物相结合的新方法。带正电荷的有机物、阳离子表面活性剂通过化学键结合到带负电荷的人工合成的有机黏土表面上,有机黏土可扩大土壤和含水层的吸附容量,黏土上的表面活性剂可以将有毒有机物吸附到黏土上富集。

原位微生物-植物联合修复:在污染土壤上栽种对污染物吸收能力高、耐受性强的植物,利用植物的生长吸收以及根区的微生物修复作用,去除土壤中污染物。联合修复的关键是根据土壤污染实际情况寻找合适的植物-微生物的匹配组合。

(2)异位生物修复技术。

堆肥法:是传统堆肥和生物治理的结合。它依靠自然界广泛存在的微生物使有机物向稳定的腐殖质转化,是一种有机物高温降解的固相过程。一般是将土壤和一些易降解的有机物如粪肥、稻草、泥炭等混合堆制,同时加石灰调节 pH 值,经发酵处理,可降解大部分污染物。

预制床法:在不泄漏的平台上铺上石子和沙子,将受污染的土壤以 15～30cm 的厚度在平台上平铺,加营养液和水,必要时加上表面活性剂,定期翻动土壤补充氧气,以满足土壤中微生物生长的需要,将处理过程中渗透的水回灌于土层上,以完全清除污染物。

生物反应器法:将污染土壤移到生物反应器中,加 3～9 杯水使之成泥浆状,同时加必要的营养物质和表面活性剂,泵入空气充氧,剧烈搅拌使微生物与污染物充分混合,降解完成后,快速过滤脱水。其降解条件较易控制,可满足微生物降解所需最适条件。

厌氧处理法:对一些污染物如三硝基甲苯、多氯联苯,好氧处理不理想,用厌氧处理效果好一些,但由于厌氧处理条件难于控制,并且易产生中间代谢污染物等,其应用少于好氧处理。

**2. 植物修复技术**

植物修复技术是利用植物的独特功能,并可和根际微生物协同作用,从而发挥生物修复的更大功能,进而使有机毒物和无机废物造成的土壤环境污染得以修复和消除。与微生物修复技术相比,植物修复技术更适合用于现场修复。

1)有机污染土壤的植物修复原理

(1)植物对有机污染物的直接吸收和降解。

植物对土壤有机物的降解包括植物固定和植物降解两部分。植物从土壤中直接吸收有机污染物,然后将无毒性的代谢中间体储存在植物组织中,可去除环境中中等亲水性有机污染物,疏水性有机化合物易于被根表强烈吸附而难以被运输到植物体内,而较易溶于水的有机物不易被根表吸收而易被运输到植物体内。有机化合物被植物吸收后有多种去向:植物可将其分解,并通过木质化作用将其成为植物体的组成部分,也可转化成无毒性的中间代谢物,储存在植物体内,或完全被降解并最终被矿化成二氧化碳和水,达到去除有机污染物的目的。

植物通过根部吸收有机污染物的途径有质外体、共质体和质外体-共质体。质外体是让有机污染物通过凯氏带进入木质部;共质体包括初始进入细胞壁,而后进入表皮、皮层细胞的原生质,有机物滞留在原生质中,然后通过胞间连丝进入内皮层、中柱和韧皮部;质外体-共质体途径与共质体途径基本相同。

(2)植物根际作用。

植物根系可分泌一些物质到土壤中,刺激微生物的活性加强其生物转化作用,这些物质包括酶及一些糖、醇、蛋白质、有机酸等。植物根系释放到土壤中的酶可直接降解一些有机化合物,且降解速度非常快。植物死亡后释放到环境中还可继续发挥分解作用。美国佐治亚州的EPA实验室从淡水的沉积物中鉴定出5种酶:脱卤酶、硝酸还原酶、过氧化物酶、漆酶和腈水解酶,这些酶均来自植物。硝酸还原酶和漆酶能分解炸药废物,将破碎的环状结构结合到植物材料或有机物残片中,使之成为无毒的成分;脱卤酶能将含氯有机溶剂三氯乙烯还原为氯离子、水和二氧化碳;降解酶能降解各种杀虫剂、除草剂等外源有机物,常见的有水解酶类和氧化还原酶类,这些酶通过氧化、还原、脱氢等方式将农药分解成结构简单的小分子化合物。

(3)植物-微生物联合作用。

植物为微生物提供了生存场所,并可转移氧气使根区的好氧作用能够正常进行;微生物的活动也会促进根系分泌物的释放;植物根的分泌物和脱落物可以为微生物提供大量营养,刺激根际各种菌群的生长繁殖,增强细菌的联合降解作用。某些情况下,植物根分泌物可作为微生物天然的共代谢底物促进污染物的降解。此外,植物根系可以伸展到不同层次的土壤中,因此不需要混合土壤即可使降解菌分散在土壤中。另外,微生物使污染物转换成植物可以吸收利用的状态,减轻了污染物对植物的毒性,提高了植物的耐受性。

2)有机污染土壤的植物修复治理技术

植物修复技术是以植物忍耐和超量积累某种或某些化学元素的理论为基础,利用植物及其共存微生物体系清除环境中的污染物的一门环境污染治理技术。它是一门新兴起的应用技术。其中,针对有机污染土壤的植物修复治理技术由5部分组成(表6-5)。

(1)植物固定作用:利用植物根系的吸附作用来减少环境中污染物的生物可获得性,从而降低其对环境的危害。

(2)植物降解作用:利用植物的代谢作用及与其共生的微生物活动来降解有机污染物。

(3)根际过滤技术:利用超积累植物从有机物中吸收、沉淀和富集有机污染物。

(4)植物萃取作用:即通过对环境污染物有富集作用的植物把有机物从土壤中萃取出来,富集并搬运到植物根部可收割部分和植物地上的枝条部位。

(5)植物挥发作用:通过植物对有机污染物的吸收和转化作用最终将其挥发到空气中。

**表 6-5　有机污染土壤植物修复技术类型**

| 植物修复类型 | 涉及过程 | 处理对象 |
| --- | --- | --- |
| 植物固定 | 植物调节 pH、土壤气体，以及土壤的氧化还原条件从而固定污染物，一些有机化合物的繁殖化作用可能发生的 | 苯酚、氯化溶液（三氯乙炔，三氯乙烯），疏水性有机化合物 |
| 根际降解（植物促进，根际微生物修复） | 植物分泌物、根的坏死，以及其他过程为土壤中的微生物提供碳源和营养物质促进其生长。根际分泌物能通过菌根真菌合格微生物来加速污染物的降解 | 多环芳烃、BTEX 和其他石油烃类碳氢化合物、高氯酸酯、阿特拉津、草不绿（除草剂）、多氯联苯等 |
| 根际过滤（污染物摄取） | 污染物被摄入植物体内或被根系吸收（或被藻类及细菌吸附） | 疏水性有机化合物 |
| 植物降解（植物转化） | 植物从土壤中吸取有毒有机污染物，然后降解为无毒的代谢中间体存储到植物组织中，中间产物被微生物或其他过程进一步降解 | 军需品（TNT、DNT、HMX），硝基苯，硝基甲苯，阿特拉津，卤代化合物，DDT 等 |
| 植物挥发 | 挥发性有机化合物被摄入植物体内并通过蒸腾作用释放到环境中，并易于降解 | 氯化溶剂（三氯乙炔），挥发性有机化合物，BTEX，MTBE |

### 3. 菌根生物修复技术

1）有机污染土壤的菌根生物修复机制

菌根是自然界中一种普遍的植物共生现象。它是土壤中的菌根真菌菌丝与高等植物营养根系形成的一种联合体，20 世纪 90 年代，研究人员利用菌根能有效降解和转移环境污染物的特点，将其应用到生物修复中。近年来菌根在降解土壤污染物中的作用已引起国内外很多学者的关注，应用菌根技术修复土壤有机污染、重金属污染、农药污染及放射性核素污染方面屡见报道。

利用植物-菌根-菌根根际微生物这一复合系统的特异效应降解污染物，外生菌根真菌对不同类型有机污染物降解程度与降解速率取决于真菌的种类、有机污染物的存在状态、土壤的理化条件、植物根际环境、土壤等因素。菌根真菌降解有机污染物的可能机制有直接分解作用和共代谢作用。

（1）直接分解有机污染物。

菌根真菌是异养微生物，它需要分解外源碳得到能量以供生长和繁殖，而有机污染物以碳为主要构成元素，理论上可以作为菌根真菌的外源碳，菌根真菌可能通过特殊途径分解有机污染物来获得能量，并把有机污染物分解为简单的有机物、碳水化合物、水和盐等，在客观上起到将有毒物直接分解为无毒物质的作用。

植物的根细胞分泌黏液和其他细胞的分泌液构成了植物的渗出物，这些都为根际微生物提供了营养和能源。对菌根真菌直接降解有机污染物的机理研究很少，从真菌降解有机污染物的研究结果推断菌根真菌能通过酶分泌而直接代谢有机污染物，当真菌接触污染物一定时间后，能产生各种诱导酶进而形成降解功能，同时它们可以利用该污染物作为碳源和能源进行生长和繁殖，陈晓东等（2001）在土壤污染生物修复技术研究进展中指出，植物根系的菌根具有独特的酶系统和代谢途径，可以降解不能被细菌单独降解的有机污染物。可见土壤里只要能促进真菌好氧酶的产生，真菌就能降解土壤中的多种有机物，而菌根真菌用于直接降解土壤有机污染物的物质很可能就是好氧酶类。已有一些研究支持了这种假设，他们认为菌根真菌利用好氧酶把有机污染物转化为正常代谢中容易降解的中间产物，进而矿化为二氧化碳、水和无机盐。

(2)共代谢降解。

所谓共代谢，是指化合物不能被完全矿化利用，降解菌必须从其他底物获得大部分碳源和能源。在根际土壤中，菌根真菌与植物互为共生关系，这种共生关系可能导致菌根真菌通过从植物获得基本能量和底物，再通过共代谢的方式加速降解土壤中的有机污染物。

2)菌根生物修复的优缺点

菌根生物修复与植物、微生物修复技术相比具有很多独特的优点：

(1)菌根化植物能生长在一般植物不能很好生长的土壤中，借助自身抗逆能力强、降解能力强、吸收能力强、储存能力强等优点，降低土壤中污染物的含量，适用于污染土壤的原位修复。在贫瘠干旱、污染等逆境胁迫下，该技术有极大的优势。

(2)植物修复的效率很大程度上由与根接触的土量决定，菌根表面延伸的菌丝体可大大增加根系与土壤的接触面积，提高修复效率。并且菌根具有独特的酶系统和代谢途径，可以降解不能被细菌单独降解的有机污染物。

(3)大多数菌根菌对污染物没有专一性，通过针对性的驯化和筛选，可获得能修复多种污染物的优良菌株，这对修复复合污染土壤非常有利。一般情况下，温室筛选出的优良菌株在田间条件下也是有效的，这为获得性能优良的菌株提供了简易的方法和途径。该技术处理的污染物浓度比工程菌株处理的浓度高，这是因为与微生物相比，植物对有机污染物的耐受能力更强。

(4)大部分菌根真菌具有很强的酸溶和酶解能力，可为植物吸收传递营养物质，并能合成植物激素，促进植物生长。随着修复的进行，维持降解微生物存活的一些措施，如提供碳水化合物、营养元素或其他共代谢能源物质也许是不必要的。

(5)由于菌根真菌与植物共生，其生活史和植物的生活史同步，菌根真菌随植物的生长而繁殖，故一次投加菌剂后，只要菌根菌在土壤中存在并能侵染植物，就能不断增殖，可以对污染土壤的净化发挥持续有益的作用，能较好解决工程菌株田间试验时存活时间短的问题。因此是一种安全、投资少、长期有效的土壤污染治理方法。

(6)菌根生物修复技术不但能修复土壤，同时也能改善土壤质量，提高作物产量，增强植物抗病能力。菌根的外生菌丝对土壤质量影响较大，如对提高土壤质量非常有效。

(7)具备生物修复的许多优点，技术含量高，应用方法简便，经济实用，再次污染风险小。

菌根生物修复的关键在于筛选具有较强降解能力的菌根真菌和共生植物，且二者能互相匹配形成有效的菌根。其优点是扩大了微生物与土壤的接触面积和作用时间，同时增强了植物根系的吸收作用，特别有利于难降解有机物的转化降解。

缺点是针对不同气候、土壤条件要选择不同的植物与菌根真菌，并要进行组合实验以确定最佳降解组合，因而比较费时。菌根生物修复同样受土壤温度、湿度、养分状况等环境条件的影响，成本相对较高，大面积应用还有一定困难。目前许多研究仍处在实验阶段，距实际应用尚有一定距离。

## (二)重金属污染土壤生物修复技术

生物修复是利用微生物或植物的生命代谢活动,对土壤中的重金属进行富集或提取,通过生物作用改变重金属在土壤中的化学形态,使重金属固定或解毒,降低其在土壤环境中的移动性和生物可利用性。生物修复技术主要包括植物修复和微生物修复,其修复效果好、费用低、易于管理与操作、不产生二次污染,因而日益受到人们的重视,是修复技术最主要的发展方向。

### 1. 植物修复

根据作用过程和机理,该技术可分为植物稳定、植物挥发和植物提取。

1)植物稳定

利用植物的根能改变土壤环境(比如 pH 值、土壤湿度)或根系分泌物能使重金属沉淀的能力来减少重金属的生物可利用性,从而减少重金属被淋滤到地下水或通过空气扩散进一步污染环境的可能性,主要通过重金属在根部积累和沉淀或根表吸收来加强土壤中污染物的固定,它的一个优点是不需处理负载重金属的植物组织。植物稳定实际应用中的一个关键因素是植物种类的选择,为了富集高浓度的重金属,它必须具有发达的根系和大的生物量,并且修复过程中能抑制金属离子从根转移至茎和叶;土壤的物理特性也是非常重要的影响因素。值得指出的是,植物稳定只是暂时将土壤中的重金属固定,使其对生物不产生毒害作用,并不能彻底解决环境中的重金属污染问题。目前,主要用于矿区污染土壤的修复。

2)植物挥发

植物挥发是利用植物根系分泌的一些特殊物质或微生物使土壤中的某些重金属转化为挥发形态,或者植物将污染物吸收到体内后将其转化为气态物质释放到大气中。杨麻可使土壤中 3 价硒转化为低毒的甲基硒挥发去除;海藻能吸收并挥发砷,烟草能使毒性大的 2 价汞转化为气态的单质汞;一些转基因植物也能将有机汞和无机汞盐转化为气态单质汞。植物挥发技术也不需处理含污染物的植物,不失为一种经济有效且具有潜力的修复技术,但这种方法将污染物转移至大气,对人类和生物具有一定的风险。

3)植物提取

植物提取是利用重金属超累积植物从土坡中吸收重金属污染物,并将其转移至地上部分,通过收割地上部分集中处理,使土壤中重金属含量降低到可接受水平的一种方法。在植物修复过程中根系分泌物自始至终发挥着重要作用,其通过调节根际 pH 值、与重金属形成螯合物、络合反应、沉淀、提高微生物数量和活性来改变重金属在根际中的存在形态以及提高重金属的生物有效性,从而减轻它们对环境的毒害。因此,开展根系分泌物尤其是特异性根系分泌物的研究工作对推进植物修复技术的发展有着十分重要的意义。

植物修复实施简便,投资较少,对环境扰动少,是最有发展前途的土壤修复技术之一,但其在实施的过程中也存在不少现实问题,如目前具有推广价值的超累积植物植株矮小、生物量低、生长缓慢,导致修复效率低,修复时间长;由于超耐重金属植物或耐多种重金属植物的缺乏,往往不能治理重污染土壤和复合污染土壤;被植物摄取的重金属大多集中在根部而易重返土壤;此外,异地引种对生物多样性的威胁,也是一个不容忽视的问题。

#### 2. 微生物修复

微生物修复是利用土壤中某些微生物对金属具有吸收、沉淀、氧化和还原等作用，从而降低土壤中重金属毒性的技术。某些微生物具有嗜重金属属性，利用微生物对重金属土壤进行净化，可能是一种行之有效的方法。此外，微生物细胞内的金属硫蛋白是一种对 Hg、Zn、Cd、Cu 等重金属具有强烈亲和性的低分子量细胞蛋白质，它对重金属具有富集和抑制毒性的作用。

## 第三节　退化土地的生态修复技术

### 一、生态修复概述

#### (一)概念

生态修复是指将被损害的生态系统恢复到或接近于它受干扰前的自然状况的管理与操作过程，即重建该系统被干扰前的结构与功能及相关的物理、化学和生物学特征。恢复生态学专门研究在自然灾变或人类活动干扰下受到破坏的自然生态系统的恢复和重建的基本原理和技术途径。生态修复的主要目的是改善环境质量及增加生态系统的生物多样性。

生态系统的退化是干扰引起的。自然界发生的大大小小的事件，如火灾、水灾、泥石流、虫害、大风、人类活动等，改变着生态系统的结构与功能，这些事件称之为干扰。干扰可分自然干扰和人为干扰。干扰促使某一相对稳定的生态系统发生变化，旧的环境和物种破坏了，新的环境和物种又会产生，并在一定时间内维持其相对稳定。在没有严重干扰的情况下，自然生态系统会定向地、有秩序地由一个阶段发展到另一个阶段，这称为生态内因演替。演替的结果，最终会出现一个相当稳定的生态系统状态，这称为顶极稳定状态。每一演替阶段有其特定生物群落特征，顶极稳定状态的群落称为顶极群落。干扰常使生态系统受损并改变，称为外因演替。生态系统正常演替总是从低级向高级发展，而干扰使演替进程发生变化，严重时，如人类大规模活动，则使生态系统向相反方向演替，这称为逆序演替。生态修复就是要利用生态系统的自然演替规律，人为创造利于进展演替的生态环境，使被干扰生态系统的逆序演替转向正常演替，构建植被种类繁多、立体垂直结构复杂、水平斑块结构多样的相对稳定生态系统。

近年来，有学者认为生态修复的概念应包括生态恢复、重建和改建，其内涵大体上可以理解为通过外界力量使受损(开挖、占压、污染、全球气候变化、自然灾害等)生态系统得到恢复、重建或改建(不一定完全与原来的相同)。这与欧美国家的“生态恢复”和日本的“生态修复”概念类似，但不同于环境生态修复的概念。按照这一概念生态修复涵盖了环境生态修复，即非污染的退化生态系统，比如毁林开荒导致水土流失和荒漠化，可以通过退耕还林和封禁治理使生态系统得到恢复，也可称为生态修复。按照这一内涵，生态修复可以理解为对生态系统停止人为干扰，以减轻负荷压力，依靠生态系统的自我调节能力与自组织能力使其向有序的方向进行演化，或者利用生态系统的这种自我恢复能力，辅以人工措施，使遭到破坏的生态系统逐步恢复或使生态系统向良性循环方向发展。因此，我国生态修复在外延上可以从 4 个层面理解。

第一个层面是污染环境的修复，即传统的环境生态修复工程概念。第二个层面是大规模人为扰动和破坏生态系统(非污染生态系统)的修复，即开发建设项目的生态修复。第三个层面是大规模农林牧业生产活动破坏的森林和草地生态系统的修复，即人口密集农牧业区的生态修复，相当于生态建设工程或生态工程。第四个层面是小规模人类活动或完全由于自然原因（森林火灾、雪线上升等）造成的退化生态系统的修复，即人口分布稀少地区的生态自我修复。

## （二）生态修复的原理

生态修复是基于生态控制系统工程学原理的。生态控制系统是指人类控制人类以外的生物及其生态环境整体，即人类在生态系统中，控制它向有利于人类的方向发展。受损生态系统的修复与调控一个复合生态系统或景观生态系统，在遭到强度干扰，严重受损的情况下，若不及时采取措施，受损状态就会进一步加剧，直至自然恢复能力丧失和长期保持受损状态。要对受损生态系统进行人为修复，其调控步骤主要包括：

(1)停止或减缓使生态系统受损的干扰，如乱砍滥伐、过度放牧、陡坡垦荒、围湖造田等行为。

(2)对受损生态系统的受损程度、受损等级、可能修复的前景等进行调查和评价。

(3)根据对受损生态系统的调查结果，提出生态系统修复的规划，并进行具体修复措施的设计。

(4)根据规划要求和设计方案，实施受损生态系统的修复，包括生态系统组成要素、生态系统结构和功能的修复。由于受损生态系统的自组织能力，景观生态系统的抵抗力、恢复力和持久性，以及自然植被群落的自然进展演替规律性，受损生态系统可以从自然干扰和人为干扰所产生的位移中得到自然恢复或人为修复，生态系统的结构和功能将得以逐步协调。不同程度受损生态系统的恢复或修复结果主要有：

(1)恢复到它原来的状态，这类生态系统的受损程度低，或生态系统已经建立起了与干扰相适应的机制，从而能保持生态系统的稳定性，受损后能恢复到与原来生态系统完全一样的状态。

(2)重新获得一个既包括原有特性，又包括了对人类有益的新特性的状态。

(3)由于管理技术等使用，形成一种改进的和原来不同的状态。

(4)因干扰不能及时移去，或适宜条件不断损失的结果，生态系统保持受损状态。

## （三）生态修复的意义

随着科技进步和社会生产力的极大提高，人口剧增、资源过度消耗、环境污染、生态破坏等问题日益突出，生态环境问题成为世界各国普遍关注的一个大问题。跨进 21 世纪，我国已经进入加快推进社会主义现代化建设的新阶段。加强生态环境建设、优化人居环境，实现可持续发展，已成为我们需要研究的重大课题。

我国是世界上自然生态系统退化和丧失很严重的地区，土地荒漠化、沙尘暴、洪水灾害、水资源短缺等，已严重威胁我国的社会经济发展和国民福利。为此我国采取了一系列工程措施，如植树造林、自然保护区建设、退耕还林等，但总体上我国的生态环境还相当严峻。

生态和谐是落实科学发展观、实现可持续发展的基石。我们必须站在构建和谐社会的高度去考虑生态建设、生态恢复、环境保护问题。构建和谐社会离不开统筹人与自然和谐发展，统筹人与自然和谐发展的基础和纽带是生态建设。加强生态建设是构建社会主义和谐社会极为重要的条件。

## 二、退化土地生态修复措施

退化土地生态修复措施，可归结为自然恢复与人工治理两个方面。自然恢复是顺应自然规律，通过封禁保护与抚育措施，充分发挥生态系统的自我修复能力，加速恢复地表植被覆盖。人工治理则是发挥人在生态修复中的主观能动性，解决经济发展和人类生活问题。但在实际工作中，究竟以哪种措施为主，必须具体问题具体分析。例如，在人口较少和群众生产和生活条件比较好的地方，可以依靠自然恢复为主；对于土地退化严重、生态环境脆弱的地方，或者人口较多、群众生产和生活条件比较差的地方，仅仅采取封禁和封育措施，很难快速实现生态修复目标的，必须采取必要的人工治理，把群众的生产和生活问题解决好，才能有效控制土地退化，快速恢复生态。

退化土地生态修复应在污染生态学、恢复生态学的理论研究基础上，协调运用物理、化学和生物修复技术，根据整体、循环、协调、再生的生态学原理对退化的生态系统进行设计、规划和调控，保证生态修复的成功。下文以采矿区废弃地和水土流失退化土地两种退化类型为例介绍退化土地生态修复技术。

### （一）采矿区废弃地生态修复技术

矿产资源的开采造成土壤及植被的破坏，由于土壤被大量迁移或被矿物垃圾堆埋，使整个生态系统被破坏。国外采矿区废弃地生态恢复的主要目标是重建美学和环境功能与未被破坏的土地相协调的景观地貌，而且采后土地的用途能最有效地促进其生态系统的稳定和生产能力的提高，强调复原其生态状况，以尽可能地恢复原地貌，恢复原有生态环境，很少强调土地生产力，使其优先恢复为耕地、农田等。我国采矿区废弃地生态恢复的目标定义为“对各种破坏土地恢复到可利用状态”，更注重高生产力的恢复。采矿区废弃地包括排土场废弃地、塌陷区、矿区荒废地和尾矿废弃地等，其生态修复目标是利用生态工程技术，充分利用现有采矿废弃地的生产潜力，恢复、重建原有生态系统功能，从而形成矿区及附近城镇生态-经济-社会功能格局。

矿区废弃地的生态修复技术主要有工程复垦技术和生物复垦技术两大类：

#### 1. 工程复垦技术

工程复垦技术包括矿区土壤地形改造技术和土壤质量改善技术。土壤质量改善则直接关系到土壤的形成和土壤的肥力水平，影响植物的恢复和重建。

1)塌陷区地形改造技术

根据不同的塌陷深度，采用不同的复垦模式。对于塌陷深度浅，地表起伏不大，面积较大的地块适用就地整平复垦模式。对于土质肥沃的高产、中产田塌陷地，应先剥离表土. 平整后回填，肥力低的低产田塌陷地，则直接整平，整平后可挖水塘，蓄水以备农用；整平复垦适用于塌陷较深，范围较大的田块的梯田式外貌的塌陷丘陵地貌。复垦时将低洼处就地下挖，形成水塘，挖出的土方垫于塌陷部分高处，形成水、田相间景观，水域发展水产养殖，高处则发展农、果经济；利用矿区固体废渣为充填物料进行充填复垦的充填复垦模式，包括充填整平复垦和煤矸石粉煤灰直接充填两种模式。

2)土壤质量改善技术

消除酸害、表土覆盖和施肥种植等。消除酸害的措施主要是控制黄铁矿与氧的接触。覆土的厚度要取决于土壤的性状、紧实度、水分含量以及植被覆盖情况。植被是很好的隔离物，可减轻土壤流失，同时在其动植物残体的分解过程中又消耗氧气。层覆盖固体废物堆后，采用表层土壤作为表层覆盖物。在选择表层覆被土壤时，应该考虑表层土壤的理化性质。如果表土性状不比亚表土的理化性质，也可以将亚表土覆被于表层，但应注意覆被亚表土中是否会含有有毒或潜在的有毒物质。当覆被土壤的肥力较贫瘠时，施肥种植是适当的措施以提高矿区废弃地的土壤肥力，并满足植物生长的需要。对于修复后用作农用的土地，参考一般农田的施肥方法，需肥量一般较大。而对于修复后用作林用的土地一般只在移植或播种时进行适当的施肥。

**2. 生物复垦技术**

废弃土地复垦时，应按照具体实际将复垦后的土地用作不同的用途。如作为房屋建筑、娱乐场所、工业设施等建设用地，对那些用于农、林、牧、渔、绿化、旅游景观的复垦土地，工程复垦结束后，还必须进行生物复垦，建立生产力高、稳定性好、具有较好经济和生态效益的植被。生物复垦的主要内容有复垦土地的土壤评价、土壤改良方法、植被品种筛选和植被工艺。复垦区的植被重建技术是采矿区生态恢复工程成败的关键。复垦区的植被恢复与重建工程是通过改地适树和改树适地两种途径实现的。改地适树通过人为改善立地条件，使其基本适应植物的生物学特性。改树适地是根据待复垦地的立地条件选择或引进对各种限制因子有耐受能力的先锋植物种，随着先锋植物的生长、繁殖，生态环境逐渐得以改善，其他植物种会逐渐侵入到生态系统中，最终将演替成"顶极群落"。在恢复过程中，选择植物以本地物种为主体，应该具有较强的适应能力和固氮能力，根系发达，具备较高的生长速度，而且播种栽植较容易，成活率高。可采取直播技术、移栽技术和扦插技术等。直播多用于草灌种植；移栽的苗木较大，生长起来较快，对于能固氮的植物和有须根的植物，移栽时可把苗圃内的有益菌带到新垦地内，促使植株健壮生长；扦插物种适宜于温暖湿润的气候。对于既干旱又寒冷的地方，可以采取一些人工措施，如地膜覆盖、浇水灌溉等。

### (二)水土流失退化土地生态修复技术

水土流失主要是由于降水、地表流水、洪水侵蚀、冲蚀地表而造成生态环境的退化，一方面，水土流失使土壤流失，肥力降低而造成土地退化；另一方面，土壤侵蚀过程中，地表植被也因冲蚀而被破坏而造成大片裸地。水土流失导致土壤环境干旱、贫瘠化，水土流失地植被的结构、组成发生逆行演替，造成植被退化。水土流失是一个生态系统退化的过程。水土流失退化土地生态恢复工程是以小流域为单位，生物措施、工程措施、农业措施相结合，应用生态工程原理实施山、水、林、田、路的综合治理技术体系，从优化流域生态系统的角度出发，坚持生态效益与经济效益统一、治理与并发相并重，优化行业用地结构，使各项技术措施相互协调、互相促进，实现生态-经济-社会效益统一的目标。水土流失退化土地生态恢复工程的技术主要包括农耕技术措施、工程措施和生物措施 3 种。

### 1. 农耕技术措施

农耕技术措施是水土流失退化土地生态恢复工程的基本措施，因地制宜地通过改变耕作习惯防止水土流失、保持土壤肥力、增加农业生产。

### 2. 工程措施

水土流失退化土地工程措施可分为坡面治理工程、沟道治理工程及护岸护坡工程。坡面治理工程包括梯田工程和坡面蓄水工程两种类型；沟道治理工程包括沟头防护工程、谷坊工程和修建拦沙坝或淤地坝。

### 3. 生物措施

在水土流失区域内开展植树造林、种草，恢复地表植被，可以大面积减少水土流失，迅速改善生态环境，促进当地经济的发展。根据当地具体条件，科学采取生物工程措施，合理配置林草、选择林草种。应坚持乔灌草结合，积极发展经济林；对用材林、薪材林和饲料林等加强管理。

# 第七章　矿区土地复垦技术经济评价方法

## 第一节　概　述

矿区土地复垦规划通常需对多个复垦方案进行比较。复垦规划实施后，为总结经验、科学管理复垦项目，也需对复垦投资效益及复垦后收益出恰当评价。

### 一、土地复垦技术经济评价的作用

**1. 作为复垦决策的依据**

矿山土地复垦工作中，常碰到的决策问题有：复垦工程措施与复垦方向的选择；征地迁村方案的选择；为了复垦的利益，是否需要采取采矿措施的决策等。

**2. 对复垦效益作出客观评价**

复垦的最终目的是恢复土地的生产力和矿区的生态平衡，那么在土地复垦项目实施后是否达到了这一目标以及实现这一目标的程度如何，可以通过技术经济评价方法出客观评价。

**3. 为筹措复垦经费提供依据**

在我国现阶段，落实复垦资金是复垦工程能否上马以及能否高标准复垦的关键，通过复垦费用的构成分析与概预算，可为筹措复垦资金提供依据。

**4. 为分析土地复垦对采矿业和能源成本的影响提供依据**

一般矿山设计都已要求有土地复垦内容或专门的章节，对矿山设计阶段的复垦设计作出客观的经济分析，可为分析土地复垦对采矿业成本的影响提供依据。

### 二、复垦经济评价的几个概念

**1. 投资**

投资就是以赢利为目的的投放资金的行为。

投资总额由固定资金、建设期借款利息和流动资金几部分组成。

复垦项目的固定资金包括土方、复垦机械、桥涵等水利设施、道路工程等的一次性投入。流动资金是土地复垦利用过程中逐年投入的费用，如劳动力投入、土壤改良费用、每年排水费用等。

为便于方案比较，复垦投资可用单位面积的投资总额表示。

#### 2. 成本

成本是指企业在一定时间内为生产、销售一定量的商品而支出的全部费用。它由经营成本、利息和折旧费所组成。

复垦成本可用单位面积、单位时间内生产一定量的商品而投入的费用来计算。对煤炭企业来说，因开采破坏的土地需要复垦而引起吨煤成本增加，用“元/吨煤”表示。

#### 3. 税金与利润

税金是国家集中纯收入的主要形式。

目前，我国开征的与土地有关的税种有耕地占用税、城镇土地使用税以及土地增值税。

《土地复垦规定》对复垦土地的税收是这样规定的：复垦后土地用于农、林、牧、渔业生产的，依照国家有关规定减免农业税；用于基本建设的，依照国家规定给予优惠。

利润是产品销售收入中扣除产品成本和税金后的余额。产品销售收入取决于产品数量、质量和销售价格。销售收入和利润也都可用单位面积的收入和利润表示。

#### 4. 资金的时间价值

资金的时间价值表现为一定时间的资金所支付的利息或表现为一定数量的资金投入在一定时间内获取的利润。

投资效益的时间因素计算可分为一次投资、分期投资、定期等额投资和定期不等额投资等情况，各种情况的计算方法参看有关技术经济评价书籍。

### 三、复垦项目经济评价方法

与国家建设项目类似，复垦项目经济评价也分为财务评价和国民经济评价。

财务评价是指在国家现行财税制度和价格体系的条件下，从项目财务角度分析、计算项目的财务盈利能力和清偿能力，据以判断项目的财务可行性。

国民经济评价则是从国家整体角度分析，计算项目对国民经济的净贡献，据以判断项目的经济合理性。

据国家计划委员会和建设部共同发布的《建设项目经济评价方法与参数》，财务评价和国民经济评价的结论均可行的项目，应予通过。国民经济评价结论不可行的项目，一般应予否定。对某些国计民生急需的项目，如国民经济评价合理，而财务评价不可行，应重新考虑方案，必要时也可向主管部门提出采取相应经济优惠措施的建议，使项目具有财务上的生存能力。

过去在一些地方流传这样一种说法，“复垦种粮不如种菜，种菜不如养鱼来得快”，如果上升到理论高度，这种说法应该是从财务评价角度而言的。而《土地复垦规定》要求尽量复垦为耕地或其他农用地，鼓励种粮食，这则是从国民经济评价角度提出的。

建设项目经济评价中，常用财务内部收益率 FIRR，投资回收期 $P_t$、财务净现值 FNPV、投资利润率、投资利税率、资本金利润率等指标评价项目财务盈利能力。用经济内部收益率 EIRR 和经济净现值 ENPV 来评价国民经济盈利能力。

FIRR、$P_t$、FNPV、EIRR、ENPV 指标可分别用式(7-1)至式(7-5)计算。

$$\sum_{t=1}^{n}(\mathrm{CI}-\mathrm{CO})_t(\mathrm{FIRR}+1)^{-t}=0 \tag{7-1}$$

$$\sum_{t=1}^{P_t}(\mathrm{CI}-\mathrm{CO})_t=0 \tag{7-2}$$

$$\mathrm{FNPV}=\sum_{t=1}^{n}(\mathrm{CI}-\mathrm{CO})_t(1+i_c)^{-t} \tag{7-3}$$

$$\sum_{t=1}^{n}(B-C)_t(1+\mathrm{EIRR})^{-t}=0 \tag{7-4}$$

$$\mathrm{ENPV}=\sum_{t=1}^{n}(B-C)_t(1+i_s)^{-t}=0 \tag{7-5}$$

式中：$(\mathrm{CI}-\mathrm{CO})_t$——第 $t$ 年的净现金流量；

CI——现金流入量；

CO——现金流出量；

$n$——计算期；

$i_c$——行业基准收益率或设定的折现率；

$B$——效益流入量；

$C$——费用流出量；

$(B-C)_t$——第 $t$ 年的净效益流量；

$i_s$——社会折现率。

当 FIRR$\geqslant i_c$时，即认为盈利能力已满足最低要求，在财务上是可以考虑的。

当 $P_t \leqslant P_c$时，$P_c$为行业的基准投资回收期，表明项目投资能在规定的时间内收回，FNPV$\geqslant$0 的项目是可以考虑接受的。从国民经济评价角度来分析，EIRR$\geqslant i_s$时，表明项目对国民经济的净贡献达到或超过了要求的水平，这时应认为项目是可以考虑接受的。ENPV$\geqslant$0 表明国家为建设项目付出代价后，可以得到社会折现率的社会盈余，或除得到符合社会折现率的社会盈余外，还可以得到以现值计算的超额社会盈余，这时就认为项目是可以考虑接受的。

对复垦项目进行经济评价时，需根据复垦资金来源、复垦方向、复垦管理形式(如承包、租赁)等因素选择评价方法和评价指标。

如采用银行贷款方式获得复垦费用的，需考虑以投资回收期指标作为评价依据；复垦后土地直接用于基本建设的，因其费用是从该基建项目投资中列支的，所以其经济评价应和该建设项目一起进行综合评价。

## 四、复垦项目与国家建设项目经济评价的区别

虽然复垦项目经济评价可以借鉴国家建设项目经济评价的方法，但两者仍存在较大的区别。

### 1. 经费来源与偿还形式

建设项目的资金来源有国家财政款、银行贷款、集资和发行股票等方法，贷款、集资需要在一定的时间内偿还本利，股票在企业盈利的情况下需分红。

复垦项目按“谁破坏谁复垦”的原则，其资金来源有 4 种方式：①生产过程中破坏的土地，土地复垦费用从企业更新改造资金和生产发展基金列支；②复垦后直接用于基本建设的，土地

复垦费用从该项基本建设投资中列支；③由国家征用并能够以复垦后的收益形成偿付能力的，土地复垦费用可以用集资或向银行贷款的方式筹集；④生产中破坏的国家征用土地，企业还可用自有资金、贷款、集资或承包等方式，但土地使用权和收益分配视复垦费用来源确定。

对贷款和集资方式获得的复垦资金的偿还需要用复垦后的收益偿还本利，而从基建投资中列支的复垦资金无需用复垦后的收益偿还，应从基建项目的收益中偿还。

**2. 投资的目的**

基本建设项目投资的目的是为了盈利。

复垦项目投资的目的是恢复土地的生产能力及恢复矿区的生态平衡，因此它既有经济的目的，也有保护环境以及解决社会问题的目的。这里所说的社会问题包括矿区农村剩余劳动力就业、口粮供应等。

**3. 收益的表现形式**

基本建设项目的收益是以销售产品获得的收入实现的。

复垦项目的收益则包括多方面的，如销售农产品的收入、恢复道路交通和水利设施而产生的经济效益和社会效益、减少环境污染而产生的生态环境效益、恢复植被的生态效益、提供就业和口粮的社会效益等。

**4. 项目计算期**

无论是建设项目还是复垦项目，经济评价都要求以动态分析为主，静态分析为辅。

建设项目的计算期包括建设期和生产经营期。建设期根据项目的实际情况确定，生产经营期一般不宜超过 20 年。

复垦项目的计算期则可分成恢复期和正常生产期。

恢复期是指复垦初期土地生产能力逐年上升时期，对恢复原用途的复垦项目，恢复期可计算至恢复到原生产水平或当地同类用途的土地的平均生产水平为止，对恢复成其他用途的复垦项目，恢复期可计算至恢复到当地同类用途土地的平均生产水平或逐年上升至渐趋稳定的年份为止。

正常生产期则是指恢复期后的正常生产时期，对于复垦项目来说，某些投资可以说是一劳永逸的，如复垦为耕地的土方投资，但为便于经济评价，正常生产期可从恢复期结束起计算至土地利用发生改变的年份为止。我国较长期的土地规划期限是 30 年，因此，可以用 30 年作为正常生产期，特殊情况下，也可选 20 年或高于 30 年的更长时间作为正常生产期。

**5. 评价的目的和结论**

建设项目经济评价的目的是根据国民经济和社会发展战略和行业、地区发展规划的要求，在做好产品（服务）市场需求预测及厂址选择、工艺技术选择等工程技术研究的基础上，计算项目的效益和费用，通过多方案比较，对拟建项目的财务可行性和经济合理性进行分析论证，做出全面的经济评价，为项目的科学决策提供依据。其结论可以是否定的，即否定项目的实施，也可以是肯定的，或提出修改建议后肯定项目的实施。

复垦项目经济评价的目的则是在一定的资金、资源条件下，对多个方案进行比较，选择最优方案或对已实施的项目做出复垦效益的评价。其结论总是在复垦项目实施的前提下做出的，因为按照法规，矿山企业破坏的土地是必须采取复垦措施的，评价的结论总是哪一个复垦方案较好或某一个复垦方案实施后效益如何。

尽管复垦项目和建设项目经济评价存在以上区别，但也有许多共同之处，最重要的一点是两者都以投资为形式、以收益为目的。因此，才使得复垦项目经济评价可以借鉴建设项目的经济评价方法。

## 第二节　矿区土地复垦费用构成

矿区土地复垦费用计算是经济评价的基础，也是筹集复垦资金的依据。

### 一、矿区土地复垦费用的形式和一般构成

土地复垦费用按其投入时间，可分为一次性投入和经常性投入及不定期投入。如复垦机械、复垦土方、道路与水利设施等均为一次性投入；按土壤改良计划逐年投入的改土费用、沟渠清淤费用等属经常性投入；复垦机械的维修费用等为不定期投入。按资金的固定形式分为固定资金投入和流动资金投入；按资金投入工程阶段的不同，分为工程复垦费用、生物复垦费用和其他费用。

#### 1. 工程复垦费用

工程复垦费用是指工程复垦阶段所发生的一切费用的总和。

它包括复垦所使用机械设备费用，排灌费用，复垦区道路整修费用，土地平整、回填和覆盖表土费用，修筑其他附属设施（如桥、涵、闸、站等）费用。复垦为建筑用地时还包括采用特殊的地基处理方式和建筑结构措施而额外增加的费用。

#### 2. 生物复垦费用

生物复垦费用是指发生在生物复垦阶段一切费用的总和。

它包括种植费用和复垦管理费用。

种植费用又包括土壤改良、施肥、耕作、播种等费用。严格地讲，生物复垦费用应该是因采取复垦措施而额外增加的那部分种植费用，由于恢复期内额外增加的这笔费用较一般土地上的种植投入大得多，可用全部种植费用表示生物复垦费用。

复垦管理费用是指生物复垦阶段各种管理费用之和，如耕作管理、除草、施肥、灌溉等管理措施所发生的费用。

#### 3. 其他费用

其他费用是指既没有发生在工程复垦阶段，也没有发生在生物复垦阶段的费用。

它包括土地复垦工程实施前的规划设计费用、复垦工程实施后的科研试验费用以及其他不可预见费用。

表 7-1 为我国某地下开采煤矿塌陷地非充填复垦费用的构成情况。

表 7-1 某矿非充填复垦费用构成情况

| 类别 | 项目 | 费用/万元 | 占比/% |
|---|---|---|---|
| 工程复垦 | 疏排工程(防洪、排涝、降渍) | 1 301.3 | 17.9 |
| | 道路工程(土方、占地损失等) | 401.5 | 5.5 |
| | 灌溉工程(渠系、灌站等) | 480.0 | 6.5 |
| | 土方工程(平整、挖塘等) | 2 800.5 | 38.5 |
| | 附属设施(架线、涵闸桥等) | 1 205.5 | 16.6 |
| | 小计 | 6 188.8 | 85.1 |
| 生物复垦 | 施肥改土(增施氮肥、秸秆还田等) | 200.0 | 2.75 |
| | 耕作改土(深耕晒垡,复垦设施维修管理等) | 210.0 | 2.9 |
| | 灌排水费(增加浇灌次数等) | 180.1 | 2.5 |
| | 种植养殖管理(改变耕种习惯的增额) | 200.0 | 2.75 |
| | 小计 | 790.1 | 10.9 |
| 其他 | 规划设计与科研试验费 | 85.0 | 1.2 |
| | 占地损失费 | 205.0 | 2.8 |
| | 小计 | 290.0 | 4.0 |
| 总计 | 复垦区总面积 1 333.3hm$^2$ | 7 268.9 | 100 |

由表 7-1 可看出开采沉陷疏排法复垦费用构成中工程复垦费用占 85.1%,生物复垦费用仅占 10.9%。需要说明的是这种比例构成不是一成不变的,它与土地破坏程度、复垦区原有防洪除涝设施等其他相关条件有关。

但就其一般规律而言,工程复垦费用一般总占较大比重,只是不同的复垦形式,工程复垦与生物复垦费用间的比例大小稍有差异。如粉煤灰充填复垦,由于充填的费用往往由电厂支付,生物复垦费用的比例可能大些。对露天矿山复垦来说,据美国的研究报道,剥离物堆(即排土场)的重新整形约占总复垦费用的 90%,每英亩采后土地要用去 6000～20 000 美元。因此,不少人提出了改革露天矿山开采与排土的工艺措施,从而减少这笔工程复垦费用。

## 二、矿区土地复垦成本核算

### 1. 复垦成本的类型

按评价目的不同,土地复垦成本核算分为两类:

一是从煤炭企业角度来说,往往要核算因土地复垦而使吨煤成本增加的费用,称之为一类成本。

二是从土地生产力恢复角度来评价,用单位面积单位产量需要投入的复垦费用计算,称之为二类成本。

一类成本核算通常是矿山企业经济评价的重要内容,直接影响矿山企业的效益。因我国目前采煤破坏土地通常是采取征用、逐年赔偿的办法,国家对企业复垦的要求和收益分配还缺乏配套的政策措施，因此我国现阶段对这类成本的计算还不多，通常是采用吨煤征迁补偿费用来估算煤炭成本的。

《建设项目经济评价方法与参数（第二版）》中提供的吨煤地面塌陷赔偿费用为0.1元。实际上该值在我国不同的矿区波动较大，高达5～10元/t。

一般情况下，吨煤塌陷赔偿费用要高于吨煤复垦费用。国外对吨煤复垦成本的核算是经济评价中一项重要的工作，如美国《露天采矿复垦与管理法》中规定露天开采煤炭交35美分/t作为复垦费，地下开采交15美分/t或售价的10%作为复垦费。褐煤交10美分/t或售价的2%作为复垦费。

二类成本是复垦投资者和复垦土地使用者关心的一项指标，直接影响复垦工程的效益。

与一类成本相比，二类成本计算起来较为复杂。二类成本又分为单位复垦面积的成本（简称面积成本）以及单位产品产量的复垦成本（简称产量成本）。

面积成本通常是指单位面积的复垦投入，不包括逐年经营投入，实际上是发生在复垦初期的固定投资，相当于基建投资。

而产量成本是将初期投资分摊至各年加上逐年的经营费用而得到的成本，面积成本不能作为比较方案优劣的依据，只有在复垦后单位面积产量相等及逐年经营费用相等的情况下，才可用面积成本来比较方案的好坏。

一般应用产量成本作为方案比较的依据。过去常用面积成本作为制定土地复垦规划的指标。实际上是不妥的。

**2. 复垦成本的计算**

关于初期投资的分摊，应考虑两个因素，即时间因素和面积因素，首先考虑面积因素。如复垦工程中常有一些工程项目不仅为复垦区域服务，还为复垦区域以外的土地或非农行业服务，如水库、道路、排灌系统等，可采用面积分摊的方法计算复垦成本。

$$C_i = P_i / S_i \tag{7-6}$$

式中：$C_i$——第 $i$ 项公共工程（如水库）投资发生的成本（元/$hm^2$）；

$P_i$——第 $i$ 项公共工程的投资（元）；

$S_i$——第 $i$ 项工程服务的总面积（$hm^2$）。

只为复垦区域服务的工程投入（如土方投入），按式(7-7)计算面积成本。

$$C_j = P_j / A \tag{7-7}$$

式中：$C_j$——第 $j$ 项工程发生的成本（元/$hm^2$）；

$P_j$——第 $j$ 项工程的投资（元）；

$A$——复垦区域面积（$hm^2$）。

于是，总面积成本为：

$$C = \sum_{i=1}^{m} C_i + \sum_{j=1}^{n} C_j + C_0 \tag{7-8}$$

式中：$C$——总面积成本（元/$hm^2$）；

$m$——公共工程项目的个数；

$n$——纯为复垦区域服务的项目个数；

$C_0$——其他费用（如开挖水库导致土地资源的损失）分摊在复垦范围内的成本（元/$hm^2$）。

计算产量成本时需按时间因素分摊，分摊的时间域为整个计算期，具体方法与一般的经济评价计算相同。

### 三、影响复垦成本的因素

影响复垦成本的因素较多，不同类型的成本，其影响因素也不完全一致。

#### 1. 吨煤复垦成本的影响因素

吨煤复垦成本的影响因素主要有地质条件、采矿方法以及土地破坏前的用途、复垦区域排灌系统的基础条件等。地下开采矿山吨煤复垦成本一般较露天开采矿山小。

地下开采矿山吨煤复垦成本的影响因素有采厚、可采煤层层数、采深、下沉系数、采煤方法、复垦方法、充填料的来源、土地破坏后原公共设施（道路、桥涵、闸等）可供利用的状况等。上述因素在估算吨煤复垦成本时，可以用一些综合指标来代替，如用万吨塌陷率和塌陷深度表示地质采矿条件造成的土地破坏程度。

露天开采矿山吨煤复垦成本的影响因素有开采煤层厚度、深度、覆岩的理化特性、排土的运输距离、机械化程度、工作组织、复垦后土地用途、当地的农业气象条件、覆土的土源等。

露天矿复垦成本还与复垦工程进展的时间有关，当复垦工艺与采矿工艺同时并进时，复垦费用有时会比单独复垦减小一半。两者同时进行有很多好处，如按岩性分排分堆，便于构造复垦后的新土壤剖面；可充分利用采掘机械设备为复垦服务；用倒堆法开采可减少排土场占地，同时保证随采随复垦等。

#### 2. 面积成本的影响因素

对吨煤成本来说，多采煤少占地可减少复垦成本，但多采煤少占地，往往破坏土地严重，如塌陷深度大、积水深。因此，对这一类矿山破坏的土地进行复垦，面积成本就大。

也就是说面积成本与土地破坏程度成正比。除此之外，面积成本与吨煤复垦成本的影响因素类似。

#### 3. 产量成本的影响因素

复垦条件相同的情况下，如复垦对象、复垦方法及复垦后土地利用方向相同时，面积成本越大，可能使复垦后产量较高，因而面积成本和产量成本是相关的，视实际情况，面积成本越大，产量成本可能大也可能小，理论上讲应有一个比较合适的面积成本使整个复垦过程中的投入较小而收益最大。

一般情况下，当初期投入适当增加可使产量迅速上升时，应该增加初期投入，即增加面积成本。

## 第三节　矿山开发引起的生态环境破坏经济损失评价方法

矿山开发对生态环境的破坏是相当严重的。如何评价生态环境破坏造成的经济损失，对评价煤炭开发方案和确立生态环境治理方案，包括土地复垦都是十分必要的。因这方面的工作国内开展得较少，但又日益为决策者及有关学者重视，下面对此问题作一简要的论述。

## 一、矿山开发引起的生态环境破坏经济损失类型

矿山开发引起生态环境破坏的经济损失按影响形式分为自然资源破坏和非自然资源破坏(图 7-1)。

按破坏性质分为直接损失和间接损失。

直接损失主要计量煤炭开发引起的资源和能源损失及防止各种破坏而投入的费用,直接损失比较容易定量计算。

间接损失即为通常所说的污染引起的损失,包括大气、水、土壤和生物的污染与损失及景观美学价值的破坏等。间接损失往往是较难估算的。

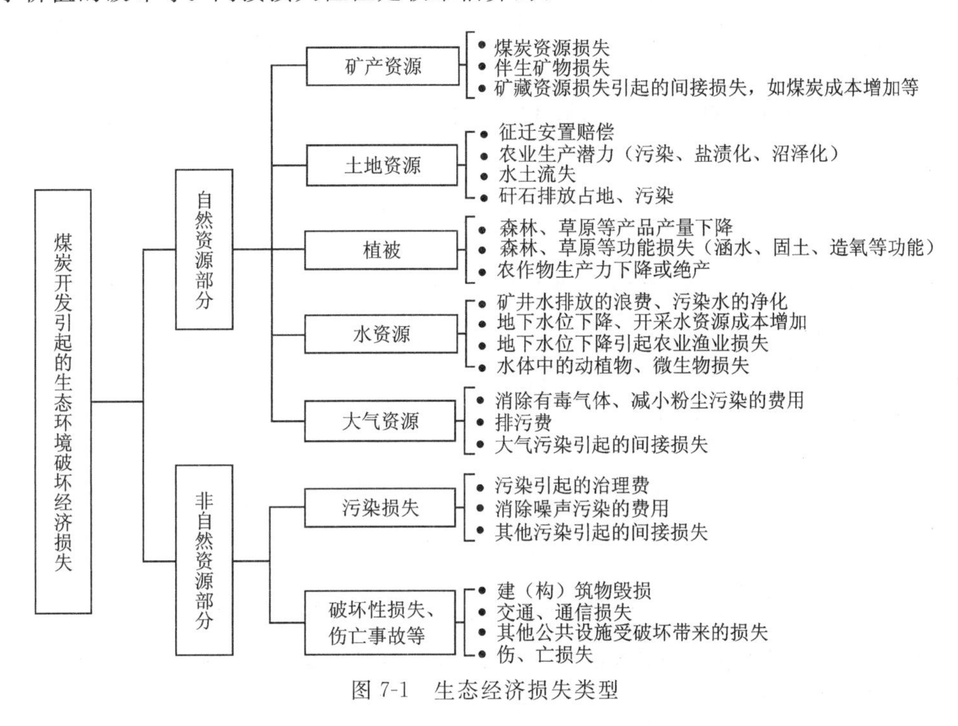


图 7-1　生态经济损失类型

## 二、矿山区生态环境破坏经济损失评价时空边界的界定

生态环境破坏往往会引起链式反应,其过程既是一种复杂的循环式过程,也是一种环环相扣的过程。

如开采导致耕地减少,耕地减少导致农村剩余劳动力增加,剩余劳动力增加又导致一系列社会问题,如经商人数增加、社会失业率上升等。显然其破坏造成的影响已由开采范围波及到整个社会。

因此,在生态环境破坏损失评价之前,对评价的时空范围进行界定是十分必要的。

### 1. 空间边界

由图 7-1 知,生态破坏的对象较多,而不同的对象具有不同的结构和功能特点,因此,对不同对象,评价的空间边界也是有区别的。矿藏、土地、植被等资源往往以矿区范围作为空间边界即可,水、气资源等按其影响波及的范围计算,往往要大于矿区边界范围。

**2. 时间边界**

时间边界的起点从地质勘探征用土地开始，到受破坏的生态环境要素恢复时为止。

## 三、矿山生态环境破坏经济损失评价方法

**1. 评价的指标**

按不同的评价目的，评价指标可以用年生态环境破坏经济损失量(元/a)、万吨煤生态环境破坏经济损失量(元/万 t)以及绝对经济损失量(元)表示。

**2. 评价方法**

矿山开发引起的生态环境破坏经济损失可用下式计算。

$$D=D_n+D_f=D_1+D_2+D_3+D_4+D_5+D_6+D_7 \tag{7-9}$$

式中：$D_n$——自然资源损失部分；

$D$——总损失；

$D_f$——非自然资源损失部分；

$D_1$——矿藏资源损失；

$D_2$——土地资源损失；

$D_3$——植被资源损失；

$D_4$——水资源损失；

$D_5$——大气资源损失；

$D_6$——非自然资源污染；

$D_7$——非自然资源破坏。

$D_1 \sim D_7$，各项损失的计算可参考资源环境经济学等有关文献的计算公式进行。常用的方法有市场价值法、影子工程法、机会成本法、恢复和保护费用法、生态破坏调查评价法、费用效益法等。

# 第四节 矿区复垦土地生产力的技术评价

## 一、土地生产力的概念

所谓土地生产力，在农业上是指一个地区的土地能生产人们可能利用的能量和蛋白质的能力，对耕地和粮食作物来说，土地生产力就是单位面积耕地生产粮食的能力或数量。

影响土地生产力的因素很多，可将其大致分为两类：一类是不易在短期内改变的自然、经济因素，即所谓稳定因素，人们只要充分、合理地利用它们，并保持其稳定性，土地就能得到持续的、较高的效益；另一类是较易受人为活动影响的易变因素，土地使用者追加劳动投入可以在短时期内改变一系列因素的自然、经济属性，使土地的生产力发生变化。

## 二、复垦土地生产力的技术评价方法

### (一)土地的生产力评价与适宜性评价的区别

本节所述的复垦土地生产力的技术评价方法与第四章第三节所述的待复垦土地的适宜性评价方法的着眼点和处理手段均有明显的差异。

适宜性评价主要以土地的自然属性对土地利用能力或土地利用适宜性的影响大小为评定尺度,同时也考虑社会经济因素的影响。

在评定过程中,以土地生产力的较稳定影响因素如地面坡度、水侵蚀程度、风蚀程度、障碍土层深度、土壤质地、土壤肥力、土壤酸碱度、地表积水情况、水源保证率等作为鉴定指标,衡量土地对某种或多种作物的适宜性或适宜程度。这是一种从原因入手的间接评价方式。其评价结果反映的是土地稳定因素的好坏和土地生产力高低的总体趋势,不是最终产量,在经过评价具有高度适宜性的土地中,其稳定因素和组成形式必定是好的,但可能包含了一部分目前实际高产的土地和一部分产量较低的土地。

复垦土地生产力的技术评价是以土地的易变因素(如微地貌,土壤中的 P、N、K 含量,资金投入,人工投入,产值,资金效益等)作为基本依据。其评价结果表示的是已复垦土地现实具体生产力的高低,因而可以和某个产量对应。在经过评价后生产力高的土地中,土地易变因素的配合肯定是好的,但可能包含了一部分稳定因素好的土地和一部分稳定因素不够好的土地。

矿区复垦土地生产力技术评价的目的是:评定已复垦土地的质量,正确反映土地资源质量的增减;满足地籍管理的需要,提供可比的土地等级;为运用经济手段管理复垦土地提供基础资料;满足国家土地税收的需要。

复垦土地生产力技术评价的工作程序如图 7-2 所示。

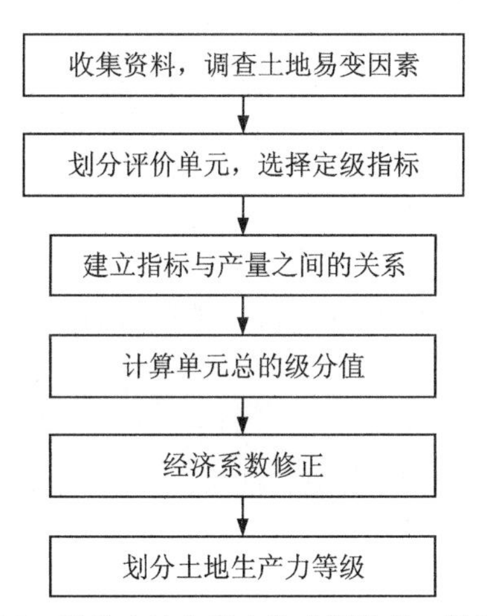


图 7-2　复垦土地生产力技术评价的一般程序

### (二)土地生产力技术评价的工作程序

首先是收集资料,调查土地易变因素,在此基础上划分评价单元和选择定级因素。

其次,建立指标与产量之间的关系,并将定级因素指标数量化。

再次，再计算出各单元的总的级分值，并利用经济系数对其进行修正（即将各单元总的级分值乘以经济系数）。

最后，按各单元修正后的总级分值的高低划分生产力的等级。经济修正系数的确定采用相对值法，即按与当地实测的土地"平均产出效益"与全国或区域"最佳产出效益"指标之比计算。

经过经济系数修正后划分的土地生产力等级，反映了在目前社会平均产出水平上土地收益的差异，在全国范围内具有可比性。

### （三）土地生产力技术评价的方法

由于矿区复垦土地的生产力评价与待复垦土地的适宜性评价的目的和要求不同，所以，它们的具体工作方法（如选择评价因素）就有一定的差别。

虽然如此，这两类评价工作的方法和步骤仍有很多相同或相似之处，如土地的生产力评价，首先也是根据土地的自然和经济因素的差异，采用综合评分法、指数和法或模糊集合综合评价等间接评价法进行等级评定，所不同的是，最后要用经济系数对间接评价结果进行修正。

下面仅说明复垦土地生产力技术评价中要注意做好的几项工作。

#### 1. 准备工作

首先要组织工作人员队伍，收集资料。要广泛吸收当地有经验的农民参加。对影响土地生产力起主导作用的某种因素，要进行深入细致的调查，或取样进行化验分析。要充分利用现有土肥、农业经验资料。

评价工作的底图，一般可利用县、乡 1∶10 000 地形图，也可用小平板仪草测，其比例尺可根据评价的范围及评价单元的面积的大小，采用 1∶2000 或更大的比例尺。如果已有地籍图，则直接利用地籍图最为方便。

#### 2. 划分评价单元

评价的基本单元，要结合承包地块的现界，按划分土地适宜性评价单元的基本原则进行划分。

属于同一个评价单元的地块，其地形、坡向、坡度、土种（或土属）及其土质、肥力、农田水利设施等主要因素的指标要基本一致。

基本评价单元的划分，既要考虑土地因素的一致性，又要注意保持承包户地块的完整性。

评价单元确定之后，应绘制成图，在图上标明各评价单元的大小、位置及其编号。

#### 3. 定级因素的选取

复垦土地生产力评价所用的定级因素是土地的易变因素而不是稳定因素，表 7-2 列出了一些主要的易变因素指标，可供选择定级因素时参考。

欲使复垦土地生产力的评价结果很好地符合实际情况，各地块计算的产量要精确可靠，指标对产量的影响关系要详细、具体，为此，应组织有经验的当地农民参与评价工作。通过民主协调评议的办法，核实各地产量以及指标和产量的关系。

表 7-2　某矿非充填复垦费用构成情况

| 土地自然因素 | | | 土地位置 | 土地利用水平和利用方式 | | | 土地利用效果 | | |
|---|---|---|---|---|---|---|---|---|---|
| 地形地貌 | 土壤 | 水文 | | 利用方式 | 投入 | 农田水利设施 | 产量 | 产值 | 资金效益 |
| 坡度 | 耕层厚度 | 灌溉与排水能力 | 离居民点的距离 | 种植作物 | 施肥 | 农田水利设施 | 总量 | 产值 | 费用偿还率 |
| | | | | | 种子 | 设施保证率 | 单产 | 净产量 | |
| 土壤侵蚀 | 犁底层深度 | 与水源的距离 | | | 资金投入 | 长度 | | 单位面积产值 | 成本效益率 |
| 地块大小 | 速效N | | | | 人工投入 | 流量 | | | 级差收益 |
| 地块平整状况 | 速效P | | | | 投资来源 | 水型水利工程 | | | |

# 第五节　矿区征迁工作中的概预算方法

## 一、征迁工作的程序

随着矿区地下开采引起的地表塌陷范围的扩大，矿区内越来越多的土地及其上附着物遭受破坏。为了处理好工农关系，保证矿山生产的正常进行，必须妥善地做好矿区征迁工作。矿区征迁工作一般应按下面的程序进行。

(1)矿方根据井下开采计划和开采沉陷的有关参数，预计地表的影响范围及其上附着物的损害程度，在开采之前将预计结果通报当地县以下人民政府。

(2)有关各方联合到现场调查采动影响范围内的土地及其上附着物的结构、面积、数量、质量等。矿方还要了解其他各方对征迁工作的意见和要求。

(3)矿方根据现场调查结果和采动影响预计结果制定征迁工作计划，其内容包括对地面上各种附属物的处理方案(如将房屋拆迁或是加固等)、征迁费用预算和付款办法。

(4)依据各级人民政府制定的征迁工作有关规定和补偿费用计算标准，有关各方对征迁费用及其他有关事宜进行协商，最后签订协议，并由国家公证机关予认公证。

(5)在监督机关(乡或县政府、自然资源局)的监督下具体实施征迁工作计划。

## 二、征迁费用分类

矿区征迁费用的构成较为复杂，但归纳起来可分为以下 5 类。

### 1. 征地费

按国家《土地管理法》及有关征用土地法规的规定，因采矿影响农业生产，凡经过整治能恢复耕种的土地应赔青苗和支付整治费，对已经塌陷破坏不能耕种的土地实行一次征用。支付土地补偿费、安置补助费和青苗补偿费。

### 2. 房屋补偿费

因采矿而遭受损害的房屋，按其损害程度支付补偿费，对于拆迁的房屋，按其原有结构类型和建筑面积大小支付补偿费，需要补充的主要建筑材料的购买及运输费用包括在补偿费之内。

### 3. 村庄搬迁费

村庄搬迁费包括新村址的征地费、旧村址上每家每户的拆迁房屋及其他附着物（如水井、厕所、树木、牲畜家禽圈舍等）的补偿费。

### 4. 土地复垦费

此项费用是指村庄搬迁后，将旧村址范围内的土地复垦为耕地所需的费用。

### 5. 公共事业费

公共事业费包括供电和供水设施、公路和铁路、学校、乡镇企业、村办企业以及属于集体所有的树木等的补偿费。

## 三、征迁费用概预算方法

### 1. 征地费的预算方法

目前，矿区征地一般是一次性征用。

各项征地补偿费用的具体标准、金额由市、县政府依法批准的征地补偿安置方案规定。土地被征用前3年平均年产值的确定（有关土地补偿费、安置补助费的补偿标准）按当地统计部门审定的最基层单位统计年报和经物价部门认可的单价为准。

按规定支付的土地补偿费、安置补助费尚不能使需要安置的农民保持原有生活水平的，可增加安置补助费。原土地补偿费和安置补助费的总和不得超过土地被征用前3年平均年产值的30倍的土地管理规定，已经在2013年3月26日《土地管理法》中删除。

《土地管理法》规定，被征用土地，在拟定征地协议以前已种植的青苗和已有的地上附着物，也应当酌情给予补偿。但是，在征地方案协商签订以后抢种的青苗、抢建的地上附着物，一律不予补偿。被征用土地上的附着物和青苗补偿标准，由省、自治区、直辖市规定。实践中，可按下列办法执行：

青苗补偿费标准：在征用前土地上长有的青苗，因征地施工被毁掉的，应由用地单位按照在田作物一季产量、产值计算，给予补偿。具体补偿标准，应根据当地实际情况而定。对于刚刚播种的农作物，按其一季产值的1/3补偿工本费，对于成长期的农作物，最高按一季产值补偿；对于粮食、油料和蔬菜青苗，能够得到收获的，不予补偿，不能收获的按一季补偿；对于多年生长的经济林木，要尽量移植，由用地单位支付移植费，如必须砍伐的，由用地单位按实际价值补偿，对于成材林木，由林权所有者自行砍伐，用地单位只付伐工工时费，不予补偿。

征用无收益的土地，不予补偿。拆迁的房屋要占用耕地时，对原宅基地的土地征用不再给予补偿。

#### 2. 房屋补偿费的预算方法

采动影响范围内各种房屋的补偿费，应根据当地人民政府制定的有关补偿标准进行预算。

目前，征用土地上房屋以及其他附着物的补偿标准是由各省、市根据本地的具体情况制定。由于不同地区的经济发展不平衡，生活水平和物价差异较大，因而所制定的补偿标准也不同。另外，随着物价不断调整，各地的补偿标准在执行过程中也在不断地变动。

#### 3. 村庄搬迁费的预算方法

村庄搬迁费可按新村址征地费、旧村址上每家每户的房屋及其他附着物的补偿费分别进行预算。

征地费的预算方法如前所述，拆迁房屋及其他附着物的补偿费也是按当地政府制定的补偿标准进行预算。

对于一些暂未制定补偿标准的附着物，可根据具体情况适当确定补偿数额。

#### 4. 土地复垦费的预算方法

土地复垦费可参考本章第二节所述的矿区土地复垦费用构成，结合具体情况进行预算。

道路和管线等公共设施按有关管理部门的规定和实际情况进行补偿，其他公共建(构)筑物、果园等仍按当地政府制定的有关标准进行补偿。

## 第六节　土地复垦效益评价

土地复垦效益研究是矿山生态修复理论及其实践研究的一个重要组成部分，它主要指对已实施或完成的矿山土地复垦工程的综合效益进行系统、客观的分析评价，以确定工程建设所体现出的综合效益、综合效益发挥的好坏程度以及后续发挥能力的大小等。通过开展效益评价工作，找到土地复垦工作的成功经验与不足之处，并将信息及时反馈给相关部门，为本工程或未来新项目的决策、管理和建设提出合理化建议，从而达到综合效益最优化。通过分析土地复垦活动对社会、经济以及生态所产生的效应，不仅丰富了土地复垦理论，而且对规范与指导土地复垦实践活动具有重要现实意义。

### 一、土地复垦效益

#### (一)土地复垦效益分析

工矿区土地复垦是一项涉及多方面问题的复杂系统工程。提高工矿区土地复垦效益是保证矿产资源可持续利用的现实选择。土地复垦效益包括经济效益、生态效益和社会效益三方面。

### 1. 经济效益

土地复垦的经济效益是投入与产出的比率，是指土地复垦过程中，劳动的消耗量同符合社会需要的劳动成果的比较，其中劳动消耗量是指生产过程中实际消耗的劳动和物化劳动，不同生态系统，其衡量经济效益的指标不同。

### 2. 生态效益

土地复垦生态效益是指复垦工程中投入一定劳动，对生态系统的生物、非生物因素以及对整个生态系统的生态平衡产生某种效果，从而产生影响人类活动和生态环境的某种效益。

### 3. 社会效益

社会效益是指对生态系统投入一定的劳动后，生产的各类产品能够满足人们物质、文化生活方面需要的程度，反映在农业生态系统中，社会效益是由人们对物质和精神生活的满足程度这两类指标衡量的。

### (二)土地复垦效益评价的原则

综合性和差异性相结合原则。土地资源质量的优劣、适宜性范围及适宜度均是土地资源内部各要素物质和能量特征及其外部形态的综合反映，是各要素综合作用的结果，因此评价必须以综合性原则为基础。但对各个评价因素不应等量齐观，即对土地质量和适宜性的影响不同、复垦的难易程度和再利用所需费用也有很大差异，为此，在评价中确定不同权重，使不同因素的差异能够得到反映。

针对性和限制性相结合原则。土地评价应考虑具体的土地用途，其基本出发点是承认不同的土地用途对土地的要求也是不同的；此外，就某一因素对土地质量或适宜性处于临界值以下时，应采用最小限制律。根据最小限制律，分析对土地生产能力起限制作用的主要因素和改良措施。

经济-社会-生态效益相结合原则。在土地评价中，必须贯彻“十分珍惜和合理利用每一寸土地，切实保护耕地”的基本国策和遵循耕地总量动态平衡原则，土地用途首先考虑种植业利用，其次是林业和牧业利用。同时土地适宜性应以土地能够持续利用而不退化并不会给周围土地带来不良后果为条件，即在评价时要考虑土地和环境的演化，注意后效问题，即生态效益好。

科学性与可操作性相结合原则。为了使评价更切合实际，增强评价的实用性与可操作性，要求在评价过程中，采用一种既能保证质量又简便易行的评价方法，力争做到简便、实用，便于操作。

层次清楚且体系完整原则。土地资源系统是一多层次复杂系统，评价要正确反映其全貌，必须以这一原则为先导，依据区域情况，制定出科学的层次清楚的评价体系。

## 二、经济效益

土地复垦后，理应全面分析其经济效益、生态效益、社会效益，但是由于生态效益和社会效益一般难以定量，也难以用货币表示，一般侧重分析其经济效益。土地复垦工程的经济效益体现在两个方面：一是直接经济效益；二是间接经济效益。

### （一）直接经济效益

直接经济效益是指通过土地复垦工程对土地的再利用带来的农业产值。土地复垦后，绝大部分用于种植业、养殖业或林业，生产出农林产品，出售后可直接获得经济收入。如复垦后可生产粮食、蔬菜或生产木材、燃料、果品或生产牧草或蓄水灌溉、养鱼等。

当土地复垦后，其土地用于耕地、牧场、经济林、渔业时，其复垦土地总产值（$TS_1$），应根据农、林、牧、渔业的种植（养殖）面积、单位面积产量和当地农产品平均价格来计算。即：

$$TS_1 = \sum_{i=1}^{n} S_i Y_i V_i \tag{7-10}$$

式中：$TS_1$——复垦后土地的总产值（元）；

$i$——复垦后的种植、养殖类型；

$S_i$——第 $i$ 种种植、养殖业的用地有效面积（$hm^2$）；

$Y_i$——第 $i$ 种种植、养殖业农副产品的平均产量（$kg/hm^2$）；

$V_i$——第 $i$ 种种植、养殖业农副产品的价格（元/kg）。

复垦后用于防扩林的经济效益（$TS_2$），可按在防护林产生防扩效应后，保护区内农林产品 3～5 年的平均增长量来计算。

$$TS_2 = K\sum_{i=1}^{n} S_i Y_i V_i \tag{7-11}$$

式中：$TS_2$——防护林的经济效益（元）；

$S_i$——防护林的有效面积（$hm^2$）；

$Y_i$——防护林林产品平均产量（$kg/hm^2$）；

$V_i$——防护林林产品的价格（元/kg）；

$K$——防护林的分摊效益系数，可用实地调查并结合数理统计而求得。

复垦后用于用材林时，其经济效益可用林产品和林副产品的产值来确定。林产品的产值是林木间伐期和森林更新期的出材量乘以当地林产品的价格。

复垦用于水利的经济效益，可按当地建设同等容量水库的投资额来确定，或按灌溉区农作物的增产量来考虑，其计算公式类似防护林的。

复垦用于建筑的经济效益，可按比新征土地节约的资金和减免土地使用税来计算。依据“中华人民共和国城镇土地使用税暂行条例（2019 修订本）”的规定，工矿区土地使用税，年税额为 0.6～12 元/$m^2$，但经批准改造的废弃地，从使用的月份起免缴土地使用税 5～10 年。

**实例：**某项目通过土地复垦后，恢复耕地 3765$hm^2$，林地 322$hm^2$，草地 8$hm^2$，其他农用地 239$hm^2$（其中坑塘水面面积 131$hm^2$），交通运输用地 14$hm^2$，参考项目区当地耕地、林地、草地和水利设施用地（养殖），参考项目区当地经济效益（净），按照耕地每年 0.60 万元/$hm^2$，草地每年 0.50 万元/$hm^2$，林地每年 0.75 万元/$hm^2$，坑塘水面每年 0.90 万元/$hm^2$。复垦的土地每年可产生经济效益 2 622.4 万元（表 7-3）。如果复垦按照 20 年计算，考虑价差预备费收益，则总收益为 107 518.4 万元（表 7-4）。若本项目土地复垦工程总投资为 84 838.27 万元，则可获利润 22 680.13 万元。

表 7-3 年经济效益表(净效益)

| 类型 | 单位收益/(万元/hm²) | 面积/hm² | 年收益/万元 |
|---|---|---|---|
| 耕地 | 0.60 | 3765 | 2259 |
| 林地 | 0.75 | 322 | 241.5 |
| 草地 | 0.50 | 8 | 4 |
| 其他农用地(坑塘水面) | 0.90 | 131 | 117.9 |
| 合计 | | | 2 622.4 |

表 7-4 总直接经济效益表(净效益)

| 年份(n) | 年收益/万元 | $1.07^{N-1}$ | 动态年收益/万元 |
|---|---|---|---|
| 1 | 2 622.4 | 1 | 2 622.40 |
| 2 | 2 622.4 | 1.07 | 2 805.97 |
| 3 | 2 622.4 | 1.14 | 2 989.54 |
| 4 | 2 622.4 | 1.23 | 3 225.55 |
| 5 | 2 622.4 | 1.31 | 3 435.34 |
| 6 | 2 622.4 | 1.4 | 3 671.36 |
| 7 | 2 622.4 | 1.5 | 3 933.60 |
| 8 | 2 622.4 | 1.61 | 4 222.06 |
| 9 | 2 622.4 | 1.72 | 4 510.53 |
| 10 | 2 622.4 | 1.84 | 4 825.22 |
| 11 | 2 622.4 | 1.97 | 5 166.13 |
| 12 | 2 622.4 | 2.1 | 5 507.04 |
| 13 | 2 622.4 | 2.25 | 5 900.40 |
| 14 | 2 622.4 | 2.41 | 6 319.98 |
| 15 | 2 622.4 | 2.58 | 6 765.79 |
| 16 | 2 622.4 | 2.76 | 7 237.82 |
| 17 | 2 622.4 | 2.95 | 7 736.08 |
| 18 | 2 622.4 | 3.16 | 8 286.78 |
| 19 | 2 622.4 | 3.38 | 8 863.71 |
| 20 | 2 622.4 | 3.62 | 9 493.09 |
| 合计 | | | 107 518.4 |

所以进行土地复垦不仅有利于农业生产，而且具有良好的经济效益。

## (二)间接经济效益

间接经济效益是指通过土地复垦工程实施而减少的对项目区林地破坏等需要的生态补偿费。矿山实施土地复垦后，改善了矿区的生态环境，起到保持水土、防灾减灾诸方面的作用，降低企业在其他方面的开支，增加企业总体经济效益，这即为土地复垦的间接经济效益。可表现在以下几方面：

### 1. 保持水土，减轻泥沙危害

矿山开采，尤其是露天开采，大量岩土剥离，植被遭大面积破坏，土地损毁，水土流失严重，如昆阳磷矿开采区的水土流失量是未开采区的36倍。大量泥沙涌入河渠、水库，严重危害或损毁水利工程设施。国内外的实践业已证明，在矿区采取工程和生物措施的复垦后，能有效地减少水土流失量。在昆阳磷矿内排土场复垦试验区，恢复植被仅两年之后，复垦区的径流模数和输沙模数为未复垦地区的67%和44%，随着植被的生长，其保水保土效果更为显著。

土地复垦后，径流的输沙量减少，一则可以延长采场、排土场下游企业所建拦沙坝的使用寿命，二则可以降低企业用于清除沟渠、水库等水利设施中淤泥所花的人力、物力和财力，还可延长水利设施的使用期，其间接经济效益很明显。

### 2. 减少滑坡和泥石流造成的损失

泥石流和滑坡是我国露天矿排土场常见的自然灾害，据不完全统计，从1969—1984年，我国有18座矿山发生49次滑坡，20世纪70年代，已先后有20多座矿山发生泥石流。滑坡和泥石流给企业及毗邻地区造成了巨大的经济损失，少则几万元，多则几千万元。排土场滑坡和泥石流的原因是多方面的，但缺乏良好的排水系统和无植被覆盖是其重要原因。矿山排土场复垦后，通过加强管理，建立较为完善的排水系统，恢复植被，并辅以其他工程和生物措施，能有效地减少雨水的泥石流发生。这些措施已普遍运用于我国露天矿区治理滑坡和泥石流。复垦减少滑坡和泥石流的经济效益估计目前尚无确切的方法，中南工业大学的周亚军(1997)采用“数学期望值”，本节举一简例加以说明。

**实例：**某矿山企业通过对历年滑坡和泥石流灾害进行统计分析，其土场发生滑坡和泥石流的概率，在复垦治理前后分别为5%和2%，滑坡和泥石流给企业造成的损失年平均值为50万元，复垦治理投资为10万元，预计治理工程有效期为20年，基准贴现率为10%。

(1)治理以前。

年度损失期望值$E_1$：

$$E_1=50\times5\%=2.5(万元)$$

(2)治理以后。

基准贴现率10%，工程有效期为20年，查工程经济学表，等额支付资金恢复系数为0.1175。

投资资金年度恢复费用$A$：

$$A=10\times0.117\,5=1.175(万元)$$

年度损失期望值$B$：

$$B=50\times2\%=1.0(万元)$$

年度费用期望值$E_2$：

$$E_2=2.175(万元)$$

可见，复垦治理以后每年可降低滑坡和泥石流造成损失的净期望值为$E_1-E_2=0.375$万元。

### 3. 减少企业对当地农民的赔款

矿山开采，尤其是地下开采、深凹露天开采，以及矿山排放的有毒有害废水，造成地面塌陷、地下水位下降、土地污染，恶化矿山毗邻地区的农林生产环境，造成农作物减产或绝收，为此矿山每年都向当地农民支付不少的赔偿费或向农民免费提供水电，以满足农业生产的需求。而矿山复垦后，可有效地改善生态环境，增加农作物的产量，提高农民收入，减少企业的赔偿费。如煤矿企业复垦塌陷地后，可用于农业或渔业生产，经过 2～3 年的种植养殖后，可恢复到或超过当地平均生产水平，矿山不支付或少支付赔偿费用。

#### 4. 土地本身的增值效益

矿山废弃地采取复垦措施后，改善了土地生产利用条件，提高了土地使用价值。如原来的停止作业的排土场、采场、尾矿场，属于荒地，基本上无使用价值。而经复垦后，有的可成为宜农地、宜林地，能生产出农林产品，有的可成为建筑用地，甚至还有的可开辟风景旅游地，其使用价值提高，土地价格也相应提高。土地增值与自然条件和经济地理位置有关，一般说来，近城镇或交通干道的复垦地，其土地增值较快。各种土地增值可以按下式计算：

$$S_3 = \sum A_i (P_{i1} - P_{i2}) \tag{7-12}$$

式中：$S_3$ ——复垦后土地的增值（元）；

$A_i$ ——复垦后第 $i$ 种用土地面积（$hm^2$）；

$P_{i1}$ ——第 $i$ 种用地复垦后的地价（元/$hm^2$）；

$P_{i2}$ ——第 $i$ 种用地未复垦时的地价（元/$hm^2$），地价以当地当时自然资源主管部门的地价评估值为准。

#### 5. 减少国家对因未复垦而闲置土地的罚款

我国是一个人多地少的国家，合理利用和保护土地资源是我国的一项基本国策，国家鼓励企业和个人进行土地复垦工作，并制定了一系列的优惠政策。而对于不履行或者不按规定要求履行土地复垦义务的企业和个人，依据《土地复垦规定》的第二十条的规定，土地管理部门根据情节，处以 13.3～133.3 元/$hm^2$ 的罚款，且罚款从企业税后利润中支付。企业进行土地复垦后，不但可免除该项罚款，而且还可享受国家的有关优惠政策。

### （三）土地复垦经济效益评价指标

在进行土地复垦项目经济评价时，各年的投资均按年初一次投入，各年的经营费用和收益按年末（第二年初）一次结算。运用动态方法，采用基准贴现率，把不同年份的投入和产出都折算到同一时期的支出和收入，并考虑物价增长因素。其评价指标可采用年度净收入现值、总收入现值、投资效益费用比、投资回收期、内部回收率等工程经济学指标。

在进行土地复垦经济效益评价时，还应考虑以下分析指标：

总投资，万元/$hm^2$；

基建工程投资，万元/$hm^2$；

生物工程投资，万元/$hm^2$；

有效使用面积的土地生产率，万元/($hm^2$ · a)；

每年人均劳动生产率，万元/(人 · a)。

通过上述经济评价指标和分析指标，并把它与矿山毗邻地区生产情况或同类复垦工程项目进行对比,就可对土地复垦效益做出综合评估。

## 三、生态效益

土地是一个自然、经济、社会的综合体,同时也是一个巨大的生态系统。土地复垦是与生态重建密切结合的大型工程。在作为祖国绿色屏障的地区进行土地复垦与生态重建,对煤矿开采造成的土地破坏进行治理,不仅改善了复垦区域的生态环境,而且避免了由于复垦前生态环境破坏对周边区域产生的负面影响。土地复垦与生态重建的实施对生态环境的影响表现在以下几个方面。

### 1. 减少水土流失

矿区在大规模开采矿产的同时,将对环境造成不小的破坏,对当地农业生产环境造成极大的破坏,并在一定程度上增加了地面坡度,从而加剧了水土流失。土地复垦工程通过裂缝充填、土地平整、修筑梯田、修建沟渠及植被重建等措施,机井、梯田等工程充分利用地表水和地下水资源,提高了农田的灌溉和排洪条件,提高了水资源利用率,同时避免了乱排乱灌对土壤以及水体的污染,促进了水资源的良性循环,防止周边生态系统退化。

### 2. 对生物多样性的影响

复垦项目实施之后较实施之前植被覆盖率得到明显提高,将有效遏制项目区及周边环境的恶化,在合理管护的基础上最终实现植物生态系统的多样性与稳定性,吸引周边动物群落的回迁,增加动物群落多样性,达到植物、动物群落的动态平衡。

### 3. 对空气质量和小气候的影响

土地复垦通过土地生态系统重建工程,将对局部环境空气和小气候产生正效与长效影响,通过防护林建设、植树、种草工程还可以净化空气改善周边区域的大气环境质量。用置换成本法来计算防护林净化空气的生态服务价值。

**实例**:根据相关资料,每 $1hm^2$ 森林平均吸收 1005kg $CO_2$,释放 735kg $O_2$。项目完成后,林木每年可以吸收 $CO_2$ 约为 952.05t,释放 $O_2$ 约为 696.27t。根据已有资料显示,我国森林固定 $CO_2$ 和释放 $O_2$ 成本分别为 $CO_2$ 273.3 元/t 和 $O_2$ 369.7 元/t,由此可以计算这两项固定 $CO_2$ 和释放 $O_2$ 的效益分别为 26.02 万元和 25.74 万元。计算公式如下:

$$\mathrm{PVB} = \sum_{t=0}^{t} \frac{B_t}{(1+r)^t} \tag{7-13}$$

式中:PVB——总效用的价值;

$B_t$——第 $t$ 年的效益;

$r$——贴现率(社会贴现率定为 100%);

$t$——时间。

假设每年发生等量的效益,则公式(7-13)可以简化为下式:

$$\mathrm{PVB} = \frac{(1+t)^{t+1}-1}{r(1+r)^t} B_t \tag{7-14}$$

由于林草地可在合理管护基础下无限长的时期内获益。所以,$t$ 值可以认为是无穷大。

则(7-14)式可简化为：

$$\mathrm{PVB} = \lim \frac{(1+r)^{t+1}-1}{r\,(1+r)^{t}}B_{t} = \frac{1+r}{r}B_{t} \tag{7-15}$$

由此计算得出净化空气功能的效益现值为2 018.66万元。

通过土地复垦有效恢复生态平衡和调整农业产业结构，可涵养水源、保持水土、治理水土流失、防止土地退化，降低洪涝灾害的发生频率。项目实施后，能增加项目区内表土植被、治理水土流失，创造一个良好的生态环境。

## 四、社会效益

土地复垦的投入将使项目建设运行产生的不利环境影响得到有效控制，保护矿区环境资源，对于维护和改善矿区环境质量起到良好作用。通过土地复垦治理，改善矿区工人的作业环境，防治水土流失。绿化工程的实施，将使矿区环境得到绿化美化，改善矿区的生活工作环境和自然生态环境。所以，土地复垦是关系国计民生的大事，不仅对发展生产和煤炭事业有重要意义，而且对全社会的安定团结和稳定发展也有重要意义，它将是保证矿区区域可持续发展的重要组成部分，因而具有重要的社会效益。主要表现如下：

(1)土地复垦方案实施后，可以减少矿区开采工程带来的新增水土流失，减轻所造成的损失与危害，能够确保矿山的安全生产。

(2)矿区复垦能够减少生态环境破坏，为工程建设区的绿化创造了良好的生态环境，有利于矿区职工以及附近居民的身心健康，从而能够提高劳动生产率。

(3)土地复垦以水浇地以及养殖水面为主，复垦后土地经营管理需要更多的工作人员，因此也能够为矿区人民提供更多的就业机会，增加农民的收入，对于维护社会安定起到了积极作用。

(4)土地复垦项目实施后，通过对耕地的恢复及水利设施建设，养殖水面增加，对改善项目区建设影响范围及周边地区的土地利用结构起到了良好的促进作用，从而促进当地农、林、渔的协调发展。

土地复垦后，实现了“农用地不减少，建设用地不增加”，增加了有效耕地面积，促进了地区耕地的保护与管理；通过采用复垦工程措施和生物措施，减缓了水土流失、土地退化等问题，增加土壤肥力，提高其土地利用率，有助于提高地区农民生产生活水平；同时，增添了“田林成片、路渠成网”的优美村镇景观，并改善了小地域生态环境及农田生产小气候，优化了村镇人居环境，进一步促进了农村社会和谐稳定。综合而言，土地复垦投资回收期短、投资收益较高，具有可观的经济、生态和社会效益，有力地促进了地区农业增产、农民增收、农业生态增效以及村镇经济社会的良好发展。总之，土地复垦重大工程对农业生产的可持续发展和促进农村现代化建设，提高农民收入，脱贫致富，构建和谐社会都具有很大的推动作用。

# 第八章　土地复垦方案编制技术要领

## 第一节　方案编制概述

### 一、编制的目的

（1）贯彻落实党中央、国务院提出的“坚守18亿亩耕地红线”的重要决策和党的十六届五中全会提出的“加快建设资源节约型、环境友好型社会”。

（2）落实国务院七部委下发的《关于加强建设项目土地复垦管理工作的通知》（国土资发〔2006〕225号）和有关文件提出的“加快土地复垦”的要求。

（3）贯彻落实《土地复垦条例》。保证土地复垦义务落实、合理用地、保护耕地、防止水土流失、恢复生态环境及保护生物多样性。

（4）土地复垦方案编报审查制度是土地复垦管理的核心制度之一。

（5）土地复垦方案编报审查制度是自然资源部门监督土地复垦义务人履行复垦义务的重要抓手。

### 二、编制的总体要求

（1）凡已经或可能对土地造成损毁的生产建设项目，土地复垦义务人应当编制土地复垦方案。

（2）对已投产、已建成或正在建设的生产建设项目，应针对尚未履行的复垦义务补充编制土地复垦方案；新建、改扩建生产建设项目应在项目可行性研究或初步设计阶段完成土地复垦方案的编制工作。

（3）生产建设项目性质、规模、地点或所采用的生产工艺等发生重大变化的，复垦义务人应重新编制土地复垦方案。

（4）土地复垦方案包括“土地复垦方案报告书”和“土地复垦方案报告表”。依法由国务院审批的建设用地项目和按有关规定由省（自治区、直辖市）级以上自然资源主管部门审批的采矿权项目，应编制报告书，并填写报告表；其他生产建设项目可编制土地复垦方案报告表。

（5）生产建设服务年限超过5年的，原则上以5年为一个阶段编制复垦方案服务年限内的土地复垦工作安排；并详细制定第一个5年的阶段土地复垦计划，分年度细化5年内的土地复垦任务及费用安排;剩余生产建设服务年限少于5年的,按剩余年限编制阶段土地复垦计划。生产建设服务年限不超过5年的,应分年度细化土地复垦任务及费用安排,并制订第1个年度的土地复垦实施计划,年度土地复垦实施计划应达到指导土地复垦工程施工的深度。

(6)土地复垦方案中应对土地复垦费用安排做出详细说明,包括土地复垦费用的来源、管理与使用等。土地复垦义务人应与项目所在地县级自然资源主管部门,或与项目所在地县级自然资源主管部门和银行签订土地复垦费用监管协议。

(7)土地复垦义务人和土地复垦方案编制单位应对方案的真实性和科学性负责。

## 三、编制的范围

依据《土地复垦条例实施办法》(自2013年3月1日起施行)第六条:属于条例第十条规定的生产建设项目,土地复垦义务人应当在办理建设用地申请或者采矿权申请手续时,依据自然资源部《土地复垦方案编制规程》的要求,组织编制土地复垦方案,随有关报批材料报送有关自然资源主管部门审查。

### (一)生产建设活动损毁土地

(1)露天采矿、烧制砖瓦、挖沙取土等地表挖掘所损毁的土地。

(2)地下采矿等造成地表塌陷的土地。

(3)堆放采矿剥离物、废石、矿渣、粉煤灰等固体废弃物压占的土地。

(4)能源、交通、水利等基础设施建设和其他生产建设活动临时占用所损毁的土地。

(5)法律规定的其他生产建设活动造成损毁的土地。

### (二)存在的问题

(1)编制的范围是否等同于复垦责任范围。

(2)项目区、复垦区、复垦责任范围等含混不清。

项目区:生产建设项目的项目范围内土地构成的区域。

复垦区:生产建设项目损毁土地及永久性建设用地共同构成的区域。

土地复垦责任范围:复垦区中损毁土地及不再留续使用的永久性建设用地共同构成的区域。

注意:复垦责任范围为生产建设活动实际破坏影响范围。对开采矿产资源、烧制砖瓦等生产项目,复垦范围是除永久性建筑物、构筑物以外的因挖损、塌陷、压占、污染的土地,包括矿区范围及矿区范围以外的影响区。压占不包括工业场地和绿化用地。对交通、水利、能源等建设项目,复垦范围是指永久性建筑物、构筑物以外的临时性用地,包括挖土、堆土、堆料和临时道路的修建(图8-1)。

复垦区=生产建设项目损毁土地+永久性建设用地≥土地复垦责任范围(当永久建设用地不留续使用时,二者相等)。

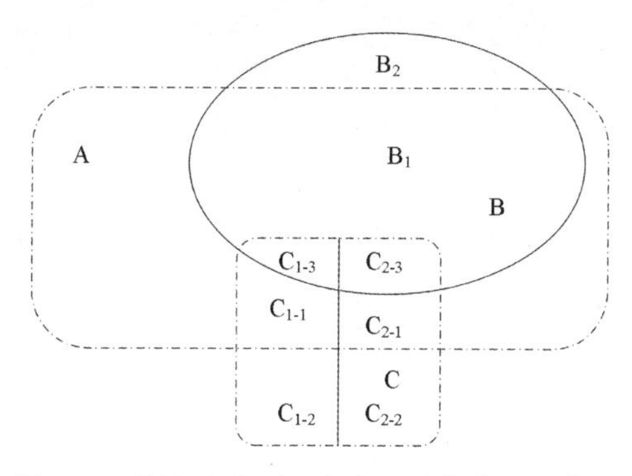


图 8-1　项目区、复垦区与复垦责任范围示意图

本图主要针对矿产资源开发类项目，图中 A 表示矿区批复范围，B 为损毁土地（包括已损毁和拟损毁土地），C 为征收的永久建设用地；A、B、C 的交错重叠关系只是示例，不同的项目根据具体情况有所不同；B 可分为矿区范围内（$B_1$）和矿区范围外（$B_2$）；C 可总体分为复垦方案服务期结束后留续使用的部分（$C_1$）和不留续使用的部分（$C_2$），$C_1$ 和 $C_2$ 还可以根据与 A、B 的关系细分

## 四、编制程序及技术路线

### （一）土地复垦方案编制流程

一般地，土地复垦方案编制流程包括方案编制前期工作、拟定初步方案、方案协调论证及复垦方案编制等 4 个基本步骤（图 8-2）。

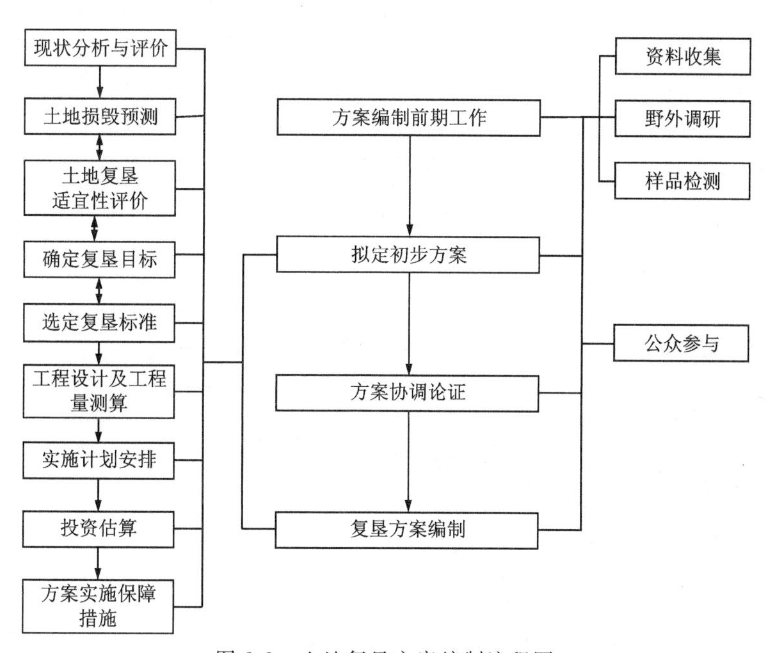


图 8-2　土地复垦方案编制流程图

## 1. 方案编制前期工作

1)资料收集

(1)基础资料。

收集复垦区及周边自然地理、生态环境、社会经济、所在的镇总人口(其中农业人口)。土地利用现状与权属[土地总面积(平方千米)、耕地总面积(公顷)、人均拥有耕地面积(亩)、主要农用物]、项目基本情况等与土地复垦有关的资料。

(2)报告资料。

报告资料包括矿山企业开采设计书(说明书文本及附图)、矿山企业采选工程环境影响评估报告(文本及附图)、矿山企业地质灾害危险性评估报告、矿山企业采选工程水土保持方案报告、地质详查或普查报告、矿区所在地区土地总体规划文本、矿产资源开发利用方案、土地征用或租用的有关材料(征地计划或用地规划)等。

(3)图件资料。

图件资料主要有:项目区所在地标准分幅土地利用现状图、图件资料用地形图或地类图作底图的总体布置图、矿区地形地质图(比例尺≥1∶10 000)、勘探线剖面图(或切过主矿体的剖面图)、矿产资源赋存分布及开采工艺流程图(比例尺≥1∶10 000)、项目区破坏土地现状图(比例尺≥1∶10 000)、土地利用规划图(已统计各地块、地类面积,并明确了土地权属人)等。

2)野外调研

实地调查复垦区土壤、水文、水资源、生物多样性、土地利用、土地损毁等情况。针对不同土地利用类型区,挖掘土壤剖面,采集土壤样品。对复垦区已损毁未复垦的土地,应查清损毁范围、程度与面积;对复垦区已损毁已复垦的土地,应调查复垦所采用的主要标准和措施,以及复垦效果。

采用类比方法调查收集项目周边地区可借鉴的土地复垦工程案例,包括土地损毁类型、复垦标准和措施、费用使用等情况。野外调查应采集相应的影像、图片资料,并做文字记录。

3)样品检测

分析土壤理化性质及与生产建设项目相关的特征污染物。

4)公众调查

调查公众对土地复垦利用方向的意愿,以及对复垦标准与措施的意见。

调查对象应包括土地复垦义务人、土地使用权人、土地所有权人、政府相关部门(自然资源、城建、林业、水利、农业、环保)、土地复垦专家及相关权益人。

调查宜采用座谈会、问卷调查、走访及媒体公告形式。

## 2. 拟定初步方案

对生产建设项目的自然地理、生态环境、社会经济、土地利用状况和生产(建设)工艺等进行分析与评价,合理确定土地复垦方案服务年限,进行土地损毁预测与土地复垦适宜性评价,选定土地复垦标准、措施,明确土地复垦目标,确定复垦费用来源,初步拟定土地复垦方案。

## 3. 方案协调论证

对初步拟定的土地复垦方案广泛征询土地复垦义务人、政府相关部门(自然资源、城建、林业、水利、农业、环保)、土地使用权人和社会公众的意愿,从组织、经济、技术、费用保障、复垦目标以及公众接受程度等方面进行可行性论证。

**4. 复垦方案编制**

依据方案协调论证结果,确定土地复垦标准,优化工程设计,完善工程量测算及投资估算,细化土地复垦实施计划安排以及费用、技术和组织管理保障措施,编制详细土地复垦方案。

### (二)土地复垦方案编制的技术路线

土地复垦方案编制首先要依据资源赋存及生产工艺流程进行土地破坏预测,查明土地破坏类型、面积与程度和破坏的时序,然后结合自然环境状况、土地利用现状进行土地复垦适应性评价,依据土地复垦规范及适应性评价结果,制定复垦区土地复垦标准,选取相应的土地复垦措施,进行土地复垦工程设计并测算工程量,依据国家及有关部门的政策性文件、各地最新的工程预算标准概算土地复垦的投资并做好土地复垦工作安排(图 8-3)。

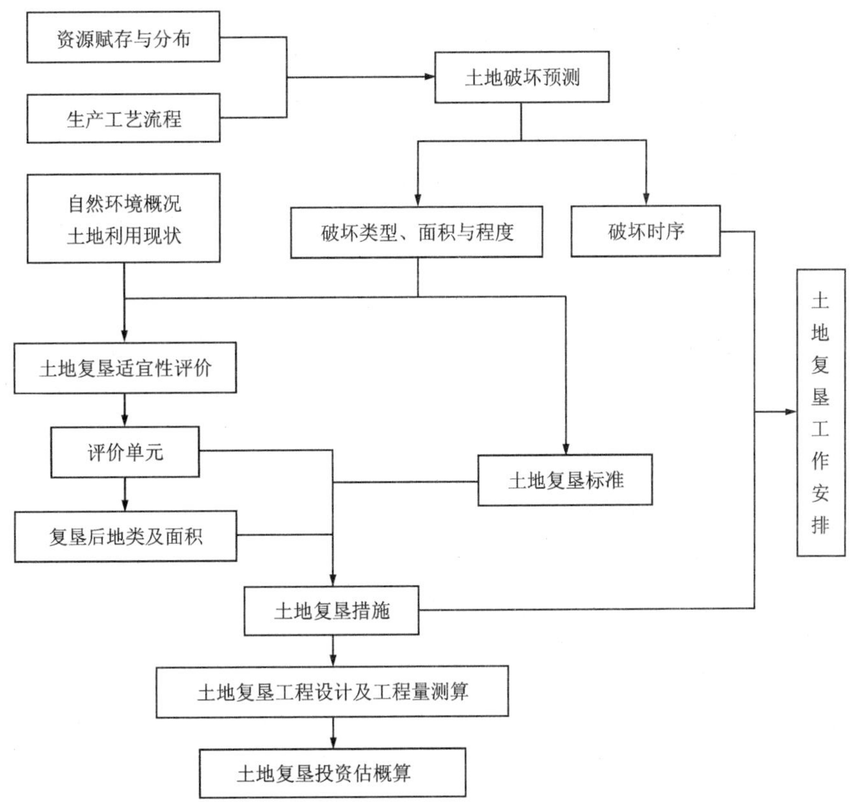


图 8-3　土地复垦方案编制技术路线图

## 五、编制的原则

根据当地自然环境与社会经济发展情况,按照经济可行、技术科学合理、综合效益最佳和便于操作的要求,结合项目特征和实际情况,体现以下复垦原则:

(1)源头控制,预防与复垦相结合。

(2)统一规划,统筹安排。

(3)因地制宜,优先用于农业。

## 六、编制的依据

### (一)法律

(1)《中华人民共和国土地管理法》(1998)(2004 修订)。

(2)《中华人民共和国水土保持法》(1991)(2011 修订)。

(3)《中华人民共和国环境保护法》(1989)(2015 修订)。

(4)《中华人民共和国环境影响评价法》(2002)(2016 修订)。

### (二)政策文件

(1)《建设项目环境保护管理条例》(1998)。

(2)《土地复垦条例》(2011-3-5)。

(3)《关于加强生产建设项目土地复垦管理工作的通知》(2006)。

(4)《关于组织土地复垦方案编报和审查有关问题的通知》(2007)。

(5)《开发建设项目水土保持方案管理办法》(1994)。

(6)《国务院关于深化改革严格土地管理的决定》(2004)。

(7)《中共中央、国务院关于进一步加强土地管理切实保护耕地的通知》(中发〔1997〕11 号)。

### (三)规范性引用文件

(1)土地复垦方案编制规程(通则 TD/T 1031.1、露天煤矿 TD/T 1031.2、井工煤矿 TD/T 1031.3、金属矿 TD/T 1031.4、石油天然气(含煤层气)项目 TD/T 1031.5、建设项目 TD/T 1031.6、铀矿 TD/T 1031.7—2011)。

(2)《土地复垦质量控制标准》(TD/T 1036—2013)。

(3)《土地利用现状分类标准》(GB/T 21010—2007)。

(4)《量和单位》(GB 3100—3102)。

(5)《地表水环境质量标准》(GB 3838—2002)。

(6)《渔业水质标准》(GB 11607—1989)。

(7)《土壤环境质量标准》(GB 15618—1995)。

(8)《水土保持综合治理技术规范》(GB/T 16453—2008)。

(9)《生态公益林建设技术规程》(GB/T 18337.2—2001)。

(10)《土地基本术语》(GB/T 19231—2003)。

(11)《建筑地基基础设计规范》(GB 50007—2002)。

(12)《灌溉与排水工程技术规范》(GB 50288—1999)。

(13)《生态环境状况评价技术规范(试行)》(HJ/T 192—2006)。

(14)《造林作业设计规程》(LY/T 1607—2003)。

(15)《耕地质量验收技术规范》(NY/T 1120—2006)。

(16)《耕地地力调查与质量评价技术规程》(NY/T 1634—2008)。

(17)《人工草地建设技术规程》(NY/T 1342—2007)。
(18)《耕地后备资源调查与评价技术规程》(TD/T 1007—2003)。
(19)《第二次全国土地调查技术规程》(TD/T 1014—2007)。

### (四)规划设计依据

(1)《土地利用总体规划》。
(2)《项目开发工程初步设计报告》。

## 七、编制的目标与期限

### (一)编制目标

通过编制土地复垦方案,明确土地复垦目标,主要包括:采取预防和控制措施减少的破坏土地面积、土地复垦面积(包括农用地、耕地面积)、土地复垦率和其他社会经济生态效益指标等。

### (二)编制期限

生产项目复垦方案服务年限原则上为生产年限或采矿许可证有效期或其剩余年限;建设项目原则上为项目建设期限。

## 八、土地复垦方案编制成果

### (一)报告书(表)

(1)土地复垦方案报告书。
(2)土地复垦方案报告表。

### (二)附图

(1)复垦区土地利用现状图(盖有县级自然资源管理部门的公章)。
(2)复垦区土地损毁预测图。
(3)复垦区土地复垦规划图。
注:附图应有图名、图例、线段比例尺、指北针、制图单位、制图人、制图时间。土地利用现状图、损毁预测图与复垦规划图的比例尺不小于1∶10 000(线形工程除外),应注明图内的乡镇名、水系以及图件所用坐标系和高程基准。

### (三)附件

(1)土地复垦方案编制单位资质证书或业绩证明。
(2)项目范围拐点坐标批复文件。
(3)县级自然资源管理及相关部门意见。
(4)土地复垦义务人的土地复垦承诺书。
(5)土地复垦方案编制委托函。

(6)已通过开发利用方案、环境影响评价报告的，应提供相应批复文件。

(7)公众参与相关资料。

(8)相关地区近期建设工程材料信息价格资料。

(9)项目区及复垦区照片及其他影像资料。

(10)其他。

### 九、土地复垦方案报告书的主要内容

土地复垦方案报告书的主要内容包括：前言、编制总则、项目概况、土地复垦方向可行性分析、预防控制与复垦措施、土地复垦工程设计及工程量测算、土地复垦投资估(概)算、复垦工作计划安排、土地复垦效益分析、保障措施等。

## 第二节　方案编制的自然与社会环境条件

### 一、项目简介

#### (一)生产项目简述

项目名称、位置、隶属关系、企业性质、矿种、生产开采方式、生产规模与能力、生产服务年限或剩余使用年限、矿区范围、用地规模及土地权属关系等。

#### (二)建设项目简述

项目名称、位置、隶属关系、工程类型、投资规模、建设期限、项目范围、用地规模及土地权属关系等。

### 二、项目区自然环境与社会经济概况

#### (一)自然环境概况

自然环境包括气象、水文、地形、地貌、地质、土壤、植被等。

**1. 地理位置**

项目区的地理坐标，所在位置及交通状况，附项目区地理位置图。

**2. 地貌**

项目区的地貌类型和海拔高度，附项目区典型地形地貌图片或地形图。

**3. 气候**

项目所在地气象特征。

**4. 土壤**

项目区的主要土壤类型及其分布特征。

#### 5. 生物

项目区所在地的植被,天然植被包括地带性植物群落类型、组成、结构、分布、覆盖度(郁闭度)和高度,人工植被包括当地栽植的乔木林、灌木林、人工草地及农作物类型,附不同植被类型图片。

#### 6. 水文

项目所在区域地表水系及地下水(特别是潜水埋深)赋存情况,附地表水系图。

#### 7. 地质

项目区地层、岩性、地质构造等,附地层综合柱状图。

注意:项目区自然概况突出当地特点,要有针对性,不能照搬其他方案内容;潜水埋深对判断采煤塌陷区是否积水十分重要。

### (二)社会经济状况

社会经济状况包括总人口、农业人口、人均耕地、农民收入等经济发展指标。

项目区近 3 年的乡(镇)人口、农业人口、人均耕地、农业总产值、财政收入、人均纯收入、农业生产状况,并注明资料来源。

注意:项目区社会经济概况应尽可能缩小到项目所在区域介绍,范围不宜过大,资料真实可靠。

## 三、项目区及复垦区内土地利用现状

### (一)项目区内土地利用现状

说明项目区土地利用类型、数量和质量,主要农作物及生产情况等;说明不同土地利用类型主要理化性质;说明项目区土地权属和登记发证情况。

注意:项目区土地利用状况要说明破坏前的土地利用现状,包括土地利用类型、面积、空间分布等,重点说明耕地的数量和质量、主要农作物及其生产情况,如有基本农田应重点说明。最好以表格汇总土地利用状况,要进行实地踏勘,并提供影像资料。土地质量主要指破坏前土地的质量状况如质量等级或土地综合生产能力。不同土地利用类型主要指典型地类,必须结合典型土壤剖面图加以说明,与前面土壤、植被的介绍侧重点不同,是后面制定土地复垦质量要求的重要依据。土地权属状况要求明确各权属单位的不同地类面积。

### (二)复垦区土地利用状况

#### 1. 土地利用类型

列表说明复垦区及复垦责任范围内土地利用类型、数量、损毁类型与程度,说明土地利用质量。说明基本农田情况,包括基本农田所占比例,农田水利和田间道路等配套设施情况、主要农作物生产水平。土地利用现状分类体系应采用《土地利用现状分类》(GB/T 21010—

2007)，明确至二级地类。

注意：应比前面项目区土地利用状况介绍更详细，更有针对性。

**2. 土地权属状况**

说明复垦区土地所有权、使用权和承包经营权状况。集体所有土地权属应具体到行政村或村民小组。需要征(租)收土地的项目应说明征(租)收前权属状况。

注意：权属管理是土地复垦管理的内容之一。

### 四、项目生产工艺流程

项目生产工艺流程重点介绍生产项目对土地可能造成破坏的环节、顺序以及破坏方式等。开采矿产资源的项目还应介绍生产工艺流程、资源赋存形式与分布等情况，为土地破坏预测、复垦计划安排提供背景数据。

编制要求：

(1)项目生产过程对土地可能造成破坏的环节、顺序以及破坏方式等，根据项目的开发利用方案，以图形的方式表示出项目生产对土地的破坏及时序。在实际方案编制过程中，视其重要性，可将其独立成节。

(2)矿产资源开发的生产工艺流程、资源赋存形式与分布状况、资源储量等。

注意：只介绍生产建设过程中可能导致土地损毁的生产建设工艺及流程，附项目生产工艺流程图或施工工艺流程图，列表或图示说明对土地损毁的形式、环节及时序。

## 第三节　方案编制的基础性研究

### 一、被破坏土地的现状调查分析

#### (一)调查分析的对象

主要是针对改扩建项目。要求改扩建项目的土地复垦方案对项目区内已破坏的土地进行详细的调查分析。

#### (二)调查分析的主要内容

重点说明因挖损、坍塌、压占、污染等各种原因造成的土地破坏范围、地类、面积和程度。具体内容包括：

(1)已破坏土地的破坏类型和程度。

(2)各种破坏类型的土地面积及汇总。

(3)已破坏土地的复垦现状，主要包括复垦的面积、时间、复垦主要措施及实施效果等，附损毁土地及复垦情况图片。

(4)需要纳入土地复垦方案复垦范围的已破坏、未复垦土地的类型、数量、破坏程度等。

### (三)调查类型及方法

#### 1. 调查类型

1)全面调查

全面调查指对调查范围的待复垦土地资源进行逐块调查,其目的是取得全面的、准确的基本资料。

2)典型调查

典型调查属于非全面调查的一种。它是根据调查的目的和任务,有意识地选择调查对象中若干个有代表性的单位作系统周密和深入细致的调查研究,掌握有关情况,以认识调查对象的本质和规律性。

#### 2. 调查方法

1)综合调查

将待复垦土地资源作为土地利用现状的一个或几个末级类,列入土地变更调查之中进行。

2)待复垦土地资源调查与土地详查同时进行

对已经完成土地详查的地区,可依据详查资料,进行必要的补充修正,完成待复垦土地资源的调查。

3)专项调查

专项调查是对某项待复垦土地资源进行的专门调查,是针对特定的目的而进行的,是根据社会生产发展需要而专门组织对某一类或几类待复垦土地资源进行的调查。

## 二、拟破坏土地预测

拟破坏土地预测必须依据项目或工程类型、生产建设方式、地形地貌特征等,确定预测方法。分时段和区段预测土地损毁的方式、面积、程度等。结合对土地利用的影响进行土地损毁程度分级,分级应参考国家和地方相关部门规定的划分标准,也可结合类比确定。

### (一)预测的依据与任务

#### 1. 预测的依据

拟破坏土地预测的依据为建设项目的工程类型、生产方式、工艺流程以及项目工程建设进度安排等。

#### 2. 预测的任务

拟破坏土地预测的任务就是测算不同工程类型、生产方式、工艺流程以及项目工程建设进度安排下的土地挖损、塌陷、压占等破坏的范围、地类、面积和程度等。

## (二)预测内容

拟破坏土地预测的内容如下:

(1)拟破坏土地的破坏类型、程度。

(2)拟破坏土地利用现状类型、质量、面积、分布。

(3)确定预测依据、方法和预测参数。

(4)不同类型、破坏程度、利用类型、质量土地面积的统计。

(5)土地破坏时序预测。为了做到“边破坏,边复垦”,使破坏土地得到及时、动态复垦,需明确土地破坏时序,以使土地复垦工作安排更为合理。

注意:生产服务年限较长的生产项目需分时段和区段预测(复垦工作安排的依据)土地损毁的方式、类型、面积、程度,并结合对土地利用的影响进行土地损毁程度分级(适宜性评价的依据);分级应参考国家和地方相关部门规定的划分标准,也可结合类比确定。

## (三)复垦区与复垦责任范围确定

依据土地损毁分析与预测结果,合理确定复垦区与复垦责任范围,应提供2000国家大地坐标系拐点坐标(与“一张图”结合的监管服务,达到项目范围拐点坐标的精度即可),特别注意尾矿库及排土场。

## (四)露天采矿拟破坏土地预测

### 1. 破坏类型

露天采矿的特点是先剥离矿产上的土与岩石,然后进行采矿。所以破坏的类型有3种:采坑挖损破坏、外排土场堆放压占破坏、剥离表土的临时堆放压占破坏等(表8-1)。

### 2. 预测依据

露天采矿拟破坏土地预测依据有:①工作线长度与宽度(开槽);②年推进速度;③岩土剥离-排弃计划;④排土场设计参数(高度、边坡、平台宽度等)及稳定分析;⑤采坑设计参数(边坡、采深)及稳定性分析。

表8-1 露天采矿土地破坏方式表

| 破坏类型 | 破坏环节 | 破坏性质 | 影响后果 |
| --- | --- | --- | --- |
| 采坑 | 建设期、生产期 | 永久 | 造成地表挖损,形成采坑,影响期长,表土扰动严重,造成生态系统功能损失,加剧水土流失 |
| 排土场 | 建设期、生产期 | 永久 | 改变了地貌,生态系统功能较长期损失,破坏期较长,加剧水土流失 |
| 表土堆放 | 建设期 | 临时 | 地表植被遭到破坏,暂时丧失生产能力 |

### 3. 预测方法与结果统计

(1)排土场破坏预测:可按照排土场设计与岩土排弃计划进行计算。

采坑挖损破坏面积:破坏面积=采坑底部面积+边坡开挖占地面积。

(2)结果统计。

露天采矿预测破坏土地利用类型统计见表8-2,露天采矿土地破坏时空预测统计见表8-3。

表8-2 露天采矿预测破坏土地利用类型统计表

| 土地利用类型 | 首采区 | 排土场1 | 排土场2 | 合计 |
|---|---|---|---|---|
| 农用地 | | | | |
| | | | | |
| | | | | |
| 建设用地 | | | | |
| 未利用地 | | | | |
| 合计 | | | | |

表8-3 露天采矿土地破坏时空预测表

| 预测年份 | 破坏面积 | | 破坏类型 | 合计 |
|---|---|---|---|---|
| | 采矿采区 | 排土场 | | |
| | | | | |
| | | | | |

## (五)井工开采土地塌陷破坏预测

### 1. 破坏类型

井工采矿的特点是在不对地表进行大面积扰动的状态下,通过矿井来开采地下矿产资源。从而导致地下矿产资源采掘后地表的沉陷与固体废弃物的压占对土地的破坏。所以破坏的类型有2种:①采矿地表塌陷破坏;②固体废弃物压占破坏。

### 2. 地表塌陷预测依据

井工开采土地塌陷破坏预测依据为:①开采工艺;②采深、采厚及进度计划;③煤层的倾角;④下沉系数、水平移动系数;⑤开采影响传播角、工作面宽度等(部分参数见图8-4)。

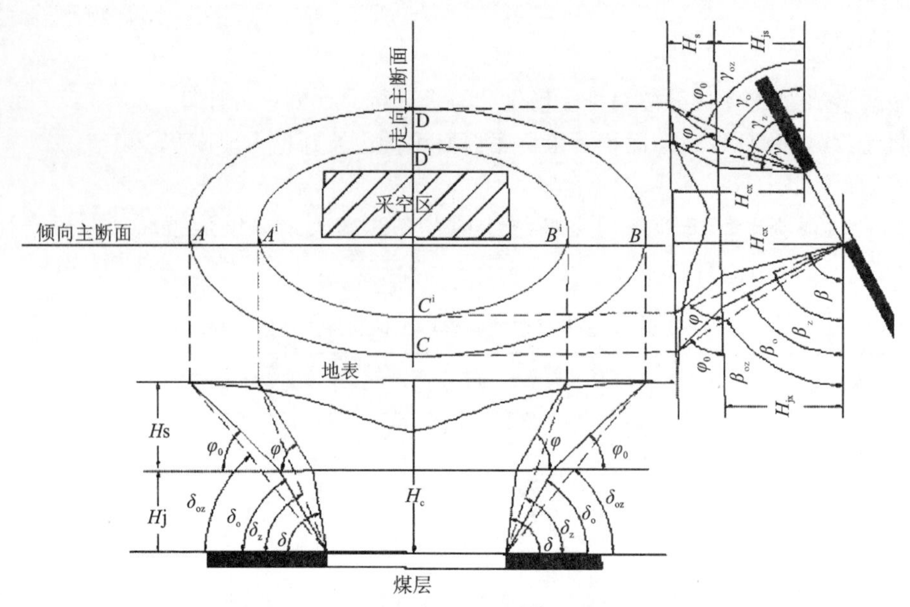


图 8-4 地表移动范围角量参数示意图

$H_{cx}$. 工作面倾向下山方向采深；$H_S$. 松散层厚度；$H_{jx}$. 工作面倾向下山方向岩层厚度；$H_{cs}$. 工作面倾向上山方向采深；$H_{js}$. 工作面倾向上山方向岩层厚度；$H_c$. 工作面走向采深；$H_j$. 工作面走向岩层厚度；$\beta_{oz}$. 倾向上山综合边界角；$\beta_z$. 倾向上山综合移动角；$\gamma_{oz}$. 倾向下山综合边界角；$\gamma_z$. 倾向下山综合移动角；$\delta_{oz}$. 走向综合边界角；$\delta_z$. 走向综合移动角

**3. 地表塌陷预测原理**

地表移动盆地自外向内一般划分成移动盆地最外边界和危险移动边界，其中移动盆地最外边界是以地表移动和变形都为零的盆地边界点所圈定的边界，顾及测量误差影响，一般取下沉为 10mm 的点为边界（图 8-4 中 $ABCD$ 点），危险移动边界（图 8-4 中 $A'B'C'D'$点）是指盆地内的地表移动与变形对建筑物有无危害而划分的边界（对建筑物有无危害是以临界变形值来衡量的，目前我国采用的一组临界变形值是：倾斜 $i=3\text{mm/m}$、水平变形 $\varepsilon=2\text{mm/m}$、曲率 $K=0.2\text{mm/m}^2$）。从定义可以看出最外边界是区分采动影响范围的边界，危险移动边界是判定地表移动与变形对建筑物有无危害的边界。因此，精确测定和预测地表移动盆地最外边界和移动危险边界，对建筑物下采煤具有重要指导意义。

地表移动盆地主断面由于具有移动变形范围最大、移动变形最充分的特点，因此移动盆地的最外边界、危险边界一般通过布设在走向和倾向主断面上的地表移动观测站测定。当松散层不存在或较薄可忽略不计时，移动盆地最外边界可直接利用走向岩层边界角 $\delta_0$、倾向上山岩层边界角 $\gamma_0$、倾向下山岩层边界角 $\beta_0$ 进行描述；移动盆地危险移动边界可直接利用走向岩层移动角 $\delta$、倾向上山岩层移动角 $\gamma$、倾向下山岩层移动角 $\beta$ 进行描述，此时 $\delta_0$、$\gamma_0$、$\beta_0$ 可直接通过主断面上下沉 10mm 的点来进行直接测定，$\delta$、$\gamma$、$\beta$ 可直接通过主断面上移动与变形达到临界变形值的点来进行直接测定。当松散层较厚时，由于松散层和岩层的移动特征存在较大差异，移动盆地最外边界需要利用松散层边界角走向岩层边界角 $\delta_0$、倾向上山岩层边界角 $\gamma_0$、倾向下山岩层边界角 $\beta_0$ 进行描述；移动盆地危险移动边界需要利用松散层移动角走向岩层移动角 $\delta$、倾向上山岩层移动角 $\gamma$、倾向下山岩层移动角 $\beta$ 进行描述。此时，通过主断面上 10mm 的点，仅能测定综合边界 $\delta_{0Z}$、$\beta_{0Z}$、$\gamma_{0Z}$，通过主断面上临界变形值点仅能测定综合移动角 $\delta_Z$、$\beta_Z$、$\gamma_Z$，并不能直接测定松散层边界角岩层边界角($\delta_0$、$\gamma_0$、$\beta_0$)、松散层移动角岩层移动角($\delta$、$\gamma$、$\beta$)。上述移动盆地的各角量参数原理如示意图 8-4 所示。

## 三、土地复垦适宜性评价

土地复垦适宜性评价可将“破坏”与“复垦”联系起来，形成有机整体。起到承上启下的作用。

### (一)土地适宜性评价的内涵

通过对待复垦土地的自然、社会经济属性的综合鉴定阐明待复垦土地所具有的生产潜力，以及对农、林、牧等各业的适宜性与限制性及其利用差异进行评定。其实质是确定被破坏土地的复垦利用方式以及适宜的复垦技术措施。

### (二)土地复垦适宜性评价的特点

#### 1. 未来性与预测性

土地复垦适宜性评价是在“现在”的评价时点上，对未来状态下的土地利用进行评价，因此要体现利用方向和复垦技术措施。

#### 2. 评价对象的不确定性(重塑形)

土地破坏可能造成地貌状态的变化，打破原有的生态系统，而土地复垦适宜性评价是在采取一定措施复垦后的土地适宜用途。因此评价结果可能有相应的变化。

#### 3. 评价过程的多层次性

土地复垦是一个复杂的社会系统工程。因此，在土地复垦适宜性评价中就存在自然属性与破坏状态评价、土地复垦措施的适宜性评价、国家宏观政策的适应性评价 3 个层次。

### (三)土地复垦适宜性评价的原则与分类系统

#### 1. 原则

(1)针对性与主导因素原则。
(2)动态性与持续利用原则。
(3)因地制宜与农业优先的原则。
(4)类比分析与后评价原则。
(5)综合分析原则。
(6)当前适宜性与潜在适宜性兼顾原则。

#### 2. 土地适宜性评价的分类系统

联合国粮农组织《土地评价纲要》(1976)中采用逐级递降的四级分类法，即：纲-级-亚级-

单元。

1)纲

土地适宜性纲是反映土地适宜性的种类,表示土地对指定用途是适宜的(S)还是不适宜的(N)。在土地纲中又分为土地适宜性纲、土地不适宜性纲和无关纲3种。

2)级

土地适宜性级是反映土地的适宜性或不适宜性的程度。

3)亚级

土地适宜性亚级是反映土地受到限制性因素的种类。

4)单元

土地适宜性单元是指同一亚级内根据生产特点、经营条件和管理条件的差异而进一步细分为不同的土地适宜性单元。

### (四)土地适宜性评价的程序

土地适宜性评价的程序如图8-5所示,包括:准备工作、确定评价土地的用途或利用方式、指定土地用途或土地利用方式对土地性质的要求、划分土地评价单元、确定每个评价单元内的土地性质、评定各评价单元对指定用途的土地适宜性等级、评价结果的社会经济分析和环境影响分析、野外校核、土地适宜性的最终确定、成果提交等10个环节。

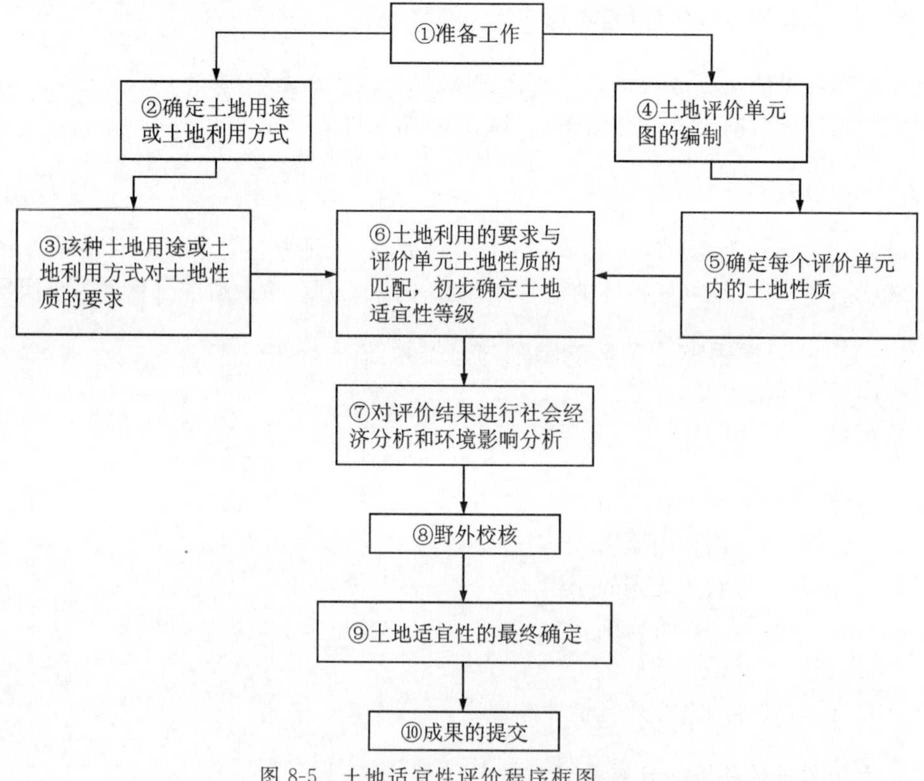


图8-5 土地适宜性评价程序框图

## (五)土地适宜性评价单元的划分

土地适宜性评价单元(复垦单元)是由影响土地生产力诸要素组成的一个空间实体,是土地适宜性评价的基本单元,是评价的对象和基础图斑。划分的方法是以土壤类型、土地利用现状类型、土地类型为基础,再根据土地破坏状况调查成果进行划分,其核心是保持单位土地性质的均一性。

注意:破坏单元≠复垦单元,复垦单元是土地破坏方式相同、破坏程度相近、性状相对一致的一类破坏土地,是土地可行性评价的最小单位,在土地复垦方向和工程措施上一致。

## (六)评价因子的选择和指标的拟定

### 1. 评价因子的选择

评价因子选择的原则:主导性原则,稳定性原则,可测定性原则,差异性原则。

### 2. 参评因素及因子

(1)自然因素:土层厚度、坡度、地形地貌、灌溉条件、排水条件、原土地利用方式、区位条件等。

(2)人为干扰因素:破坏类型、破坏程度、是否稳定、污染、覆土厚度、土源保证率、非均匀沉降、是否积水等。

(3)社会经济因素:复垦义务人投入水平、土地相关权益人的意愿等。

(4)政策因素:土地利用总体规划、当地生态功能区划等。

### 3. 评价指标的拟定

评价指标是指评价因子所代表的土地特性在量上的变化。

## (七)土地适宜性评价的方法

### 1. 定性法

第一步,将评价单元的有关土地性质的数值与参评因子分级表相比较,采用对号入座的办法,得出各参评因子单项适宜性等级。

第二步,把各项土地适宜性等级综合成所评价的土地用途或土地利用方式的总适宜等级,包括3种方法:主观综合法、极限条件法、算术方法。

### 2. 经验指数和法

1)参评因子权重的确定

在一般条件下,确定参评因子权重的方法有3种:经验法、回归分析法、主因子分析法。

2)参评因子等级指数的确定

3)各参评因子指数求和

4)总适宜性等级的确定

## 四、生态环境影响分析

### (一)分析的内容

采矿土地的破坏对地表水、地下水、土壤、生物、景观等生态环境产生的影响范围、面积、程度、潜在危险等。

### (二)分析的原因

自然界中各物种均按自然界中生态平衡关系进行自我调节、相互协调、相互补充和相互制约的准则共存于自然界中,土地被破坏后将直接破坏原有的关系,主要表现为对原有生态植被的破坏,改变原有相互补给系统,破坏原水系分布,降低地下水位,再加上有害物质放出的有毒气体对周边环境产生严重的污染,从而进一步加剧生态系统的失衡。

### (三)生态环境影响分析的方法

#### 1. 发展过程纵向对比法

发展过程纵向对比法是在土地资源形成的历史过程中,选取多年或有代表性年份资源数量的指标,以指标为纵坐标,时间为横坐标,制作成直角坐标内的散点图,得到反映土地资源形成的历史过程曲线,再对于不同阶段的曲线进行对比分析,以揭示土地资源形成的规律。

#### 2. 发展过程纵向相关分析法

发展过程纵向相关分析法是把存在内在联系的两种以上资源或与某一约束资源形成和利用的因子的发展变化过程,制作成统计图,对它的发展过程进行相关分析,得出因果关系的分析结论。

#### 3. 发展过程地域对比法

发展过程地域对比法是将具有可比性的两个以上不同地域的资源形成或某方面特性的环境过程进行对比,得出该地域资源某一特征形成发展的趋势或规律的分析结论。

#### 4. 同类地域横向对比法

同类地域横向对比法是选择若干同一级别、同一性质或同一资源类型的地域,通过资源数量上的对比,确定被分析地域的某一资源在数量上的优劣势、地位和丰度。

#### 5. 不同地域横向对比法

不同地域横向对比法是选择同一级别,但属于不同性质或不同资源类型的地域,通过资源数量上的对比,确定分析地域的某一资源在整个地域中的地位和优劣势,或者找出与其他地域在资源数量上、密度上的差距。

#### 6. 不同级别地域对比法

不同级别地域对比法是把某一较低级别的局部地域的资源置于更大的地域中,通过局部与整体之间的数量对比，得出某一资源数量在整体中占据的地位和优劣势或发展水平和趋势的分析结论。

## 五、水土资源平衡分析

应结合复垦区表土情况、复垦方向、标准和措施，进行表土量供求平衡分析。

需外购土源的，应说明外购土源的数量、来源、土源位置、可采量，并提供相关证明材料。无土源情况下，可综合采取物理、化学与生物改良措施。

复垦工程中涉及灌溉工程的，应进行用水资源分析，明确用水水源地和水量供需及水质情况。特别注意天然降水量能否满足设计的植物生长的需要。

## 六、土地复垦可行性评价

### (一)可行性评价的内涵

土地复垦的可行性评价根据破坏土地的调查、拟破坏土地预测、土地适宜性评价结果，按照土地复垦的要求，对土地复垦进行类比分析，提出土地复垦技术路线和方法，合理确定土地复垦最佳方案。

### (二)露天采煤土地复垦的技术路线

剥离—采矿—复垦一体化工程技术，指在编制矿山采掘计划时，综合考虑生产供矿和土地复垦要求，融复垦与采矿于一体，统筹规划采剥作业与复垦覆土作业，该技术是采矿工艺的有机构成，是矿区土地复垦与采矿工程最直接有效的结合形式。该技术的关键，在于对采场复垦进行远景规划和实施方案设计，搞清能用于复垦的表土量及其平面位置与采出时间，确定采场表土层剥离和复垦参数。

### (三)露天采煤土地复垦工艺

采用的剥离—采矿—复垦一体化工程技术，主要应用条带剥离、强化采矿、条带复垦及循环道路等先进技术。

首先，将矿区划分为若干区段，在每个区段中划分剥离条带，每年根据剥离量具体确定剥离位置及条带数量；其次，采矿作业采取条带开采，采场外部采用配矿式采矿先进技术；最后，利用大型铲运机将剥离的条带岩石和表土“剥皮式”分开铲装，沿着循环道路运行，在复垦条带分别按顺序“铺洒式”排放，岩石排放在下部，表土排放在上部，并利用大型平地机进行平整，一次达到复垦的土地标准要求，从而通过“边开采、边复垦”实现“采掘—运输—排弃—整形—复垦”的良性循环。

## 七、土地复垦标准

根据可行性分析结果，按照复垦用途，明确复垦后的土地及其道路、灌溉渠系等配套工程设施所应达到的标准。

复垦标准实质是提出了复垦土地的质量要求。土地复垦不仅仅是可利用的土地面积的增加，而且还应当尽可能地提高复垦土地的质量。一般包括以下几方面的标准：

### (一)农田水利工程标准

灌溉设计保证率可根据水文气象、水土资源、作物组成、灌渠规模、灌水方法及经济效益等因素确定,选定标准应符合水利行业有关规范。

排涝标准的设计暴雨重现期应根据排水区的自然条件、涝灾的严重程度及影响大小等因素,经技术经济论证确定,一般可采用5～10年。

设计暴雨历时和排出时间应根据排涝面积、地面坡度、植被条件、暴雨特性和暴雨量、河网和河湖的调蓄情况,以及农作物耐淹水深和耐淹历时等条件,经论证确定。旱作区一般可采用1～3d,即暴雨从作物受淹起1～3d排至田面无积水;水稻区一般可采用3～5d,暴雨3～5d排至耐淹水深。

设计排涝模数应根据当地或邻近地区的实测资料分析确定。无实测资料时,可根据排水区的自然经济条件和生产发展水平等,选用经过论证的公式计算。

设计排渍深度、耐渍深度、耐渍时间和水稻田适宜日渗漏量,应根据当地或邻近地区农作物试验或种植经验调查资料分析确定。

设计排渍模数应采用当地或邻近地区的实测资料确定。无实测资料时,可采用经过论证的公式计算。

### (二)农村道路建设标准

项目区内的农村道路,按主要功能和使用特点可分为干道、支道、田间道和生产路。农村道路建设标准主要是从道路宽度、道路纵坡等方面加以界定,其具体建设标准如下。

道路宽度:干道路面宽6～8m,支道路面宽3～6m,田间道路宽3～4m,生产路路宽宜为2m左右。

道路纵坡:干道平原地区一般应小于6%,丘陵地区应小于8%,个别大纵坡地段以不超过11%为宜。田间道纵坡最大纵坡宜取6%～8%,最小纵坡以满足雨雪排除要求为准,一般宜取0.3%～0.4%,多雨地区宜取0.4%～0.5%。

### (三)农田生态防护林标准

农田生态防护林的建设标准应根据项目所在地区的地形、气候条件、风害程度及其特点,因地制宜地确定林带结构、种类、高度、宽度及横断面形状。

林带走向以与主害风向垂直为宜,偏角不得超过30°。在一般灌溉地区,林带应尽量与渠向保持一致。

在有一般风害的壤土或砂壤土,以及风害不大的灌溉区或水网区,主林带间距宜为200～250m,副林带间距宜为400～500m,网格面积宜为8～12.5$hm^2$;风速大,风害严重的耕地,以及易遭受台风袭击的水网区,主林带间距宜为150m左右,副林带间距宜为300～400m,网格面积宜为4.5～6.0$hm^2$。

# 第四节　土地破坏预防与复垦措施确定

## 一、土地破坏的预防控制措施

按照“统一规划、源头控制、防复结合”的原则，根据项目特点、生产方式与工艺等，确定拟采用的预防与控制措施。对于露天采矿而言，主要措施有：

**1. 将土地复垦规划方案列入生产建设单位的整体开发规划，统一实施**

将复垦方案作为生产建设单位的整体开发规划的重要组成部分，做到土地复垦与生产建设同步规划，并能随生产建设规划的实施进行统一安排。做到从源头上控制，防止和减少生产对土地的破坏及对环境的危害，并与土地复垦紧密结合，促进可持续发展。

**2. 坚持土地复垦与矿产开采二者工艺流程的密切衔接**

具体做到二者的衔接工作，以确保被破坏土地的及时复垦，促进土地的利用或植被的恢复。

**3. 依据复垦要求，露天矿内排土场岩土的排放要有利于控制水污染和覆盖层的水土保持**

岩石和土壤的排放顺序，应按照它们的粒度、种类、性能等确定：一般是上土下岩，粒度粗的在下，细的在上；酸性、碱性的岩土在下，中性的在上；不易风化的在下，易风化的在上：不肥沃的土壤在下，肥沃的土壤在上。这样可使覆盖的耕作层的水分尽量少地发生地表径流，尽量少地从岩石空隙中渗入流失。当内排土达到设计标高后，进行基底平整工作，基底平整尽可能大面积梯段式整平，以便于复垦后土地进行机械化耕作。填平的基底需用设备反复碾压，增加底层密实度，提高土地复垦稳定性。

## 二、土地复垦的工程技术措施

### （一）措施选择的原则

由于土地破坏特征、项目区自然条件、开采特点的不同，以及现有土地复垦技术的工作原理、复垦工艺、适用条件和优缺点等，对土地复垦工程技术措施应加以选择确定。

选择时应遵循的基本原则是：

（1）复垦利用类型应与地形、地貌及周围环境相协调。

（2）复垦场地的稳定性和安全性应有可靠保证。

（3）用于充填和覆盖的材料应无毒无害，如废弃物含有害成分应事先进行处置，必要时应设置隔离层后再复垦。

（4）复垦后的土地要优先发展利用为农用地（特别是耕地）。

（5）排水设施和防洪标准符合当地要求。

（6）有控制水土流失和控制大气与水体污染措施。

（7）复垦地区的道路交通布置合理。

(8)应充分利用原有表土作为顶部覆盖层，覆盖后的表层应规范、平整，覆盖层的容重应满足复垦利用要求。

## (二)采煤塌陷地复垦技术

### 1. 疏排法

疏排法指采用合理的排水措施(即开挖排水沟、设泵站强行排除等)，使沉陷区的积水排干，再加以必要的整修工程，使塌陷区不再积水，并得以恢复利用。

本技术方法主要是排水设施的设计和选择，且需要和地表整修相结合。首先设计复垦后的地面标高，其次规划设计、修建排水与防洪设施、降渍系统，最后进行地表整修。

### 2. 挖深垫浅法

挖深垫浅法主要源于我国传统农业的基塘模式，将造地与挖塘相结合。用挖掘机械将塌陷深的区域再挖深，形成水(鱼)塘，取出的土方充填塌陷坑浅的区域，形成耕地，达到水产养殖和农业种植并举的目的。依据复垦设备的不同，挖深垫浅法可以细分为：泥浆泵复垦技术、拖式铲运机复垦技术、挖掘机复垦技术。

### 3. 充填复垦

利用矿区的固体废渣作为充填物料，主要充填物为煤矸石、坑口和电厂的粉煤灰。它兼有掩埋矿区固体废弃物和复垦土地的双重效能。按主要充填物料的不同，充填复垦的主要类型有：粉煤灰充填复垦技术、煤矸石充填复垦技术、河湖淤泥充填复垦技术。

### 4. 直接利用法

直接利用法对于大面积的塌陷地，特别在大面积积水或积水很深的沉陷区，以及暂难复垦的塌陷地，常根据塌陷地现状，因地制宜地直接加以利用，如网箱养鱼、养鸭、种植耐湿作物等。

对于采矿初期地面受影响较小的沉陷地，除居民点用地外，可以按照原用途继续使用；对于大面积未稳定塌陷地，且地表无积水的，如有检测保障条件，可以继续按原用途使用。

## (三)露天矿土地复垦技术

### 1. 露天矿地貌重塑技术

排土场基底构筑技术——“疏水型”基底。

排土场主体构筑技术——进行扇形推进、分层压实，含水量高的岩土分散堆放，有污染的土要包埋，并做好排水系统。排土场平台—边坡构筑技术—形状为平台—边坡相间的阶梯地形，稳定性最好。平台修成3°～5°的反坡，内侧修排水渠，坡肩修挡水墙；坡脚堆大石块；坡面不覆土，土石混堆种植。

### 2. 露天矿土壤重构技术

在地貌重塑的基础上，再造一层人工土体，并通过各种农艺技术，使土壤耕性不断改善、肥力不断提高的过程。具体技术有：

(1)表土覆盖技术——在开采剥离过程中将表土另外堆存，地貌重塑后进行表土覆盖。

(2)排水渠建造技术——由于排土场的不均匀沉降，修建的水渠不能使渠道硬化，要用非刚性材料修建。

(3)整地、覆盖保墒技术——带状整地、水平阶整地、畦状整地等技术；秸秆覆盖、薄膜覆盖、生物覆盖、石砂覆盖等技术。

(4)土壤改良技术——可采用土质混合、绿肥牧草、轮作倒茬、平衡施肥等土壤改良技术。

## 三、土地复垦的生物化学措施

土地复垦的生物化学措施主要是指恢复植被、改良土壤与提高地力等生物和化学措施。

### (一)草、灌、乔合理配置与植被重建技术

该技术指由短期作用的草本植物、中期作用的灌木、长期作用的乔木、生态经济作物合理配置的综合集成技术。主要包括：

(1)筛选植被技术。

按照复垦规划，根据矿区的气候和土壤条件，对计划种植的作物、牧草、林木品种进行选择，筛选时不仅要着眼于植被品种的近期表现，并要兼顾其长期优势，筛选的原则是：①速生能力好、适应性强、根系发达、抗逆性好；②优先选择固氮植物；③当地优良的乡土品种优于外来速生品种；④树种选择宜突出生态功能，弱化经济价值。

(2)植物栽培技术——可采用直播、客土种植、带土球移植、营养体种植、扦插等不同的植物栽培技术。

(3)植物抚育管理技术。在特定的土地复垦模式下，选择除草、施肥、修枝与间伐、封山育林病虫害防治以及综合森林防火等技术。

### (二)微生物复垦技术

微生物复垦技术主要是利用菌肥与微生物活化剂改善土壤和作物的生长营养条件，迅速熟化土壤，固定空气中的氮，参与养分的转化，促进作物对营养的吸收，分泌激素刺激作物的根系发育。

### (三)生态农业复垦技术

对不同区域、不同复垦条件可以选择不同的生态农业模式。现行的主要模式有山地生态型、低山生态型、平原农牧生态型、草原生态型、城郊生态型、水域生态型等。在每个生态型中又存在不同的组合模式。例如：高水位塌陷区的“农-渔-禽-畜”生态农业类型。

### (四)土壤改良技术

(1)有机废弃物。由于污水污泥、生活垃圾、泥炭及动物粪便等有机废弃物的分解能缓慢释放出氮素等养分物质，可满足植物对养分持续吸收的需要；有机物质还是良好的胶结剂，能使土地快速形成结构，增加土壤持水保肥能力。

(2)固氮植物。利用生物固氮（主要是豆科植物），是经济效益与生态效益俱佳的改良

方法。

(3)种植豆科的绿肥改良技术——提高土壤养分肥力水平的作用相当于十年以上的培肥功能，多为豆科植物，根系发达，生长迅速，适应性强，含有丰富的有机质和N、P、K等营养元素，可为后茬作物提供各种有效养分，改善土壤理化性状，并能加快矸石风化速度。

(4)化学改良剂施用技术。

## 第五节　土地复垦区规划编制

土地复垦区规划是在综合分析项目区各种自然条件、自然资源条件和社会经济条件的基础上，按照土地复垦的要求和各种土地利用限制因素，对田、水、路、林、村统一规划，合理利用水土资源。对土地平整工程、水源工程、灌溉工程、排水工程、各种建筑物、道路、林带、居民点、输电线路、农田防护工程、水土保持工程等进行合理布局，确定项目区的土地利用工程总体布置。

### 一、复垦区土地利用规划

#### (一)复垦区土地利用规划的作用

土地利用规划是指根据社会经济发展要求和当地自然、资源、社会经济条件，对项目区范围内的土地利用进行空间布局上的组合优化，以最大限度地发挥土地的总体功能。

土地利用规划是在现有土地状况下进行的，通过土地复垦规划对土地利用进行微观组织，最大限度地发挥土地的整体功能。

土地利用规划也是对未来土地利用发展状态的预先安排设计，达到这个安排设计的目标又是一项综合协调合理利用土地及其实现的过程。

#### (二)复垦区土地利用规划的要求

(1)有效增加耕地面积。

(2)控制农用地的生态过程，建立良性循环的生态系统。

(3)控制土地利用方式和强度。

(4)项目区水土资源的平衡。

#### (三)规划的方法——土地利用分区

根据项目区地形、气候、土壤、种植习惯、水土资源、劳动力、地貌特点、农业生产条件、市场需要、国家政策、社会经济发展需要和生态环境要求，在适宜性评价基础上，采用分区的方法对项目区内耕地、园地、林地、牧草地、居民点、养殖水面等各类用地进行安排，确定土地利用分区。

### 二、复垦区土地利用工程规划

在土地利用分区的基础上，根据各类用地的需要，对项目区土地复垦工程进行布局。主要包括：土地平整工程规划、灌溉与排水工程规划、复垦区道路工程规划、农田林网工程规划。

## (一)土地平整工程规划

耕作田块是末级固定田间工程设施所围成的地块，是田间作业、轮作、工程建设和管理的基本单位。

耕作田块规划合理与否直接影响到灌排渠系、田间道路、防护林带等作用的发挥以及生产效率和管理的便利性。

田块规划应从有利于作物的生长发育，有利于田间机械作业，有利于水土保持，满足灌溉排水要求和防风要求，便于经营管理等方面进行综合考虑(图 8-6)。

田块的规划主要是从田块的规模、长度、宽度、方向、形状等基本要素进行综合规划设计。图 8-7 为坡耕地田块规划对比图。

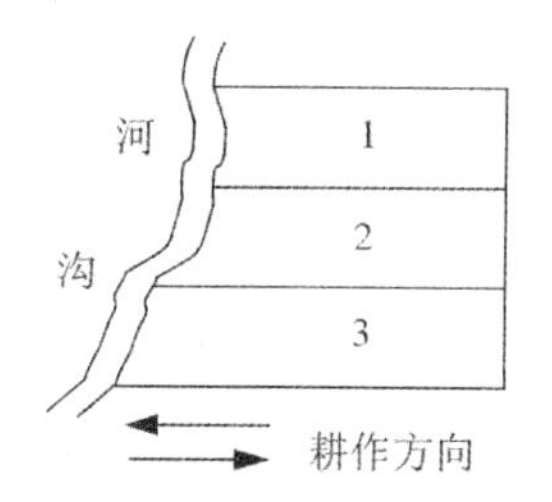


图 8-6　耕作田块规划示意图

1、2、3:田块

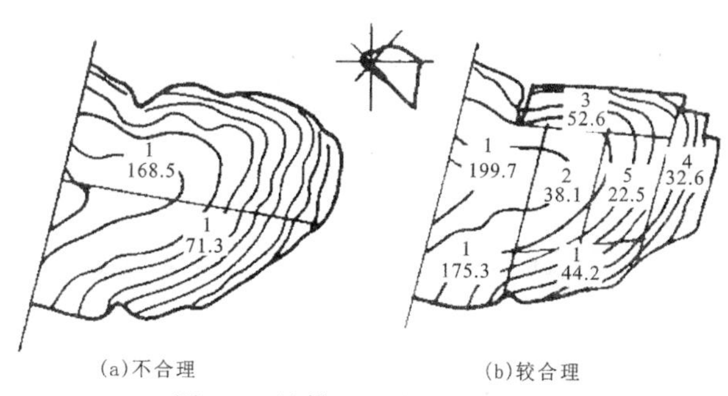


图 8-7　坡耕地田块规划对比图

## (二)灌溉与排水工程规划

项目区应按照蓄泄兼筹的原则，确定防洪标准，做好防洪工程设计，并将防洪工程纳入项目区的总体布置。

灌溉系统和排水系统的布置应协调一致，满足灌溉和排涝要求，有效地控制地下水位，防止土壤盐碱化或沼泽化(图 8-8、图 8-9)。

自然条件存在较大差异的项目区：应根据当地的自然和合社会经济条件，确定灌排分区，并分区进行工程布置。

提水灌溉区：应根据地形、水源、电力和行政区划等条件，按照总功率最小和便于运行管理的原则进行分区、分级。

灌溉方式：应根据作物、地形、土壤、水源和社会经济等条件，经分析论证确定。

排水方式：应根据涝、渍、碱的成因，结合地形、土壤、水文地质等条件，经分析论证确定。

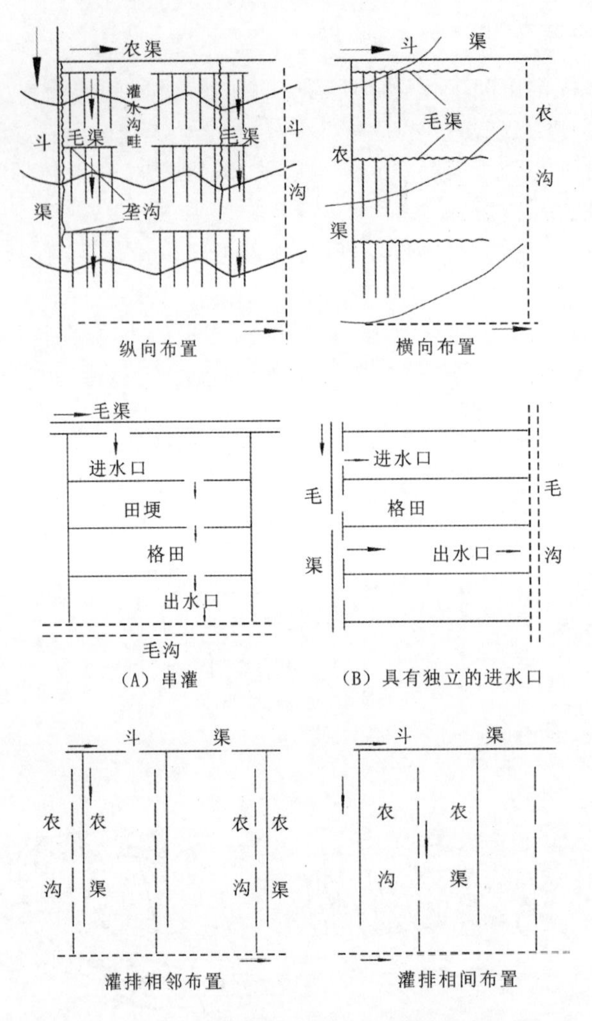


图 8-8　灌溉和排水系统的布置图

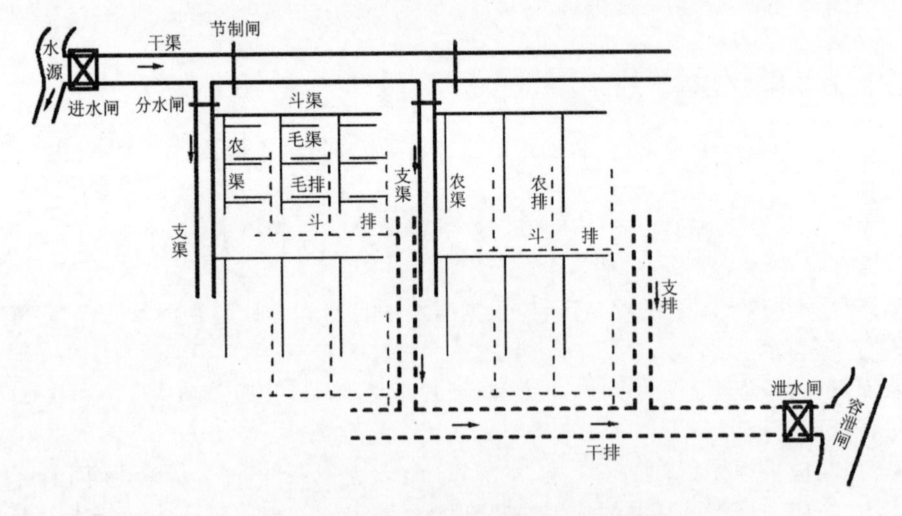


图 8-9　平原区完整的农田灌排系统示意图

## (三)复垦区道路工程规划

复垦区道路工程主要是指直接为复垦区各业生产服务建设的各级道路。一般可分为干道、支道、田间道和生产路四级(图 8-10)。

道路工程规划是项目区土地复垦工程的重要组成部分,它关系到农业生产、交通运输、农民生活和实现农业机械化等各方面,在项目区规划中必须对道路进行全面规划。

项目区的农村机耕道路(包括支道、田间道路等)一般沿支、斗、农灌排渠沟布置,沟渠路林的配合形式应有利于排灌,有利于机耕、运输,有利于田间管理和不影响田间作物光照条件。

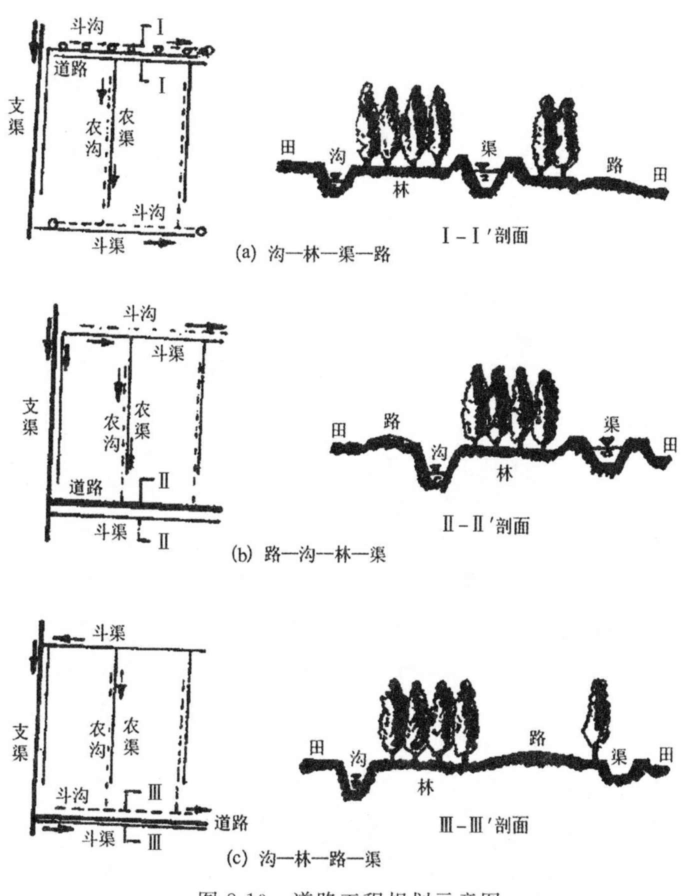


图 8-10　道路工程规划示意图

## (四)农田林网工程规划

### 1. 因害设防

防护林网一般由主林带和副林带构成网状布局。林带方向一般与田间渠道、道路方向一致;主林带一般沿长边布置,其方向垂直当地主害风方向,一般在 90°＋30°范围内偏角(图 8-11～图 8-13)。

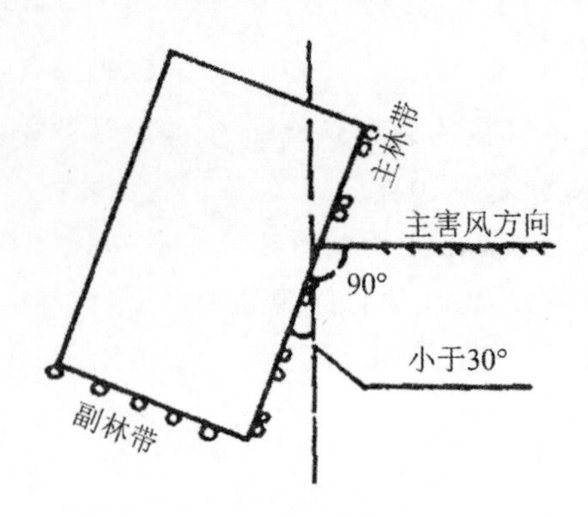


图 8-11 防护林网布局示意图

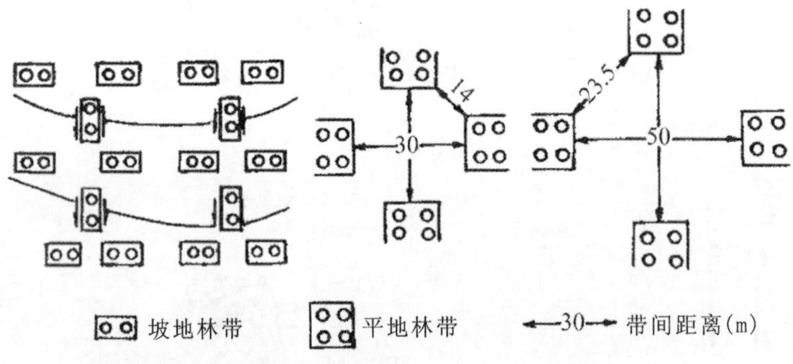


图 8-12 农田林网工程布局示意图

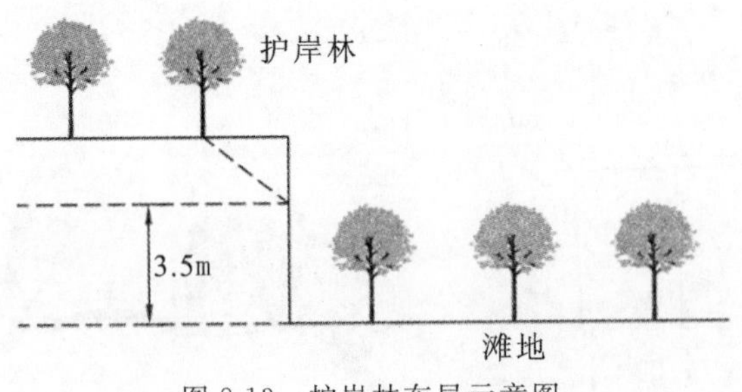


图 8-13 护岸林布局示意图

**2. 林带结构**

林带结构一般分为:紧密型结构林带、透风型结构林带、疏透型结构林带等(图 8-14)。

(1)紧密型结构林带:一般由三层树冠组成,纵断面透风孔隙很小,气流主要从林带顶部越过。

(2)透风型结构林带:一般由一层或两层树冠组成,没有林下灌木,风能顺利地通过下层“通风道”,背风面林缘风速仍较大。

(3)疏透型结构林带:纵断面具有较均匀分布的通风孔隙,大约有 50%的风从林带通过,在背风面林带附近出现小漩涡。

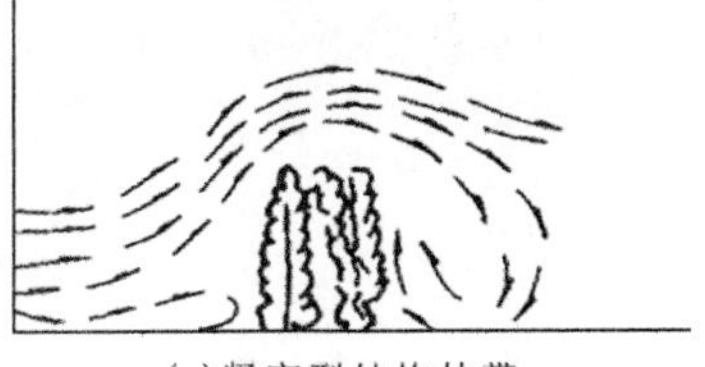

(a)紧密型结构林带

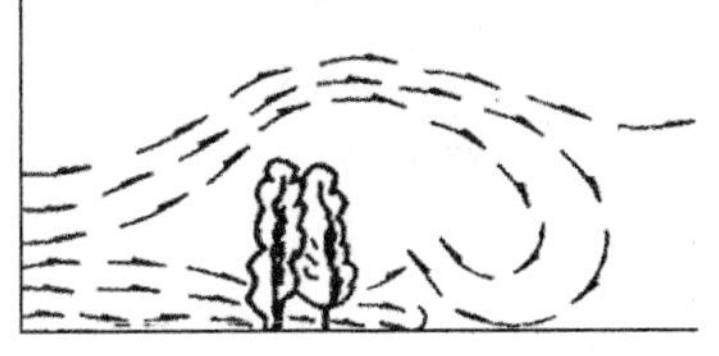

(b)透风型结构林带

(c)疏透型结构林带

图 8-14　林带结构示意图

# 第六节　土地复垦区工程设计及工程量测算

## 一、土地复垦区工程设计

### (一)工程设计概述

根据不同复垦单元不同的土地复垦方向和质量要求进行设计。

工程措施设计包括确定各种措施的主要工程形式及其主要技术参数。工程措施的设计可根据项目类型、生产建设方式、地形地貌、区域特点等有所侧重,主要工程设计应附平面布置图、剖面图、典型工程设计图。

#### 1. 复垦区工程设计的技术依据

(1)《水利建设项目经济评价规范》(SL 72—94)。

(2)《灌溉与排水工程设计规范》(GB/50288—99)。

(3)《农田排水工程技术规范》(SL/T 4—1999)。

(4)《节水灌溉技术规范》(SL 207—98)。

#### 2. 复垦区工程设计的内容

(1)土地平整工程设计。

(2)灌溉与排水工程设计。

(3)道路工程设计。

(4)农田防护与生态保护工程设计。

**3. 复垦区工程设计程序**

1)工程设计程序

工程设计程序如图 8-15 所示。

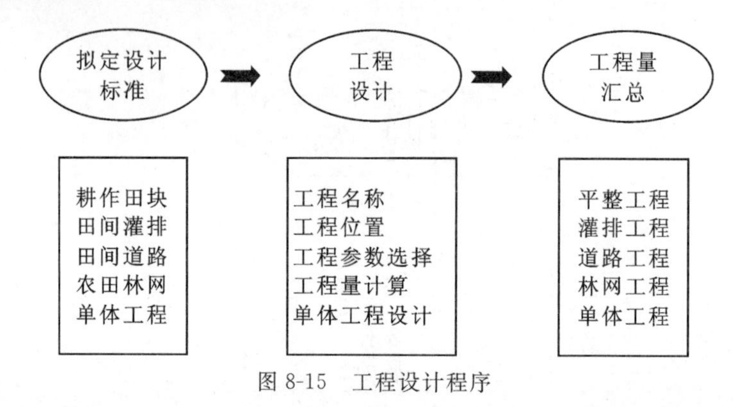


图 8-15 工程设计程序

2)成果整理

成果整理程序如图 8-16 所示。

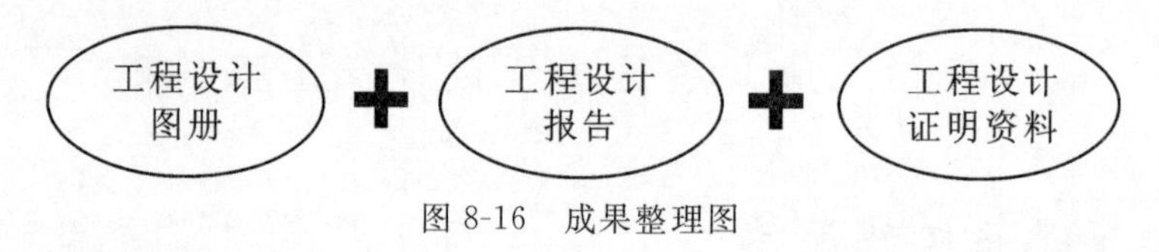


图 8-16 成果整理图

## (二)土地平整工程设计

土地平整工程设计是在复垦区土地平整工程规划的基础上,确定田块的设计高程、田坎高度、填方量、挖方量等。

**1. 设计内容**

平整范围:平整单元确定。

工程量计算:方格网法、散点法和截面法。

土地平整施工:施工工具、施工方法。

绘制平整工程设计施工图:填挖方范围、运土方向和搬运土方量。

**2. 设计方法——方格网法**

1)划方格网

100m×100m/200m×200m。

2)定角点高程

可通过实地测设或图上内插法,确定角点高程,见图 8-17。

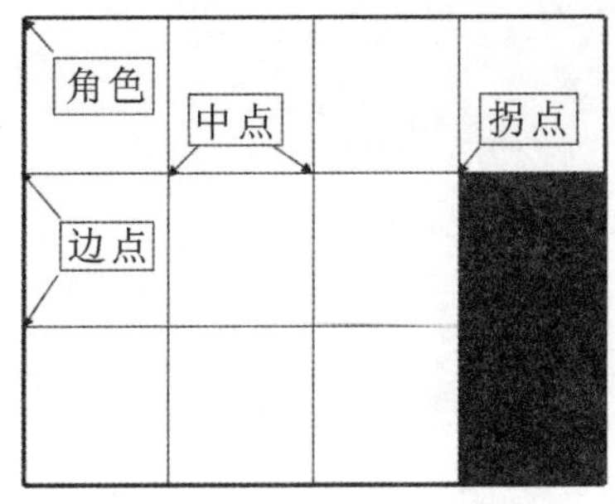


图 8-17　方格网点高程图

3)求平整单元的平均高程(设计高程)

$$H_0=(\sum H_{角}+2\sum H_{边}+3\sum H_{拐}+4\sum H_{中})/4n$$

式中:$H_0$ ——平整单元的平均高程(m);

$\sum H_{角}$——平整单元内方格网各角点高程之和(m);

$\sum H_{边}$——平整单元内方格网各边点高程之和(m);

$\sum H_{拐}$——平整单元内方格网各拐点高程之和(m);

$\sum H_{中}$——平整单元内方格网各中点高程之和(m);

$n$ ——平整单元内方格数。

4)求平整单元内各角点的设计高程

如果平整为水平状态,各角点的设计高程就是平均高程。

如果要求平整单元有一定的坡降,应计算由于地面坡降引起的高差值。

5)求各角点的填挖数

填挖数=地面高程-设计高程

式中:填挖数中"+"——挖方;

"-"——填方。

6)初步计算总挖(填)方量

$$V=(\frac{1}{4}\sum h_{角}+\frac{1}{2}\sum h_{边}+\frac{3}{4}\sum h_{拐}+\sum h_{中})M$$

式中:$\sum h_{角}$——各角点挖深(填高)之和(m);

$\sum h_{边}$——各边点挖深(填高)之和(m);

$\sum h_{拐}$——各拐点挖深(填高)之和(m);

$\sum h_{中}$——各中点挖深(填高)之和(m);

$M$——一个方格面积($m^2$)。

7)确定挖填零位线

方格中,挖方和填方点之间必定有一个不挖不填的点,即挖填分界点(零点)。各零点连接起来就是挖填分界线(零位线),即原地面与设计地面的交线。

8)计算工程量

以零位线为棱边,按方格网地面图形和角点高程,计算平整单元的工程量。

$$V=L^2(h_1+h_2+h_3+h_4)/4$$

一点填方(挖方)三点挖方(填方)[见图 5-6(d)情形]

$$V_{填} = x \cdot y \cdot h_4 \ / \ 6$$

$$V_{挖} = (L^2 - x \cdot y \ / \ 2)(h_1 + h_2 + h_3) \ / \ 5$$

二点填方(挖方)[见图 5-6(b)情形]

$$V_{填} = L(x_1 + x_2)(h_1 + h_4) \ / \ 8$$

$$V_{挖} = L[2L - (x_1 + x_2)](h_2 + h_3) \ / \ 8$$

式中:$V$——方格的填(挖)方量($m^3$);

$L$——计算方格边长(m);

$h_1$、$h_2$、$h_3$、$h_4$——计算方格角点的填挖数(m),不包括填高(挖深)为零的点。

## (三)灌溉与排水工程设计

### 1.输水管道灌溉工程设计

输水管道灌溉工程设计包括灌溉制度确定、管网布置、管径计算、管网水力计算、管网土方量计算、管网设计施工图。

1)灌溉制度确定

灌水定额:单位面积一次性灌水的灌水量或水层深度;

设计灌水周期:

$$T_{理} = m/\mathrm{Ed}$$

式中:$T_{理}$——理论灌水周期(d);

$m$——设计灌水定额(mm),$m$=59.5mm;

Ed——作物最大日需水量(mm/d),Ed 取 4.0mm/d。

2)管网布置

根据项目区地形条件、地块大小、地块形状、作物种植方向等条件,以每眼机井为单位,管网布置成“圭”“L”字形(图 8-18)。

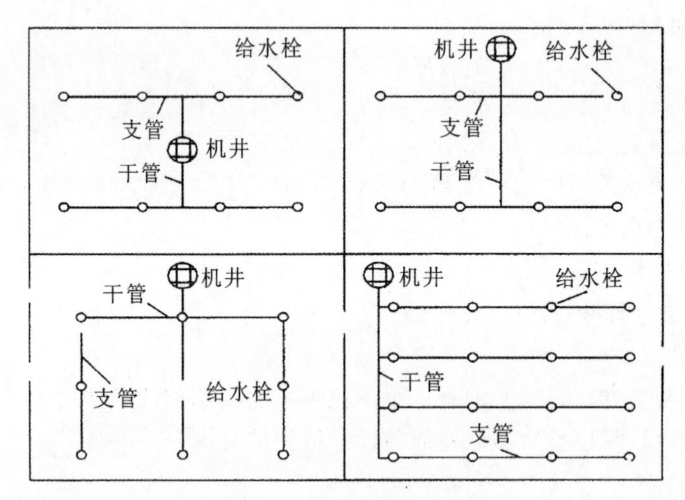


图 8-18 管道布置示意图

3)管径计算

$$d = 1000\sqrt{\frac{4Q_{设}}{3600\pi v}}$$

式中:$Q_{设}$——管道设计流量($m^2/s$);

$v$——管道内水的经济流速(m/s)。

4)管网水力计算

低压管灌设计成果见表 8-4。

**表 8-4 低压管灌设计成果表**

| 机井 | | 1# | 2# | 3# | 4# | 5# | 6# | 7# | 8# | 9# | 10# | 合计 |
|---|---|---|---|---|---|---|---|---|---|---|---|---|
| 水泵及电机/套 | | 1 | 1 | 1 | 1 | 1 | 1 | 1 | 1 | 1 | 1 | 10 |
| 配电盘/套 | | 1 | 1 | 1 | 1 | 1 | 1 | 1 | 1 | 1 | 1 | 10 |
| 管道长度 | 干管长度/m | 490 | 350 | 300 | 115 | 300 | 495 | 180 | 717 | 476 | 380 | 3803 |
| | 支管长度/m | 1150 | 1250 | 1250 | 850 | 1100 | 900 | 1100 | 1600 | 750 | 1650 | 11600 |
| 总/m | | 1640 | 1600 | 1550 | 965 | 1400 | 1395 | 1280 | 2317 | 1226 | 2030 | 15 403 |
| 给水栓/个 | | 23 | 24 | 28 | 18 | 24 | 19 | 22 | 31 | 24 | 32 | 245 |
| 三通/个 | | 3 | 2 | 2 | 2 | 2 | 2 | 2 | 6 | 4 | 1 | 26 |
| 四通/个 | | 0 | 0 | 2 | 0 | 2 | 2 | 0 | 0 | 0 | 0 | 6 |
| 弯头/个 | | 18 | 22 | 24 | 16 | 20 | 16 | 22 | 26 | 20 | 22 | 206 |
| 泄水井/个 | | 1 | 2 | 2 | 1 | 2 | 1 | 1 | 2 | 1 | 1 | 14 |
| 压力表/套 | | 1 | 1 | 1 | 1 | 1 | 1 | 1 | 1 | 1 | 1 | 10 |
| 流量计/套 | | 1 | 1 | 1 | 1 | 1 | 1 | 1 | 1 | 1 | 1 | 10 |
| 逆止阀/套 | | 1 | 1 | 1 | 1 | 1 | 1 | 1 | 1 | 1 | 1 | 10 |

5)管网土方量计算

管网土方量可以依据管道长度、开挖宽度、开挖深度进行计算,计算公式如下:

$$管网土方量(V_{管})=管道长度\times开挖宽度\times开挖深度$$

**2. 排水工程设计**

排水标准,排水模数与设计流量,末级固定沟的深度与间距,排水沟断面设计并计算工程量。

1)设计暴雨重现期

一般根据年系列暴雨与淹涝面积或成灾面积等因素,进行技术论证。

2)排水模数

单位面积上的最大排水量,包括排涝流量和排渍流量。

排涝模数:单位排水面积上的最大排涝流量。

排渍模数:单位排水面积上的最大排渍流量,主要是与地下水位密切相关。

3)排水设计流量

排水设计流量是设计排水断面和沟道上的建筑物的重要依据。

4)排水沟断面设计

(1)排水沟设计水位。

(2)设计横断面。

(3)绘制纵断面图。

**3. 灌溉与排水系统上的建筑物设计**

建筑物类型主要有:水井、泄水井。

### (四)田间道路工程设计

田间道路工程设计示意图如图 8-19 所示。

(1)道路平面设计:圆曲线设计;平面视距。

(2)横断面设计:横断面一般布置,路基设计,路面设计,路拱设计(主要是路基设计,路面设计,路拱设计及绘制横断面图)。

①路基:是公路的重要组成部分,是按照路线位置和一定技术要求修筑的带状构造物,是公路线形的主体,是路面的基础和支撑结构物,与路面共同承受交通荷载的作用。

②路基宽度:行车路面与路肩宽度之和。

③路基高度:路堤的填筑高度或路堑的开挖深度,是路基设计标高与原地面标高之差。

④路基边坡:对路基整体稳定起重要作用,坡度的大小取决于边坡的土质、岩石的性质及水文地质条件等自然因素和边坡的高度。

(3)纵断面设计:纵坡设计,竖曲线,纵断面图。

(4)道路工程量计算:路基土石方量计算,路面结构层工程量计算。

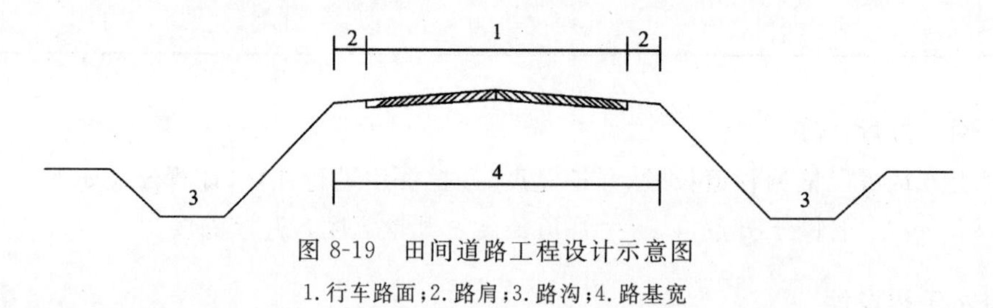


图 8-19 田间道路工程设计示意图

1. 行车路面;2. 路肩;3. 路沟;4. 路基宽

## 二、工程量测算

根据不同土地复垦单元工程措施的设计内容,分别测算复垦工程量并列表汇总。

### 三、其他工程设计及工程量测算

除上述工程外，还有其他工程如生物措施、化学措施、监测和管护措施的设计内容也必须分别测算工程量并列表汇总。

生物措施设计包括植物种类筛选、苗木规格、配置模式、密度（播种量）、土壤生物与土壤种子库的利用、整地规格等。

化学措施设计包括复垦土地改良以及污染土地修复等。

监测措施设计包括监测对象、监测内容（土地损毁情况与土地复垦效果）或指标、监测年限及监测点的布置等。

管护措施设计包括管护对象、管护方法、管护年限及管护次数。

## 第七节　土地复垦投资估算编制

### 一、估算编制概述

#### （一）基本概念

土地复垦投资估算是指在对生产建设项目规模、技术方案、工程方案、设备材料方案及复垦实施进度等进行研究并基本确定的基础上，估算复垦投入的总资金并测算建设期内分年度资金需要量。

土地复垦投资估算是按照客观规律要求，根据技术设计和预算标准及有关基础定额反映实现项目任务所需要的人、财、物的经济方案。它相对客观地反映了实现土地复垦任务预估所需的资金额度。估算应综合考虑损毁前的土地类型、实际损毁面积、损毁程度、复垦标准、复垦用途和完成复垦任务所需的工程量等因素。

#### （二）估算说明

(1)说明投资估算编制原则、依据和方法。主要包括采用的定额标准、价格水平、人工预算单价、基础单价计算依据和费用计算标准。

(2)说明土地复垦费用构成。包括工程施工费、设备费、监测与管护费费、其他费用（前期工作费、工程监理费、竣工验收费、业主管理费）以及预备费（基本预备费、价差预备费和风险金）。

(3)说明土地复垦总投资、单位面积投资等技术经济指标。

#### （三）费用构成

矿山土地复垦费用主要由工程施工费、设备购置费、其他费用、复垦监测与管护费及预备费构成，详见图 8-20。

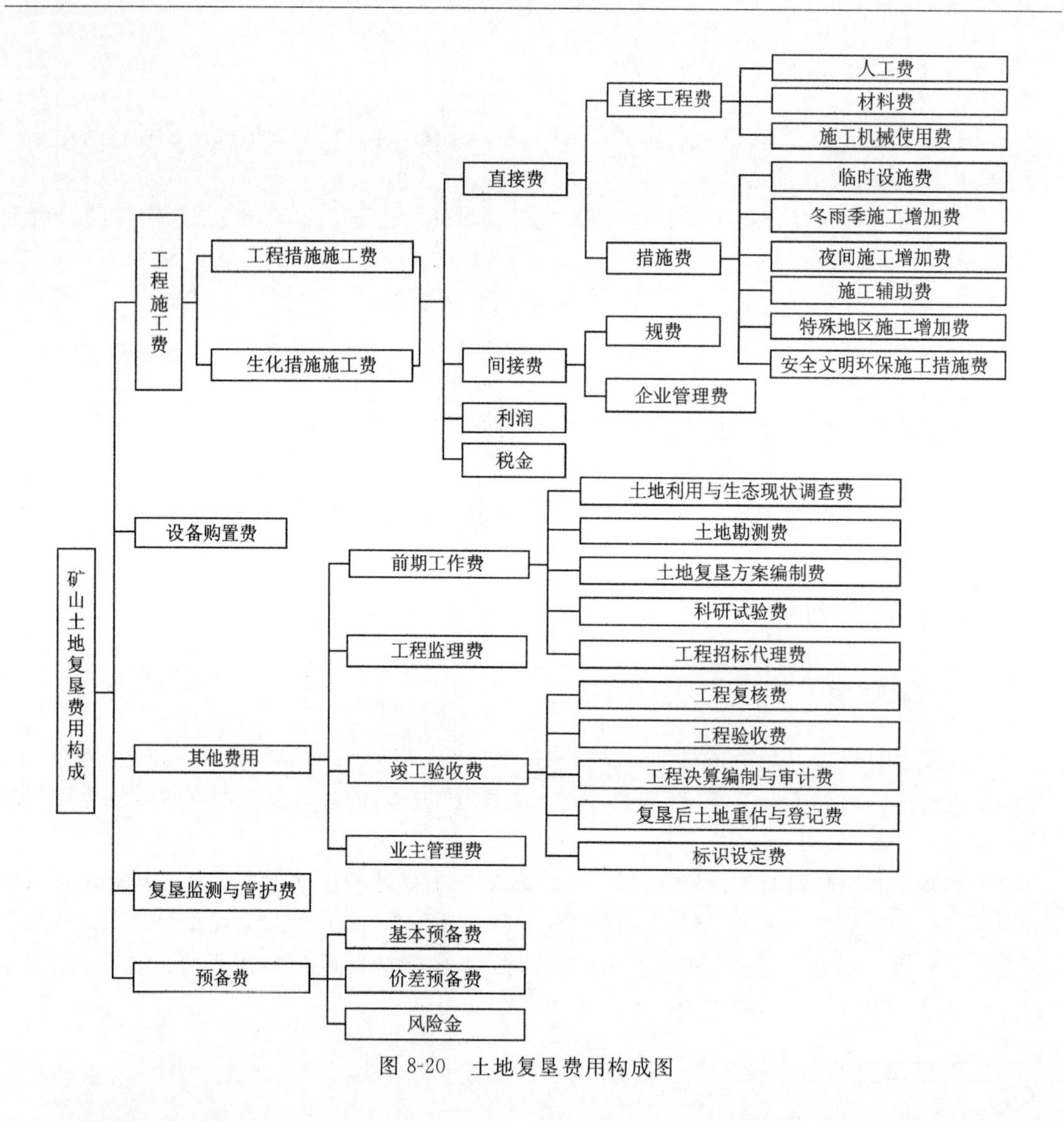


图 8-20　土地复垦费用构成图

### (四)估算成果

根据土地复垦工程量,测算土地复垦静、动态投资总额和单位面积投资额。附测算总表、各分项单表和工程单价表。

## 二、估算编制的主要特点

土地复垦投资估算是编制复垦投资计划和预算草案,制定投标标底,实现项目实施任务的主要依据,是对复垦工程设计进行技术经济分析的重要工具,也是部门预算的重要组成部分。其具有以下主要特点:较强的综合性;复式预算;较强的时限性;滚动预算。

## 三、估算编制的原则、依据

### （一）基本原则

（1）符合现行政策、法规、办法。
（2）全面、合理、科学、准确。
（3）实事求是、依据充分、公平合理。
（4）体现土地复垦项目特点。

### （二）主要依据

（1）国家及有关部门的政策性文件。
（2）项目批准文件（项目入库通知等）。
（3）预算定额标准。
（4）其他相关资料。

## 四、估算编制的基本要求

（1）应符合国家相关规定要求。
（2）应坚持以收定支，实事求是原则。
（3）工程量计算必须准确和符合实际需要。
（4）预算标准选择及确定要合理。
（5）工程内容和费用构成齐全，计算合理，不重复计算，不提高或者降低估算标准，不漏项、不少算。
（6）所选用指标与具体工程之间存在标准或条件差异时，应进行必要的换算或调整。
（7）预算精度应能满足控制初步设计概算的要求。

## 五、估算编制的基本步骤

（1）确定工程项目。
（2）分类计算、汇总工程量。
（3）分别估算各单项工程施工费。
（4）估算拆迁补偿费。
（5）估算主要设备购置费、其他费用等。
（6）汇总各单项费用。
（7）分年度投资估算。
（8）编写估算说明及其他相关内容。

## 六、估算编制的基本方法

依据工程设计阶段得到的工程量，套用相应预算定额标准，计算项目总预算。

**1. 工程施工费估算方法**

(1)单位工程投资估算法。以单位工程量投资乘以工程总量计算。如田间道路以单位长度的投资,乘以相应的工程总量计算工程施工费。

(2)单位实物工程量投资估算法。以单位实物工程量的投资乘以实物工程总量计算。如土石方工程以每立方米投资,乘以相应的实物工程总量计算工程费。

**2. 设备购置费估算方法**

根据项目主要设备表及价格,费用资料编制。对于价值高的设备应按单台(套)估算购置费,价值较小的设备可按类估算。

**3. 安装工程费估算方法**

通常按行业或专业机构发布的安装工程定额,取费标准和指标估算投资。

**4. 不可预见费估算方法**

在项目实施中可能发生难以预料之处,需实现预留的费用,主要是项目施工过程中可能增加工程量的费用,是以工程施工费、设备费、其他费用之和为基数,乘以费率计算。

**5. 前期工作费估算方法**

土地复垦项目在工程施工前所发生的各项支出,按不超过工程施工费的6%计算。

**6. 工程监理费估算方法**

由项目承担单位委托具有工程监理资质的单位,按国家有关规定进行全过程的监督与管理所发生的费用,一般按不超过工程施工费的1.5%计算。

**7. 竣工验收费估算方法**

土地复垦项目工程完工后,因项目竣工验收、决算、成果的管理等发生的各项支出,一般按不超过工程施工费的3%计算。

**8. 业主管理费估算方法**

项目承担单位为项目的组织、管理所发生的各项管理性支出,包括项目管理人员的工资、补助性工资、其他工资等,一般按不超过工程施工费和其他费用合计的2%计算。

**9. 拆迁补偿费估算方法**

土地复垦项目实施过程需拆迁的零星房屋、林木及青苗等所发生的适当补偿费用。其计算方法是按照各省政府规定的各项补偿费和安置补助费等计算。

# 第八节　土地复垦服务年限与复垦工作计划安排

## 一、土地复垦服务年限

土地复垦方案服务年限应与项目许可证批准年限保持一致。复垦滞后时，复垦的服务年限可适当长于项目的服务年限，但原则上不能少。对于开采年限超过30年的项目的土地复垦方案，应当以30年为标准，考虑采区(盘区)或工作面的完整性，可以略高于或低于30年。建设项目以复垦工作实际需要的时间作为服务年限。

## 二、土地复垦工作计划安排

土地复垦工作计划安排中，应根据土地损毁预测情况，结合土地复垦方案服务年限，合理划分复垦工作的阶段，原则上以5年为一阶段进行土地复垦工作安排。应明确每一阶段的复垦范围、目标、工程量和费用安排(表8-5、表8-6)。

**表8-5　土地复垦工作计划安排**

| 阶段划分 | 规程要求 |
|---|---|
| 土地复垦工作计划安排 | 明确每一阶段的复垦目标、任务、位置、单项工程量和费用安排 |
| 第一阶段土地复垦计划 | 明确阶段土地复垦目标、任务、位置、主要措施和分部工程量、投资概算及组成 |
| 第一年度土地复垦实施计划 | 明确年度土地复垦目标、任务、位置、各种措施的主要结构形式、技术参数和分项工程量、投资预算及组成 |

**表8-6　土地复垦工作计划详细安排**

| 阶段划分 | 深度要求 |
|---|---|
| 土地复垦工作计划安排 | 土地复垦方案服务年限内的土地复垦工作总体安排。主要内容:各阶段的土地复垦目标、任务、位置安排，复垦措施选择与单项工程量测算，土地复垦投资估算与费用安排 |
| 第一阶段土地复垦计划 | 根据复垦方案提出的第一阶段复垦任务所作的具体实施方案。主要内容:工程的总体布局，线性工程的初步定线，断面设计，各项建筑物的位置、结构形式和尺寸，各项工程的施工组织设计，工程量计算和统计，设计总预算与费用安排，建设工期等 |
| 第一年度土地复垦实施计划 | 在第一阶段土地复垦计划基础上，结合土地复垦区现场情况，完善第一年度的表现各项施工主体的外形、构造状况以及与周围环境的配合，达到指导施工的要求。主要内容:施工总平面图，建筑物的平面、立面、剖面图，结构详图(包括配筋图)，设计安装详图，各种材料、设备明细表，施工说明书等 |

注意:复垦阶段的划分，5年是从管理的要求出发进行的划分，应当结合生产建设时序与土地损毁时序安排复垦工作。

生产建设服务年限超过5年的，除编制复垦方案服务年限内的复垦工作计划安排外，还应分年度详细编制第一个5年内的阶段土地复垦计划;阶段土地复垦计划应明确阶段土地复垦范围、目标、主要措施、工程量、投资概算及组成。

生产建设服务年限不超过5年的，应分年度细化土地复垦任务及费用安排，并制定第一年度土地复垦实施计划；年度土地复垦实施计划应明确年度土地复垦范围、目标、任务、各种措施的工程内容、技术参数、分项工程量、投资预算及组成。

案例：某土地复垦方案服务年限为10年，复垦对象为露天煤矿内排土场，复垦方向为耕地，复垦责任范围和各阶段复垦目标见下图。请结合本土地方案参考相关标准以田间道路和灌溉渠道工程措施为例说明土地复垦工作计划安排、第一阶段土地复垦计划和第一年度土地复垦实施计划所应达到的深度要求。

### 1. 土地复垦工作计划安排

(1)提供土地复垦工作计划安排图(图示每一阶段的复垦目标、任务、位置)，见图8-21。

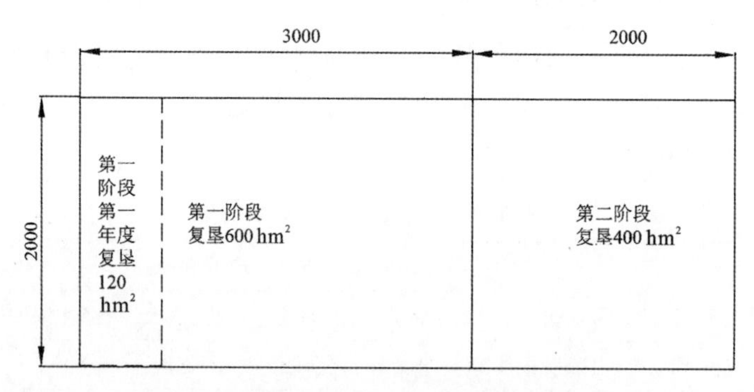


图8-21　土地复垦工作计划安排图(单位：m)

(2)提供土地复垦工作计划安排表(包含每一阶段的复垦目标、任务、位置、单项工程量和费用安排)，见表8-7。

**表8-7　土地复垦工作计划安排表**

| 阶段 | 复垦位置 | 水浇地面积/hm² | 合计复垦面积/hm² | 静态投资/万元 | 动态投资/万元 | 主要工程措施 | 主要工程量 |
|---|---|---|---|---|---|---|---|
| 第一阶段 | 内排土场西侧 | 600 | 600 | 4050 | 4658 | 1. 道路工程 | |
| | | | | | | 1)田间道/m | 4200 |
| | | | | | | 2)生产路/m | 7200 |
| | | | | | | 2. 灌排工程 | |
| | | | | | | 1)斗渠/m | 3000 |
| | | | | | | 2)农渠/m | 12 000 |
| 第二阶段 | 内排土场东侧 | 400 | 400 | 2700 | 4355 | 1. 道路工程 | |
| | | | | | | 1)田间道/m | 2800 |
| | | | | | | 2)生产路/m | 4800 |
| | | | | | | 2. 灌排工程 | |
| | | | | | | 1)斗渠/m | 2000 |
| | | | | | | 2)农渠/m | 8000 |

### 2. 第一阶段土地复垦计划

(1)提供第一阶段土地复垦工作计划安排图(图示第一阶段的复垦目标、任务、位置和主要复垦措施的平面布局),见图 8-22。

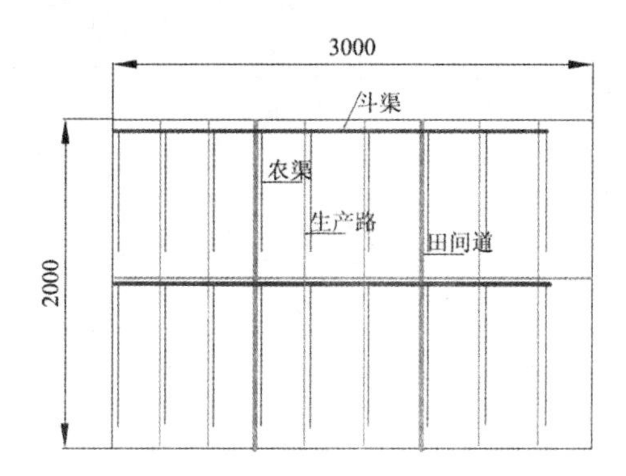


图 8-22　第一阶段土地复垦工作计划安排图(单位:m)

(2)提供第一阶段主要土地复垦措施的典型设计图,见图 8-23～图 8-26。

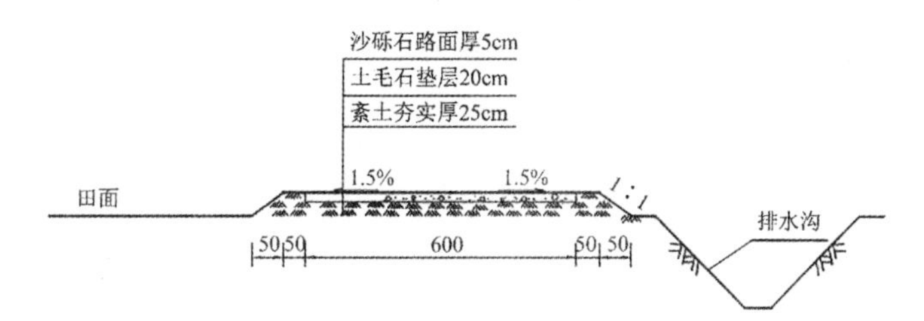


图 8-23　田间道典型设计图(单位:m)

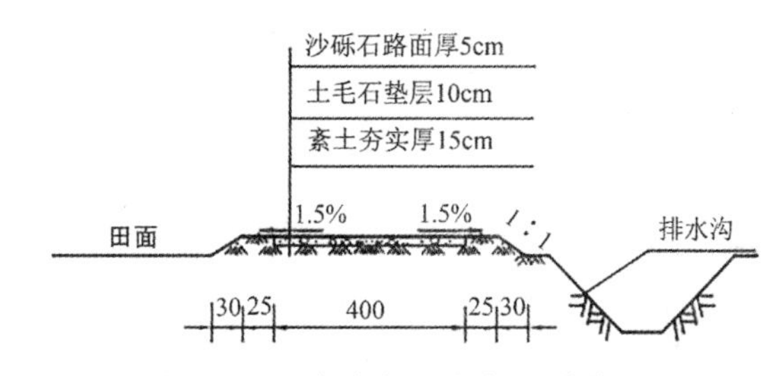


图 8-24　生产路典型设计图(单位:m)

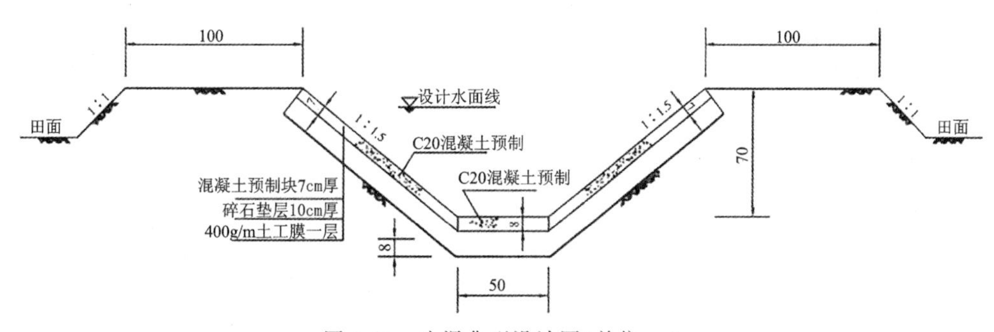


图 8-25　斗渠典型设计图(单位:m)

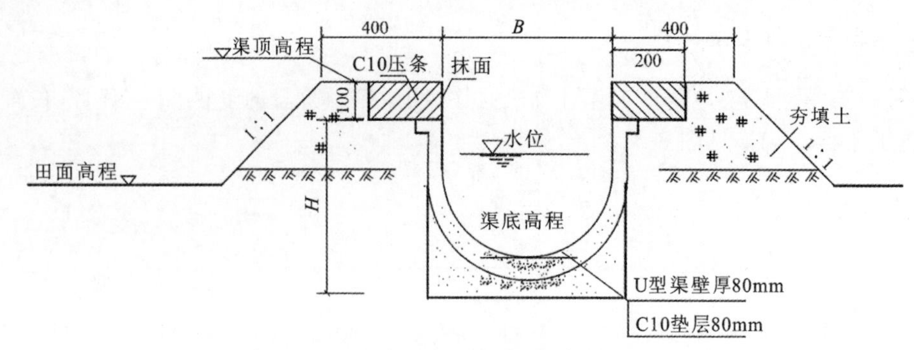


图 8-26　农渠典型设计图(单位:m)

(3)提供第一阶段土地复垦工作计划表(包含分年度土地复垦目标、任务、位置、主要措施和分部工程量、投资概算及组成),见表 8-8。

**表 8-8　第一阶段土地复垦工作计划表**

| 复垦区 | 复垦年度 | 复垦面积/$hm^2$ | 复垦工程量 | | | | 复垦投资/万元 |
|---|---|---|---|---|---|---|---|
| | | 水浇地面积/$hm^2$ | 道路工程 | | 灌溉排水工程 | | |
| | | | 田间道 | 生产路 | 斗渠 | 农渠 | |
| 内排土场 | 第一年 | 120 | 840 | 1440 | 600 | 2400 | 810 |
| | 第二年 | 120 | 840 | 1440 | 600 | 2400 | 810 |
| | 第三年 | 120 | 840 | 1440 | 600 | 2400 | 810 |
| | 第四年 | 120 | 840 | 1440 | 600 | 2400 | 810 |
| | 第五年 | 120 | 840 | 1440 | 600 | 2400 | 810 |
| 合计 | | 600 | 4200 | 7200 | 3000 | 12 000 | 4050 |

**3. 第一年年度土地复垦实施计划**

(1)提供第一年年度土地复垦实施计划图(图示第一年年度的复垦目标、任务、位置和主要复垦措施的平面布局),见图 8-27。

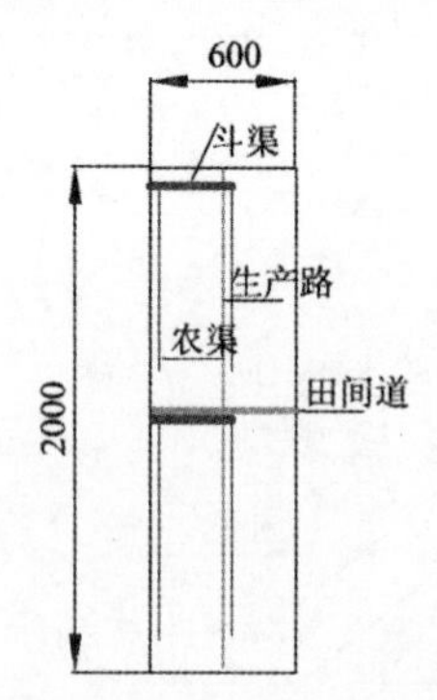


图 8-27　第一年年度土地复垦实施计划图(单位:m)

(2)提供第一年度土地复垦措施的施工设计图。

(3)提供第一年土地复垦工作实施计划表(包含第一年度土地复垦目标、任务、位置、各种措施的主要结构形式、技术参数和分项工程量),见表8-9。

**表8-9　第一年土地复垦工作实施计划表**

<table>
<tr><td rowspan="2">复垦单元</td><td>复垦面积/hm²</td><td rowspan="2">复垦措施</td><td rowspan="2" colspan="2">分部工程量</td><td colspan="2">复垦投资/万元</td></tr>
<tr><td>水浇地面积/hm²</td><td>小计</td><td>合计</td></tr>
<tr><td rowspan="10">内排土场</td><td rowspan="10">120</td><td rowspan="2">田间道</td><td>沙砾石路面20cm</td><td>840m</td><td></td><td rowspan="2"></td></tr>
<tr><td>素土路基30cm</td><td>840m</td><td></td></tr>
<tr><td rowspan="2">生产路</td><td>沙砾石路面10cm</td><td>1440m</td><td></td><td rowspan="2"></td></tr>
<tr><td>素土路基20cm</td><td>1440m</td><td></td></tr>
<tr><td rowspan="3">斗渠</td><td>混凝土衬砌8cm</td><td>600m</td><td></td><td rowspan="3"></td></tr>
<tr><td>碎石垫层10cm</td><td>600m</td><td></td></tr>
<tr><td>土方开挖</td><td>600m</td><td></td></tr>
<tr><td rowspan="3">农渠</td><td>混凝土衬砌5cm</td><td>2400m</td><td></td><td rowspan="3"></td></tr>
<tr><td>碎石垫层5cm</td><td>2400m</td><td></td></tr>
<tr><td>土方开挖</td><td>2400m</td><td></td></tr>
<tr><td>合计</td><td>120</td><td></td><td></td><td></td><td>810</td><td>810</td></tr>
</table>

## 三、土地复垦费用安排

土地复垦费用来源指生产成本与建设项目总投资。应根据土地复垦工作计划安排,明确土地复垦任务所需费用安排的具体方案。

费用安排应遵循提前预存、分阶段足额预存原则,在项目生产建设服务年限结束前1年预存完毕所有费用,并根据土地复垦工作计划安排提供土地复垦动态费用阶段安排表。

土地复垦义务人已缴纳的矿山环境治理等费用中涉及土地复垦工程内容的,提供证明材料后,可在土地复垦费用安排方案中做相应说明。

# 第九节　土地复垦效益分析与保障措施

## 一、土地复垦效益分析

根据土地复垦方向和标准,综合分析复垦土地的经济、社会和生态效益。不同地域、不同生产建设项目的经济、社会和生态效益选取指标可有所侧重。

## 二、保障措施

### 1.组织保障措施

明确土地复垦方案实施的组织机构及其职责。

明确土地复垦实施方式，包括复垦义务人自行复垦、委托中介机构复垦、缴纳复垦费由自然资源主管部门代复垦等方式。

注意：企业内容应当有负责土地复垦的专门机构和人员。

**2. 费用保障措施**

明确建立土地复垦费用专用账户存储、土地复垦费用专项使用的具体财务管理制度。

明确接受自然资源主管部门对费用使用、管理进行监督的方式方法等措施，包括分阶段签订“土地复垦费用监管协议”等。

明确不得截留、挤占、挪用土地复垦费用的保障措施。

明确对土地复垦费用使用情况开展内部审计及接受有关部门对土地复垦费用使用情况开展审计的措施。

**3. 监管保障措施**

明确土地复垦义务人编制并实施土地复垦方案、阶段土地复垦计划和年度土地复垦实施计划，定期向项目所在地县级以上自然资源主管部门报告当年复垦情况，接受项目所在地县（自治县、不设区的市）级以上自然资源主管部门对复垦实施情况监督检查，接受社会对土地复垦实施情况监督等的保障措施。

明确土地复垦义务人不履行复垦义务，按照法律法规和政策文件的规定，自觉接受自然资源主管部门及有关部门处罚的保障措施。

**4. 技术保障措施**

说明土地复垦实施的技术保障措施，包括定期培训技术人员、咨询相关专家、开展科学试验、引进先进技术，以及对土地损毁情况进行动态监测和评价等。

明确土地复垦义务人实施表土剥离及保护、不将有毒有害物用作回填或者充填材料、不将重金属及其他有毒有害物污染的土地用作种植食用农作物等的保障措施。

**5. 公众参与**

制定全面、全程的公众参与方案，公众参与形式及内容应公开、科学、合理。

公众参与人员应包括复垦区集体土地所有权人、土地使用权人、土地承包经营权人、土地复垦义务人、周边地区受影响社会公众、有关专家以及土地管理及相关职能部门（自然资源、城建、林业、水利、农业、环保）等的代表人。

公众参与环节应包括方案编制前期、方案编制过程中以及方案实施期间、验收。

公众参与内容主要包括土地复垦方向、复垦标准、复垦措施和权属调整。

公众参与形式可选择座谈、问卷调查、走访及网络、电视、广播、报纸等媒体公告或公示形式。

提供公众参与反馈意见处理结果，对公众意见的采纳与不采纳情况及其理由应做出说明。

附公众参与相关影像、图片资料。

**6. 土地权属调整方案**

明确权属调整的原则、程序和措施。

## 第十节　方案编制应注意的问题与建议

### 一、注意的问题

**1. 方案的深度**

方案是规划，深度达到预可研，但不等同于预可研；阶段计划是计划，深度达到初设，但不等同于初设；年度计划也是计划，达到指导施工的深度，但不等同于施工图。

**2. 项目概况**

深入细致的现状调查，方案涉及的区域要“看到”（现场调研），阶段计划与年度计划涉及的范围要“走到”（现场踏勘）。

**3. 土地损毁预测**

根据实际情况选取预测方法。

**4. 土地复垦适宜性评价**

考虑经济技术可行的措施的评价。

**5. 土地复垦质量要求与措施**

类比类似区域。

**6. 土地复垦工程设计与费用测算**

依据土地复垦工程项目划分与费用构成，区分地灾、水保与复垦。

**7. 土地复垦工作计划安排**

远粗近细，关注阶段计划与年度计划。

**8. 保障措施**

保证方案和计划的落实。

### 二、建议

(1)准确理解主体工程设计文件。
(2)与生产建设单位与和自然资源主管部门加强沟通。
(3)调研周边同类项目的经验、教训。
(4)认真进行公众参与。

# 第九章　土地复垦的方案评审及复垦验收方法

## 第一节　土地复垦相关术语

### 一、土地复垦相关概念

#### (一)生产项目、建设项目及其损毁的土地

**1. 生产项目**

生产项目指具有相应审批权的国土资源管理部门批准采矿权的开采矿产资源、挖沙采石、烧制砖瓦等项目[《土地复垦方案编制规程》(TD/T 1031.1—2011)]。

**2. 建设项目**

建设项目指依法由国务院和各级人民政府批准建设用地的交通、水利、能源等项目。

**3. 生产建设活动损毁的土地**

《土地复垦条例》(2011 年 3 月 5 日发布实施)第二章第十条:生产建设活动损毁土地是指下列类型:

(1)露天采矿、烧制砖瓦、挖沙取土等地表挖掘所损毁的土地。

(2)地下采矿等造成地表塌陷的土地。

(3)堆放采矿剥离物、废石、矿渣、粉煤灰等固体废弃物压占的土地。

(4)能源、交通、水利等基础设施建设和其他生产建设活动临时占用所损毁的土地。

#### (二)历史遗留损毁土地认定

《土地复垦条例实施办法》(自 2013 年 3 月 1 日起施行)第二十八条规定:符合下列条件的土地,所在地的县级国土资源主管部门应当认定为历史遗留损毁土地:

(1)土地复垦义务人灭失的生产建设活动损毁的土地。

(2)《土地复垦规定》实施(自 1989 年 1 月 1 日起施行)以前生产建设活动损毁的土地。

#### (三)自然灾害

自然灾害是指给人类生存带来危害或损害人类生活环境的自然现象,包括干旱、洪涝、台

风、冰雹、暴雪、沙尘暴等气象灾害，火山、地震、山体崩塌、滑坡、泥石流等地质灾害，风暴潮、海啸等海洋灾害，森林草原火灾和重大生物灾害等[《自然灾害灾情统计 第1部分：基本指标》(GB/T 24438.1—2009)]。

《土地复垦质量控制标准》(TD/T 1036—2013)第一条规定：洪水(水害)、地质灾害等自然灾害损毁的土地。

### (四)可供利用的状态

土地复垦目标的3个层次：一是完全恢复到以前的状况；二是保留以前的土地利用价值和生态价值，恢复与以前相似的状况；三是重新规划设计，达到更高更佳利用价值。

其评价标准为经济效益、社会效益和生态效益最佳，或复垦后效益与复垦前效益比值≥1。

### (五)地形地貌景观破坏

地形地貌景观破坏指因矿山建设与采矿活动而改变原有的地形条件与地貌特征，造成土地毁坏、山体破损、岩石裸露、植被破坏等现象[《矿山地质环境保护与治理恢复方案编制规范》(DZ/T 0223—2016)]。

### (六)永久性建设用地

永久性建设用地指依法征收并用于建设工业场地、公路和铁路等永久性建筑物、构筑物及相关用途的土地。

### (七)复垦区

复垦区指生产建设项目损毁土地和永久性建设用地构成的区域。

### (八)土地复垦责任范围

土地复垦责任范围指复垦区中损毁土地及不再留续使用的永久性建设用地共同构成的区域。

## 二、土地复垦的重要参数

**1. 万吨塌陷率**(亩/万 t)

每开采万吨煤炭所塌陷土地的平均面积。这里所指的土地一般是指有生产能力的土地。

**2. 出矸率**($m^3$或万 t/万 t)

即每开采万吨煤矿井所排出矸石的体积或重量。

**3. 土地复垦率**

即已复垦土地的面积占采矿破坏土地总面积的比率。

**4. 复田比**

即指用经济的充填物料充填后所能恢复的土地占整个塌陷区面积的比例。

**5. 积水率**

即塌陷地积水面积占塌陷地总面积的百分比。

**6. 剥采比**

即指剥离量与有用矿物量之比值。

**7. 矿井设计生产能力**

设计中规定的矿井在单位时间(年或日)内采出的煤炭数。

**8. 矿井服务年限**

按矿井可采储量、设计生产能力,并考虑储量备用系数计算出的矿井开采年限。

## 第二节　土地复垦方案的评审

### 一、评审依据

《土地复垦条例实施办法》第十一条:土地复垦方案经专家论证通过后,由有关自然资源主管部门进行最终审查。符合下列条件的,方可通过审查:

(1)土地利用现状明确。

(2)损毁土地的分析预测科学。

(3)土地复垦目标、任务和利用方向合理,措施可行。

(4)土地复垦费用测算合理,预存与使用计划清晰并符合本办法规定要求。

(5)土地复垦计划安排科学、保障措施可行。

(6)土地复垦方案已经征求意见并采纳合理建议。

### 二、收件审查

**1. 新建项目应提供的资料**

(1)土地复垦方案报告书文本6份。

(2)土地复垦方案报告表(按国土资发〔2007〕81号文的格式填写)6份,编制有土地复垦方案报告书的应与报告表一起装订。

(3)土地复垦方案电子文档(光盘)1份。

(4)编制单位资质证明(资质证明放在报告书扉页)。

(5)复垦范围涉及的土地所有权人或使用权人对土地复垦方案的书面意见。

(6)所在地自然资源管理部门出具的对复垦范围地类、权属是否符合土地利用总体规划等情况的审查意见。

(7)复垦义务人委托编写单位编制复垦方案委托书及对所送审的土地复垦方案的真实性

和方案实施做出的承诺书。

(8)申请采矿权的矿区预留范围及批文。

(9)土地复垦方案附图:

①标准分幅的土地利用现状图(局部图,图上用色线准确勾绘生产建设项目用地范围、复垦范围及可能影响区域。项目区内有基本农田保护区时,需用不同色线勾出,并加盖当地自然资源管理部门的公章);

②破坏土地现状及预测分析图[跨县(市、区)的项目以县(市、区)为单位提供本图件,比例不小于1∶10 000,仅编制报告表的比例尺不小于1∶2000,且图件比例尺应与复垦规划图比例尺一致,图中要有图斑和地形要素,图面内容要反映破坏土地的方式、地类、面积、程度及时段]。

③土地复垦规划图(体现复垦的责任范围、总体布局及实施计划、工程及阶段投资,比例尺不小于1∶10 000,仅编制报告表时比例尺不小于1∶2000)。

④矿产资源赋存分布图(采矿项目提供)。

⑤开采工艺流程图(采矿项目提供,要反映土地破坏的时序、方式和程度)。

⑥建设项目位置图(属于单独选址的线性工程提供;比例尺应符合线性工程建设项目工程设计要求,不能以交通位置示意图代替)。

生产项目提供上述①②③④⑤等5种图件。

建设项目提供上述②③④等3种图件(线性工程建设项目提供上述①②③⑥等4种图件)。

(10)方案要有土地复垦工作计划安排表和土地复垦投资估(概)算扩总表。

**2. 改扩建项目**

(1)有县级以上自然资源管理部门出具的土地复垦任务完成情况证明或补缴土地复垦费的证明(没有完成复垦任务的要在申请改扩建采矿许可证变更登记以前补缴土地复垦费)。

(2)其他要求参照新建项目。

**3. 已投产的生产建设项目**

(1)无土地复垦方案的要补编土地复垦方案,在矿产开发利用年度检查(简称“年检”)前报送土地复垦方案审查。

(2)采矿许可证及营业执照(采矿项目提供)。

(3)提交审查的方案文本及图件等内容参照新建项目。

## 三、评审要点

土地复垦方案审查评审重点为内容的真实性、合理性、科学性和可行性。

**1. 编制单位是否具有相关资质**

1)编制单位是否具有自然资源厅认可的编写资格

必须具有省级以上有关部门核发的乙级以上水土保持、生态环境工程、土地规划等相关领域的规划设计资质,资质证书中应具有土地复垦方案编制内容,且具有良好的工作业绩。

2)编制单位名称是否与营业执照、自然资源厅认可的资质名单上的学位名称一致

需要编制土地复垦方案的土地复垦义务人，应在备案公示的资质单位中选择信誉良好的土地复垦方案编制承担单位，并书面委托。

3)参与编制方案的主要技术人员是否具有与土地复垦专业相关的技术职称

具有采矿、地质灾害防治、环境工程、水土保持、土地规划、工程预算、土地复垦等相关专业中级以上(含中级)技术职称或硕士研究生以上学历的人员不得少于5人，其中具有高级职称的不得少于1人，具有与自然资源管理相关专业的不得少于1人。

**2. 内容和格式是否符合编制要求**

1)报告书

《土地复垦方案报告书》:包括封面、法人证书(复印件盖章)、机构代码或营业执照(复印件盖章)、资质证书(复印件盖章)、建设单位情况表、编制单位情况表、土地复垦方案报告表、报告正文、土地复垦工作计划安排表、土地复垦投资估(概)算汇总表、委托书、承诺书、当地自然资源管理部门的审核意见、公众参与意见等。

报告书的编写符合《土地复垦方案编制规程》要求，包括通则、露天煤矿、井工煤矿、金属矿、石油天然气(含煤层气)项目、建设项目、铀矿等。

2)附件

土地复垦所涉及的土地所有权或使用权人对本方案的意见、调查表等;生产建设单位土地复垦资金承诺文件;项目所在地的县(市、区)级国土资源管理部门初审意见;改扩建项目需提供建设用地和采矿权设立的有效批准文件。

3)附图

项目区标准分幅土地利用现状图(加盖县级自然资源管理部门公章);破坏土地现状及预测分析图;土地复垦规划图(应体现土地复垦责任范围、总体布局及实施计划);矿产资源赋存分布及开采工艺流程图;矿区总平面位置图。以上附图比例尺不小于1∶10 000。建设项目位置图(单独选址的线性工程建设项目提供，比例尺应符合线性工程建设项目工程设计要求);所有图件均需由相关人员签名、盖单位公章。

**3. 项目用地方式应明确**

项目用地方式分为临时用地和征收土地两种，采取方式应符合《土地管理法》等相关政策要求。属临时用地的，应明确项目业主向当地人民政府申请办理临时用地手续。土地复垦工程实施完成后，应明确土地的退还去向。

**4. 复垦目标和任务确定是否合理**

1)方案确定的复垦工作目标是否明确以下内容

(1)采取预防和控制等措施可以减少的破坏土地面积。

(2)土地复垦面积和地类必须明确，应优先复垦为农用地，特别是耕地。

(3)土地复垦率。

(4)方案实施预期的社会、经济、生态效益等。

2)方案服务年限必须满足进行土地复垦的最短时限要求

3)目标应是明确的、量化的

目标设定应有依据,必须体现因地制宜、耕地占补平衡原则,既有数量目标,也有质量目标,具有科学性和可行性。

(1)采取预防和控制措施减少的破坏土地面积,是指项目区内因采取预防和控制措施使土地不再遭受破坏的农用地和建没用地面积。计算需有根据,不得随意扩大。

(2)土地复垦面积包括农用地和建设用地的面积。

(3)土地复垦率,指土地复垦面积与被破坏土地面积的比率。破坏土地包括实际破坏和办理征收手续的非永久性受破坏土地面积,土地复垦率指标要实事求是。

(4) 经济效益指标,即复垦后土地的年产值(农、林、牧、渔)指标应具可确认性。社会效益指标包括复垦后的土地利用率,集约化程度及土地权属调整合法合理等。生态效益指标是指对环境的优化、水土保持的改善等。

**5. 确定的复垦土地用途是否符合规划要求**

(1)确定的土地复垦用途与土地利用总体规划相衔接。

(2)严格保护基本农田。属露天开采的生产项目严禁占用基本农田。

(3)占用耕地与复垦耕地相平衡。项目区域内耕地总量如有减少,应制定补偿措施。

(4)复垦地类布局合理,符合当地群众生产生活习惯,有利于土地集聚及集约使用。

**6. 土地利用现状和面积、复垦范围是否准确真实**

(1)项目区土地利用现状以标准分幅的土地利用现状图地类为准(图上加盖当地自然资源管理部门公章)。

(2)项目区土地利用类型、质量、数量、基本农田情况明确,权属清晰,具体到行政村。土地利用现状分类体系采用《土地利用现状分类》(GB/T 21010—2007),明确至二级地类。

(3)项目用地面积统计时应包括永久性建设用地和临时用地。

(4)生产项目复垦范围包括采矿权范围内造成的破坏和实际造成的破坏范围。

(5)土地利用现状清晰,按照不同的破坏单元,提供现状图片。耕地质量等级明确。具体说明农用地土壤特性,提供土层剖面图片等。

(6)土地复垦规划图须为数字化带地形的线划彩图,图上标明或用表格表示复垦阶段、复垦单元工程量、工作期限和投资估算等,应反映复垦范围地类及配套工程措施。图例参照《土地开发整理标准》(TD/T 1011～1013—2000)。

**7. 拟破坏土地的预测是否科学**

(1) 拟破坏土地面积的测算依据是否充分,测算方法是否科学合理。如排土场、采场、取土场、尾矿库等破坏土地面积的测算,要以生产建设方式、工艺流程和施工安排为根据,兼考虑土(石)方平衡、水土流失、松散系数、压实程度、运输损失、生产安全条件等同素。地下开采项目的土地破坏面积测算方法及参数的选择要科学合理。理论推导应与实践经验和实际案例相结合。

(2)要明确说明已损毁土地的损毁类型、范围、面积及损毁程度;拟损毁土地的损毁方式、类型准确,损毁的面积、程度、时序较准确;复垦责任范围确定正确,并结合对土地利用的影响进行合理分级。

(3)永久性建设用地是指修建办公楼、厂房、公路、铁路等建筑物、构筑物所占用的土地。圈定时不能随意扩大,不能以征收与否来划定。

(4)大中型生产项目拟破坏土地应分不同时段和区段测算。

**8. 复垦标准是否符合国家或地方有关要求和当地实际**

(1)是否执行了《土地复垦质量控制标准》(TD/T 1036—2013)、《土地开发整理标准》(TD/1011—1013—2000)等(执行其他标准,应说明理由根据)。

(2)确定的复垦土地标准应明确、全面、可行。对复垦工程设施(如沟、渠、拦沙坝等)也要按相关标准执行。

(3)对破坏土地进行适宜性评价,应考虑自然、社会、政策、公众等因素,应有评价方法和结果的阐述。土地复垦方案应在适宜性评价和类比分析的基础上确定,并对可行性做出评价。

**9. 复垦方案是否征求土地所有权人或使用权人及自然资源管理部门的意愿**

土地复垦方案应体现全程、全面及多种形式公众参与情况。公众参与应征求土地使用者、集体所有者、土地复垦义务人、周边地区受影响的社会公众、土地管理部门及相关职能部门等意见,并说明公众意见的采纳情况,附公众参与调查表或相关影像资料。

(1)必须有土地所有权人或使用权人(村民小组或村民代表)出具的对复垦后土地地类、用途、权属等方面的书面意见,作为本方案的附件。

(2)复垦土地地类、用途、权属及符合土地利用总体规划情况,需经当地自然资源管理部门根据现有资料,出具证明资料。如当地土地管理部门或当地政府组织了对方案意见的征询、听证,出具的文件要有土地所有权人或使用权人的签字(盖章)。

(3)项目业主及编制单位有义务向土地所有权人或使用权人对方案作解释,方案应反映群众参与的情况。

**10. 复垦工程及资金估算是否合理、是否满足实际要求,复垦资金是否有可靠来源**

(1)复垦措施应包括工程复垦措施、生物复垦措施,内容完整、科学、合理、可行。

(2)资金估算的编制依据、费用标准、调整系数和测(估)算方法应当明确。

(3)费用按设计工程量进行测算,相关定额标准应当符合当地实际情况。复垦费用应当满足复垦需求。费用构成包括工程施工费、设备费、其他费用、监测与管护费及预备费。明确承诺土地复垦费用预存时间,预存、使用计划清晰、可行,分期预存土地复垦费用的,第一次预存的数额不得少于土地复垦费用总金额(静态)的20%。已列入主体工程的费用应当排除。项目区有多个可分割的子项目或单元时,应独立估算、分别统计、合计汇总。

(4)复垦资金的来源,资金渠道要明确。要按规定提出复垦费缴纳的期次、时间和数额,资金测算应与工程设计深度相一致。

(5)动态投资在静态投资的基础上测算,说明相关费率的选取标准,制订动态投资阶段提取计划,应分年度计取(服务年限超过5年的,第5年以后的资金投资可分阶段计取),服务周期较长的项目,应加大项目建设中前期的投资计提力度。

(6)土地复垦费要列入生产成本或建设项目总投资。

**11. 复垦工作计划及保障措施是否齐全可行**

(1)复垦阶段或区段划分是否符合实际情况。

阶段土地复垦计划应当明确土地复垦的目标、任务、位置、主要措施、投资概算、工程规划设计等。

土地复垦阶段计划原则上以5年为一周期。生产项目建设服务年限超过5年的,原则上以5年为一个复垦阶段提出相应的目标、任务、计划和投资。可根据土地损毁时序适当调整。应详细编制第一阶段土地复垦计划,制订首年土地复垦实施计划。

(2)复垦范围跨县级行政区域的生产建设项目以县(市、区)为单位,分区段说明每阶段内土地复垦的目标、任务、计划和投资。

(3)用地方式为临时用地时,复垦计划应满足临时用地的有关规定。

(4)土地复垦保障措施包括组织管理、技术支撑、资金保障、行政监督等方面。保障措施具体可行,尤其是复垦费用保障,应明确制订复垦费用预存、管理、使用、审计等各环节保障措施,应承诺土地复垦方案通过审查后及时与损毁土地所在地县级自然资源主管部门在双方约定的银行建立土地复垦费用专门账户,按照土地复垦方案确定的资金数额,在土地复垦费用专门账户中足额预存土地复垦费用。

## 四、小结

综上,可将《土地复垦方案》评审要求简单概括为:

**1. 总体要求**

编制合法、格式规范、图表齐全、现状清楚、证据充分、分析科学、计量统一、目标明确、措施可行、计划合理、资金到位、质量达标、保障全面。

**2. 必须解决的问题**

(1)将要破坏多少土地,破坏的程度如何?

(2)复垦了多少土地,复垦成什么土地,复垦土地的质量如何?

(3)需要多少资金,这些资金从哪里来,怎么用?

**3. 不予通过的关键点**

一般地,破坏预测是土地复垦的基础,复垦目标是土地复垦的方向,复垦措施是土地复垦的手段，复垦投资（静态/动态）是土地复垦的保障，复垦计划是土地复垦的前提。

土地复垦方案有三点是必须做到的，否则无法通过评审：

(1)目标和任务的确定，是不是符合实际，是不是符合土地利用总体规划，是不是征求了原土地权利人的意见。目标任务不明确，方案就没有意义。

(2)复垦的资金投资是否足够。对资金审查的重点不在于是否符合以前标准的规定，不在于是按每平方米20元出钱，还是30元出钱，而是你是否拿出足够的资金，来实现土地复垦的目的。因此目标和资金是最重要的两点，如果不达标，不会通过评审。下面举两个例子：山东一个改扩建项目只考虑改扩建部分土地复垦任务，没考虑以前建设部分，目标和任务没有明确，所以没有通过评审；一个西藏铜矿的土地复垦方案编得很好，但是资金运算没有考虑到物价上涨的因素，不满足资金充足的要求，因此也没有通过。

(3)是否有合理的计划安排，如果没有介绍到破坏的时序、范围、地类和评价结果，那样的工作计划也是纸上谈兵，看看而已，不具备可行性。上述三点是我们应重点把握的。

## 第三节　土地复垦质量控制标准解释

### 一、制定单位

(1)提出并归口部门：全国自然资源标准化技术委员会。

(2)主要起草单位：自然资源部土地整治中心。

(3)参加起草单位：中国地质大学（北京）、北京矿冶研究总院、中国矿业大学（北京）。

(4)负责解释部门：中华人民共和国自然资源部。

(5)发布部门：中华人民共和国国土资源部于2013年1月23日发布，2013年2月1日起实施。

附注：《土地复垦技术标准（试行）》（1995年发布）废弃。

### 二、制定依据

#### (一)法律依据

(1)《中华人民共和国土地管理法》。

(2)《土地复垦条例》及有关法律、法规、政策和技术标准。

#### (二)规范依据

涉及国家标准20个，行业（环境、林业、农业、土地）标准11个。

(1)GB/T 1.1—2009 标准化工作导则。

(2)GB 2715 粮食卫生标准。

(3)GB 2762—2012 食物中污染物限量。

(4)GB 3838—2002 地表水环境质量标准。

(5)GB 8703 辐射防护规定。
(6)GB 11607 渔业水质标准。
(7)GB 14500 放射性废弃物管理规定。
(8)GB 15618—1995 土壤环境质量标准。
(9)GB 18598 危险废弃物填埋污染控制标准。
(10)GB 50007 建筑地基基础设计规范。
(11)GB 50011 建筑抗震设计规范。
(12)GB 50286 堤防工程设计规范。
(13)GB 50288 灌溉与排水工程设计规范。
(14)GB/T 16453 水土保持综合治理 技术规范。
(15)GB/T 18337.2 生态公益林建设 规划设计通则。
(16)GB/T 18337.4 生态公益林建设 检查验收规程。
(17)GB/T 21010—2007 土地利用现状分类。
(18)GBZ 167 放射性污染的物料解控和场址开放的基本要求。
(19)GB/T 28405—2012 农用地定级规程。
(20)GB/T 28407—2012 农用地质量分等规程。
(21)HJ/T 192—2006 生态环境状况评价技术规范(试行)。
(22)LY/T 1607 造林作业设计规程。
(23)NY/T 1342 人工草地建设技术规程。
(24)NY/T 309—1996 全国耕地类型区、耕地地力等级划分。
(25)NY/T 391—2000 绿色食品产地环境质量标准。
(26)NY/T 1120—2006 耕地质量验收技术规范。
(27)NY/T 309—1996 全国耕地类型区、耕地地力等级划分。
(28)NY/T 1634—2008 耕地地力调查与质量评价技术规程。
(29)NY/T 1749—2009 南方地区耕地土壤肥力诊断与评价。
(30)TD/T 1031—2011 土地复垦方案编制规程。
(31)TD/T 1033 高标准基本农田建设标准。

## 三、制定目的

为规范生产建设活动和自然灾害损毁土地复垦工作,提高土地复垦的实施质量,推进土地复垦管理的制度化、规范化建设。

## 四、适用范围

本标准规定了以下损毁土地复垦应遵循的技术要求和应达到的质量要求:
(1)露天采矿、烧制砖瓦、挖沙取土等地表挖掘所损毁的土地。
(2)地下采矿等造成地表塌陷的土地。
(3)堆放采矿剥离物、废石、矿渣、粉煤灰、冶炼渣等固体废弃物压占的土地。

(4)能源、交通、水利等基础设施建设和其他生产建设活动临时占用所损毁的土地。

(5)洪水、地质灾害等自然灾害损毁的土地。

(6)法律规定的其他生产建设活动造成损毁的土地。

本标准适用于土地复垦专项规划编制、土地复垦方案编制、土地复垦工程规划设计以及验收等活动。

## 五、制定原则

### 1. 综合控制的原则

规定损毁土地通过工程措施、生物措施和管护措施后，在地形、土壤质量、配套设施和生产力水平方面所应达到的基本完成要求。

### 2. 技术经济合理的原则

兼顾自然条件与土地类型，选择复垦土地的用途，因地制宜，综合治理。

宜农则农，宜林则林，宜牧则牧，宜渔则渔，宜建则建。条件允许的地方，应优先复垦为耕地。

### 3. 保护与防止原则

保护土壤、水资源和环境质量，保护文化古迹，保护生态，防止水土流失，防止次生污染的原则。

### 4. 实事求是的原则

若损毁土地复垦遇到特殊条件不能达到本标准规定要求时，可结合当地实际情况科学合理确定土地复垦质量控制标准。

### 5. 复垦后土地归类原则

依据土地复垦质量控制标准完成损毁土地复垦工作后，需重新确权登记的复垦土地应严格按照《土地利用现状分类》(GB/T 21010)进行划分。

## 六、主要内容

### (一)土地损毁类型与复垦类型区划分

### 1. 土地损毁类型

依据土地损毁主体、土地损毁方式和生产建设工艺等，将土地损毁类型设置为三级分类(表 9-1)。

**表 9-1 土地损毁类型表**

| 一级分类 | | 二级分类 | | 三级分类 | |
|---|---|---|---|---|---|
| 代码 | 名称 | 代码 | 名称 | 代码 | 名称 |
| 1 | 生产建设活动损毁 | 11 | 挖损土地 | 111 | 露天采场(坑) |
| | | | | 112 | 取土场 |
| | | | | 113 | 其他 |
| | | 12 | 塌陷土地 | 121 | 积水性塌陷地 |
| | | | | 122 | 季节性积水塌陷地 |
| | | | | 123 | 非积水性塌陷地 |
| | | 13 | 压占土地 | 131 | 排土场 |
| | | | | 132 | 废石场 |
| | | | | 133 | 矸石山 |
| | | | | 134 | 尾矿库 |
| | | | | 135 | 赤泥堆 |
| | | | | 136 | 建筑物、构筑物压占土地 |
| | | | | 137 | 其他 |
| | | 14 | 其他 | 141 | 污染土地 |
| | | | | 142 | 其他 |
| 2 | 自然灾害损毁 | 21 | 水毁土地 | | |
| | | 22 | 其他 | | |

**2. 复垦类型区划分**

1)划分依据

依据地貌单元的一致性和土地复垦方向与工程技术的类似性、气候-土壤-植被地带性规律以及不同性质矿山,尤其是大中型煤矿和金属矿的分布进行土地复垦类型区划分。

2)命名原则

土地复垦类型区名采用“大尺度区位或自然地理单元+地貌类型组合(大尺度区位或自然地理单元和优势地面组成物质或岩性)”的方式进行命名。

3)划分结果

依据土地复垦类型区划分和命名原则将全国划分为10个土地复垦类型区(表9-2)。

**表9-2　土地复垦类型区划分表**

| 复垦类型区 | 范围 | 生物气候带特征 | 土资源 | 水资源 | 生产建设项目类型 | 复垦方向 |
| --- | --- | --- | --- | --- | --- | --- |
| 东北山丘平原区 | 呼伦贝尔草原以东,大、小兴安岭和长白山及其间平原。包括黑龙江、吉林、辽宁及内蒙古东北部 | 气候带类型:中温带;年降水量:350～700mm;土壤类型:黑土,黑钙土,草甸土;植被类型:温带落叶阔叶林,草甸 | 土源丰富,有机质含量高,土层厚 | 水资源较丰富,中低潜水位,季节性积水 | 煤矿(井工、露天)、铁矿(露天、井工)、石油、采石场(露天)等 | 耕地为主,园地、林地等为辅 |
| 黄淮海平原区 | 北依燕山,南至大别山区一线与长江流域分界,西起太行山和伏牛山。包括北京、天津、河北、山东全境及安徽、江苏北部、河南东部 | 气候带类型:暖温带;年降水量:500～800mm;土壤类型:褐土、潮土;植被类型:暖温带落叶阔叶林 | 土源丰富,有机质含量高,土层厚 | 水资源丰富,高潜水位,永久性积水 | 煤矿(井工)、金矿(露天)、采石场(露天)等 | 耕地为主,园地、林地、草地、鱼塘与水域公园等为辅 |
| 长江中下游平原区 | 上海全部,湖北大部分,安徽、江苏中南部,江西北部,浙江全境及湖南东北部 | 气候带类型:北亚热带;年降水量:1000～1400mm;土壤类型:红壤、黄壤、黄棕壤、水稻;土植被类型:亚热带常绿阔叶林 | 土源较丰富,土层较厚,有机质含量较高 | 水资源丰富,高潜水位 | 非金属矿(井工、露天)、煤矿(井工)等 | 耕地为主,园地、林地、鱼塘与水域公园等为辅 |

**续表 9-2**

| 复垦类型区 | 范围 | 生物气候带特征 | 土资源 | 水资源 | 生产建设项目类型 | 复垦方向 |
|---|---|---|---|---|---|---|
| 西南山地丘陵区 | 上海全部，湖北大部分，安徽、江苏中南部、江西北部、浙江全境及湖南东北部 | 气候带类型：北亚热带；年降水量：1000～1400mm；土壤类型：红壤、黄壤、黄棕壤、水稻土；植被类型：亚热带常绿阔叶林 | 土源较丰富，土层较厚，有机物质含量较高 | 水资源丰富，高潜水位 | 非金属矿（井工、露天）、煤矿（井工）等 | 耕地为主，园地、林地、鱼塘与水域公园等为辅 |
| 中部山地丘陵区 | 包括湖南、江西、安徽、湖北部分地区 | 气候带类型：中亚热带；年降水量：1200～1600mm；土壤类型：黄壤、黄棕壤、红壤；植被类型：亚热带常绿阔叶林 | 土源匮乏，土层薄，有机质含量一般 | 水资源较丰富，低潜水位 | 煤矿、金属矿等 | 耕地、园地为主，林地、草地等为辅 |
| 东南沿海山地丘陵区 | 包括福建、广东、广西、海南四省（自治区） | 气候带类型：南亚热带；年降水量：1500～2000mm；土壤类型：黄壤、红壤、赤红壤、砖红壤；植被类型：亚热带常绿阔叶林 | 土源较丰富，土层较厚，有机质含量较高 | 水资源丰富，高潜水位 | 金属矿、非金属矿等 | 耕地为主、林地、草地等为辅 |
| 西北干旱区 | 包括新疆、内蒙古西部、甘肃西部 | 气候带类型：南温带；年降水量：0～300mm；土壤类型：风沙土、棕钙土、灰钙土、棕漠土；植被类型：温带荒漠、草原、旱生灌丛 | 土源极度匮乏，土层薄，有机质含量极低 | 水资源匮乏，低潜水位 | 煤矿、金属矿、石油等 | 灌木林地、草地为主，耕地等为辅 |

续表 9-2

| 复垦类型区 | 范围 | 生物气候带特征 | 土资源 | 水资源 | 生产建设项目类型 | 复垦方向 |
|---|---|---|---|---|---|---|
| 黄土高原区 | 太行山以西、青海省以东，秦岭以北长城以南的广大地区。包括山西宁夏全境，陕西大部，甘肃中东部，内蒙古中部、河南西 | 气候带类型：中温带和暖温带；年降水量：200～700mm；土壤类型：褐土、栗钙土、棕壤、绵土、黑垆土；植被类型：自南向北，自然植被呈森林向草原过渡的总体趋势 | 土源丰富，土层厚，有机质含量一般 | 水资源匮乏，低潜水位 | 煤矿（井工、露天）、铝土（露天）、金属矿（露天、井工）等 | 耕地为主，林地、草地等为辅 |
| 北方草原区 | 包括内蒙古自治区内锡林郭勒草原和呼伦贝尔草原地区 | 气候带类型：中温带；年降水量：50～450mm；土壤类型：黑钙土、栗钙土、草甸土、风沙土；植被类型：以沙地植被为主，类型多样 | 土源匮乏，土层薄，有机质含量高 | 水资源短缺，低潜水位 | 煤矿（露天、井工）、金属矿（井工、露天）、铁矿等 | 耕地、草地为主，林地等为辅 |
| 青藏高原区 | 西藏、青海全境，四川西部、甘肃西南部 | 气候带类型：高原气候区域；年降水量：50～500mm；土壤类型：高山草甸土、高山草原土、寒漠土、高山漠土；植被类型：亚高山暗针叶林、高山灌丛、草甸 | 土源匮乏，土层薄，有机质含量中 | 水资源丰富，低潜水位 | 金属矿（井工、露天）、非金属矿、煤矿等 | 草地为主，耕地、林地等为辅 |

## (二)损毁土地复垦质量要求

### 1. 生产建设活动损毁土地复垦质量要求(表 9-3～表 9-6)

表 9-3　挖损土地复垦质量要求

| 损毁土地类型 | 破坏特征 | 复垦方向 | 质量要求 |
| --- | --- | --- | --- |
| 露天采场(坑) | 深度小于 1.0m 的不积水浅采场 | 耕地 | 覆土厚度视坑底岩体土风化程度而定,岩体风化程度较高时,自然沉实土壤覆土厚度为 30cm 以上;岩体较完整,风化程度较低时,自然沉实土壤覆土厚度为 50cm 以上。覆土层的土壤质地以壤土最佳,确保土壤涵养水分的供给能力。土壤环境质量应达到《土壤环境质量标准》(GB 15618—1995)中的二级标准 |
| | 不积水露矿深挖损地,含薄覆盖层的深采场、厚覆盖层的浅采场和厚覆盖层的深采场 3 种 | 林地 | 根据坑底地形、岩体风化程度、种植树木类型、根系发育状况,确定覆土厚度和配置模式及种植方式。当坑底地势较平坦、岩体风化严重时,易采用整体覆土,自然沉实土壤覆土厚度为 30cm 以上;当坑底地势起伏较大,岩体较完整,应采用客土穴植方式,减少上覆土方量,降低治理成本。土壤环境质量应达到《土壤环境质量标准》(GB 15618—1995)中的三级标准 |
| | 积水露天采场 | 渔业、养殖业、公园 | 分区利用:浅水区、深水区(积水在 3m 以上)渔业(含水产养殖)水质符合《渔业水质标准》(GB 11607) |
| | | 建设用地 | 应进行场地地质环境调查,查明场地内崩塌、滑坡、断层、岩溶等不良地质条件的发育程度,确定地基承载力、变形及稳定性指标 |
| 取土场 | 大型 | 耕地、园地、林地、草地、建设用地 | 土地复垦质量要求可参照露天采场(坑)执行 |
| | 小型取土场(能够回填恢复的,应参照国家有关环境标准尽量利用废石、垃圾、粉煤灰等废料回填) | 耕地 | 表土厚度不低于 50cm,土壤环境质量应达到《土壤环境质量标准》(GB 15618—1995)中的二级标准 |
| | | 园地 | 表土厚度不低于 30cm,土壤环境质量应达到《土壤环境质量标准》(GB 15618—1995)中的二级标准 |
| | | 林地、草地 | 表土厚度不低于 30cm,土壤环境质量应达到《土壤环境质量标准》(GB 15618—1995)中的三级标准 |
| 其他 | 参照上面规定执行 | | |

**表 9-4 塌陷土地复垦质量要求**

| 塌陷土地类型 | 复垦质量要求 |
| --- | --- |
| 积水性塌陷地 | 依据当地条件，因地制宜，保留水面，集中开挖水库、蓄水池、鱼塘或人工湖等，采用挖深垫浅和充填等工艺综合实施塌陷土地复垦与生态环境治理。复垦水域水质应符合《地表水环境质量标准》(GB 3838—2002)中 IV、V 类水域标准 |
| 季节性积水塌陷地 | 局部积水或季节性积水地带，应依据当地条件，因地制宜，适当整形后复垦为耕地、林地、草地等 |
| 非积水性塌陷地 | 基本不积水或干旱地带形成丘陵地貌，可对局部沉陷地填平补齐，进行土地平整。沉陷后形成坡地时，根据坡度情况小于 25°的可修整为水平梯田，局部小面积积水可改造为水田等。用矿山废弃物充填时，应参照国家有关环境标准，进行卫生安全土地填筑处置，充填后场地稳定。有防止填充物中有害成分污染地下水和土壤的防治措施。视其填充物性质、种类，除采取压实等加固措施外，应作不同程度防渗、防污染处置，必要时，设衬垫隔离层 |

**表 9-5 压占土地复垦质量要求**

| 压占土地类型 | 土地复垦质量要求 |
| --- | --- |
| 排土场 | 1.依据当地自然环境、地形、水资源及表土资源，合理确定耕地、林地、草地、建设用地等土地复垦方向 |
| | 2.排土场最终坡度应与土地利用方式相适应，应为 26°～28°，机械作业区坡度小于 20°，对生态利用的坡度小于岩土的自然安息角 36°左右 |
| | 3.合理安排岩土排弃次序，尽量将含不良成分的岩土堆放在深部，品质适宜的土层包括易风化性岩层可安排在上部，富含养分的土层宜安排在排土场顶部或表层。充分利用工程前收集的表土覆盖于表层 |
| | 4.在无适宜表土覆盖时，可采用经过试验确证，不致造成污染的其他物料覆盖 |
| | 5.覆盖土层厚度应根据场地用途确定 |
| | 6.煤矸石须填埋在排土场的 20m 以下，以防止自燃 |
| | 7.在采矿剥离物含有毒有害成分时，必须用碎石深度覆盖，不得出露，并应有防渗措施。然后再覆盖土层后，方可复垦为农用地 |
| | 8.排土场的配套设施应有合理的道路布置，排水设施应满足场地要求，设计和施工中有控制水土流失措施，特别是控制边坡水土流失措施 |
| 废石场 | 1.依据当地自然环境、废石场地形、水资源及表土资源，合理确定耕地、林地、草地、建设用地等土地复垦方向 |
| | 2.新排弃废石应立即进行压实整治，形成面积大、边坡稳定的复垦场地 |
| | 3.已有风化层，层厚在 10cm 以上，颗粒细，pH 值适中，可进行无覆土复垦，直接种植植被。风化层薄，含盐量高或具有酸性污染时，应经调节 pH 值至适中后，覆土 30cm 以上。不易风化废石覆土厚度应在 50cm 以上 |
| | 4.具有重金属等污染时，如果复垦为农用地，应铺设隔离层，再覆土 50cm 以上 |
| | 5.废石场的配套设施应有合理的道路布置，排水设施应满足场地要求，设计和施工中有控制水土流失措施，特别是控制边坡水土流失措施 |

表 9-6　污染及其他土地复垦质量要求

| 类型 | 土地复垦质量要求 |
|---|---|
| 污染土地 | 1.可根据污染物性质及污染程度，采取物理、化学或生物措施去除或钝化土壤污染物 |
| | 2.对于通过上述措施仍无法将污染物消除或抑制其活性至目标水平的污染严重的土壤，可通过采取工程措施铺设隔离层，再行覆土，覆土厚度一般 50cm 以上。铺设隔离层时应对隔离材料有毒有害成分进行分析，避免隔离材料引进污染 |
| | 3.对于污染严重的土壤也可采取深埋措施。埋深依据污染程度确定。填埋场地需采取防渗措施，防止对地下水、相邻土层及其上部土层的二次污染，必须实行安全土地填筑处理或其他适宜方法处理。应符合《危险废弃物填埋污染控制标准》(GB 18598) |
| | 4.放射性污染物污染土地处理后的场地放射性水平应符合《放射性污染的物料解控和场址开放的基本要求》(GBZ 167)和《辐射防护规定》(GB 8703)后方可用于农业种植、建筑用地等 |
| | 5.污染土地复垦后土壤环境质量应符合《土壤环境质量标准》(GB 15618—1995)规定的Ⅱ类土壤环境质量标准 |
| | 6.用于园地、林地坡度在 10°～25°时，应沿等高线修筑梯地、水平沟或鱼鳞坑。有水土保持措施，防洪标准满足当地要求。有机械化作业通道。果树种植区有排灌设施 |
| | 7.复垦为水域时，应有防污染隔离层或防渗漏工程设施。水域面积、水深、水质、清污、供排水、防洪等场地条件应符合相关行业的执行标准 |
| | 8.复垦为建设用地时，应有相应的防污染隔离层或防渗工程措施。处置复垦区内对人体有害的污染源 |
| 其他 | 参照挖损、塌陷、占用土地复垦质量要求规定执行 |

**2. 自然灾害损毁土地复垦质量要求**(表 9-7)

表 9-7　自然灾害损毁土地复垦质量要求

| 类型 | 土地复垦质量要求 |
|---|---|
| 水毁土地 | 1.依据过水类型、水毁程度，选择相应的复垦技术和利用类型 |
| | 2.清除水毁地场地杂物及淤积泥沙等。清理场地时，地面能够承载机械作业。场地平整至无大块石、砾石，适合于利用类型要求 |
| | 3.复垦为农用地的水毁地，排水防洪执行《堤防工程设计规范》(GB 50286)中“乡村防洪标准”，特殊情况下，可适当提高防洪标准 |
| | 4.低洼地水毁土地实行小区综合治理，因地制宜选择利用方向 |
| | 5.立体利用小区水、土、光等自然条件，建立多层次种植体系 |
| | 6.防洪排涝设施满足要求 |
| 其他 | 其他自然灾害损毁土地类型的复垦质量要求参照生产建设损毁土地复垦质量要求规定执行 |

## (三)土地复垦质量指标体系及控制标准

土地复垦质量指标体系包括耕地、园地、林地、草地、渔业(含养殖业)、人工水域和公园、建设用地等不同复垦方向的指标类型和基本指标。

不同复垦方向的土地复垦质量指标类型包括地形、土壤质量、生产力水平和配套设施等 4 个方面。

不同复垦方向在地形、土壤质量、生产力水平和配套设施方面的质量指标参见下列各表。

**1. 耕地复垦质量指标体系及控制标准**(表 9-8～表 9-17)

**表 9-8　东北山丘平原区复垦为耕地的复垦质量指标体系及控制标准**

| 指标类型 | 基本指标 | 不同类型的耕地的复垦质量控制标准 | | |
|---|---|---|---|---|
| | | 旱地 | 水浇地 | 水田 |
| 地形 | 地面坡度/(°) | ≤15 | ≤6 | |
| | 平整度 | | 田面高差±5cm 之内 | 田面高差±3cm 之内 |
| 土壤质量 | 有效土层厚度/cm | ≥80 | ≥100 | |
| | 土壤容重/(g/cm³) | ≤1.35 | ≤1.3 | |
| | 土壤质地 | 砂质壤土至砂质黏土 | | |
| | 砾石含量/% | ≤5 | | |
| | pH 值 | 6.5～8.5 | 6.5～8.0 | |
| | 有机质/% | ≥2 | ≥3 | |
| | 电导率/(dS/m) | ≤2 | | |
| 配套设施 | 灌溉 | 应满足《灌溉与排水工程设计规范》(GB 50288)、《高标准基本农田建设标准》(TD/T 1033)等标准,以及当地同行业工程建设标准要求 | | |
| | 排水 | | | |
| | 道路 | | | |
| | 林网 | | | |
| 生产力水平 | 单位面积产量/(kg/hm²) | 三年后达到周边地区同等土地利用类型水平 | | |

**表 9-9　黄淮海平原区复垦为耕地的复垦质量指标体系及控制标准**

| 指标类型 | 基本指标 | 不同类型的耕地的复垦质量控制标准 | | |
|---|---|---|---|---|
| | | 旱地 | 水浇地 | 水田 |
| 地形 | 地面坡度/(°) | ≤15 | ≤6 | |
| | 平整度 | | 田面高差±5cm 之内 | 田面高差±3cm 之内 |

**续表 9-9**

| 指标类型 | 基本指标 | 不同类型的耕地的复垦质量控制标准 | | |
|---|---|---|---|---|
| | | 旱地 | 水浇地 | 水田 |
| 土壤质量 | 有效土层厚度/cm | ≥60 | ≥80 | |
| | 土壤容重/(g/cm$^3$) | ≤1.4 | ≤1.35 | |
| | 土壤质地 | 砂土至壤质黏土 | | |
| | 砾石含量/% | ≤5 | | |
| | pH 值 | 6.0～8.5 | 6.5～8.5 | 6.5～8.0 |
| | 有机质/% | ≥1 | ≥1.5 | |
| | 电导率/(dS/m) | | ≤3 | |
| 配套设施 | 灌溉 | 应满足《灌溉与排水工程设计规范》(GB 50288)、《高标准基本农田建设标准》(TD/T 1033)等标准，以及当地同行业工程建设标准要求 | | |
| | 排水 | | | |
| | 道路 | | | |
| | 林网 | | | |
| 生产力水平 | 单位面积产量/(kg/hm$^2$) | 三年后达到周边地区同等土地利用类型水平 | | |

**表 9-10　长江中下游平原区复垦为耕地的复垦质量指标体系及控制标准**

| 指标类型 | 基本指标 | 不同类型的耕地的复垦质量控制标准 | | |
|---|---|---|---|---|
| | | 旱地 | 水浇地 | 水田 |
| 地形 | 地面坡度/(°) | ≤15 | | ≤6 |
| | 平整度 | | 田面高差<br>±5cm 之内 | 田面高差<br>±3cm 之内 |
| 土壤质量 | 有效土层厚度/cm | ≥50 | ≥60 | |
| | 土壤容重/(g/cm$^3$) | ≤1.4 | ≤1.35 | |
| | 土壤质地 | 砂土至壤质黏土 | | |
| | 砾石含量/% | ≤5 | | |
| | pH 值 | 6.5～8.5 | | 6.5～8.0 |
| | 有机质/% | ≥1 | ≥1.5 | |
| | 电导率/(dS/m) | ≤2 | | |
| 配套设施 | 灌溉 | 应满足《灌溉与排水工程设计规范》(GB 50288)、《高标准基本农田建设标准》(TD/T 1033)等标准，以及当地同行业工程建设标准要求 | | |
| | 排水 | | | |
| | 道路 | | | |
| | 林网 | | | |
| 生产力水平 | 单位面积产量/(kg/hm$^2$) | 三年后达到周边地区同等土地利用类型水平 | | |

**表 9-11　东南沿海山地丘陵区复垦为耕地的复垦质量指标体系及控制标准**

| 指标类型 | 基本指标 | 不同类型的耕地的复垦质量控制标准 | | |
|---|---|---|---|---|
| | | 旱地 | 水浇地 | 水田 |
| 地形 | 地面坡度/(°) | ≤25 | ≤15 | |
| | 平整度 | | 田面高差±5cm之内 | 田面高差±3cm之内 |
| 土壤质量 | 有效土层厚度/cm | ≥30 | ≥40 | |
| | 土壤容重/(g/cm$^3$) | ≤1.45 | ≤1.4 | |
| | 土壤质地 | 砂质壤土至砂质黏土 | | |
| | 砾石含量/% | ≤10 | ≤5 | |
| | pH值 | 5.5～8.0 | | 6.0～8.0 |
| | 有机质/% | ≥1 | ≥1.5 | |
| | 电导率/(dS/m) | ≤2 | | |
| 配套设施 | 灌溉 | 应满足《灌溉与排水工程设计规范》(GB 50288)、《高标准基本农田建设标准》(TD/T 1033)等标准，以及当地同行业工程建设标准要求 | | |
| | 排水 | | | |
| | 道路 | | | |
| | 林网 | | | |
| 生产力水平 | 单位面积产量/(kg/hm$^2$) | 三年后达到周边地区同等土地利用类型水平 | | |

**表 9-12　黄土高原区复垦为耕地的复垦质量指标体系及控制标准**

| 指标类型 | 基本指标 | 不同类型的耕地的复垦质量控制标准 | |
|---|---|---|---|
| | | 旱地 | 水浇地 |
| 地形 | 地面坡度/(°) | ≤25 | ≤15 |
| | 平整度 | | 田面高差±5cm之内 |
| 土壤质量 | 有效土层厚度/cm | ≥80，土石山区 | ≥80 |
| | 土壤容重/(g/cm$^3$) | ≤1.45 | 4 |
| | 土壤质地 | 壤土至黏壤土 | |
| | 砾石含量/% | ≤10 | ≤5 |
| | pH值 | 6.0～8.5 | 6.5～8.5 |
| | 有机质/% | 0.5 | ≥0.8 |
| | 电导率/(dS/m) | ≤2 | |
| 配套设施 | 灌溉 | 应满足《灌溉与排水工程设计规范》(GB 50288)、《高标准基本农田建设标准》(TD/T 1033)等标准，以及当地同行业工程建设标准要求 | |
| | 排水 | | |
| | 道路 | | |
| | 林网 | | |
| 生产力水平 | 单位面积产量/(kg/hm$^2$) | 五年后达到周边地区同等土地利用类型水平 | |

**表 9-13　北方草原区复垦为耕地的复垦质量指标体系及控制标准**

| 指标类型 | 基本指标 | 不同类型的耕地的复垦质量控制标准 | |
|---|---|---|---|
| | | 旱地 | 水浇地 |
| 地形 | 地面坡度/(°) | ≤25 | ≤15 |
| | 平整度 | | 田面高差±5cm 之内 |
| 土壤质量 | 有效土层厚度/cm | ≥50 | ≥60 |
| | 土壤容重/($g/cm^3$) | ≤1.4 | ≤1.35 |
| | 土壤质地 | 砂质壤土至砂质黏土 | |
| | 砾石含量/% | ≤10 | ≤5 |
| | pH 值 | 6.5～8.5 | |
| | 有机质/% | ≥1 | ≥1.5 |
| | 电导率/(dS/m) | ≤2 | |
| 配套设施 | 灌溉 | 应满足《灌溉与排水工程设计规范》(GB 50288)、《高标准基本农田建设标准》(TD/T 1033)等标准，以及当地同行业工程建设标准要求 | |
| | 排水 | | |
| | 道路 | | |
| | 林网 | | |
| 生产力水平 | 单位面积产量/($kg/hm^2$) | 五年后达到周边地区同等土地利用类型水平 | |

**表 9-14　中部山地丘陵区复垦为耕地的复垦质量指标体系及控制标准**

| 指标类型 | 基本指标 | 不同类型的耕地的复垦质量控制标准 | | |
|---|---|---|---|---|
| | | 旱地 | 水浇地 | 水田 |
| 地形 | 地面坡度/(°) | ≤25 | ≤15 | |
| | 平整度 | | 田面高差±5cm 之内 | 田面高差±3cm 之内 |
| 土壤质量 | 有效土层厚度/cm | ≥40 | ≥60 | |
| | 土壤容重/($g/cm^3$) | ≤1.4 | ≤1.35 | |
| | 土壤质地 | 砂质壤土至砂质黏土 | | |
| | 砾石含量/% | ≤15 | ≤10 | |
| | pH 值 | 5.5～8.5 | 6.0～8.5 | |
| | 有机质/% | ≥1.5 | ≥2 | |
| | 电导率/(dS/m) | ≤2 | | |
| 配套设施 | 灌溉 | 应满足《灌溉与排水工程设计规范》(GB 50288)、《高标准基本农田建设标准》(TD/T 1033)等标准，以及当地同行业工程建设标准要求 | | |
| | 排水 | | | |
| | 道路 | | | |
| | 林网 | | | |
| 生产力水平 | 单位面积产量/($kg/hm^2$) | 四年后达到周边地区同等土地利用类型水平 | | |

表 9-15 西南山地丘陵区复垦为耕地的复垦质量指标体系及控制标准

<table>
<tr><th rowspan="2">指标类型</th><th rowspan="2">基本指标</th><th colspan="3">不同类型的耕地的复垦质量控制标准</th></tr>
<tr><th>旱地</th><th>水浇地</th><th>水田</th></tr>
<tr><td rowspan="2">地形</td><td>地面坡度/(°)</td><td>≤25</td><td colspan="2">≤15</td></tr>
<tr><td>平整度</td><td></td><td>田面高差±5cm之内</td><td>田面高差±3cm之内</td></tr>
<tr><td rowspan="7">土壤质量</td><td>有效土层厚度/cm</td><td>≥40</td><td colspan="2">≥50</td></tr>
<tr><td>土壤容重/(g/cm³)</td><td>≤1.4</td><td colspan="2">≤1.35</td></tr>
<tr><td>土壤质地</td><td colspan="3">砂质壤土至壤质黏土</td></tr>
<tr><td>砾石含量/%</td><td>≤15</td><td colspan="2">≤10</td></tr>
<tr><td>pH值</td><td colspan="3">5.5～8.0</td></tr>
<tr><td>有机质/%</td><td>≥1</td><td colspan="2">≥1.2</td></tr>
<tr><td>电导率/(dS/m)</td><td colspan="3"></td></tr>
<tr><td rowspan="4">配套设施</td><td>灌溉</td><td colspan="3" rowspan="4">应满足《灌溉与排水工程设计规范》(GB 50288)、《高标准基本农田建设标准》(TD/T 1033)等标准，以及当地同行业工程建设标准要求</td></tr>
<tr><td>排水</td></tr>
<tr><td>道路</td></tr>
<tr><td>林网</td></tr>
<tr><td>生产力水平</td><td>单位面积产量/(kg/hm²)</td><td colspan="3">四年后达到周边地区同等土地利用类型水平</td></tr>
</table>

表 9-16 西北干旱区复垦为耕地的复垦质量指标体系及控制标准

<table>
<tr><th rowspan="2">指标类型</th><th rowspan="2">基本指标</th><th colspan="2">不同类型的耕地的复垦质量控制标准</th></tr>
<tr><th>旱地</th><th>水浇地</th></tr>
<tr><td rowspan="2">地形</td><td>地面坡度/(°)</td><td>≤15</td><td>≤6</td></tr>
<tr><td>平整度</td><td></td><td>田面高差±3cm之内</td></tr>
<tr><td rowspan="7">土壤质量</td><td>有效土层厚度/cm</td><td>≥40</td><td>≥60</td></tr>
<tr><td>土壤容重/(g/cm³)</td><td>≤1.45</td><td>≤1.4</td></tr>
<tr><td>土壤质地</td><td colspan="2">壤质砂土至黏壤土</td></tr>
<tr><td>砾石含量/%</td><td>≤20</td><td>≤15</td></tr>
<tr><td>pH值</td><td>6.5～8.5</td><td>7.0～8.5</td></tr>
<tr><td>有机质/%</td><td>≥0.5</td><td>≥0.8</td></tr>
<tr><td>电导率/(dS/m)</td><td colspan="2">≤3</td></tr>
<tr><td rowspan="4">配套设施</td><td>灌溉</td><td colspan="2" rowspan="4">应满足《灌溉与排水工程设计规范》(GB 50288)、《高标准基本农田建设标准》(TD/T 1033)等标准，以及当地同行业工程建设标准要求</td></tr>
<tr><td>排水</td></tr>
<tr><td>道路</td></tr>
<tr><td>林网</td></tr>
<tr><td>生产力水平</td><td>单位面积产量/(kg/hm²)</td><td colspan="2">五年后达到周边地区同等土地利用类型水平</td></tr>
</table>

**表 9-17　青藏高原区复垦为耕地的复垦质量指标体系及控制标准**

<table>
<tr><th rowspan="2">指标类型</th><th rowspan="2">基本指标</th><th colspan="2">不同类型的耕地的复垦质量控制标准</th></tr>
<tr><th>旱地</th><th>水浇地</th></tr>
<tr><td>地形</td><td>地面坡度/(°)</td><td>≤15</td><td>≤6</td></tr>
<tr><td rowspan="7">土壤质量</td><td>有效土层厚度/cm</td><td>≥40</td><td>≥50</td></tr>
<tr><td>土壤容重/(g/cm³)</td><td>≤1.45</td><td>≤1.4</td></tr>
<tr><td>土壤质地</td><td colspan="2">壤质砂土至砂质黏土</td></tr>
<tr><td>砾石含量/%</td><td colspan="2">≤20</td></tr>
<tr><td>pH 值</td><td colspan="2">6.5～8.5</td></tr>
<tr><td>有机质/%</td><td>≥0.6</td><td>≥0.8</td></tr>
<tr><td>电导率/(dS/m)</td><td colspan="2">≤2</td></tr>
<tr><td rowspan="4">配套设施</td><td>灌溉</td><td colspan="2" rowspan="4">应满足《灌溉与排水工程设计规范》(GB 50288)、《高标准基本农田建设标准》(TD/T 1033)等标准，以及当地同行业工程建设标准要求</td></tr>
<tr><td>排水</td></tr>
<tr><td>道路</td></tr>
<tr><td>林网</td></tr>
<tr><td>生产力水平</td><td>单位面积产量/(kg/hm²)</td><td colspan="2">五年后达到周边地区同等土地利用类型水平</td></tr>
</table>

**2. 园地复垦质量指标体系及控制标准**(表 9-18)

**表 9-18　不同类型复垦区复垦为园地的复垦质量指标体系及控制标准**

<table>
<tr><th rowspan="2">指标类型</th><th rowspan="2">基本指标</th><th colspan="5">不同类型复垦区的园地的复垦质量控制标准</th></tr>
<tr><th>东北山丘平原区</th><th>黄淮海平原区</th><th>长江中下游平原区</th><th>东南沿海山地丘陵区</th><th>黄土高原区</th></tr>
<tr><td>地形</td><td>地面坡度/(°)</td><td>≤15</td><td colspan="2">≤20</td><td>≤25</td><td>≤20</td></tr>
<tr><td rowspan="7">土壤质量</td><td>有效土层厚度/cm</td><td colspan="2">≥40</td><td colspan="3">≥30</td></tr>
<tr><td>土壤容重/(g/cm³)</td><td colspan="4">≤1.45</td><td>≤1.5</td></tr>
<tr><td>土壤质地</td><td>砂土至砂质黏土</td><td colspan="3">砂土至壤质黏土</td><td>砂土至黏壤土</td></tr>
<tr><td>砾石含量/%</td><td colspan="3">≤10</td><td colspan="2">≤15</td></tr>
<tr><td>pH 值</td><td colspan="3">6.0～8.5</td><td>5.5～8.0</td><td>6.0～8.5</td></tr>
<tr><td>有机质/%</td><td>≥2</td><td colspan="3">≥1</td><td>≥0.5</td></tr>
<tr><td>电导率/(dS/m)</td><td>2</td><td>≤3</td><td colspan="3">≤2</td></tr>
<tr><td rowspan="3">配套设施</td><td>灌溉</td><td colspan="5" rowspan="3">达到当地各行业工程建设标准要求</td></tr>
<tr><td>排水</td></tr>
<tr><td>道路</td></tr>
<tr><td>生产力水平</td><td>产量/(kg/hm²)</td><td colspan="5">五年后达到周边地区同等土地利用类型水平</td></tr>
</table>

续表 9-18

| 指标类型 | 基本指标 | 不同类型复垦区的园地的复垦质量控制标准 | | | | |
|---|---|---|---|---|---|---|
| | | 北方草原区 | 中部山地丘陵区 | 西南山地丘陵区 | 西北干旱区 | 青藏高原区 |
| 地形 | | ≤20 | ≤25 | | ≤20 | ≤25 |
| 土壤质量 | 有效土层厚度/cm | ≥30 | | ≥50 | ≥30 | |
| | 土壤容重/$(g/cm^3)$ | ≤1.45 | | | ≤1.5 | ≤1.45 |
| | 土壤质地 | 砂土至砂质黏土 | | 砂质壤土至壤质黏土 | 砂土至砂质黏土 | 壤质砂土至砂质黏土 |
| | 砾石含量/% | ≤15 | ≤20 | ≤30 | | ≤40 |
| | pH值 | 6.0～8.5 | | 5.0～8.0 | 6.5～8.5 | 6.5～8.5 |
| | 有机质/% | ≥1 | ≥1.5 | ≥1 | ≥0.5 | |
| | 电导率/(dS/m) | ≤2 | | | ≤3 | ≤2 |
| 配套设施 | 灌溉 | 达到当地各行业工程建设标准要求 | | | | |
| | 排水 | | | | | |
| | 道路 | | | | | |
| 生产力水平 | 产量/$(kg/hm^2)$ | 五年后 | 三年后 | | 四年后 | 五年后 |
| | | 达到周边地区同等土地利用类型水平 | | | | |

**3. 林地复垦质量指标体系及控制标准**(表 9-19～表 9-28)

**表 9-19 东北山丘平原区复垦为林地的复垦质量指标体系及控制标准**

| 指标类型 | 基本指标 | 不同类型的林地的复垦质量控制标准 | | |
|---|---|---|---|---|
| | | 有林地 | 灌木林地 | 其他林地 |
| 土壤质量 | 有效土层厚度/cm | ≥30 | | |
| | 土壤容重/$(g/cm^3)$ | ≤1.5 | | |
| | 土壤质地 | 砂土至壤质黏土 | | |
| | 砾石含量/% | ≤20 | | |
| | pH值 | 6.0～8.5 | | |
| | 有机质/% | ≥1 | | |
| 配套设施 | 道路 | 达到当地本行业工程建设标准要求 | | |
| 生产力水平 | 定植密度/$(株/hm^2)$ | 满足《造林作业设计规程》(LY/T 1607)要求 | | |
| | 郁闭度 | ≥0.35 | ≥0.40 | ≥0.30 |

**表 9-20　黄淮海平原区复垦为林地的复垦质量指标体系及控制标准**

| 指标类型 | 基本指标 | 不同类型的林地的复垦质量控制标准 | | |
|---|---|---|---|---|
| | | 有林地 | 灌木林地 | 其他林地 |
| 土壤质量 | 有效土层厚度/cm | ≥30 | | |
| | 土壤容重/(g/cm³) | ≤1.5 | | |
| | 土壤质地 | 砂土至壤质黏土 | | |
| | 砾石含量/% | ≤20 | | |
| | pH 值 | 6.0～8.5 | | |
| | 有机质/% | ≥1 | | |
| 配套设施 | 道路 | 达到当地本行业工程建设标准要求 | | |
| 生产力水平 | 定植密度/(株/hm²) | 满足《造林作业设计规程》(LY/T 1607)要求 | | |
| | 郁闭度 | ≥0.35 | ≥0.40 | ≥0.30 |

**表 9-21　长江中下游平原区复垦为林地的复垦质量指标体系及控制标准**

| 指标类型 | 基本指标 | 不同类型的林地的复垦质量控制标准 | | |
|---|---|---|---|---|
| | | 有林地 | 灌木林地 | 其他林地 |
| 土壤质量 | 有效土层厚度/cm | ≥30 | | |
| | 土壤容重/(g/cm³) | ≤1.5 | | |
| | 土壤质地 | 砂土至壤质黏土 | | |
| | 砾石含量/% | ≤20 | | |
| | pH 值 | 5.0～8.5 | | |
| | 有机质/% | ≥1 | | |
| 配套设施 | 道路 | 达到当地本行业工程建设标准要求 | | |
| 生产力水平 | 定植密度/(株/hm²) | 满足《造林作业设计规程》(LY/T 1607)要求 | | |
| | 郁闭度 | ≥0.35 | ≥0.40 | ≥0.35 |

**表 9-22 东南沿海山地丘陵区复垦为林地的复垦质量指标体系及控制标准**

<table>
<tr><th rowspan="2">指标类型</th><th rowspan="2">基本指标</th><th colspan="3">不同类型的林地的复垦质量控制标准</th></tr>
<tr><th>有林地</th><th>灌木林地</th><th>其他林地</th></tr>
<tr><td rowspan="6">土壤质量</td><td>有效土层厚度/cm</td><td>≥30</td><td colspan="2">≥20</td></tr>
<tr><td>土壤容重/(g/cm³)</td><td colspan="3">≤1.5</td></tr>
<tr><td>土壤质地</td><td>砂土壤土<br>至壤质黏土</td><td colspan="2">砂土至壤质黏土</td></tr>
<tr><td>砾石含量/%</td><td colspan="3">≤25</td></tr>
<tr><td>pH 值</td><td colspan="3">5.0～8.0</td></tr>
<tr><td>有机质/%</td><td colspan="3">≥1</td></tr>
<tr><td>配套设施</td><td>道路</td><td colspan="3">达到当地本行业工程建设标准要求</td></tr>
<tr><td rowspan="2">生产力水平</td><td>定植密度/(株/hm²)</td><td colspan="3">满足《造林作业设计规程》(LY/T 1607)要求</td></tr>
<tr><td>郁闭度</td><td>≥0.35</td><td>≥0.40</td><td>≥0.30</td></tr>
</table>

**表 9-23 黄土高原区复垦为林地的复垦质量指标体系及控制标准**

<table>
<tr><th rowspan="2">指标类型</th><th rowspan="2">基本指标</th><th colspan="3">不同类型的林地的复垦质量控制标准</th></tr>
<tr><th>有林地</th><th>灌木林地</th><th>其他林地</th></tr>
<tr><td rowspan="6">土壤质量</td><td>有效土层厚度/cm</td><td>≥30</td><td colspan="2">≥20</td></tr>
<tr><td>土壤容重/(g/cm³)</td><td colspan="3">≤1.5</td></tr>
<tr><td>土壤质地</td><td colspan="3">砂土至砂质黏土</td></tr>
<tr><td>砾石含量/%</td><td colspan="3">≤25</td></tr>
<tr><td>pH 值</td><td colspan="3">6.0～8.5</td></tr>
<tr><td>有机质/%</td><td colspan="2">≥0.5</td><td>≥0.3</td></tr>
<tr><td>配套设施</td><td>道路</td><td colspan="3">达到当地本行业工程建设标准要求</td></tr>
<tr><td rowspan="2">生产力水平</td><td>定植密度/(株/hm²)</td><td colspan="3">满足《造林作业设计规程》(LY/T 1607)要求</td></tr>
<tr><td>郁闭度</td><td colspan="2">≥0.30</td><td>≥0.20</td></tr>
</table>

**表 9-24　北方草原区复垦为林地的复垦质量指标体系及控制标准**

| 指标类型 | 基本指标 | 不同类型的林地的复垦质量控制标准 | | |
|---|---|---|---|---|
| | | 有林地 | 灌木林地 | 其他林地 |
| 土壤质量 | 有效土层厚度/cm | ≥30 | | |
| | 土壤容重/(g/cm³) | ≤1.5 | | |
| | 土壤质地 | 砂土至壤质黏土 | | |
| | 砾石含量/% | ≤25 | | |
| | pH 值 | 6.0～8.5 | | |
| | 有机质/% | ≥1 | | |
| 配套设施 | 道路 | 达到当地本行业工程建设标准要求 | | |
| 生产力水平 | 定植密度/(株/hm²) | 满足《造林作业设计规程》(LY/T 1607)要求 | | |
| | 郁闭度 | ≥0.30 | | ≥0.20 |

**表 9-25　中部山地丘陵区复垦为林地的复垦质量指标体系及控制标准**

| 指标类型 | 基本指标 | 不同类型的林地的复垦质量控制标准 | | |
|---|---|---|---|---|
| | | 有林地 | 灌木林地 | 其他林地 |
| 土壤质量 | 有效土层厚度/cm | ≥30 | | |
| | 土壤容重/(g/cm³) | ≤1.5 | | |
| | 土壤质地 | 砂土至粉黏土 | | |
| | 砾石含量/% | ≤30 | | |
| | pH 值 | 5.5～8.5 | | |
| | 有机质/% | ≥1 | | |
| 配套设施 | 道路 | 达到当地本行业工程建设标准要求 | | |
| 生产力水平 | 定植密度/(株/hm²) | 满足《造林作业设计规程》(LY/T 1607)要求 | | |
| | 郁闭度 | ≥0.35 | | ≥0.25 |

**表 9-26　西南山地丘陵区复垦为林地的复垦质量指标体系及控制标准**

| 指标类型 | 基本指标 | 不同类型的林地的复垦质量控制标准 | | |
|---|---|---|---|---|
| | | 有林地 | 灌木林地 | 其他林地 |
| 土壤质量 | 有效土层厚度/cm | ≥30 | | |
| | 土壤容重/(g/cm³) | ≤1.5 | | |
| | 土壤质地 | 砂土至壤质黏土 | | |
| | 砾石含量/% | ≤50 | | |
| | pH 值 | 5.5～8.0 | | |
| | 有机质/% | ≥1 | | |
| 配套设施 | 道路 | 达到当地本行业工程建设标准要求 | | |
| 生产力水平 | 定植密度/(株/hm²) | 满足《造林作业设计规程》(LY/T 1607)要求 | | |
| | 郁闭度 | ≥0.30 | ≥0.35 | ≥0.30 |

表 9-27　西北干旱区复垦为林地的复垦质量指标体系及控制标准

| 指标类型 | 基本指标 | 不同类型的林地的复垦质量控制标准 | | |
|---|---|---|---|---|
| | | 有林地 | 灌木林地 | 其他林地 |
| 土壤质量 | 有效土层厚度/cm | ≥30 | ≥20 | |
| | 土壤容重/(g/cm³) | ≤1.55 | | |
| | 土壤质地 | 砂土至壤质黏土 | | |
| | 砾石含量/% | ≤50 | | |
| | pH值 | 6.5～8.5 | | |
| | 有机质/% | ≥0.5 | | |
| 配套设施 | 道路 | 达到当地本行业工程建设标准要求 | | |
| 生产力水平 | 定植密度/(株/hm²) | 满足《造林作业设计规程》(LY/T 1607)要求 | | |
| | 郁闭度 | ≥0.20 | | ≥0.15 |

表 9-28　青藏高原区复垦为林地的复垦质量指标体系及控制标准

| 指标类型 | 基本指标 | 不同类型的林地的复垦质量控制标准 | | |
|---|---|---|---|---|
| | | 有林地 | 灌木林地 | 其他林地 |
| 土壤质量 | 有效土层厚度/cm | ≥30 | ≥20 | |
| | 土壤容重/(g/cm³) | ≤1.55 | | |
| | 土壤质地 | 砂土至砂质黏土 | | |
| | 砾石含量/% | ≤50 | | |
| | pH值 | 6.0～8.5 | | |
| | 有机质/% | ≥0.5 | | |
| 配套设施 | 道路 | 达到当地本行业工程建设标准要求 | | |
| 生产力水平 | 定植密度/(株/hm²) | 满足《造林作业设计规程》(LY/T 1607)要求 | | |
| | 郁闭度 | ≥0.20 | | ≥0.15 |

**4. 草地复垦质量指标体系及控制标准**（表 9-29～表 9-38）

**表 9-29　东北山丘平原区复垦为草地的复垦质量指标体系及控制标准**

| 指标类型 | 基本指标 | 不同类型的草地的复垦质量控制标准 | |
|---|---|---|---|
| | | 人工牧草地 | 其他草地 |
| 地形 | 地面坡度/(°) | ≤15 | |
| 土壤质量 | 有效土层厚度/cm | ≥50 | ≥35 |
| | 土壤容重/(g/cm³) | ≤1.4 | ≤1.45 |
| | 土壤质地 | 砂质壤土至砂质黏土 | 砂土至砂质黏土 |
| | 砾石含量/% | ≤5 | ≤10 |
| | pH 值 | 6.5～8.0 | 6.0～8.5 |
| | 有机质/% | ≥2 | ≥1 |
| 配套设施 | 灌溉 | 达到当地各行业工程建设标准要求 | |
| | 道路 | | |
| 生产力水平 | 覆盖度/% | ≥30 | ≥35 |
| | 产量/(kg/hm²) | 三年后达到周边地区同等土地利用类型水平 | |

**表 9-30　黄淮海平原区复垦为草地的复垦质量指标体系及控制标准**

| 指标类型 | 基本指标 | 不同类型的草地的复垦质量控制标准 | |
|---|---|---|---|
| | | 人工牧草地 | 其他草地 |
| 地形 | 地面坡度/(°) | ≤20 | |
| 土壤质量 | 有效土层厚度/cm | ≥50 | ≥40 |
| | 土壤容重/(g/cm³) | ≤1.4 | ≤1.45 |
| | 土壤质地 | 砂土至砂质黏土 | 砂土至壤质黏土 |
| | 砾石含量/% | ≤5 | ≤10 |
| | pH 值 | 6.5～8.5 | 6.0～8.5 |
| | 有机质/% | ≥1.5 | ≥1 |
| 配套设施 | 灌溉 | 达到当地各行业工程建设标准要求 | |
| | 道路 | | |
| 生产力水平 | 覆盖度/% | ≥30 | ≥40 |
| | 产量/(kg/hm²) | 三年后达到周边地区同等土地利用类型水平 | |

**表 9-31 长江中下游平原区复垦为草地的复垦质量指标体系及控制标准**

| 指标类型 | 基本指标 | 不同类型的草地的复垦质量控制标准 | |
|---|---|---|---|
| | | 人工牧草地 | 其他草地 |
| 地形 | 地面坡度/(°) | ≤20 | |
| 土壤质量 | 有效土层厚度/cm | ≥40 | ≥30 |
| | 土壤容重/(g/cm³) | ≤1.4 | ≤1.45 |
| | 土壤质地 | 砂质壤土至砂质黏土 | 砂土至壤质黏土 |
| | 砾石含量/% | ≤5 | ≤10 |
| | pH 值 | 6.0～8.5 | 5.5～8.5 |
| | 有机质/% | ≥1.5 | ≥1 |
| 配套设施 | 灌溉 | 达到当地各行业工程建设标准要求 | |
| | 道路 | | |
| 生产力水平 | 覆盖度/% | ≥50 | |
| | 产量/(kg/hm²) | 三年后达到周边地区同等土地利用类型水平 | |

**表 9-32 东南沿海山地丘陵区复垦为草地的复垦质量指标体系及控制标准**

| 指标类型 | 基本指标 | 不同类型的草地的复垦质量控制标准 | |
|---|---|---|---|
| | | 人工牧草地 | 其他草地 |
| 地形 | 地面坡度/(°) | ≤25 | |
| 土壤质量 | 有效土层厚度/cm | ≥30 | ≥20 |
| | 土壤容重/(g/cm³) | ≤1.4 | ≤1.45 |
| | 土壤质地 | 砂质壤土至砂质黏土 | 砂土至壤质黏土 |
| | 砾石含量/% | ≤10 | ≤15 |
| | pH 值 | 5.5～8.0 | 5.0～8.0 |
| | 有机质/% | ≥1.5 | ≥1 |
| 配套设施 | 灌溉 | 达到当地各行业工程建设标准要求 | |
| | 道路 | | |
| 生产力水平 | 覆盖度/% | ≥50 | |
| | 产量/(kg/hm²) | 三年后达到周边地区同等土地利用类型水平 | |

**表 9-33　黄土高原区复垦为草地的复垦质量指标体系及控制标准**

| 指标类型 | 基本指标 | 不同类型的草地的复垦质量控制标准 | |
|---|---|---|---|
| | | 人工牧草地 | 其他草地 |
| 地形 | 地面坡度/(°) | ≤20 | |
| 土壤质量 | 有效土层厚度/cm | ≥40 | ≥30 |
| | 土壤容重/($g/cm^3$) | ≤1.4 | ≤1.45 |
| | 土壤质地 | 壤土至黏壤土 | 砂土至壤质黏土 |
| | 砾石含量/% | ≤10 | ≤15 |
| | pH 值 | 6.5～8.5 | |
| | 有机质/% | ≥0.5 | ≥0.3 |
| 配套设施 | 灌溉 | 达到当地各行业工程建设标准要求 | |
| | 道路 | | |
| 生产力水平 | 覆盖度/% | ≥30 | |
| | 产量/($kg/hm^2$) | 五年后达到周边地区同等土地利用类型水平 | |

**表 9-34　北方草原区复垦为草地的复垦质量指标体系及控制标准**

| 指标类型 | 基本指标 | 不同类型的草地的复垦质量控制标准 | |
|---|---|---|---|
| | | 人工牧草地 | 其他草地 |
| 地形 | 地面坡度/(°) | ≤15 | |
| 土壤质量 | 有效土层厚度/cm | ≥40 | ≥30 |
| | 土壤容重/($g/cm^3$) | ≤1.4 | ≤1.45 |
| | 土壤质地 | 砂土至砂质黏土 | |
| | 砾石含量/% | ≤10 | ≤15 |
| | pH 值 | 6.5～8.5 | 6.0～8.5 |
| | 有机质/% | ≥1 | ≥0.5 |
| 配套设施 | 灌溉 | 达到当地各行业工程建设标准要求 | |
| | 道路 | | |
| 生产力水平 | 覆盖度/% | ≥40 | ≥30 |
| | 产量/($kg/hm^2$) | 五年后达到周边地区同等土地利用类型水平 | |

**表 9-35 中部山地丘陵区复垦为草地的复垦质量指标体系及控制标准**

| 指标类型 | 基本指标 | 不同类型的草地的复垦质量控制标准 | |
|---|---|---|---|
| | | 人工牧草地 | 其他草地 |
| 地形 | 地面坡度/(°) | ≤25 | |
| 土壤质量 | 有效土层厚度/cm | ≥40 | ≥30 |
| | 土壤容重/(g/cm³) | ≤1.4 | ≤1.45 |
| | 土壤质地 | 砂质土至砂质黏土 | 砂土至壤质黏土 |
| | 砾石含量/% | ≤15 | ≤20 |
| | pH 值 | 6.5～8.5 | 6.0～8.5 |
| | 有机质/% | ≥1.5 | ≥1 |
| 配套设施 | 灌溉 | 达到当地各行业工程建设标准要求 | |
| | 道路 | | |
| 生产力水平 | 覆盖度/% | ≥40 | |
| | 产量/(kg/hm²) | 四年后达到周边地区同等土地利用类型水平 | |

**表 9-36 西南山地丘陵区复垦为草地的复垦质量指标体系及控制标准**

| 指标类型 | 基本指标 | 不同类型的草地的复垦质量控制标准 | |
|---|---|---|---|
| | | 人工牧草地 | 其他草地 |
| 地形 | 地面坡度/(°) | ≤25 | |
| 土壤质量 | 有效土层厚度/cm | ≥20 | ≥10 |
| | 土壤容重/(g/cm³) | ≤1.4 | ≤1.45 |
| | 土壤质地 | 砂质土至砂质黏土 | 砂质壤土至壤质黏土 |
| | 砾石含量/% | ≤30 | ≤50 |
| | pH 值 | 5.5～8.0 | |
| | 有机质/% | ≥1.2 | ≥1 |
| 配套设施 | 灌溉 | 达到当地各行业工程建设标准要求 | |
| | 道路 | | |
| 生产力水平 | 覆盖度/% | ≥40 | |
| | 产量/(kg/hm²) | 四年后达到周边地区同等土地利用类型水平 | |

**表 9-37　西北干旱区复垦为草地的复垦质量指标体系及控制标准**

| 指标类型 | 基本指标 | 不同类型的草地的复垦质量控制标准 | |
|---|---|---|---|
| | | 人工牧草地 | 其他草地 |
| 地形 | 地面坡度/(°) | ≤20 | |
| 土壤质量 | 有效土层厚度/cm | ≥20 | ≥10 |
| | 土壤容重/(g/cm³) | ≤1.45 | ≤1.45 |
| | 土壤质地 | 砂土至砂质黏土 | |
| | 砾石含量/% | ≤30 | ≤50 |
| | pH 值 | 7.0～8.5 | 6.5～8.5 |
| | 有机质/% | ≥0.8 | ≥0.5 |
| 配套设施 | 灌溉 | 达到当地各行业工程建设标准要求 | |
| | 道路 | | |
| 生产力水平 | 覆盖度/% | ≥20 | ≥15 |
| | 产量/(kg/hm²) | 五年后达到周边地区同等土地利用类型水平 | |

**表 9-38　青藏高原区复垦为草地的复垦质量指标体系及控制标准**

| 指标类型 | 基本指标 | 不同类型的草地的复垦质量控制标准 | |
|---|---|---|---|
| | | 人工牧草地 | 其他草地 |
| 地形 | 地面坡度/(°) | ≤25 | |
| 土壤质量 | 有效土层厚度/cm | ≥20 | ≥10 |
| | 土壤容重/(g/cm³) | ≤1.45 | ≤1.5 |
| | 土壤质地 | 壤质砂土至壤质黏土 | 砂土至壤质黏土 |
| | 砾石含量/% | ≤30 | ≤50 |
| | pH 值 | 6.5～8.5 | 6.0～8.5 |
| | 有机质/% | ≥0.5 | ≥0.3 |
| 配套设施 | 灌溉 | 达到当地各行业工程建设标准要求 | |
| | 道路 | | |
| 生产力水平 | 覆盖度/% | ≥20 | ≥15 |
| | 产量/(kg/hm²) | 五年后达到周边地区同等土地利用类型水平 | |

**5. 其他复垦用途的土地复垦质量指标体系及控制标准**(表 9-39)

**表 9-39　其他复垦用途的土地复垦质量指标体系及控制标准**

| 复垦用途 | 指标类型 | 基本指标 | 控制标准 |
| --- | --- | --- | --- |
| 用于渔业(含养殖业) | 规格 | 塘(池)面积/$hm^2$ | 0.5～1.0 |
| | | 塘(池)深度/m | 2月3日 |
| | 水体质量 | 水质 | 满足《渔业水质标准》(GB 11607)要求 |
| | | 防洪 | 有排水设施,防洪标准满足当地要求 |
| | | 排水 | |
| | 生产力水平 | 产量/(kg/$hm^2$) | 三年后达到当地平均水平 |
| 用于人工水域和公园 | 景观 | 景观协调程度 | 面积宜大于 2$hm^2$,保持景观完整性与多样性 |
| | 水体质量 | 水质 | 达到《地表水环境质量标准》(GB 3838—2002)中Ⅳ、Ⅴ类以上标准 |
| | 设施配套程度 | 防洪 | 有排水设施,防洪标准满足当地要求 |
| | | 排水 | |
| 用于建设用地 | 景观 | 景观协调度 | 景观协调,宜居 |
| | 地形 | 平整度 | 基本平整 |
| | 稳定性要求 | 地基承载力 | 满足《建筑地基基础设计规范》(GB 50007)要求 |
| | 配套设施 | 防洪 | 地基设计标高满足防洪要求 |

# 第四节　土地复垦验收

## 一、土地复垦验收的类型

土地复垦验收分为 3 类:年度土地复垦验收、阶段土地复垦验收、总体土地复垦验收。

### (一)年度土地复垦验收

年度土地复垦验收应符合以下条件:①年度土地复垦实施计划中所有复垦工程已经完成,并履行了复垦工程验收手续;②年度土地复垦费用已按年度土地复垦实施计划执行;③年度土地复垦验收材料完备。

### (二)阶段土地复垦验收

阶段土地复垦验收应符合以下条件:①阶段土地复垦计划中各年度复垦任务全部完成,工程质量全部合格;②阶段复垦费用按阶段土地复垦计划执行;③阶段土地复垦验收材料完备。

### (三)总体土地复垦验收

总体土地复垦验收应符合以下条件:①总体土地复垦方案中所有复垦任务全部完成,工程质量全部合格;②总体土地复垦费用按土地复垦方案执行;③总体土地复垦验收材料完备。

## 二、土地复垦验收的依据

### (一)规范依据

(1)国土资源部2014年10月23日发布2014年12月30日起实施的《生产项目土地复垦验收规程》(TD/T 1044—2014)。

(2)国土资源部2013年1月23日发布2013年02月01日实施的《土地复垦质量控制标准》(TD/T1036—2013)。

(3)《食品安全国家标准 食品中污染物限制》(GB 2762—2012)。

(4)《地表水环境质量标准》(GB 3838—2002)。

(5)《渔业水质标准》(GB 11607)。

(6)《土壤环境质量标准》(GB 15618)。

(7)《土地复垦方案编制规程》(TD/T 1081.1～1031.7—2011),

### (二)资料依据

不同土地复垦验收类型的资料依据见表9-40。

表9-40　不同土地复垦验收类型的资料依据

| 验收类型 | 年度土地复垦验收 | 阶段土地复垦验收 | 总体土地复垦验收 |
| --- | --- | --- | --- |
| 相同依据 | 土地复垦方案报告书(表)、土地复垦工程设计报告、年度(阶段)土地复垦实施计划 | | |
| 不同依据 | 年度土地复垦投资预算 | 阶段土地复垦投资预算 | 土地复垦投资预算 |
| | | | 各阶段土地复垦验收调查报告书及验收结论 |

## 三、土地复垦验收的单位

由县级自然资源主管部门组织进行的验收包括年度土地复垦验收、阶段土地复垦验收;由批复生产项目土地复垦方案的自然资源部主管部门或其委托的自然资源主管部门组织的验收包括总体土地复垦验收。

## 四、土地复垦验收的方法

土地复垦验收方法主要有现场抽查、资料核查、综合评价、专家评估等。

### (一)现场抽查

现场抽查是通过系统抽样或随机抽样，针对性实地核查土地复垦工程数量、质量及监测管护情况等。

### (二)资料核查

资料核查是通过对土地复垦工程的相关资料进行核查，核实土地复垦任务完成情况、土地复垦工程质量、土地复垦效果、资金管理使用情况等。

### (三)综合评价

综合评价是通过对文件资料、建成工程进行室内和实地全面调查，走访相关权利人等方式，对土地复垦效果、土地复垦管理、相关权利人满意度进行客观综合评价。

### (四)专家评估

专家评估是通过专家评估，对土地复垦成效进行客观评价。

## 五、土地复垦验收的内容

### (一)年度土地复垦验收应包括的内容

(1)核查年度土地复垦验收调查报告表、年度复垦费用使用报告、土地复垦现场影像资料、土地复垦工程验收单、上年度土地复垦验收遗留问题整改落实情况报告等相关资料。

(2)核查年度土地复垦实施计划完成情况，主要核查土地复垦工程、土地复垦单元的施工进度与工程质量情况。

(3)核查年度土地费用使用情况。

(4)核查土地复垦费用使用管理情况。

(5)核查上年度复垦验收遗留问题整改落实情况。

(6)核查土地复垦工程是否具备投入正常运行、发挥设计功能的条件。

### (二)阶段土地复垦验收应包括的内容

(1)核查阶段土地复垦验收调查报告书、阶段复垦费用决算、土地复垦现场影像资料、阶段内历次年度土地复垦验收证明、上阶段土地复垦整改落实情况报告、土地权属证明材料等相关资料。

(2)核查阶段土地复垦实施计划完成情况，核查阶段内最后一年复垦质量，核查阶段内已完成的土地复垦单元的复垦情况，核查土地复垦单元中各项指标是否达到《土地复垦质量控制标准》(TD/T 1036—2013)和设计指标要求。

(3)核查阶段土地费用使用管理情况。

(4)核查上阶段复垦验收遗留问题处理情况。

(5)核查土地复垦工程是否具备投入正常运行、发挥设计功能的条件。

(6)核定土地复垦面积。

(7)核查土地权属调整情况。

(8)核查土地复垦组织管理和制度执行情况。

### (三)总体土地复垦验收应包括的内容

(1)核查最后一年复垦工程质量,核查阶段内土地复垦单元的复垦工程质量。核查土地复垦工程是否具备投入正常运行。发挥设计功能的条件。核查土地复垦单元中各项指标是否达到《土地复垦质量控制标准》(TD/T 1036—2013)和设计指标要求。

(2)核查总体土地复垦验收调查报告书、总体土地复垦费用决算报告、总体土地复垦工程质量、总体土地复垦目标完成情况、历次阶段土地复垦验收资料的完备性和规范性。

(3)核定土地复垦面积/核查土地权属调整情况。

(4)核查土地复垦组织管理和制度执行情况。

## 六、土地复垦验收的要求

### (一)验收组组织要求

(1)验收组由土地复垦、农业、林业、环保等相关专业人员组成,验收组人数为单数,其中土地复垦专业的专家人数应不低于60%。

(2)验收组应对验收内容提出明确的验收意见,验收意见必须验收组成员签字确认。验收组成员对验收意见有保留意见时,应在验收成果资料中明确记载,并有保留意见人签字。

(3)验收过程中发现的问题,由验收组提出处理意见。验收时若发现重大问题,验收组可终止验收,并报告验收组织单位。

(4)验收组成员在验收工作中应恪守公平、公正、客观、科学的原则。

### (二)技术档案要求

#### 1. 项目档案制备应符合以下要求

(1)报告、资料纸张统一采用A4纸。

(2)正本应采用原件,若采用复印件应加盖公章。

(3)归档资料应采用线装,不应采用塑料、硬质封面。

(4)竣工图纸及有关表格折叠成A4幅面,按序装入档案盒内。

(5)土地复垦竣工图及复垦工程竣工图应按不小于设计图纸的比例尺绘制。

(6)与设计图纸完全一致的复垦工程项目,可直接在原设计图纸加盖竣工图章。

(7)项目档案应包括电子档案。

**2. 项目档案管理应符合以下要求**

(1)项目档案资料应正式、齐全、完整。

(2)项目档案资料应分类存放，专人管理。

## (三)生产项目土地复垦验收主要资料

按规定，土地复垦义务人应编制土地复垦验收调查报告。土地复垦验收调查报告分为土地复垦验收调查报告书和土地复垦验收调查报告表。

年度土地复垦验收应编制土地复垦验收报告表；阶段土地复垦验收和总体土地复垦验收应编制土地复垦验收报告书，并填写土地复垦验收报告表(表 9-41)。

**表 9-41 生产项目土地复垦验收的资料清单**

| 序号 | 资料名称 |
| --- | --- |
| 1 | 土地复垦方案及批复 |
| 2 | 年度土地复垦实施计划、阶段土地复垦计划 |
| 3 | 土地复垦设计文件(设计报告、预算及制图) |
| 4 | 土地复垦施工总结报告 |
| 5 | 土地复垦监理总结报告 |
| 6 | 年度土地复垦费用使用报告、阶段土地复垦费用使用报告 |
| 7 | 土地复垦决算报告 |
| 8 | 检测报告(土壤、水质、产品等) |
| 9 | 土地复垦工程验收签收单 |
| 10 | 土地复垦单元验收确认书 |
| 11 | 年度土地复垦验收调查报告表 |
| 12 | 阶段土地复垦验收调查报告书(表) |
| 13 | 总体土地复垦验收调查报告书(表) |
| 14 | 现场照片、录像等影像资料 |
| 15 | 其他资料(如验收证明、权属证明、公众参与调查表等) |

## (四)审查验收调查报告书的要求

### 1. 报告的格式

验收调查报告书按封面、扉页、目录、报告正文、附表、附件和附图的顺序编排。封面和扉页按图9-1所示的样式编排。

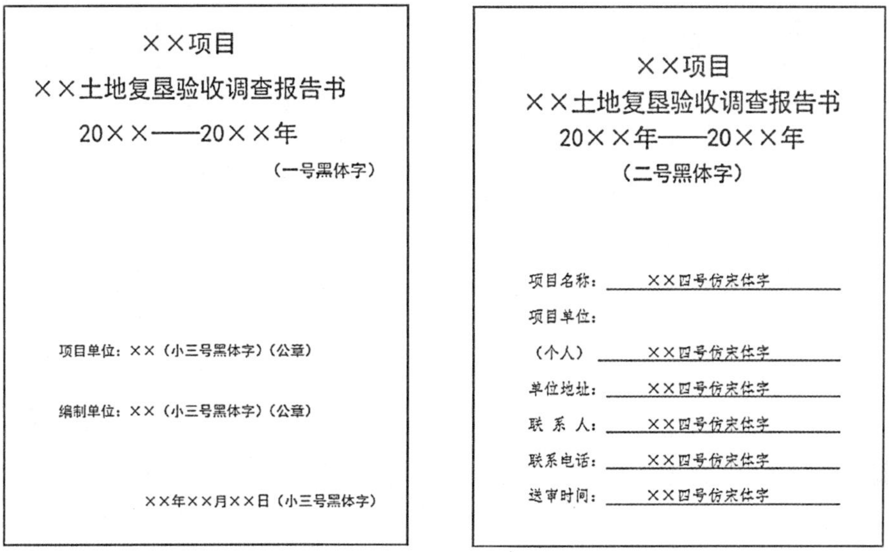

××项目
××土地复垦验收调查报告书
20××——20××年
(一号黑体字)

项目单位:××(小三号黑体字)(公章)

编制单位:××(小三号黑体字)(公章)

××年××月××日(小三号黑体字)

××项目
××土地复垦验收调查报告书
20××年——20××年
(二号黑体字)

项目名称:××四号仿宋体字
项目单位:
(个人)××四号仿宋体字
单位地址:××四号仿宋体字
联系人:××四号仿宋体字
联系电话:××四号仿宋体字
送审时间:××四号仿宋体字

图9-1　土地复垦验收调查报告书的封面及扉页样式

### 2. 土地复垦验收调查报告书大纲

1)前言

说明土地复垦工程建设过程、工程内容、复垦方式、起止时间、完成质量、合格率、总投资、亩均投资等。

2)项目简介

说明生产项目的项目名称、地理位置、隶属关系、企业性质、生产规模、产品、生产工艺等。

3)土地复垦工程介绍

说明土地复垦对象、土地复垦方向、土地复垦面积、工程量及复垦效果等,如土地复垦工程与阶段土地复垦计划、土地复垦方案设计内容不一致,必须说明情况与原因。

4)土地复垦工程质量调查与评价

对复垦工程的质量进行调查,核查复垦工程验收单。给出土地复垦工程验收现场抽样成果、土地复垦工程质量统计结果、土地复垦工程指标。土地复垦工程验收现场抽样比例见表9-42,抽样合格率大于90%的复垦工程验收为合格。土地复垦工程验收现场抽样成果见表9-43、表9-44,土地复垦指标见表9-45。

土地复垦工程质量依据土地复垦实施计划和国家颁布的相关标准进行评价。

**表 9-42　土地复垦工程验收现场抽样要求**

| 一级工程 | 二级工程 | 三级工程 | 验收指标 | 验收数量/$hm^2$ | 抽样个数/个 |
|---|---|---|---|---|---|
| 土壤重构工程 | 充填工程 | 塌陷地充填 | 充填材料<br>压实度<br>平整度<br>…… | <5 | ≥3 |
| | | | | 5～30 | ≥5 |
| | | | | 30～50 | ≥7 |
| | | | | ≥50 | ≥10 |
| | 土壤剥离工程 | 表土剥离 | 剥离面积<br>剥离厚度<br>…… | <5 | ≥3 |
| | | | | 5～30 | ≥5 |
| | | | | 30～50 | ≥7 |
| | | | | ≥50 | ≥10 |
| | | 覆土工程 | 覆土厚度<br>沉实厚度<br>砾石含量<br>…… | <5 | ≥3 |
| | | | | 5～30 | ≥5 |
| | | | | 30～50 | ≥7 |
| | | | | ≥50 | ≥10 |
| | 平整工程 | 场地平整 | 坡度<br>平整度<br>…… | <5 | ≥3 |
| | | | | 5～30 | ≥5 |
| | | | | 30～50 | ≥7 |
| | | | | ≥50 | ≥10 |
| | 生物化学工程 | 土壤培肥 | 氮含量 | <5 | ≥3 |
| | | | | 5～30 | ≥5 |
| | | | | 30～50 | ≥7 |
| | | | | ≥50 | ≥10 |
| | …… | …… | …… | …… | …… |
| 植被重构工程<br>林草恢复工程 | 林草恢复工程 | 种树工程 | 郁闭度<br>定植密度<br>产量(园地) | <5 | ≥3 |
| | | | | 5～30 | ≥5 |
| | | | | 30～50 | ≥7 |
| | | | | ≥50 | ≥10 |
| | 农田防护工程 | 种草工程 | 覆盖度产量 | <5 | ≥3 |
| | | | | 5～30 | ≥5 |
| | | | | 30～50 | ≥7 |
| | | | | ≥50 | ≥10 |
| | …… | …… | …… | … | … |

**续表 9-42**

| 一级工程 | 二级工程 | 三级工程 | 验收指标 | 验收数量/hm² | 抽样个数/个 |
|---|---|---|---|---|---|
| 配套工程 | 灌排工程 | 支渠(沟)<br>…… | 截面面积<br>长<br>…… | <5 | ≥3 |
| | | | | 5～30 | ≥5 |
| | | | | 30～50 | ≥7 |
| | | | | ≥50 | ≥10 |
| | 道路工程 | 生产路 | 长<br>宽<br>…… | <5 | ≥3 |
| | | | | 5～30 | ≥5 |
| | | | | 30～50 | ≥7 |
| | | | | ≥50 | ≥10 |
| | …… | …… | …… | …… | …… |
| 监测与管护工程 | 管护工程 | 林地工程 | 树苗死亡率 | <5 | ≥3 |
| | | | | 5～30 | ≥5 |
| | | | | 30～50 | ≥7 |
| | | | | ≥50 | ≥10 |
| | …… | …… | …… | …… | …… |

**表 9-43　土地复垦工程量统计(20××—20××年)**

| 土地复垦单元 | 一级工程 | 二级工程 | 三级工程 | 单位 | 计划完成工程量 | 实际完成工程量 | 变化量 | 工程量完成率/% |
|---|---|---|---|---|---|---|---|---|
| | 土壤重构工程 | 充填工程 | 塌陷地充填 | | | | | |
| | | 土壤剥离工程 | 表土剥离 | | | | | |
| | | | 覆土工程 | | | | | |
| | | 平整工程 | 场地平整 | | | | | |
| | | 生物化学工程 | 防护工程 | | | | | |
| | | …… | …… | | | | | |
| | 植被重构工程 | 林草恢复工程 | 种草工程 | | | | | |
| | | 农田防护工程 | 种树工程 | | | | | |
| | | …… | …… | | | | | |
| | 配套工程 | 灌排工程 | 支渠(沟) | | | | | |
| | | | …… | | | | | |
| | | 道路工程 | 生产路 | | | | | |
| | | | …… | | | | | |
| | 监测与管护工程 | 监测工程 | 塌陷点监测 | | | | | |
| | | | 土壤监测点 | | | | | |
| | | | 植被监测点 | | | | | |
| | | 管护工程 | 林地管护 | | | | | |
| …… | …… | …… | …… | | | | | |

**表 9-44　土地复垦工程指标对比表**

| 土地复垦单元 | 一级工程 | 二级工程 | 三级工程 | 考察项目 | 单位 | 设计标准 | 实际指标 | 验收结果 |
|---|---|---|---|---|---|---|---|---|
| | 土地重构工程 | 充填工程 | 塌陷地充填 | 充填材料 | | | | |
| | | | | 压实度 | % | | | |
| | | | | 平整度 | | | | |
| | | | | …… | | | | |
| | | 土壤剥离工程 | 表土剥离 | 剥离面积 | $hm^2$ | | | |
| | | | | 剥离厚度 | cm | | | |
| | | | | 剥离率 | % | | | |
| | | | | …… | | | | |
| | | | 覆土工程 | 沉实厚度 | cm | | | |
| | | | | 平整度 | | | | |
| | | | | …… | | | | |
| | | 平整工程 | 场地平整 | 平整坡度 | (°) | | | |
| | | | | 平整度 | | | | |
| | | | | …… | | | | |
| | | 生物化学工程 | 防渗工程 | 防渗材料 | | | | |
| | | | | 防渗层厚度 | cm | | | |
| | | | | 防渗面积 | $hm^2$ | | | |
| | | …… | …… | …… | | | | |
| | 植被重构工程林草恢复工程 | 林草恢复工程 | 种草工程 | 草籽 | | | | |
| | | | | 种植量 | kg | | | |
| | | | …… | …… | | | | |
| | | 农田防护工程 | 种树工程 | 树种 | | | | |
| | | | | 栽植密度 | 株/$hm^2$ | | | |
| | | | | 行间距 | m | | | |
| | | | …… | …… | | | | |
| | 配套工程 | 灌排工程 | 支渠(沟) | 截面面积 | $m^2$ | | | |
| | | | | 长 | km | | | |
| | | | …… | …… | | | | |
| | | 道路工程 | 生产路 | 长 | km | | | |
| | | | | 宽 | m | | | |
| | | | | …… | | | | |
| | 检测与管护工程 | 监测工程 | 塌陷监测点 | 个数 | 个 | | | |
| | | | | 项目 | 项 | | | |
| | | | 土壤监测点 | 个数 | 个 | | | |
| | | | | 项目 | 项 | | | |
| | | | 植被监测点 | 个数 | 个 | | | |
| | | | | 项目 | 项 | | | |
| | | 管护工程 | 林地管护 | 监护人数 | 人 | | | |
| | | | | 管护周期 | 周 | | | |

**表 9-45　土地复垦工程验收现场抽样成果表**

| 一级工程 | 二级工程 | 三级工程 | 验收数量 | 验收指标 | 抽样个数 | 抽样合格率 | 验收结论 |
|---|---|---|---|---|---|---|---|
| 土壤重构工程 | 充填工程 | 塌陷地充值 | | 充填材料 | | | |
| | | | | 压实度 | | | |
| | | | | 平整度 | | | |
| | | | | …… | | | |
| | 土壤剥离工程 | 表土剥离 | | 剥离面积 | | | |
| | | | | 剥离厚度 | | | |
| | | | | …… | | | |
| | | 覆土工程 | | 覆土厚度 | | | |
| | | | | 沉实厚度 | | | |
| | | | | 砾石含量 | | | |
| | | | | …… | | | |
| | 平整工程 | 场地平整 | | 坡度 | | | |
| | | | | 平整度 | | | |
| | | | | …… | | | |
| | 生物化学工程 | 土壤培肥 | | 氮含量 | | | |
| | | | | …… | | | |
| | …… | …… | | …… | | | |
| 植被重构工程<br>林草恢复工程 | 林草恢复工程 | 种树工程 | | 郁闭度 | | | |
| | | | | 定植密度 | | | |
| | | | | 产量（园地） | | | |
| | | …… | | …… | | | |
| | 农田防护工程 | 种草工程 | | 覆盖度 | | | |
| | | | | 产量 | | | |
| | | …… | | …… | | | |
| | …… | …… | | …… | | | |
| 配套工程 | 灌排工程 | 支渠（沟） | | 截面面积 | | | |
| | | | | 长 | | | |
| | | …… | | …… | | | |
| | 道路工程 | 生产路 | | 长 | | | |
| | | | | 宽 | | | |
| | | | | …… | | | |
| | …… | …… | | …… | | | |
| 检测与管护工程 | 管护工程 | 林地管护 | | 树苗死亡率 | | | |
| | …… | …… | | …… | | | |

5）土地复垦质量单元调查与评价

通过现场踏勘、坐标测点等方法，给出土地复垦单元面积统计成果，土地复垦单元面积统计见表 9-46。

应对土地复垦单元的各项指标进行调查、测绘、评估。各项指标应达到《土地复垦质量控制标准》TD/T 1036—2013 和设计指标要求，并附录相关专业检测报告。

复垦为农用地的，按照《食物中污染物限量》(GB 2762—2012)、《地表水环境质量标准》(GB 3838—2002)、《渔业水质标准》(GB 11607)、《土壤环境质量标准》(GB 15618)等进行评价。

**表 9-46　土地复垦单元面积统计表**(20××—20××年)

| 序号 | 土地复垦单元 | | 计划复垦面积/$hm^2$ | | | | | | 已完成复垦面积/$hm^2$ | | | | | | 变化量 | 复垦面积完成率/% |
|---|---|---|---|---|---|---|---|---|---|---|---|---|---|---|---|---|
| | | | 耕地 | 园林 | 林地 | 草地 | 其他 | 小计 | 耕地 | 园林 | 林地 | 草地 | 其他 | 小计 | | |
| 1 | 露天采矿 | 边坡 | | | | | | | | | | | | | | |
| 2 | | 平台 | | | | | | | | | | | | | | |
| 3 | 尾矿库 | 坝体边坡 | | | | | | | | | | | | | | |
| 4 | | 坝体平台 | | | | | | | | | | | | | | |
| 5 | | 库面 | | | | | | | | | | | | | | |
| 6 | 排土场 | 边坡 | | | | | | | | | | | | | | |
| 7 | | 平台 | | | | | | | | | | | | | | |
| 8 | 表土场 | | | | | | | | | | | | | | | |
| 9 | 塌陷区 | 裂缝区 | | | | | | | | | | | | | | |
| 10 | | 积水区 | | | | | | | | | | | | | | |
| 11 | | …… | | | | | | | | | | | | | | |
| 12 | 管线工程 | | | | | | | | | | | | | | | |
| 13 | 临时占地 | | | | | | | | | | | | | | | |
| 14 | …… | | | | | | | | | | | | | | | |
| | 合计 | | | | | | | | | | | | | | | |

注：其他地类根据实际情况填写，注明实际复垦地类。

6)土地复垦工作管理情况调查

说明土地复垦工作管理情况，包括土地复垦组织机构、检测和管护工作情况、土地复垦相关资料的规范性等。

7)土地复垦费用使用情况

说明土地复垦费用预算、使用、决算情况等。

8)公众参与

说明公众参与的具体方式、起止时间、内容、对象等，公众意见统计、代表性分析、公众参与反馈意见处理结果等，附公众参与的相关影像或图片资料等。

9)验收调查总结与建议

说明阶段土地复垦计划、土地复垦方案落实总体情况等。

根据调查和评价结果，说明是否符合生产项目土地复垦验收条件。

**3. 附表**

生产项目土地复垦验收调查报告表，格式见表 9-47。

**表 9-47　××项目××土地复垦验收调查报告表**

<table>
<tr><td rowspan="10">项目概况</td><td colspan="4">项目名称</td><td colspan="7"></td></tr>
<tr><td colspan="4">单位名称</td><td colspan="7"></td></tr>
<tr><td colspan="4">单位住址</td><td colspan="7"></td></tr>
<tr><td colspan="4">法人代表</td><td colspan="2"></td><td colspan="2">联系电话</td><td colspan="3"></td></tr>
<tr><td colspan="4">企业性质</td><td colspan="2"></td><td colspan="2">项目性质</td><td colspan="3"></td></tr>
<tr><td colspan="4">项目位置</td><td colspan="7"></td></tr>
<tr><td colspan="4">资源储量</td><td colspan="2"></td><td colspan="2">生产能力</td><td colspan="3"></td></tr>
<tr><td colspan="4">划定矿区范围批复文号</td><td colspan="2"></td><td colspan="2">项目区面积</td><td colspan="3"></td></tr>
<tr><td colspan="4">土地复垦方案编写单位</td><td colspan="2"></td><td colspan="2">土地复垦方案服务年限</td><td colspan="3"></td></tr>
<tr><td colspan="4">土地复垦批复单位及文号</td><td colspan="7"></td></tr>
<tr><td rowspan="8">土地复垦工程概况</td><td colspan="4">验收性质</td><td colspan="2">年度土地复垦验收</td><td colspan="2">阶段土地复垦验收</td><td colspan="3">总体土地复垦验收</td></tr>
<tr><td colspan="4">土地复垦工程设计单位</td><td colspan="2"></td><td colspan="2">土地复垦施工单位</td><td colspan="3"></td></tr>
<tr><td colspan="4">土地复垦工程监督单位</td><td colspan="2"></td><td colspan="2">土地复垦率/%</td><td colspan="3"></td></tr>
<tr><td colspan="4">土地复垦工程开工时间</td><td colspan="2"></td><td colspan="2">复垦工程完成时间</td><td colspan="3"></td></tr>
<tr><td colspan="4">计划土地复垦总面积/hm²</td><td colspan="2"></td><td colspan="2">实际土地复垦总面积/hm²</td><td colspan="3"></td></tr>
<tr><td colspan="4">计划土地复垦投资/万元</td><td colspan="2"></td><td colspan="2">实际土地复垦投资/万元</td><td colspan="3"></td></tr>
<tr><td colspan="4">计划土地复垦任务</td><td colspan="7"></td></tr>
<tr><td colspan="4">土地复垦任务完成情况</td><td colspan="7"></td></tr>
<tr><td rowspan="12">土地复垦工程内容</td><td>土地损毁类型</td><td>土地复垦单元</td><td>复垦方向</td><td>复垦面积/hm²</td><td colspan="7">复垦工程</td></tr>
<tr><td rowspan="8">尾矿库</td><td rowspan="7">坝坡</td><td rowspan="7">草地</td><td rowspan="7"></td><td>名称</td><td>计划工程量</td><td>实际工程量</td><td>考察项目</td><td>设计指标</td><td>实际指标</td><td>验收签收单</td></tr>
<tr><td rowspan="3">表土剥离</td><td rowspan="3"></td><td rowspan="3"></td><td>剥离面积</td><td></td><td></td><td rowspan="3">是</td></tr>
<tr><td>剥离程度</td><td></td><td></td></tr>
<tr><td>剥离率</td><td></td><td></td></tr>
<tr><td rowspan="3"></td><td rowspan="3"></td><td rowspan="3"></td><td></td><td></td><td></td><td></td></tr>
<tr><td></td><td></td><td></td><td></td></tr>
<tr><td></td><td></td><td></td><td>……</td></tr>
<tr><td>库面</td><td>……</td><td>……</td><td>……</td><td>……</td><td></td><td>……</td><td>……</td><td></td><td>……</td></tr>
<tr><td>……</td><td>……</td><td>……</td><td>……</td><td>……</td><td>……</td><td></td><td>……</td><td>……</td><td></td><td></td></tr>
<tr><td>合计</td><td></td><td></td><td></td><td></td><td></td><td></td><td></td><td></td><td></td><td></td></tr>
<tr><td colspan="7">土地复垦工程量完成率/%</td><td></td><td></td><td></td><td></td></tr>
</table>

<table>
<tr><td rowspan="4">土地复垦面积统计</td><td colspan="6">计划土地复垦面积/hm²</td><td colspan="6">实际土地复垦面积/hm²</td></tr>
<tr><td>耕地</td><td>园地</td><td>林地</td><td>草地</td><td>其他</td><td>小计</td><td>耕地</td><td>园地</td><td>林地</td><td>草地</td><td>其他</td><td>小计</td></tr>
<tr><td></td><td></td><td></td><td></td><td></td><td></td><td></td><td></td><td></td><td></td><td></td><td></td></tr>
<tr><td colspan="6">土地复垦面积完成率/%</td><td colspan="6"></td></tr>
</table>

续表 9-47

| | | 土地复垦工程预算/万元 | | | 土地复垦工程费用/万元 | | | 变化量/万元 | 百分比/% |
|---|---|---|---|---|---|---|---|---|---|
| 土地复垦费用情况 | 费用构成 | 1 | 工程施工费 | | 1 | 工程施工费 | | | |
| | | 2 | 设备费 | | 2 | 设备费 | | | |
| | | 3 | 其他费用 | | 3 | 其他费用 | | | |
| | | 4 | 监管与管护费 | | 4 | 监管与管护费 | | | |
| | | 5 | 预备费 | | 5 | 预备费 | | | |
| | | 6 | 静态总投资 | | 6 | 静态总投资 | | | |
| | | 7 | 动态总投资 | | 7 | 动态总投资 | | | |

填表人：　　　　　　　　　　　　　　　　　　　　　　填表日期：　　年　　月　　日

**填表说明**

(1)土地复垦验收调查表分为年度土地复垦验收调查表、阶段土地复垦验收调查表、总体土地复垦验收调查表。

(2)填制验收调查表的应随表附上复垦区土地利用现状图、土地复垦规划图、土地复垦竣工图。

(3)“土地复垦工程概况”栏中的土地复垦率为累计复垦的土地面积占复垦变迁范围土地面积的百分比，“计划土地复垦任务”和“土地复垦任务完成情况”应列明复垦工作量，细化到损毁类型，土地复垦单元的复垦工程。

(4)“土地复垦工程内容”栏中的土地复垦工程量完成率=(实际工程量/计划工程量)×100%。

(5)“土地复垦面积统计”栏中土地复垦面积完成率=(实际复垦面积/计划复垦面积)×100%。

(6)土地复垦验收调查表须附上相应的土地复垦单元验收确认书、复垦工程验收签收单、检察报告等材料。

(7)有关指标解释、编制原则、编制依据、主要计量单位等同土地复垦验收调查报告书要求。

**4. 附件**

复垦工程签收单、土地复垦单元验收确认书、年度土地复垦验收结论、阶段土地复垦验收结论、土地复垦费用决算报告、土地复垦施工总结报告、土地复垦工程监理总结报告、监测报告(土壤、水质、产品等)、土地权属证明等。

**5. 附图**

生产项目工程总平面布置图、损毁土地平面布置图、土地复垦规划图、各土地复垦单元平面布置图、土地复垦工程措施设计图、土地复垦竣工图、复垦后土地复垦效果图等。复垦后土地复垦效果图、损毁土地平面布置图和土地复垦规划图的制图规范应参考《土地复垦方案编制规程》(TD/T 1031.1～1031.7—2011)中对图件的要求。

## 七、土地复垦验收的程序

### (一)年度土地复垦验收流程

年度验收流程见图 9-2。

验收组织：由项目监理机构主持，由监理机构及施工单位(承包单位)等有关技术人员组成验收组。

验收条件：①所有分部工程已经建设完成，验收合格并全部履行了分部工程验收手续（该分部工程的单元工程合格率100％）；② 分部工程验收提出的遗留问题已处理。

验收内容：①检查工程按照批准的设计完成建设任务的情况；②检查工程各项技术指标是否符合设计要求；③认定单位工程质量等级；④检查遗留问题处理情况；⑤指出存在的问题及处理意见。

验收程序：① 施工单位（承包单位）向监理机构提出验收申请；②组建验收组，验收主持单位下达验收通知；③召开验收会，验收主持人宣布验收组成员；④查看工程现场；⑤听取施工单位（承包单位）及监理机构工作汇报；⑥查看工程资料；⑦验收组成员发表意见，形成验收结论并签字。

验收成果：单位工程验收成果是单位工程验收确认书。

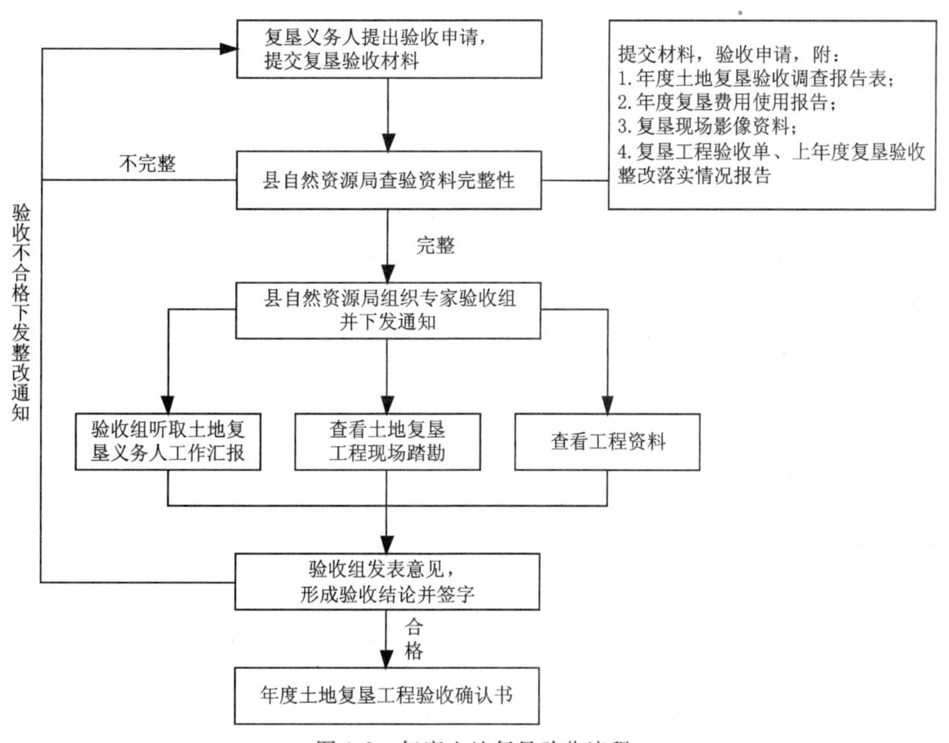


图9-2　年度土地复垦验收流程

## （二）阶段土地复垦验收流程

阶段验收流程见图9-3。

验收组织：由项目监理机构主持，由监理机构及施工单位（承包单位）等有关技术人员组成验收组。

验收条件：①所有分部工程已经建设完成，验收合格并全部履行了分部工程验收手续（该分部工程的单元工程合格率100％）；② 分部工程验收提出的遗留问题已处理。

验收内容：①检查工程按照批准的设计完成建设任务的情况；②检查工程各项技术指标是

否符合设计要求;③认定单位工程质量等级;④检查遗留问题处理情况;⑤指出存在的问题及处理意见。

验收程序:①施工单位(承包单位)向监理机构提出验收申请;②组建验收组,验收主持单位下达验收通知;③召开验收会,验收主持人宣布验收组成员;④查看工程现场;⑤听取施工单位(承包单位)及监理机构工作汇报;⑥查看工程资料;⑦验收组成员发表意见,形成验收结论并签字。

验收成果:单位工程验收成果是单位工程验收确认书。

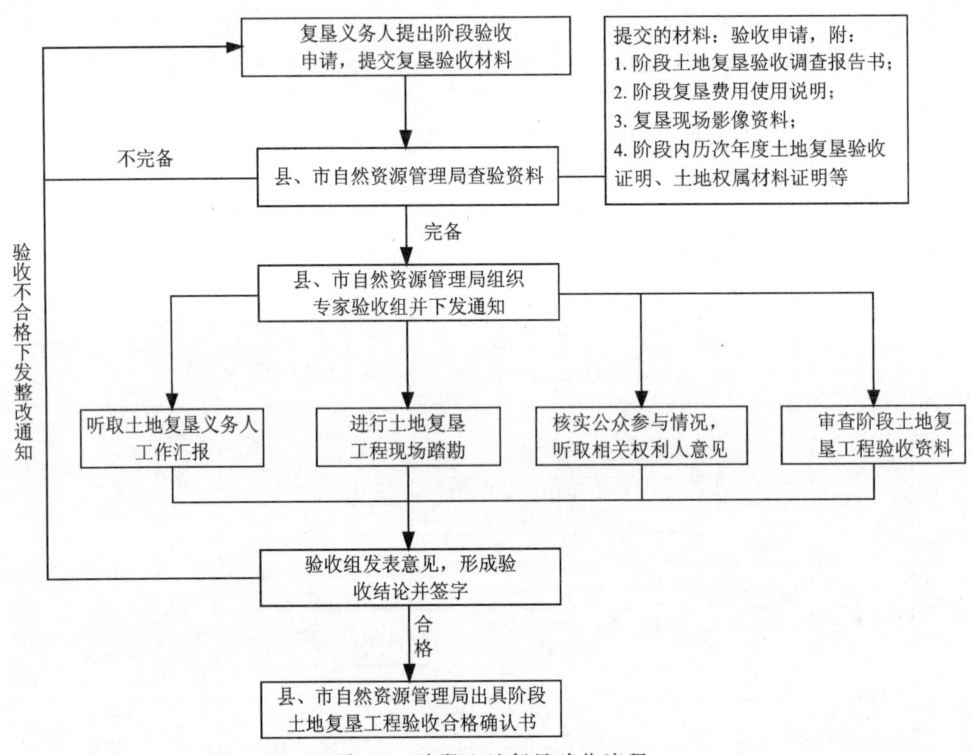


图 9-3　阶段土地复垦验收流程

### (三)总体土地复垦验收流程

总体土地复垦验收流程基本同阶段验收流程,但应提供以下材料:

(1)土地复垦验收调查报告书(表)。

(2)土地复垦费用决算报告。

(3)土地复垦现场影像资料。

(4)各阶段内土地复垦验收证明、各阶段土地复垦验收整改落实情况报告、土地权属证明材料等。

## 八、土地复垦验收的结论

土地复垦单元内所有复垦工程已完成,达到复垦要求的可供利用状态,由县级自然资源主管部门确认验收,土地复垦工程和土地复垦单元验收格式见图 9-4、图 9-5 及表 9-48、表 9-49。

编号：（五号宋体字）

（生产项目名称）
土地复垦工程验收单
（二号黑体字）

生产单位名称：××（三号宋体字）
土地复垦单元名称：××（三号宋体字）
土地复垦工程名称：××（三号宋体字）

××土地复垦工程验收组（三号宋体字）
××××年×日×日（三号宋体字）

图 9-4　土地复垦工程验收签收封面格式

编号：（五号宋体字）

（生产项目名称）
土地复垦单元验收确认书
（二号黑体字）

生产单位名称：××（三号宋体字）
土地复垦单元名称：××（三号宋体字）

××土地复垦工程验收组（三号宋体字）
××××年×日×日（三号宋体字）

图 9-5　土地复垦单元验收确认书封面格式

**表 9-48　土地复垦工程验收单**

<table>
<tr><td>一</td><td>复垦工程名称</td><td colspan="4"></td></tr>
<tr><td>二</td><td>复垦工程单位</td><td colspan="4"></td></tr>
<tr><td>三</td><td>施工单位</td><td colspan="4"></td></tr>
<tr><td>四</td><td>开、完工时期</td><td colspan="4"></td></tr>
<tr><td>五</td><td>施工内容</td><td colspan="4"></td></tr>
<tr><td>六</td><td>主要设计指标</td><td colspan="4"></td></tr>
<tr><td>七</td><td>完成的工程量</td><td colspan="4"></td></tr>
<tr><td>八</td><td>施工过程</td><td colspan="4"></td></tr>
<tr><td>九</td><td>土地复垦工程<br>质量评定资料</td><td colspan="4"></td></tr>
<tr><td>十</td><td>工程质量认定意见</td><td colspan="4"></td></tr>
<tr><td>十一</td><td>存在问题及处理意见</td><td colspan="4"></td></tr>
<tr><td>十二</td><td>签收结论</td><td colspan="4"></td></tr>
<tr><td>十三</td><td>保留意见</td><td colspan="4"></td></tr>
<tr><td rowspan="2">十四</td><td rowspan="2">参加签收人员签字</td><td>设计单位</td><td>施工单位</td><td>监理单位</td><td>土地复垦义务人</td></tr>
<tr><td></td><td></td><td></td><td></td></tr>
<tr><td colspan="6">注：土地复垦单元历次复垦工程验收单应保留，作为土地复垦单元验收的依据和附件。</td></tr>
</table>

**表 9-49　土地复垦单元验收确认书**

<table>
<tr><td>一</td><td>工程概况</td><td colspan="4">设计单位、施工单位、土地复垦单元拐点坐标、面积、复垦方向、复垦标准、复垦效果、主要工程量等</td></tr>
<tr><td>二</td><td>施工过程</td><td colspan="4">1.开、完工日期<br>2.主要复垦工程<br>3.施工过程简述</td></tr>
<tr><td>三</td><td>复垦任务完成情况</td><td colspan="4">1.列出实际完成工程量<br>2.与设计对比分析<br>3.复垦方向为农用地的,宜附土壤环境质量报告或水土检测报告、产量证明等</td></tr>
<tr><td>四</td><td>工程质量认定</td><td colspan="4">对照土地复垦单元内所有复垦工程验收签收意见,认定土地复垦单元质量</td></tr>
<tr><td>五</td><td>存在问题和处理意见</td><td colspan="4">历次复垦工程验收遗留问题处理情况,仍存在的问题及处理意见</td></tr>
<tr><td>六</td><td>验收结论</td><td colspan="4">对工程质量、技术资料做出评估</td></tr>
<tr><td rowspan="7">七</td><td colspan="5">验收组成员签字</td></tr>
<tr><td></td><td>姓名</td><td>单位</td><td>职务/职称</td><td>签字</td></tr>
<tr><td>组长</td><td></td><td></td><td></td><td></td></tr>
<tr><td>成员</td><td></td><td></td><td></td><td></td></tr>
<tr><td>成员</td><td></td><td></td><td></td><td></td></tr>
<tr><td>……</td><td></td><td></td><td></td><td></td></tr>
<tr><td colspan="5">保留意见<br><br>保留意见人签字</td></tr>
<tr><td colspan="6">注:历次土地复垦单元验收确认书应保留,作为土地复垦单元验收的依据和附件。</td></tr>
</table>

土地复垦验收结论分为合格和不合格:经验收合格的,负责组织验收的自然资源主管部门应向土地复垦义务人出具验收合格确认书;经验收不合格的,应向土地复垦义务人出具书面整改意见,列明要整改的事项,由土地复垦义务人整改完后重新申请验收。

# 主要参考文献

白中科,2017.土地复垦学[M].北京:中国农业出版社.

白中科,段永红,杨红云,等,2006.采煤沉陷对土壤侵蚀与土地利用的影响预测[J].农业工程学报,22(6):67-70.

白中科,付梅臣,赵中秋,2006.论矿区土壤环境问题[J].生态环境,15(5):1122-1125.

白中科,王文英,李晋川,1999.试析平朔露天煤矿废弃地复垦的新技术[J].煤炭环境保护,12(6):47-50.

白中科,王治国,赵景逵,等,1996.大型露天煤矿废弃地生态环境重建的研究[J].生态经济(2):32-36.

白中科,吴梅秀,1997.矿区废弃地复垦中的土壤学与植物营养学问题[J].煤炭环境保护,10(5):39-42.

白中科,赵景逵,1995.论我国土地复垦的效益[J].生态经济(2):35-39.

白中科,赵景逵,2000.关于露天矿土地复垦与生态重建的几个问题[J].冶金矿山设计与建设,32(1):33-37.

白中科,赵景逵,李晋川,等,1999.大型露天煤矿生态系统受损研究——以平朔露天煤矿为例[J].生态学报,19(6):870-875.

白中科,周伟,王金满,等,2018.再论矿区生态系统恢复重建[J].中国土地科学,32(11):1-9.

白中科,左寻,郭青霞,等,2001.大型露天煤矿土地复垦规划案例研究[J].水土保持研究,15(4):118-121.

卞正富,2000.国内外煤矿区土地复垦研究综述[J].中国土地科学,14(1):6-11.

卞正富,2004.矿区开采沉陷农用土地质量空间变化研究[J].中国矿业大学学报,33(2):89-94.

卞正富,2005.我国煤矿区土地复垦与生态重建研究[J].资源·产业,7(2):18-24.

卞正富,林家聪,1992.矿区的土地复垦规划问题[J].煤炭学报,17(1):53-62.

卞正富,沈渭寿,2016.西部重点矿区土地退化因素调查[J].生态与农村环境学报,32(2):173-177.

卞正富,王俊峰,2008.欧美工商业废弃地再开发对中国城市土地整理的启示[J].中国土地科学,22(9):65-71.

卞正富,张国良,1994.煤矿区土地复垦工程的理论和方法[J].地域研究与开发,13(1):6-9.

卞正富,张国良,1996.疏排法复垦设计的内容和方法[J].煤炭环境保护,9(5):12-15.

卞正富,张国良,1998.矿区复垦土地生产力的耗散结构模型[J].煤炭学报,23(6):663-668.

卞正富,张国良,胡喜宽,1998.矿区水土流失及其控制研究[J].土壤侵蚀与水土保持学报,4(4):31-35.

卞正富,张国良,林家聪,1991.高潜水位矿区土地复垦的工程措施及其选择[J].中国矿业大学学报,20(3):71-78.

卞正富,张国良,翟广忠,1996.采煤沉陷地疏排法复垦技术原理与实践[J].中国矿业大学学报,25(4):84-88.

卞正富,张国良,翟广忠,1996.采煤塌陷地基塘复垦模式与应用[J].矿山测量,(1):34-37.

曹振环,王金满,刘鹏,等,2016.采煤塌陷区农田整治规划设计技术的研究进展[J].江西农业大学学报,38(4):782-791.

陈晓东,常文越,邵春岩,2001.土壤污染生物修复技术研究进展[J].环境保护科学,5(10):23-25.

丁晋利,魏红义,杨永辉,等,2018.保护性耕作对农田土壤水分和冬小麦产量的影响[J].应用生态学报,29(8):2501-2508.

董霁红,卞正富,雷少刚,等,2008.徐州矿区充填复垦土壤特性实验研究[J].水土保持研究,15(1):234-237.

董世魁,2020.恢复生态学[M].2版.北京:高等教育出版社.

段永红,赵景逵,1998.煤矸石山表层矸石风化物的盐分状况与复垦种植[J].山西农业大学学报,18(4):337-339.

冯广京,林坚,胡振琪,等,2015.2014年土地科学研究重点进展评述及2015年展望[J].中国土地科学,29(1):4-19.

冯金生,范俊娥,赵景逵,等,1995.阳泉煤矸石山复垦种草的研究[J].山西农业大学学报,14(4):370-374.

龚子同,1982.防治土壤退化是农业现代化建设中的一个重大问题[J].农业现代化研究,(2):1-8.

龚子同,张甘霖,骆国保,1999.规范我国土壤分类[J].土壤通报,30(专辑):1-4,9.

郭凯,巨兆强,封晓辉,等,2016.咸水结冰灌溉改良盐碱地的研究进展及展望[J].中国生态农业学报,24(8):1016-1024.

韩霁昌,2017.土地工程概论[M].2版.北京:科学出版社.

韩霁昌,2017.土地工程基础[M].北京:科学出版社.

韩霁昌,2017.土地工程原理[M].北京:科学出版社.

韩丽君,白中科,李晋川,等,2006.白水滩土壤盐碱化分析及改良建议[J].山西农业大学学报,26(3):270-272.

韩志婷,冯朝朝,聂文龙,等,2010.矿区土地复垦规划的理论与实践[J].煤炭技术,29(7)12-17.

何国清,等,1991.矿山开采沉陷学[M].徐州:中国矿业大学出版社.

胡振琪,1995.半干旱地区煤歼石山绿化技术研究[J].煤炭学报,20(3):322-324.

胡振琪,1996.采煤沉陷地的土地资源管理与复垦[M].北京:煤炭工业出版社.

胡振琪,1996.矸石山绿化造林的基本技术模式[J].煤炭环境保护,9(6):35-37.

胡振琪,1996.国外土地复垦新进展[J].中国土地(10):41-42.

胡振琪,1996.土地复垦学研究现状与展望[J].煤炭环境保护,10(4):16-20.

胡振琪,1997.关于土地复垦若干基本问题的探讨[J].煤炭环境保护,11(2):24-29.

胡振琪,1997.煤矿山复垦土壤剖面重构的基本原理与方法[J].煤炭学报,22(6):59-64.

胡振琪,2007.土地整理概论[M].北京:中国农业出版社.

胡振琪,2009.中国土地复垦与生态重建20年:回顾与展望[J].科技导报,27(17):25-29.

胡振琪,2010.土地利用工程学[M].北京:中国农业出版社.

胡振琪,2019.土地整治学[M].北京:中国农业出版社.

胡振琪,2019.再论土地复垦学[J].中国土地科学,33(5):1-8.

胡振琪,毕银丽,2000.试论复垦的概念及其与生态重建的关系[J].煤炭环境保护,14(5):13-16.

胡振琪,卞正富,成枢,等,2008.土地复垦与生态重建[M].徐州:中国矿业大学出版社.

胡振琪,陈超,2016.风沙区井工煤炭开采对土地生态的影响及修复[J].矿业科学学报,1(2):120-130.

胡振琪,陈星彤,卢霞,等,2006.复垦土壤盐分污染的微波频谱分析[J].农业工程学报,22(6):56-60.

胡振琪,多玲花,王晓彤,2018.采煤沉陷地夹层式充填复垦原理与方法[J].煤炭学报,43(1):198-206.

胡振琪,高永光,李江新,等,2006.ERDAS在土地整理土方量计算中的运用[J].中国土地科学,20(1):50-54.

胡振琪,贺日兴,初士力,2003.参与型土地复垦的概念与方法[J].地理与地理信息科学,19(1):96-99.

胡振琪,梁宇生,巩玉玲,等,2017.2016年土地科学研究重点进展评述及2017年展望——土地工程与技术分报告[J].中国土地科学,31(3):70-79.

胡振琪,刘海滨,1993.试论土地复垦学[J].中国土地科学,7(5):37-40.

胡振琪,龙精华,张瑞娅,等,2017.中国东北多煤层老矿区采煤沉陷地损毁特征与复垦规划[J].农业工程学报,33(5):238-247.

胡振琪,戚家忠,司继涛,2002.粉煤灰充填复垦土壤理化性状研究[J].煤炭学报,27(6):639-643.

胡振琪,荣颖付,亚洁,等,2016.2015年土地科学研究重点进展评述及2016年展望——土地工程与技术分报告[J].中国土地科学,30(3):88-96.

胡振琪,王晓彤,梁宇生,等,2018.2017年土地科学研究重点进展评述及2018年展望——土地工程与信息技术分报告[J].中国土地科学,32(3):89-94.

胡振琪,魏忠义,秦萍,2005.矿山复垦土壤重构的概念与方法[J].土壤,37(1):8-12.

胡振琪,肖武,2013.矿山土地复垦的新理念与新技术——边采边复[J].煤炭科学技术,41(9):178-181.

胡振琪,肖武,2020.关于煤炭工业绿色发展战略的若干思考——基于生态修复视角[J].煤炭科学技术,48(4):35-42.

胡振琪,余洋,付艳华,2015.2014年土地科学研究重点进展评述及2015年展望[J].中国土地科学,29(3):13-21.

胡振琪,张明亮,马保国,等,2009.粉煤灰防治煤矸石酸性与重金属复合污染[J].煤炭学报,34(1):79-83.

黄昌勇,徐建明,2010.土壤学[M].3版.北京:中国农业出版社.

黄铭洪,骆永明,2003.矿区土地修复与生态恢复[J].土壤学报(2):161-169.

黄炎和,2013.土地生态学[M].北京:中国农业出版社.

焦志芳,高建钰,白中科,1999.露天煤矿待复垦土地适宜性评价单元类型划分[J].山西农业大学学报,19(1):49-51.

焦志芳,高建钰,白中科,1999.露天煤矿土地破坏预测研究[J].煤炭环境保护,13(2):27-29.

李锋,韩学哲,等,2001.景观生态学原理及应用[M].北京:科学出版社.

李根福,1991.土地复垦知识[M].北京:冶金工业出版社.

李红柳,杨志,孙贻超,2007.天津滨海盐生植物资源及其开发利用[J].中国土壤与肥料(1):60-63.

李立科,1999.小麦留茬少耕秸秆全程覆盖新技术[J].陕西农业科学(4):3-5.

李瑞云,鲁纯养,凌礼章,1989.植物耐盐性研究现状与展望[J].盐碱地利用(1):38-41.

李守明,1985.盐碱地改良与利用[M].呼和浩特:内蒙古人民出版社.

李元,2000.中国土地资源[M].北京:中国大地出版社.

林学政,沈继红,刘克斋,等,2005.种植盐地碱蓬修复滨海盐渍土效果的研究[J].海洋科学进展,23(1):65-69.

刘双良,2011.土地整治规划[M].天津:天津大学出版社.

刘文锴,陈秋,刘昌华,等,2006.基于可拓模型的矿区复垦土地的适宜性评价[J].中国矿业(3):34-37.

马莉,张娜,2014.草地退化的研究进展[J].上海畜牧兽医通讯,4(32):23-25.

彭少麟,2003.热带亚热带恢复生态学研究与实践[M].北京:科学出版社.

钦佩,2002.生态工程学[M].3版.南京:南京大学出版社.

任海,彭少麟,等,2001.恢复生态学导论[M].北京:科学出版社.

荣颖,胡振琪,付艳华,等,2017.中美草原区露天煤矿土地复垦技术对比案例研究[J].中国矿业,26(1):55-59.

申广荣,白中科,王镔,1999.露天煤矿待复垦土地评价模型的建立[J].农业系统科学与综合研究,15(1):15-17,20.

申广荣,白中科,王镔,1999.露天煤矿待复垦土地生产潜力评价方法研究[J].煤炭环境保护,13(2):56-59.

师学义,王云平,赵景逵,1997.山西矿区土地复垦规划模式研究[J].煤炭环境保护,11(6):47-50.

史源英,白中科,赵景逵,1999.大型露天煤矿生态重建的效益分析[J].生态经济(5):52-55.

宋丹,张华新,刘涛,等,2006.滨海盐碱地引种及植物耐盐性评价研究与展望[J].农业网络信息(2):98-100.

孙铁珩,周启星,2001.污染生态学[M].北京:科学出版社.

王金满,白中科,崔艳,等,2010.干旱戈壁荒漠矿区破坏土地生态化复垦模式分析[J].资源与产业,12(2):83-88.

王如松,马世骏.边缘效应及其在经济生态学中的应用[J].生态学杂志,1985(2):38-42.

王文英,李晋川,卢崇恩,等,2002.矿区废弃地植被重建技术[J].山西农业科学,30(3):82-86.

王友保,2018.土壤污染生态修复实验技术[M].北京:科学出版社.

王遵亲,1993.中国盐渍土[M].北京:科学出版社.

邬建国,1989.岛屿生物地理学理论:模型与应用[J].生态学杂志(6):34-39.

吴次芳,2003.土地生态学[M].北京:中国大地出版社.

武冬梅,张建红,吕珊兰,等,1998,山西矿区矸石山复垦种植施肥策略[J].自然资源学报,13(4):333-336.

武强,2005.矿山环境研究理论与实践[M].北京:地质出版社.

肖笃宁,2010.景观生态学[M].2版.北京:科学出版社.

谢俊奇,2014.土地生态学[M].北京:科学出版社.

严志才,1988.土地复垦[M].北京:学苑出版社.

杨策,陈环宇,李劲松,等,2019.盐地碱蓬生长对滨海重盐碱地的改土效应[J].中国生态农业学报(中英文),27(10):1578-1586.

杨京平,2005.生态工程学导论[M].北京:化学工业出版社.

杨卿,郎南军,苏志豪,等,2009.土壤退化研究综述[J].林业调查规划,34(1):20-24.

杨秀敏,胡振琪,胡桂娟,等,2008.重金属污染土壤的植物修复作用机理及研究进展[J].金属矿山(7):120-123.

郧文聚,2011.土地整治规划概论[M].北京:地质出版社.

郧文聚,2014.地方土地整治规划探索[M].北京:地质出版社.

张丹凤,白中科,叶宝莹,2007.矿区复垦土地的评价方法[J].资源开发与市场,23(8):685-687,721.

张国良,1997.矿区土地复垦工程的科学和技术问题[J].金属矿山,258(12):4-7.

张国良,2003.矿区环境与土地复垦[M].徐州:中国矿业大学出版社.

张国良,卞正富,1996.矿区土地复垦技术现状与展望[J].煤矿环境保护,10(4):21-24.

张国良,卞正富,1997.矸石山复垦整形设计内容和方法[J].煤矿环境保护,11(2):33-35.

张国良,卞正富,1997.煤矸石排放场的植被恢复技术[J].矿山测量(1):20-23.

张海林,高旺盛,陈阜,等,2005.保护性耕作研究现状、发展趋势及对策[J].中国农业大学学报,10(1):16-20.

张海林,孙国峰,陈继康,等,2009.保护性耕作对农田碳效应影响研究进展[J].中国农业科学,42(12):4275-4281.

张璐,孙向阳,尚成海,等,2010.天津滨海地区盐碱地改良现状及展望[J].中国农学通报,26(18):180-185.

张绍良,卞正富,张国良,等,1998.矿区土地高效复垦的关键技术[J].国土与自然资源研究(4):20-23.

张绍良,彭德福,等,1999.试论我国土地复垦现状与发展[J].中国土地科学,13(2):1-5.

张绍良,张国良,1999.我国矿区土地复垦研究的回顾与展望[J].煤矿环境保护,13(4):9-14.

张绍良,张国良,等,1999.土地复垦的基础研究[J].中国矿业大学学报,28(4):389-393.

张新时,1990.现代生态学的几个热点[J].植物学通报,7(4):1-6.

张新时,1997.中国全球变化与陆地生态系统关系研究[J].地学前缘,4(1-2):221-222.

张新时,2014.生态重建是生态文明建设的核心[J].中国科学:生命科学,44(3):20-23.

张雪萍,2011.生态学原理[M].北京:科学出版社.

赵会顺,胡振琪,陈超,等,2019.采煤预塌陷区超前复垦适宜性评价及复垦方向划定[J].农业工程学报,35(11):245-255.

赵会顺,胡振琪,袁冬竹,等,2019.基于土方平衡的挖深垫浅复垦开挖深度研究——以赵固矿区采煤塌陷地为例[J].中国矿业大学学报,48(6):1375-1382.

赵景逵,白中科,佟则昂,1997.当前我国矿区土地复垦的症结及解决的思路[J].煤炭环境保护,10(6):37-39.

赵景逵,金志南,林大仪,等,1993.山西煤矸石山复垦工程的研究[J].中国土地科学,7(4):39-42.

赵景逵,李德中,1990.美国露天煤矿和煤矸石的复垦[J].煤炭综合利用(2):30-32,39.

赵景逵,吕能慧,李德中,1990.煤矸石的复垦种植[J].煤炭综合利用(2):1-5.

赵景逵,朱荫湄,1991.美国露天矿区的土地管理及复垦[J].中国土地科学(1):31-33.

赵其国,1991.土壤退化及其防治[J].土壤,2(1):57-60,86.

赵晓军,2020.退化草地治理方式及改良效果研究进展[J].今日畜牧兽医,36(4):66.

中华人民共和国国土资源部,2011.土地复垦方案编制规程:第1部分 通则:TD/T 1031.1—2011[S].北京:中国标准出版社.

中华人民共和国国土资源部,2011.土地复垦方案编制规程:第2部分 露天煤矿:TD/T 1031.2—2011[S].北京:中国标准出版社.

中华人民共和国国土资源部,2011.土地复垦方案编制规程:第3部分 井工煤矿:TD/T 1031.3—2011[S].北京:中国标准出版社.

中华人民共和国国土资源部,2011.土地复垦方案编制规程:第4部分 金属矿:TD/T 1031.4—2011[S].北京:中国标准出版社.

中华人民共和国国土资源部,2011.土地复垦方案编制规程:第5部分 石油天然气(含煤层气)项目:TD/T 1031.5—2011[S].北京:中国标准出版社.

中华人民共和国国土资源部,2011.土地复垦方案编制规程:第6部分 建设项目:TD/T 1031.6—2011[S].北京:中国标准出版社.

中华人民共和国国土资源部,2011.土地复垦方案编制规程:第7部分 铀矿:TD/T 1031.7—2011[S].北京:中国标准出版社.

中华人民共和国国土资源部,2013.土地复垦质量控制标准:TD/T 1036—2013[S].北京:中国标准出版社.

中华人民共和国国土资源部,2014.生产项目土地复垦验收规程:TD/T 1044—2014[S].北京:中国标准出版社.

中华人民共和国生态环境部,2019.中国生态环境状况公报[R/OL].(2020-06-02)[2020-08-30].http://www.mee.gov.cn/hjzl/sthjzk/zghjzkgb/.

周启星,宋玉芳,等,2004.污染土壤修复原理与方法[M].北京:科学出版社.

周伟,白中科,等,2009.平朔煤矿露井联采区生态环境演化分析[J].山西农业大学学报,29(6):494-500.

周孝.2006.土地复垦理论与技术[M].北京:中国社会出版社.

周学武,2006.粉煤灰与污泥配施改良山东郑路、华丰盐碱地的实验研究[D].北京:中国地质大学(北京).

周学武,孙岱生,房建国,等,2005.利用矿山固体废弃物(粉煤灰、淤泥及污泥)改良矿山退化土地及种植实验[J].资源·产业,7(3):61-64.

周亚军,1998.矿山土地复垦经济效益计算方法的探讨[J].冶金矿山设计与建设(3):3-5.

周妍,2015.土地复垦管理的办法与途径[M].北京:中国大地出版社.

祝方,贾文珍,章明帅,等,2010.有机农药污染土壤的修复技术初探[J].山西:能源与节能,63(6):65-66,90.

FORMAN R,GODRON M,1986.Landscape Ecology[M].New York:John Wiley & Sons.

REMMERT H,1988.生态学[M].庄吉珊,译.北京:科学出版社.